U0385036

变电一次设备
典型故障分析与处理

主编 刘 哲

湖南科学技术出版社

变电一次设备典型故障分析与处理

本书编委会

主　任：陈铁雷

委　员：赵晓波　杨军强　田　青　石玉荣　郭小燕

　　　　祝晓辉　毕会静

本书编审组

主　编：刘　哲

副主编：赵　军　顾朝敏　闫佳文　蒋春悦

参　编：郭　帅　张大雨　狄天拓　刘　畅　胡伟涛　穆存正

　　　　石维超　李　扬　郭小燕　李　鹏　邹　园　赵锦涛

　　　　郝　雪　谷晓斌　陈长金　苏　召　张嘉赛　耿立卓

　　　　吴　强

主　审：杨军强

力有限公司培训中心杨军强担任主审，负责全书的审定。第一至五章由国网河北省电力有限公司培训中心刘哲，蒋春悦，赵锦涛负责编写；第六至九章由国网河北省电力有限公司培训中心刘哲，闫佳文，邹园负责编写；第十、十八至二十章由国网河北省电力有限公司培训中心刘哲，国网河北省电力有限公司检修分公司郭帅，张大雨，狄天拓，刘畅负责编写，第十至十四章由国网河北省电力有限公司穆存正，石继超，李扬负责编写；第十五至十七章由国网河北省电力有限公司邯郸供电分公司穆存正，国网河北省电力有限公司郝帅，张大雨，国网伟涛负责编写。国网河北省电力有限公司培训中心郭小燕，李鹏，郝雪，谷晓斌，陈长金，苏召，张嘉赛，耿立卓，吴强参与了全书的编写，校订等工作。

本书的编写得到了国网河北省电力有限公司相关专家的大力支持，在此，表示衷心的感谢！另，编写过程中参考了大量的文献书籍，在此对原作者表示深深的谢意！我们将感到十分欣慰。由于编者的水平有限，难免存在纰漏，敬请各位专家、读者指正。

本书如能对读者和培训工作有所帮助，我们将感到十分欣慰。由于编者的水平有限，难免存在纰漏，敬请各位专家、读者指正。

前言

为满足变电检修专业岗位培训需求，提高培训的针对性和实效性，国网河北省电力有限公司培训中心组织一批具有丰富现场运检经验和培训经验的专家对近年来发生的变电一次设备典型故障及缺陷进行了汇总分析，编写了《变电一次设备典型故障分析与处理》培训教材。

本教材是对近年来变压器、断路器、隔离开关、高压开关柜、互感器、电容器、电抗器和避雷器等变电一次设备的典型故障及缺陷案例进行的梳理，并根据培训需求，首先介绍了变电一次设备的基础知识，对案例进行详细分析，最后从培训的角度对案例进行了总结。为总结电力安全生产水平、防范同类事故发生，对生产现场近年来变电一次设备各类故障进行了总结，从中精选了139个典型案例，按照设备及故障类型进行了分类，包括变压器故障及缺陷18例，断路器故障及缺陷37例，组合电器故障及缺陷10例，隔离开关故障及缺陷11例，高压开关柜故障及缺陷28例，电流互感器故障及缺陷10例，电压互感器故障及缺陷11例，电容器故障及缺陷4例，高压并联电抗器故障及缺陷5例，避雷器故障及缺陷5例，类型涵盖电气、机械等故障经过。对故障及缺陷的检查情况、故障原因、防范措施等进行了详细的阐述和分析，在设备管理、故障检查、故障分析、故障处理等环节为培训教学工作积累了宝贵资料。

本教材主要内容分两大部分：理论知识部分和故障及缺陷案例分析与处理部分。主要包括变压器、断路器、组合电器、隔离开关、高压开关柜、互感器、电容器、电抗器、避雷器等变电一次设备的基本知识，重点介绍了近年来发生在变电现场实际典型故障案例及缺陷的案例。

本教材可作为供电企业变电运行、检修人员岗位培训用书，也可供电力变电一次设备制造、安装、运行、维护、检修等专业技术人员和管理人员参考，有助于提高变电一次设备的运行、维护和检修水平。

本教材由国网河北省电力有限公司培训中心刘哲担任主编，负责全书的编写、统稿和各章节的初审。国网河北省电力有限公司电力科学研究院赵军、顾朝敏，培训中心闫佳文、蒋春悦担任副主编，负责全书的编写和各章节的专业审核。国网河北省电

目录 /contents

第二部分　故障及缺陷案例分析与处理

第一部分　理论知识

第一章　变压器

第一节　变压器的基本知识

一、变压器的原理

变压器是根据电磁感应原理，以相同的频率，用来改变电压和电流的静止电气设备，它主要是用来升高或降低交流电压。

变压器的用途广泛，种类繁多。在现代化的工农业生产和人民生活中用到的电能，有发电厂供给，需经远距离传输，到达各厂矿、用户，在传输一定功率的电能时，传输电压越高，所需电流越小，损耗正比于电流的平方，所以用较高的电压传输电能，可大大降低传输过程中的电压降和损耗，要制造高电压的发电机，技术上还很困难，因此需要变压器将发电厂发出的电能升高传输，用电端将电压降低使用。在电力系统中，由于电网内部存在多种电压等级，这就需要各种规格电压等级和容量的变压器来连接。由此可见，变压器的地位十分重要，这就要求其性能要好而且运行安全可靠。

变压器除了应用在电力系统中，还应用在需要特种电源的工矿企业中。例如，冶炼用的电炉变压器，电解或化工用的整流变压器，焊接用的电焊变压器，试验用的试验变压器，铁路用的牵引变压器。另外，互感器、电抗器、消弧线圈等其基本原理和结构与变压器相似，常和变压器一起统称为变压器类产品。

二、变压器的主要标志及其含义

1. 变压器铭牌标志及其含义

变压器的铭牌包含了变压器的基本信息。按照国家标准，铭牌上除标出变压器名称、型号、产品代号，制造厂名（包括国名）、出厂序号，制造年月等以外，还需标出变压器相应的技术数据，见表1-1。

表 1－1　电力变压器铭牌所标出的项目

项目	标准项目	附加说明
基本信息	相数（单相、三相）	
	额定容量（kVA 或 MVA）	多绕组变压器应给出每个绕组的额定容量
	额定频率	
	各绕组额定电流（A）	三绕组自耦变压器应注出公共绕组中长期允许电流
	联结组标号，绕组联结示意图	6300 kVA 以下的变压器可不画联结示意图
	额定电流下的阻抗电压	实测值
	冷却方式	有几种冷却方式时，还应以额定容量百分数表示相应的冷却容量
	使用条件	户外，户内，使用超过或低于 1000 m 海拔等
	总重量（kg 或 T）	
	绝缘油重量（kg 或 T）	
特殊信息	绝缘的温度等级	油浸或变压器 A 级绝缘可不标出
	温升	当温升不是标准规定值时
	联结图	当联结组标号不能说明内部的全部情况时
	绝缘水平	额定电压在 3.6 kV 以上的变压器
	运输重（kg 或 T）	
	器身吊重、上节油箱重	器身吊重在超过 5 T 时标出，钟罩式油箱应标出上节油箱重
	绝缘液体名称	在非矿物油时标出
	有关分接的详细说明	8000 kVA 及以上变压器
	空载电流	实测值 8000 kVA 及以上变压器
	空载损耗和负载损耗	

下面介绍变压器铭牌中的主要标志的含义。

（1）型号标志的含义和辨识

变压器型号采用汉语拼音的大写字母表示，为了表达出变压器的所有特征，往往用多个合适的字母，同时，用阿拉伯数字表示产品性能水平代号或设计序号和规格代号。图 1－1 给出了电力变压器产品型号的组成型式。

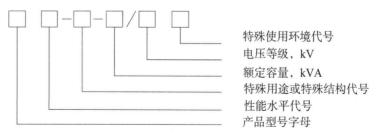

特殊使用环境代号
电压等级，kV
额定容量，kVA
特殊用途或特殊结构代号
性能水平代号
产品型号字母

图 1－1　电力变压器产品型号的组成型式

例如：OSFPSZ－240000/220 表示自耦三相强迫油循环风冷三绕组铜线有载调压额定容量 240000 kVA，高压绕组额定电压 220 kV 级电力变压器。

各汉语拼音符号代表的特性含义见表 1-2。

表 1-2　电力变压器的分类及其代表符号

分类	类别	代表符号	分类	类别	代表符号
绕组耦合方式	自耦		绕组数	双绕组	－
				三绕组	S
相数	单相	D	绕组导线材质	铜	－
	三相	S		铜箔	B
				铝	L
				铝箔	LB
冷却方式	油浸自冷	-或 J	调压方式	无励磁调压	－
	干式空气自冷	G		有载调压	Z
	干式浇注绝缘	C			
	油浸风冷	F			
	油浸水冷	S			
	强迫油循环风冷	FP			
	油强迫循环水冷	SP			

（2）变压器容量

变压器的重要作用是传输电能，因此额定容量是其主要数据。额定容量是表现容量的惯用值，表征传输能量的大小，以视在功率表示，单位是 kVA。

变压器额定容量与绕组额定容量有所区别：双绕组变压器的额定容量即为绕组的额定容量；多绕组变压器应对每个绕组的额定容量加以规定，其额定容量为最大的绕组额定容量；当变压器容量由冷却方式而变更时，则额定容量是指最大的容量。

我国现在变压器额定容量等级是按 10 的 10 次方根倍数增长的 R10 优先数列，即每个容量（50 kVA 开始），乘以 10 的 10 次方根即为下一容量的额定值。

变压器容量的大小对变压器结构和性能影响很大，单台容量越大，其材料利用率越高；经济指标越好。同时，变压器额定容量的大小与电压等级也是密切相关的，电压低，容量大时电流大。因此，一般情况下，电压低的容量小，电压高的容量大。

（3）相数与频率

变压器分单相和三相两种，一般均制成三相变压器以直接满足输配电的要求，小型变压器有制成单相的，特大型变压器为了满足运输要求，做成三台单相后组成三相变压器组。

变压器额定频率是所设计的变压器的运行频率，也是输变电网络的频率，在我国为 50 Hz。

（4）电压组合

变压器的额定电压是指各绕组的额定电压，是施加的或空载时产生的电压，是以有效值表示的线电压。组成三相组的单相变压器，如绕组为星形连接，则绕组的额定电压以线电压为分子，$\sqrt{3}$ 为分母，如 $380/\sqrt{3}$。

变压器的电压组合是指变压器各绕组的额定电压，其比称为电压比。绕组之间的电压组合是有规定的，变压器各绕组的额定电压与其所连接的输变电线路相符合。

（5）额定电流

变压器的额定电流是指绕组的额定容量除以该绕组的额定电压及相应的相系数（单相为 1，三相为 $\sqrt{3}$）而算得的流经线端的电流，是允许长期通过的电流。因此，变压器的额定电流就是各绕组的额定电流，是指线电流，也以有效值表示，但是，组成三相组的单相变压器，如绕组为三角形连接，绕组的额定电流以线电流为分子，$\sqrt{3}$ 为分母，例如 $500/\sqrt{3}$ A。

（6）联结组别

运行中的变压器的同侧绕组按一定的联结顺序构成了联结组，对于单相变压器而言，没有绕组的外部联结，所以其联结符号用 I 表示。

对于三相变压器，则存在着星形、三角形、曲折形连接，高压绕组分别用 Y、D、Z 表示，中压和低压绕组则用 y、d、z 表示。有中性点引出则分别用 YN、ZN 和 yn、zn 表示。自耦变压器有公共部分的两绕组中额定电压低的一个用符号 a 表示。

变压器同侧绕组联结后，不同侧间电压相量有角度差——相位移，这种相位移作用是指绕组各相应端子与中性点间的电压相量角度差，在变压器中以钟时序来表示，称为联结组别。

联结组和联结组别合一起就是铭牌上所标注的联结组标号。

单相变压器不同侧绕组相位移为 0°或 180°，因而其联结组别只有 0 和 6 两种，但是通常绕组的绕向相同，端子标志一致，所以电压相量为同一方向，因此双绕组单相变压器的实用联结组标号只有 I、i0。三相双绕组变压器的相位移为 30°的倍数，所以有 0、1、2、…11 共 12 种组别。同样由于绕组绕向相同，端子标志一致，联结组别仅为 0、11 两种。因此三相双绕组实用的联结组标号为 YynO、Yzn11、Yd11、YNd11、Dyn11 等。

三绕组变压器的联结组由高中和高低两个联结组/组成，所以在联结组标号中有两个联结组别，实用的三绕组的联结组标号为 Ii0i0 和 Ia0i0（单相），YNyn0d11 和 YNyn0yn0（三相）。

三相变压器并联运行时，每台变压器的联结组别必须完全一致。

（7）阻抗电压

双绕组变压器当二次绕组短接，一次绕组流通额定电流而施加的电压称为阻抗电压 U_k，多绕组变压器则有任意一对绕组组合的 U_k。

铭牌上标注的变压器的阻抗电压为实测值，它是变压器的并联运行的条件之一，因而必须引起重视。

（8）冷却方式

变压器的冷却方式由冷却介质种类及其循环方式来标志，一般由两个或四个字母代号标志，依次为绕组冷却介质及其种类，外部冷却介质及其循环种类。冷却方式的代号标志及其应用范围见表 1-3。

表 1-3　冷却方式及标志代号

冷却方式	代号标志	冷却方式	代号标志
干式自冷式	AN	强油风冷式	OFAF
干式风冷式	AF	强油水冷式	OFWF
油浸自冷式	ONAN	强油导向风冷和水冷式	ODAF 或 ODWF
油浸风冷式	ONAF		

（9）绝缘水平

变压器的绝缘水平也称绝缘强度，即变压器绕组耐受电压。耐受电压包括雷电冲击耐受电压（LI），工频耐受电压（AC）和操作冲击耐受电压（SI），在变压器铭牌上按照高压、中压和低压绕组的线路端子和中性点端子顺序列出（冲击电压在前），其间用斜线分开。分级绝缘的中性点端子与线路端子绝缘水平不同时应分别列出。

例如：一台变压器高压绕组 $U_{N1}=252$ kV，中压绕组 $=U_{N2}126$ kV 均为星形连接，分级绝缘，低压绕组 $U_{N3}=11.5$ kV，三角形连接，则绝缘水平标志：

h·v·线路端子	LI/AC	850/360 kV
h·v·中性点端子	LI/AC	400/200kV
m·v·线路端子	LI/AC	480/200kV
m·v·中性点端子	LVAC	250/95kV

| 1·v·线路端子 | LI/AC | 75/35kV |

变压器绕组的线路端子及中性点端子的绝缘水平在 GB 311.1《高压输变电设备的绝缘配合》中给出了已确定的标准值。

（10）重量

在变压器的安装与运输过程中，因为载重及吊装设备的需要，要了解变压器的重量值。在小型变压器中，由于不需要拆卸运输，因而只给出了总重量及变压器油的参考重量。在容量大于 8000 kVA 的变压器中，还给出了运输重量，同时器身重量超过 5 t 时还要标出器身重量。对于钟罩式油箱，铭牌上还有上节油箱重量及添加油重量等。

（11）附加项目

在变压器的容量大于 8000 kVA 时，除前面 10 项外，还要标出变压器的空载电流、空载损耗、负载损耗的实测值。此外，还需要给出变压器的端子位置示意图。

2. 其他标志

（1）接地标志

变压器的外壳必须接地，一般通过在油箱下部的接地螺栓来实现，在接地螺栓的旁边，给出显著的接地标识。大型变压器的铁心和夹件大都单独引出至变压器下部，便于接地电流的检测。

（2）变压器的接线端子

变压器的接线端子是变压器能量输入和输出的通道，一般用英文字母 A、B、C 表示高压，Am、Bm、Cm 表示中压，而用 a、b、c 表示低压端子，中性点用阿拉伯数字 0 表示。各端子的布置与绕组及铁心的分布相一致，一般为面对高压侧，自左向右为依次为 A、B、C。

第二节 变压器的基本结构

变压器具有两个或多个绕组的静止设备，为了传输电能，在同一频率下，通过电磁感应将一个系统的交流电压和电流转换为另一个系统的电压和电流。通常这些电流和电压的值是不同的。应用最广泛的油浸式电力变压器一般由铁心、绕组、引线、油箱及外围附件等组成。其中，绕组和铁心是变压器实现电磁转换的核心部分，而油箱、引线及各种附件是保证油浸变压器运行所必需的。

一、铁心

1. 铁心的作用

变压器可以变换不同电压，是通过铁心内的磁通随时间的变化，在不同匝数的绕组内感应出不同的电压。铁心是变压器的基本部件，是变压器的磁路部分，作用是导磁，一般采用导磁率高，损耗低的电工钢片作为铁心的材料，主要为了减少交变磁通在通过铁心时引起的磁滞、涡流损耗。

从工作原理方面讲，铁心是变压器的导磁回路，它把两个独立的电路用磁场紧密联系起来，电能由一次绕组转换为磁场能后经铁心传递至二次绕组，在二次绕组中再转换为电能。从结构方面讲：铁心一般都是一个机械上可靠的整体，在铁心上套装线圈，铁心夹件可以支撑引线，变压器内部几乎所有的部件都安装或固定在铁心上。

2. 铁心的结构

变压器铁心的结构形式可分为壳式和芯式两大类，我国变压器制造厂普遍采用芯式结构。芯式铁心又可分为单相双柱、单相三柱、三相三柱、三相五柱式等。大多数电力变压器通常为三相一体形势，常常采用三相三柱或三相五柱式铁心，特大型变压器因为体积大运输困难，一般由三台单相变压器组成，其铁心常采用单相三柱式。

变压器铁心结构有多种形式，但其紧固结构和方法却大体相似，一般由夹件、铁心绑扎带、紧固螺杆（拉板）、绝缘件、横梁、垫脚等将叠积的硅钢片绑扎固定成为一个牢固的整体，作为变压器器身装配的骨架。典型的变压器铁心结构如图 1－2 所示。

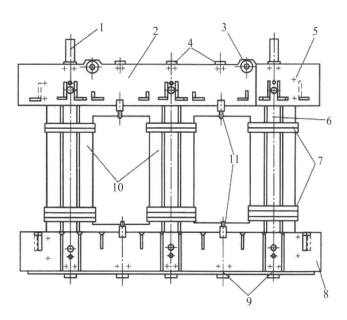

1-上部定位件；2-上夹件；3-上夹件吊轴；4-横梁；5-拉紧螺杆；6-拉板；7-环氧绑扎带；
8-下夹件；9-垫脚；10-铁心叠片；11-拉带

图 1－2　典型的变压器铁心结构示意图

硅钢片是高导磁材料，它是铁心的最重要部分。将含有一定比例硅元素的钢材轧制成片，两面涂敷绝缘层后即成硅钢片。硅钢片按制法可分为冷轧和热轧两类，按轧制后的晶粒排列规律可分为取向硅钢片和无取向硅钢片。其中冷轧取向硅钢片因为具有磁饱和点高、损耗和励磁容量低的显著优点在电力变压器领域被广泛应用。冷轧取向硅钢片也有缺点，例如其磁化特性的方向性强（沿轧制方向磁化特性好，损耗小；沿其轧制的正交方向不易磁化，损耗大），为了减少变压器角部损耗，设计时一般采用多级斜接缝，叠积难度相对较大，工艺要求高。又如冷轧取向硅钢片抗机械冲击能力差，加工、运输甚至叠积过程中的磕碰、弯曲均会导致硅钢片性能劣化。常用冷轧硅钢片的厚度有 0.23 mm，0.27 mm，0.30 mm，0.35 mm，越薄的硅钢片损耗水平越低，但叠片系数（导磁面积与几何面积的比值）也低，工艺难度相对较大。除硅钢片外，非晶合金也是一种重要的铁心材料，非晶带材的厚度仅为硅钢片的 1/10，其涡流损耗水平较普通硅钢片可降低约 80%，在倡导节能环保的大背景下，非晶合金在配电变压器制造领域的应用越来越多。

大多数的铁心由硅钢片叠积而成，也有部分小型变压器采用卷制工艺制作铁心，相比而言卷铁心有损耗低、噪声低较的优点，但其工艺难度相对较高。铁心的截面大多为多级圆形（见图 1-3（a）），在旁轭、上轭、下轭等部位也有采用多级椭圆形（见图 1-3（b））、多级 D 形截面（见图 1-3（c））。

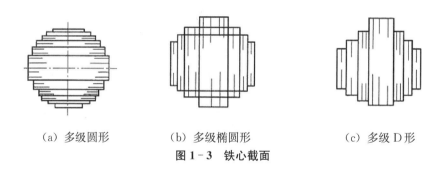

（a）多级圆形　　　　　（b）多级椭圆形　　　　　（c）多级 D 形

图 1-3　铁心截面

变压器运行过程中，铁心中有交变的磁场，该磁场在铁心中会产生涡流损耗（变压器空载损耗的主要部分），大型变压器的铁心发热量较大，为防止铁心过热，可在铁心叠片中设置冷却油道，一般情况下冷却油道由绝缘材料制成。

3. 铁心绝缘

铁心绝缘包括铁心的片间绝缘和铁心片与结构件之间的绝缘。硅钢片两面涂有极薄的绝缘膜（无机磷酸盐膜），即铁心的片间绝缘，它把硅钢片彼此绝缘开来，以避免铁心片间形成大的短路环流。在大型变压器中，为避免铁心叠片中因感应电位累加而放电，在铁心叠片中每隔一定厚度应放置 0.5～1 mm 厚的绝缘纸板，把铁心分隔为几个部分。此外，铁心片与结构件的短路可以造成多点接地，可能产生短路回路而烧毁接地片甚至铁心，因此铁心片与夹件、侧梁、垫脚、拉板等结构件之间必须有良好的绝缘。

4. 铁心接地

铁心及其金属结构件由于所处的电场及磁场位置不同，产生的电位和感应电动势也不同，当两点的电位差达到能够击穿两者之间的绝缘时，便相互之间产生放电，放电的结果使变压器油分解，并容易将固体绝缘破坏，导致事故的发生，为了避免上述情况的出现，铁心及其他金属结构件（夹件、绕组的金属压板等）必须接地，使它们处于等电位（零电位）。需要注意的是，铁心油道、片间绝缘纸板等两侧的铁心片必须用金属接线片短接起来以保证整个铁心可靠接地。

铁心接地必须是一点接地。虽然相邻铁心片间绝缘电阻较大，但因绝缘膜极薄、正对面积大，所以片间电容很大，对于在交流电磁场中工作的铁心来说通过片间电容的耦合，整个铁心电位接近，可视为有效接地。但当铁心两点（或多点）接地时，若两个（或多个）接地点处于不同的叠片级上，因处于交变电磁场中，两个接地点之间的铁心片将有一定的感应电动势，并经大地形成回路产生一定的电流，这个电流将导致局部过热，严重的将烧毁接地片甚至铁心，影响变压器的安全运行。

二、绕组

1. 绕组的作用

绕组是变压器的最主要构成部件之一，是变压器变换电压的电路部分。变压器的一次绕组通过铁心将电能转换为磁场能，二次绕组通过铁心将磁场能还原为电能并输出。绕组的电器性能和机械性能直接影响变压器的性能。

2. 常见绕组的结构

绕组一般是由表面有绝缘（绝缘漆或纸包绝缘）的铜（铝或超导材料）导线绕制而成，一般成圆柱形。考虑到大型变压器短路容量较大和系统容量的增加，为了提高绕组稳定能力、抗短路能力，选用半硬铜导线。为降低损耗采用自粘换位导线。由于国产变压器绝大多数是心式结构，它的绕组也都采用同心式结构，这种圆柱形绕组，正适合同心式变压器绕组的布置。因此，大多数变压器均采用圆柱形绕组。

变压器绕组中通过的电流随额定电压的不同而不同，绕组的结构与变压器的容量有关。因此，电力变压器绕组采用不同的结构是为了适应不同的绕组电压、电流和加工制造方便。

根据绕组结构和工艺特点，绕组的型式可分为层式绕组和饼式绕组两种。绕组的线匝沿轴向依次按层排列绕成称为层式绕组，如圆筒式和箔式绕组。绕组的线匝沿辐向绕成线饼，在由多个线饼沿轴向排列的绕组称为饼式绕组，如连续式、纠结式、内屏蔽式绕组。绕组的型式见表 1-4。

表 1-4 绕组的型式

绕组	层式绕组	圆筒式	单层圆筒式、双层圆筒式、多层圆筒式、分段圆筒式
		箔式	一般箔式、分段箔式
	饼式绕组	连续式	一般连续式、半连续式
		纠结式	纠结连续式、普通纠结式、插花纠结式
		内屏蔽式	插入电容式
		螺旋式	单螺旋式（单半螺旋式）、双螺旋式（双半螺旋式）、和四螺旋式
		交错式	由连续式或螺旋式线段交错排列而成（壳式变压器）

各种绕组在结构、电气和机械性能、绕制工艺等方面有很大区别，以下简单介绍几种常见的绕组结构及其特点。

1）圆筒式绕组。圆筒式绕组是目前配电变压器高、低压绕组的主要结构形式。圆筒式绕组又可分为单圆筒式、双层（四层）圆筒式、多层圆筒式、分段圆筒式等。其共同的结构特点是绕组一般沿其辐向有多层，每层内线匝沿其轴向呈螺旋状前进（见图 1-4 和图 1-5）。

一般不绕成单层，绕成双层或多层时，其层间必须垫绝缘纸板或用木条加在中间做成油道。它的特点是绕制简单，油道散热效果好，同时，圆筒式绕组层间紧密接触，层间电容大，在冲击电压下，有良好的冲击分布，但线圈端部支撑面小机械强度差，抗短路能力相对较差，一般用在小容量变压器上。

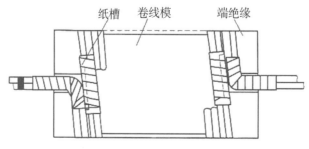

图 1-4　单层圆筒式绕组的结构

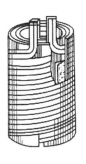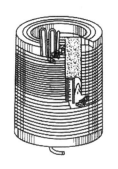

（a）双层圆筒式　　　　（b）多层圆筒式

图 1－5　多层圆筒式和多层圆筒式绕组的结构

2）箔式绕组。箔式绕组是利用铝箔或铜箔作为导体绕成圆筒式，将绝缘材料和导电材料一起放在专用的箔式绕线机上连续绕制，每层一匝，层间绝缘就是匝间绝缘，如图 1－6 所示。它的特点是绕组的空间利用率高，便于绕制，目前主要用于变压器的低压绕组，也有厂家采用分段箔式结构增加匝数将箔式绕组用于高压绕组。

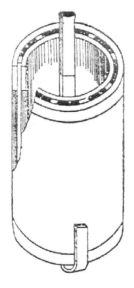

图 1－6　箔式绕组

3）连续式绕组。连续式绕组是最常见的饼式绕组之一。连续式绕组是用扁导线连续绕制若干个线饼组成，如图 1－7 所示。每个线饼由一根或几根导线并联连续绕成的，主要特点是把导线沿绕组的辐向排列成圆饼状，而后把各个圆饼状的线饼用不同的方式串联起来构成不同型式的绕组，各个线饼之间放置作为饼间绝缘和构成饼间冷却油道的绝缘件。线圈的饼数应为偶数，第一饼（奇数）由外向内绕制为反饼，第二饼（偶数）由内向外绕制为正饼，其余线饼相同。当连续式绕组由多根导线并绕时，并绕导线内部应进行换位。它的特点机械强度高散热性能好，其机械强度要好于圆筒式，因而在大中型变压器中被广泛采用。承受冲击电压性能差，适用于 35 kV～110 kV 的绕组。

4）螺旋式绕组。螺旋式绕组由多根扁导线并联按螺旋形绕制成的，当全部并绕导线重叠绕制成一个线饼，每绕一匝前进一个线饼时称单螺旋；当全部并绕导线绕成两个线饼，每绕一匝前进两个线饼时称双螺旋；同样可以绕制成三螺旋、四螺旋绕组。如图 1-8 所示。螺旋式绕组的特点是绕制工艺简单，冷却条件好，螺旋式绕组匝数少、并绕导线多，由于线圈高度的限制，匝数较多的绕组不适用。一般用于低电压、大电流变压器的低压绕组和有载调压变压器的调压绕组。

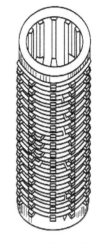

图 1-7　连续式绕组

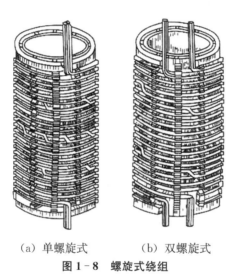

（a）单螺旋式　　　（b）双螺旋式

图 1-8　螺旋式绕组

5）纠结式绕组。从外形上看纠结式绕组与连续式绕组基本相同，它们的区别在于相邻线饼之间导线连接的方法不同，线匝的排列顺序不同。它的线匝不以自然数序排列，而在相邻数序的线匝间插入不相邻数序的线匝。原来的连续式绕组的线匝，需进行交错纠连，形成纠结式绕组。有些 110 kV 变压器绕组，只是在起始的一些线饼采用纠结式，其余部分采用连续式，这种绕组称为纠结连续式，220 kV 以上变压器的绕组全部采用纠结式。纠结式绕组的特点提高了匝间电位差，增大了绕组纵向电容（纵向匝间），可以改善冲击电压起始分布，降低电压梯度。纠结组绕制过程中不可避免要焊接导线，对制作工艺水平要求较高，绕制费工时，绕组焊头多。但纠结式绕组的匝间电容和饼间电容大于连续式绕组，在冲击电压作用下的电压分布比连续式好得多。因此在大型变压器的高压绕组中经常使用。

6）内屏蔽式绕组。内屏蔽式绕组是由在连续式线段内部插入增加纵向电容的屏蔽线而组成，又称插入电容式绕组，它是通过增大线段的串联电容来达到改善冲击电压分布的目的，其结构特点是将厚度较小的导线作为附加电容（屏蔽）线匝，直接绕于连续式线段内部，并将端头包好绝缘悬空，所以电容不参与变压器的正常运行，只在冲击电压下起作用。内屏蔽式绕组在超高压变压器绕组中，采用分区补偿时，由于调节串联电容方便而多被采用。内屏蔽式绕组的特点它和纠结式绕组一样可以改善冲击电压起始分布，绕制方便，减少大量焊点，可用于 110 kV 及以上的变压器高压绕组。

三、器身

变压器的铁心、绕组、绝缘件和引线装配成为器身。器身绝缘的布置与变压器的电压等级有关，并随绕组结构（圆筒式或饼式）、绕组个数（双绕组或三绕组）、出线方式（端部或中部出线）、压紧方式（拉螺杆或压板）、调压方式（无励磁或有载）的不同而不同。图 1-9 是某高压 110 kV 级分级绝缘端部出线的器身绝缘结构示意图（低压≤45 kV）。

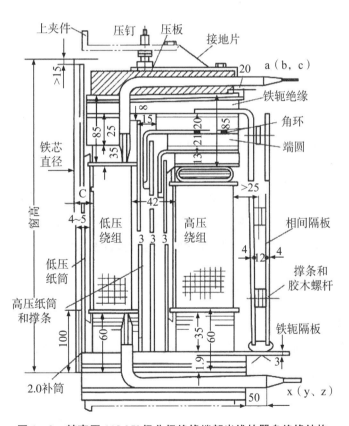

图 1-9　某高压 110 kV 级分级绝缘端部出线的器身绝缘结构

从图 1-9 可以看到，低压绕组和高压绕组同心套装在铁心上，绕组的下部有水平托板作为支撑，上部有压板和压钉压紧，整个器身被紧固成一个机械上稳定的整体。铁心、低压绕组、高压绕组三者之间用撑条纸板间隔填充成为绝缘，绕组上、下端部用角环、端圈作绝缘，引线由绕组端部引出并用皱纹纸包裹，各带电部分之间、带电部分与接地部分间必须保持足够的绝缘距离。

四、引线

变压器中连接绕组端部、开关、套管等部件的导线称为引线，它将外部电源电能输入变压器，又将传输电能输出变压器。引线一般有三类：绕组线端与套管连接的引出线、绕组端头间的连接引线以及绕组分接与开关相连的分接引线。对引线有三个方面的要求：电气性能、机械强度和温升。在尽量减小器身尺寸的前提下，引线应保证足够的电气强度；为承受运输的颠簸、长期运行的振动和短路电动力的冲击，应具有足够的机械强度；对长期运行的温升、短路时的温升和大电流引线的局部温升，不应超过规定的限值。

变压器的引线有裸圆线、纸包圆线、裸铜排、电缆和铜管等型式。一般而言，纸包铜缆（棒）曲率半径较大，绝缘较好，多用于高压引线；铜排、铜管截面积大，载流能力强，机械强度好，多用作低压引线。

变压器引线必须用支架可靠固定，支架材料一般选用色木、水曲柳、层压木或层压纸板。其中层压纸板材料电气性能好，机械强度也满足要求，一般用于电压等级高的变压器中。引线支架一般固定在铁心夹件或下节油箱上。

变压器引线必须与其他部件之间可靠绝缘，引线绝缘主要取决于所连接绕组的电压等级和试验电压的种类、大小和分布状况。电压较低的引线可以是裸露（或覆盖绝缘漆）的铜排，电压较高的引线一般采用多层皱纹纸迭包的厚绝缘。因引线电场情况比较复杂，引线绝缘的厚度和绝缘距离一般根据实验数据来确定。

五、油箱

1. 油箱的作用

油浸式变压器的油箱是保护变压器器身的外壳和盛装变压器油的容器，又是变压器外部结构件的装配骨架，同时通过变压器油将器身损耗产生的热量以对流和辐射的方式散至大气中。变压器油的主要作用是作为绝缘介质。另一方面作为散热的媒介。变压器油箱结构主要有两种型式，即器身式和钟罩式。一般中、小变压器的油箱做成器身式，检修时将箱盖和器身一起吊起；中、大型变压器的油箱做成钟罩式，检修时只将箱壳（钟罩）吊起，可以对变压器器身进行检修。

2. 油箱的基本要求

作为装载变压器油的容器，油箱的第一个要求就是要密封而无渗漏，它包含两个方面的含义：①所有钢板和焊线不得渗漏，这决定于钢板的材质，焊接技术工艺水平和焊接结构的设计是否合理；②机械连接的密封处不漏油，这决定于密封材料的性能和密封结构的合理性；其次，作为保护外壳支持外部结构件的骨架，油箱应有一定的机械强度和安装各外部构件所需要的一些必备的零部件。

对机械强度的要求，主要来自五个方面：①承受变压器器身和油的重量及总体的起吊重量；②承载变压器的所有附件（如套管、储油柜、散热器或冷却器等）；③在运输中承受冲击加速度的作用和运行条件下地震力或风力载荷的作用；④对于大型变压器而言，器身在油箱内要真空注油或在现场修理时要利用油箱对器身进行干燥处理，要求油箱能够承受抽真空时大气压力的作用，而不产生损伤和不允许的永久变形；⑤除承受内部油压的作用外，还应保证在变压器内部事故时油箱不爆裂。对于安装各外部件所需的必备零部件的要求，是指根据产品的规格、容量和一台完整的油箱必须具备的部分或全部零部件。

3. 变压器油箱的结构

变压器油箱按其结构形式一般可分为桶式和钟罩式两种。

桶式油箱的特点是下部是长方形或椭圆形（单相小容量变压器也有用圆形）的油桶结构，箱沿设在油箱的顶部，顶盖与箱沿用螺栓相连，顶部为平顶箱盖。桶式油箱的变压器大修时需要吊芯检修，对大型变压器而言工作难度较大，以前主要在小型变压器及配电变压器上应用。随着变压器质量水平提升和定期检修概念的淡化，大型变压器也越来越多地开始采用桶式结构的油箱。

钟罩式油箱常见的几种纵剖面的形状如图 1-10 所示。

其中图 1-10 (a) 所示为钟罩式油箱的典型结构。为了适应运输外限的要求，顶部做成三个部分（顶盖、高压侧盖、低压侧盖）呈尾脊形。下节油箱较小，只包含一部分下蒇，除去钟罩后绕组部分可完全外露。当采用强油循环导向油冷却结构时，常利用箱底上两条长轴方向的加强槽钢兼做导油通道。

(a) 典型结构　　　(b) 无下节油箱　　　(c) 槽形箱底

图 1-10　大型变压器油箱纵剖面形状示意图

图 1-10（b）所示油箱无下节油箱，钟罩直接与箱底用螺栓连接密封。其优点是当吊开钟罩后，器身完全暴露。缺点是降低了箱底的结构刚性，另外当拆除上罩后，残存的变压器油将从箱底四周溢出，造成油的损失且污染周围环境。

图 1-10（c）所示是槽形箱底的钟罩式油箱，而且有时可利用槽形箱底的侧壁紧固下轭。铁心完成后先装入槽形箱底再套装绕组，绕组就坐落在槽形箱底的平板上，这种结构很紧凑，可省掉一些结构件，减少变压器油用量，从而减轻变压器的总重量。但是绕组端部坐落在大面积的钢板上，会增加结构损耗，并且在冲击电压下，使绕组端部钢板充磁。

第三节　变压器主要组件的分类和作用

一、变压器主要组件的分类

变压器组件是变压器类产品的一个重要组成部分，是变压器安全可靠运行的一个重要保证，按照其在变压器运行中的作用，可以大致分为以下几类：

（1）在变压器运行起到安全保护类组件。包括气体继电器、油位计、压力释放阀、多功能保护装置等。

（2）测温装置。主要指各类温度计及测温元件。

（3）油保护装置。主要有储油柜、吸湿器等。

（4）变压器冷却装置。如散热器、风冷却器、水冷却器等。

（5）各类套管。

（6）调压装置即分接开关。分为无载调压开关和有载调压开关。

二、变压器主要组件的作用

1. 保护类装置

（1）气体继电器

气体继电器用于 800 kVA 及以上的变压器中，它可以在变压器内部发生故障时产生气体或油面过度降低时发出报警信号，严重时将变压器电源切断。目前常用的是 QJ（挡板）型气体继电器。

QJ 型气体继电器安装于连接变压器与储油柜的联管上，当变压器内部出现轻微故障时，则因油分解而产生的气体聚集在容器的上部，迫使油面下降，开口杯降到某一限定位置时，磁铁使干簧触点闭合，接通信号电路，发出信号。若因变压器漏油而使油面降低时，同样会发出信号。当变压器内部发生严重故障时，将会产生大量的气体，在连接管中产生油流，冲动挡板，当挡板运到某一限定位置时，磁铁使干簧触点闭合，接通跳闸电路，切断与变压器连接的所有电源，从而起到保护变压器的作用。

（2）油位计

油位计也称油表，用来监视变压器的油位变化，主要分为管式、板式和表盘式几种形式。板式油表结构简单，由法兰盘、反光镜、玻璃板、密封垫圈、衬垫及外罩组成，一般用于小容量的变压器和电容式套管的储油器上。

管式油位计有两种，一种是普通的管式油位计，即除上下与储油柜连接管外，中间为一根玻璃管；另一种是带浮子式管式油位计，即在玻璃管中带一个红色的浮球。表盘式油位计分为磁铁式（浮球式）和铁磁式两种。

（3）压力释放阀

压力释放阀又称为释压阀，其型号用字母及数字表示为：YSF□-□/□□。其中，YSF 代表压力释放阀；从左至右，第一个方框表示设计序号，第二个方框表示压力释放阀的开启压力，第三个方框代表有效喷油口径，第四个方框表示报警信号方式及环境条件。例如：YSF4-55/130 KJ（TH），即为喷油口径 φ130 mm，开启压力 55 kPa，带机械电气报警信号，湿热带适用，第四次设计的压力释放阀。

压力释放阀动作以后，动作标志杆升起，突出护盖，表明压力释放阀已动作。当油箱中压力减少到关闭压力时，弹簧带动膜盘复位密封，由于标志杆仍在动作位置上，可手动复位。

（4）多功能保护器

多功能保护器是近年来针对配电变压器而开发的综合保护装置，因为密封式变压器取消了储油柜，因而也就无处安装气体继电器，但根据继电保护的要求，800 kVA以上的变压器必须安装气体继电器。而多功能保护器不但具有温度远程显示及保护，而且也具有气体继电器的全部功能。

多功能保护器主要由电器室和继电器座组成，在电器室内装有压力继电器，轻瓦斯继电器用穿墙式插座，温度保护器用热电阻插座及外接线端子板。在继电器座的下部，有一个水平旋转的干簧开关。其浮漂在保护器下端的温度探头上可上下移动。浮漂上有一块永久磁铁，当油面下降时，浮漂下降，上面的磁铁与干簧开关距离拉大，干簧接点自动闭合，轻瓦斯继电器动作。当变压器发生故障时，气体（或油流）产生的压力推动压力继电器，使压力继电器的动合触点闭合，重瓦斯继电器动作。

2. 测温装置

温度计一般用来测量变压器油箱中油的上层油温，也有埋入绕组中用于测量绕组温度的电阻式温度计，一般多用于干式变压器。一般油浸变压器所使用的温度计主要有三种类型：水银温度计、信号温度计和电阻温度计。

水银温度计用于所有的电力变压器上，但是在 6300 kVA 以下的变压器中，其结构为玻璃管式，使用时通常放在薄钢制作的外罩中，将测温筒插入油箱中。

信号温度计应用于 800 kVA 及以上的变压器上，又称为电接点压力式温度计。

电阻温度计一般配置在 8000 kVA 及以上的大型变压器上。它除了与信号温度计一样能发送信号或启动冷却装置外，还能远距离测量温度和发送温度信号。电阻温度计由电阻测量元件和温度指示仪构成。温度指示仪内部为电桥构造，桥的一臂接到电阻测温元件，测温电阻元件接到电力变压器的油箱上。

3. 储油装置

（1）储油柜

储油柜是一个与变压器本体连通的储油容器，装设于高于箱盖的位置，当变压器温度变化引起变压器油体积变化时，储油柜可以容纳或对本体补充变压器油，从而保证本体内变压器油处于正常压力并且充满状态。同时，储油柜的采用减小了变压器油与空气的接触面，从而减缓了油的劣化速度。储油柜的侧面还装有油位计，可以监视油位的变化。目前，常用的储油柜大致可分为普通型和密封型两大基本类型。

普通型储油柜中不加任何防油老化装置，其油面通过呼吸器（吸湿器）或呼吸孔和大气接触。其中，小容量的变压器储油柜是由薄钢板制成的简单圆筒，两端用翻边封头圆板焊接，一端装有玻璃管油位计，另一端有手孔盖，便于打开清理内部油污。而用于较大容量的变压器油箱的储油柜，则在其一端改为法兰与端盖连接的可打开的方式，更便于内部清理。

密封型储油柜是加装了防油老化装置的与外界空气完全隔离的结构型式，包括胶囊式、隔膜式和波纹膨胀式储油柜。

胶囊式储油柜，其胶囊内部与大气相通，当温度升高时，油面上升，胶囊中的气体通过与吸湿器相通的联管排出，胶囊缩小；反之，油面下降，胶囊通过吸湿器吸入空气，体积增大。

隔膜式储油柜，隔膜周边压装在上、下柜沿之间，隔膜的内侧紧贴在油面上，外侧和大气相通。集聚在隔膜外部的凝露水可以通过放水阀排出。这种储油柜一般采用连杆式铁磁油位计。在储油柜底部有个集气盒，变压器运行中油体积的膨胀和收缩都要经过集气盒进入或排出储油柜，而伴随油流中的气体被集聚在集气盒中，不能进入储油柜，从而可避免出现假油面，集气盒中集聚的气体可以通过排气管端部的阀门放出。

波纹膨胀式储油柜由柜罩、柜座、波纹膨胀芯体、输油管路、注油管、排气管、输油软连接管、油位指示、语言报警装置等构成。当油温上升时油箱内的变压器油通过输油软连接管流入波纹膨胀芯体，波纹片膨胀展开，当油位上升到一定高度时，语言报警器接通，发出警报。

（2）吸湿器

吸湿器是一个圆形的容器，上端通过联管接到变压器的储油柜上，下端有孔与大气相通，其主体为玻璃管，内部盛有变色硅胶（或活性氧化铝）作为干燥剂。其下部带有油杯（盛油器），作为空气进口处的过滤装置。当变压器由于负载或环境温度的变化而使变压器油体积发生胀缩时，储油柜内的气体通过吸湿器来吸气和排气。

4. 冷却装置

（1）片式散热器

片式散热器由上、下两个集油管与一组焊在集油管上的散热片组成，散热片一般由 1.2～1.5 mm 厚的低碳钢板制成。

片宽为 320～535 mm，中心距 H 有多种规格，以适应不同高度的油箱高度。每个散热片都是一样的，由两个单片合成。每组散热器根据散热容量，由不同规格和数量的散热片组成。可以分为固定式（PG）和可拆式（PC）两种，固定式片式散热器直接焊在变压器箱壁上，可拆式则用集油管上的法兰与油箱上焊接的管接头连在一起。可拆式的散热器片组的上集油管上部有排气用的油塞，下集油管下部有放油塞。并且均焊有吊环利于散热器与油箱的连接装配。对于中心距较大的散热片组，沿片组的两侧，往往点焊一到两处固定板以增加片组的刚性，以减少振动，降低噪声。

大型变压器采用片式散热器时，常需加吹风，风扇装置可装在片组的侧面或下方。

（2）管式散热器

管式散热器与管式油箱采用同样的扁管，弯管的曲率半径也相同，只是不直接焊在油箱壁上，而是焊到上、下两个集油盒上，集油盒每侧焊有两排扁管，每只散热器有四排管，上、下集油盒的一端有连接法兰，经蝶阀与油箱的上、下管接头连接。根据上、下集油盒连接法兰的中心距尺寸和管数，组成若干种标准散热器供不同规格的变压器选用。散热器的上集油盒上有吊拌及放气塞，下集油盒下部有放油塞。管式散热器需加装冷风时，风扇安装在左、右双排管中间的空当内，风向上直吹上部集油盒及弯管的水平部分，这样散热效果最好。风扇支架直接固定于油箱壁，不可固定在散热管上，以防风扇转动引起散热器的振动。管式散热器的体积较大，单位散热量的重量较重，目前已逐步为片式散热器所取代。

（3）强迫油循环风冷却器

强迫油循环风冷却器是对油浸变压器运行中所产生的热量进行冷却的装置，与风冷散热器的区别主要在于强迫油进行循环。其构成主要有风冷却器本体、油泵、风扇、油流继电器等。

风冷却器的本体由一簇冷却管构成。冷却管一般采用翅片管，其结构是在钢管上卷绕薄钢带然后镀锌焊接而成为整体，或由钢管串上带孔的散热片形成管束，再镀锌焊接；或采用铜、铝管轧制成的整体翅片等。

油泵是一种特制的油内电动机型离心泵。电动机的定子和转子浸在油中使油系统构成密闭的循环系统。油泵通过法兰连接到冷却管的管路中。

风扇则由轴流式单机叶轮与三相异步电动机两部分构成，型式为 BF 型。

油流继电器（YJ 型）是监视强油风冷却器或水冷却器中油泵是否反转、阀门是否打开和油流是否正常的保护装置，安装在冷却器和油泵之间的联管上，其挡板伸入到联管中。当联管中油流达到一定值时挡板被冲动，传动轴旋转。其上磁铁带动隔着薄板的另一磁铁转动，微动开关的动断触点打开，动合触点闭合，发出正常工作信号，指针指到流动位置。反之，当油流量减少到一定值时，挡板借弹簧力量作用返回，微动开关动合触点打开，动断触点闭合，发出故障信号。

（4）强迫油循环水冷却器

强迫油循环水冷却器是油浸式变压器，强迫油循环、水冷却的装置。它是以水作为冷却介质，用于大型变压器且具有水源的情况下。水冷却器可以是单台的，也可以由几个单台组成水冷却器组。每台水冷却器由冷却器本体和附件构成。

5. 套管

（1）套管标志代号的含义

套管的型号标志采用一连串字母、符号和数字组成，其字母排列顺序及含义见表 1-5。

表 1-5 变压器套管型号中字母的含义

顺序	字母符号和代表的含义
1	B——变压器用
2	F——复合瓷绝缘；D——单体瓷绝缘；J——有附加绝缘；R——电容式
3	Y——充油式；L——穿缆式；D——短尾，长尾不表示
4	L——可装电流互感器的（后面小写数字代表可装电流互感器的数量）
5	W——耐污型，普通型不表示，W 后数字表示爬电比距
6/7	数字/数字——额定电流（A）

（2）纯瓷套管

纯瓷套管可分为复合式、单体式、带附加绝缘的瓷套管和充油式套管等。

1）复合式（BF 型）的额定电压在 1 kV 以下，额定电流为 300～4000 A。套管由上瓷套、下瓷套组成绝缘部分，导电杆由瓷套中心穿过，利用导电杆下端焊接的定位件和上端的螺母将上下瓷套串在变压器安装孔周围的箱盖上。

2）单体式瓷绝缘式套管只有一个瓷套，瓷套中部有固定台，以便卡装在变压器的箱盖上，瓷件用压板或压脚及焊在箱盖上的螺杆将瓷套固定在变压器的箱盖上。穿缆式套管上部有一个固定槽，而穿杆式则在下部有固定槽，以便在连接引线时导杆不致转动。

3）带附加绝缘的瓷套管也有导杆式（BJ 型）和穿缆式（BJL 型），其结构就是在单体瓷绝缘或套管上增加了绝缘而形成的。由于单体瓷绝缘套管径向电场不均匀，瓷套的介电系数大，而空气或变压器油的介电系数小，电位降主要分布在空气或变压器油上。为了改善电场分布，需要在导电杆外面套有绝缘管或在电缆上包以 3～4 mm 厚的绝缘纸以加强绝缘。常用于 35 kV 电压等级中。在套管最下部一个瓷伞至安装固定台之间的瓷套外表面涂以半导体漆（含锌或铝粉）改善接地处的电场。其安装方式与单体式套管安装方式相同。

4）充油式套管常用于 66 kV 有小容量的变压器中，没有下部瓷套，其瓷绝缘体结构与也单体或相似。套管内的油从变压器油箱内进入瓷套内，套管下部伸入油箱内部相对较短，用油和绝缘纸筒组成绝缘屏障作为主绝缘，中间穿过铜管，在铜管的下端有均压球；焊有导电杆的引线电缆从铜管中间穿过。

（3）电容式套管

电容式套管是将变压器内部的高压线引到油箱外部的出线装置，不仅作为引线的对地绝缘，而且还起着固定引线的作用，是变压器重要附件之一。电容式套管应用于 60 kV 级以上的变压器中。

电容式套管主绝缘由层状绝缘材料和箔状金属电极在导电杆上相间卷绕而成的同轴圆柱形串联电容器构成。根据绝缘材料不同，又分为胶纸和油纸电容式套管。高压套管运行中主绝缘要承受高电压的作用，导电部分要承担大电流。其主要故障有内、外部电气接头连接不良、套管绝缘受潮和劣化、套管缺油、电容芯子局部放电和末屏对地放电等。

（4）其他类型的套管

除上述结构的套管外，套管还有干式变压器用的环氧浇注式套管，硅橡胶绝缘的油纸电容式套管及环氧浸纸式油- SF_6 绝缘套管等。这些套管的安装与其他套管没有太大的区别。所不同的是油- SF_6 绝缘套管，其上部在运行时处于 SF_6 气体中，下部浸在变压器油里。套管分为 SF_6 侧和变压器油侧，中部两个法兰分别用于与 SF_6 出线装置的密封连接和与变压器油箱的连接，以防止变压器油进入上部 SF_6 中；同时，在两个密封法兰之间，有可以使 SF_6 排出的阀门，防止 SF_6 进入变压器中。

6. 调压装置

（1）分接开关的作用

变压器在正常运行时，由于负荷的变动，或一次侧电源电压的变化，二次侧电压也是经常在变动的。电网各点的实际电压一般不能恰好与额定电压相等，这种实际电压与额定电压之差称为电压偏移。电压偏移的存在是不可避免的，但要求这种偏移不能太大，否则就不能保证供电质，就会对用户带来不利的影响。为了稳定负荷中心电压、调节无功潮流或调节负载电流、联络电网，均需对变压器进行电压调整。因此，对变压器进行调压（改变变压器的变比）是保证变压器正常运行的一种常见方式。它是在变压器的某一绕组上设置分接头，当变换分接头时就减少或增加了一部分线匝，使带有分接头的变压器绕组的匝数减少或增加，其他绕组的匝数没有改变，从而改变了变压器绕组的匝数比。电压比也相应改变，达到调整电压的目的。

为了改变变压器的变化，变压器必须有一侧绕组具有几个分接抽头，以供改变该绕组的匝数，从而可以改变变压器的变比。连接以及切换分接抽头的装置，通常称为分接开关，调压方式有无励磁调压和有载调压两种。如果变压器各侧都与电网断开，在变压器无励磁情况下变换绕组的分接头，或者说切换分接头必须将变压器从网络中切除，即不带电切换，称为无励磁调压，或无载调压，这种分接开关称为无励磁分接开关，或无载调压分接开关。如果变压器是在不中断负载的情况下进行变换绕组的分接头，或者说切换分接头不需要将变压器从网络中切除，即可以带着负荷切换，则称为有载调压，这种分接开关称为有载分接开关。随着供电质量要求的提高，很多场合下停电调压不仅是十分不便，而有时甚至是不可能的，因此现在的电力系统中，日益广泛采用带有有载分接开关的电力变压器。

（2）无励磁分接开关

无励磁分接开关（或称无载分接开关）是用于油浸变压器在无励磁状态下进行分接变换的装置。按相数分有单相和三相；按安装方式分有卧式和立式；按结构形式有鼓形、笼形、条形和盘形；按调压部位分有中性点调压、中部调压及线端调压。一般无励磁分接开关的额定电流在 1600 A 以下，对应不同型号的无励磁分接开关。制造厂会提供额定电压、额定电流、尺寸等技术数据。

变压器无励磁分接开关的额定调压范围较窄，调节级数较少。额定调压范围以变压器额定电压的百分数表示为 ±5% 或 ±2×2.5%。无励磁调压变压器在额定电压 ±5% 范围内改换分接位置运行时，其额定容量不变。其容量按制造厂的规定；如无制造厂规定，则容量应相应降低 2.5% 和 5%。无励磁分接开关只适用于不经常调节或季性调节的变压器。

1）无励磁分接开关的型号

额定通过电流：20 A、63 A、125 A、250 A、400 A、500 A、630 A、1000 A、1250 A。

额定通过电压：10 kV、35 kV、66 kV、110 kV、220 kV。

额定调压范围：±5%、±2×2.5%。

分接位置数：3、5。

额定频率：50 Hz。

2）型号意义

无励磁分接开关的型号由基本型号、额定通过电流、额定电压等级、分接头数、分接位置数、特殊环境代号及企业注册代号等七部分组成，具体表示方法举例说明：WSXⅢ-250/110-6×5（企业注册代号），其中，W表示无励磁调压，S表示三相（D表示单相），X表示楔形（G表示鼓形、L表示笼形、T表示条形、P表示盘形），Ⅲ表示中性点调压（Ⅰ表示线端调压、Ⅱ表示中部调压），250 A表示额定通过电流，110 kV表示额定通过电压，6表示分接头数，5表示分接位置数。另外，如有WSXⅢ1-250/110-6×5，其中1为设计序号。

（3）有励磁分接开关

有载分接开关能在变压器励磁或负载状态下进行操作，用来调换绕组的分接位置的一种电压调节装置。通常它由一个带过渡阻抗的切换开关和一个能带或不带转换选择器的分接选择器所组成，整个开关是通过驱动机构来操作的。在有些形式的分接开关中，切换开关和分接选择器的功能被结合成一个选择开关。

1）有载分接开关的有关定义

分接选择器。有载分接开关中能承载电流，但不能接通或断开电流的装置，与切换开关配合使用。以选择分接连接位置。

切换开关。与分接选择器配合使用，以承载、接通和断开已选电路中电流的装置（弹簧操作型的切换开关，包括用来操动开关的一个独立的储能装置）。

转换选择器。这种装置是按能承载电流，但不能接通或断开电流设计的。它与分接选择器或选择开关配合使用，当从一个极限位置移到另一个极限位置时，能使分接选择器或选择开关的触头和连到触头上的分接头使用一次以上。分粗级选择器和极性选择器。粗级选择器是将分接绕组接到粗调组上或者接到主绕组上的一种转换选择器。极性选择器是将分接绕组的一端或另一端接到主绕组上的一种转换选择器。

过渡阻抗。由一个或几个单元组成的电阻器或电抗器。桥接于正在使用的分接头和将要使用的分接头上，以达到将负载电流无间断地或无显著变化地从一个分接转到另一个分接的目的。与此同时，在两个分接头被跨接的期间限制其循环电流。

驱动机构。驱动分接开关的一种装置（该机构可以包括储能控制机构）。

触头组。实质上是同时起作用的动、静触头对或动、静触头对的组合。

切换开关和选择开关的触头。主触头是承载通过电流、不经过过渡阻抗与变压器绕组相连接的，并且也不能接通和断开任何电流的触头组。主通断触头是不经过过渡阻抗而与变压器绕组相连接的，并能接通和断开电流的触头组。过渡触头是经过串联的过渡阻抗而与变压器绕组连接的，并能接通和断开电流的触头组。如果是电抗过渡的分接开关，这个触头大都用以在正常分接位置中承载通过电流。

循环电流。在分接变换中，当两个分接头"桥接"时，由于分接头之间的电压差所产生并流过过渡阻抗的那部分电流。

开断电流。当分接变换时，在一切换开关或选择开关中所包含的每个主通断触头组或过渡触头组所预计断开的电流。

恢复电压。在切换开关或选择开关的每个主通断触头组或过渡触头组上的开断电流被切断之后，其动、静触头之间出现的工频电压。

分接变换（操作）。通过电流从绕组的一个分接开始并完全转移到相邻一个分接的全部过程。

操作循环。分接开关从一个极限位置变换到另一个极限位置，再回到开始位置的动作。

绝缘水平。对地的、多相相间的和其他需要绝缘的那些部分之间的冲击和工频试验的耐受电压值。

额定通过电流。通过分接开关流经外部电路的电流，这个电流在相关级电压下，能被分接开关从一个分接转移到另一个分接，并能被分接开关连续承载而符合标准的要求。

最大额定通过电流。用来进行触头温升试验和工作负载切换试验的额定通过电流。

额定级电压。对于每个额定通过电流，接到变压器相邻分接上的分接开关端子间的最大允许电压。对于某个额定通过电流所给出的额定级电压称为"相关额定级电压"。

最大额定级电压。分接开关设计的额定级电压的最大值。

额定频率。分接开关设计的交流频率。

分接开关的分接位置数。固有分接位置数是在设计上，一个分接开关在半个操作循环中所能使用的最多分接位置数。工作分接位置数是变压器中的分接开关在半个操作循环中的分接位置数。

型式试验。在一个分接开关上或者在一个分接开关的一些组成部分上，或者在一系列全部基于同一设计的分接开关或组成部分上进行的一种试验，以证明其是否符合标准。分接开关系列是基于同一设计，并具有同样性能（对地绝缘水平、多相的相间绝缘水平、级数和过渡阻抗值除外）的一些分接开关。

出厂（例行）试验。为了确定分接开关无制造缺陷，在型式试验合格了的分接开关的每个制成品上所进行的试验。

2）有载分接开关的型号

有载分接开关基本型号见表 1-6。

表 1-6　有载分接开关基本型号表

MR	ABB	贵州长征电器厂	上海华明开关厂	沈阳变压器开关厂
M	UC	ZY1A（M）	CM	仿 M
V	UB	FY30（V）	CV	仿 V

3）开关型号的意义

下面我们通过举例对有载分接开关型号的意义进行说明。

举例 1：MR 公司生产的型号是 M Ⅲ 600 Y-123/C-10193 WR 的开关。

M 代表开关型号，Ⅲ 代表三相，600 A 代表额定最大通过电流，Y 代表调压绕组接线方式，123 kV 代表额定电压等级，C 代表分接选择器绝缘等级，10 代表触头数，19 代表分接位置数，3 代表中间位置数，WR 代表正反调压。

另外 MR 公司早期生产的电动机型号是 MA7 和 MA9，近年来该公司推出了 ED 型电动机。

举例 2：贵州长征电器厂生产的型号是 ZY1A-Ⅲ500/60C±8 的开关。

Z 代表组合式，Y 代表有载分接开关，1A 代表设计序号，Ⅲ 代表三相，500 A 代表额定最大通过电流，60 代表开关额定电压，C 代表分接选择器绝缘水平编号，±8 代表调压级数。长征电器一厂生产 DCJ10 型和 DCJ30 型电动机。

举例 3：上海华明电器股份有限公司生产的型号是 CMⅢ-350/66B—10193W 的开关。

CM 代表产品型号，Ⅲ 代表三相，350 代表额定最大通过电流，66 代表开关额定电压，B 代表分接选择器绝缘水平编号，10 代表触头数，19 代表分接位置数，3 代表中间位置数，W 代表正反调压。上海华明公司 CM 型有载分接开关配用 CMA7 型电动操作机构，CV 型有载分接开关配用 CMA9 型电动操作机。

举例 4：ABB 公司生产的型号是 UCGRN 650/600/Ⅰ的开关。

UCG 代表开关型号，R 代表正反调压（L 代表线性调压，D 代表粗细调压），N 代表接线方式为三相中性点引出，650 V 代表对地冲击耐受电压（表示绝缘水平），600 A 代表额定最大通过电流，Ⅰ 代表分接选择器规格。ABB 公司生产的电动操作机构有 BUL 型和 BUE 型，分别驱动 UC 型和 UB 型有载分接开关。

第二章 断路器

第一节 高压断路器的基本知识

一、高压断路器的作用

断路器是指能开断、关合和承载运行线路的正常电流，并能在规定时间内承载、关合和开断规定的异常电流的电气设备。高压断路器一般指额定电压为 1 kV 及以上者。

高压断路器在电网中起两方面作用：一是控制作用，即根据电网运行的需要，将部分电气设备或线路投入或退出运行；二是保护作用，即在电气设备或电力线路发生故障时，继电保护自动装置发出跳闸信号，启动断路器，将故障部分设备或线路从电网中迅速切除，确保电网中无故障部分的正常运行。断路器在关合状态时应为良好的导体，不仅能对正常电流而且对规定的短路电流也应能承受其发热和电动力的作用，断口间、对地及相间要具有良好的绝缘性能，在关合状态的任何时刻，能在不发生危险过电压的条件下，尽可能短的时间内开断额定短路电流及以下的电流；在开断状态的任何时刻，在短时间内安全地关合规定的短路电流。

为保证在各种条件下电力系统能安全稳定的运行，断路器在正常工作时接通和切断负荷电流，短路时切断短路电流，并受装设地点环境变化的影响。断路器需满足以下几点的要求：

1）载流能力：断路器长期通过额定电流时，各部分的温升不超过允许值。通过短路电流时能满足热稳定和动稳定的要求。

2）绝缘能力：断路器不仅能长期运行在最高工作电压下，并能耐受工频过电压、操作过电压和雷电过电压，而其绝缘性能不发生劣化。

3）关合、开断能力：断路器能在规定的时间内可靠开断、关合额定电流、短路电流而不发生重燃和击穿，关合、开断时引起的过电压不超过规定值。

4）机械特性：断路器的动作特性应满足电力系统稳定的要求。允许在外部环境中长期运行，其使用寿命不受影响。

5）结构简单、价格低廉。在满足安全、可靠的同时，还应考虑到经济性。

二、高压断路器的类型及标志含义

1. 高压断路器的类型

按照灭弧介质的不同，断路器可划分为以下几种类型：

（1）压缩空气断路器。利用高压力压缩空气作为灭弧介质的断路器，称为压缩空气断路器。压缩空气除作为灭弧介质外，还作为触头断开后的绝缘介质。

（2）真空断路器。利用真空的高介质强度来灭弧的断路器，称为真空断路器。触头在真空中开断、接通，在真空条件下灭弧。

（3）SF_6断路器。采用SF_6气体作为灭弧介质的断路器，称为六氟化硫断路器。SF_6气体具有优良的灭弧性能和绝缘性能。

（4）自动产气断路器和磁吹断路器。利用固体产气材料在电弧高温作用下分解出的气体来熄灭电弧的断路器，称为产气断路器。在空气中由磁场将电弧吹入灭弧栅中，使电弧拉长、冷却而熄灭的断路器，称为磁吹断路器。

2. 高压断路器的主要标志及其含义

高压断路器的铭牌包含了断路器的基本信息，按照国家标准，铭牌上除标出断路器名称、型号、产品代号，制造厂名（包括国名）、出厂序号，制造年月等以外，还需标出断路器相应的技术数据。

型号标志的含义和辨识

（1）根据国家技术标准的规定，高压断路器型号含义如下，如图 2-1 所示：

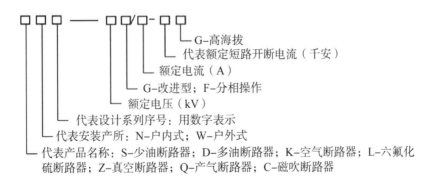

图 2-1 高压断路器型号意义

例如：型号 LW10B-252（H）/4000-50 中，L 表示六氟化硫断路器；10B 表示设计系列序号；252（H）表示额定电压（kv），4000 表示额定电流（A）；50 表示额定短路开断电流（kA）。

（2）国外部分高压断路器编号

国外公司的高压断路器产品型号由各公司自选制定，所以不同公司产品型号命名有很大差别，举例如：AREVA（阿尔斯通）公司断路器 GL314，G—气体绝缘断路器；L—瓷柱式；3—第三代灭弧室；14—245 kV。

三、高压断路器的基本结构

高压断路器的类型很多，结构比较复杂，但从总体上由以下几部分组成，如图 2-2 所示。

（1）流通及开断部件。包括断路器的灭弧装置和导电系统的动、静触头等。

（2）支持绝缘件。用来支撑断路器器身，包括断路器外壳和支持瓷套。

（3）基座。用来支撑和固定断路器。

（4）操动机构。用来操动断路器分、合闸。

（5）传动部件。将操动机构的分、合运动传动给导电杆和动触头。

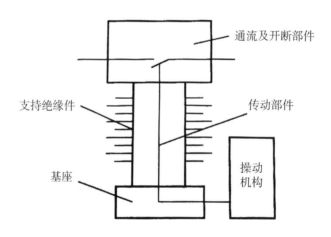

图 2-2　断路器基本结构示意图

四、高压断路器的主要技术参数

1. 主要额定参数

（1）额定电压

断路器的额定电压表示它在运行中能长期承受的系统最高电压。在电力系统中使用的断路器，需要考虑承受由于工频过电压、操作过电压和雷电过电压所造成的系统最高电压。断路器应能在规定的电路电压和最高工作电压条件下保持良好绝缘，并能按规定条件进行关合与开断。我国规定在 220 kV 及以下电压等级系统中，断路器额定电压的 1.15 倍即为最高工作电压，330 kV 以上电压等级以额定电压的 1.1 倍作为最高工作电压。考核额定电压和最高工作电压的性能时，采用 1min 工频耐受电压。

我国交流高压断路器的额定电压（即最高电压）如下：3.6 kV，7.2 kV，12 kV，24 kV，40.5 kV，72.5 kV，126 kV，252 kV，363 kV，550 kV，1100 kV。

（2）额定绝缘水平

额定绝缘水平是指由一个或两个表示绝缘耐受电压的数值确定的断路器的一种特性。高压断路器的绝缘包括相对地绝缘和相间绝缘，其性能指标除了需要考核工频耐受电压外，还需考核雷电冲击耐受电压和操作冲击耐受电压。高压断路器绝缘水平相关规定在 GB/T 11022 中有明确规定。

（3）额定电流

额定电流是指断路器在闭合状态下其主回路能长期通过的电流。通过这一电流时，断路器各部分的允许温度升高不能超过国家标准中规定的数值。应注意：断路器没有规定持续过电流能力，在选定断路器的额定电流时应计及运行中可能出现的任何负荷电流，需要当按长期作用对待。如果运行中的负荷电流是波动的，有时超过预期额定值（短时或周期性的）应由用户与制造厂双方协商确定。

（4）额定操作顺序

额定操作顺序是指在规定的时间间隔内一连串规定的操作。额定操作顺序分为两种，一种为自动重合闸操作顺序，即分～θ～合分～t～合分，θ 为无电流时间，取 0.3s，t 为 180s，另一种为非自动重合闸操作顺序，即分～t～合分～t～合分，通常 t 取 15s，断路器的开断能力与操作顺序相对应。

（5）额定短路开断电流

额定短路开断电流，是标志断路器开断短路故障能力的参数，是指在规定的条件下断路器能保证正常开断的最大短路电流。它由两个特征值表示：交流分量有效值即额定短路电流；直流分量百分数。国标规定，若直流分量不超过 20%，则额定短路开断电流仅以交流分量有效值表示。额定短路开断电流的交流分量有效值从下列数值中选取：1.6 kA，3.15 kA，6.3 kA，8 kA，10 kA，12.5 kA，15 kA，20 kA，25 kA，31.5 kA，40 kA，50 kA，63 kA，80 kA，100 kA。短路故障发生以后，要求保护装置尽快动作，断路器迅速开断，缩短电力系统故障存在的时间，减轻短路电流对设备的冲击。

（6）额定短时耐受电流

额定短时耐受电流又称热稳定电流。是指在规定的短时间 T 内，断路器在闭合状态时所能耐受的电流（有效值），以 kA 为单位。流过这一电流期间，断路器的温度升高应不超过规定数值，其数值采用与额定开断电流相等的数值（有效值）作为标准。

短时耐受电流通过的时间，通常规定为 1 s、2 s、3 s、4 s. 我国规定的短时间标准 T 在110 kV 及以下为 4 s，在 220 kV 及以上为 2 s，主要是考虑后备保护故障切除所需要的时间。短时间电流通过能力主要取决于主触头的温升、熔焊、接触面的劣化和承受电动力的强度。当触头形状、结构和尺寸设计不合理时，由于电动力的作用使触头压力减弱，造成温升显著，有时也由于触头瞬时分离引起电弧，致使接触面劣化而熔焊在一起。额定短时耐受电流等于额定短路开断电流。额定短路关合电流是指额定短路电流中的最高峰值，它等于额定短路开断电流值的 2.5 倍。

（7）额定峰值耐受电流

额定峰值耐受电流又称动稳定电流。指断路器在闭合状态时所能耐受的最大峰值电流，其值等于额定短路关合电流，是额定短路开断电流值的 2.5 倍。动稳定电流取决于主回路导电部分及支持绝缘部分的机械强度和主触头的结构形式。动稳定电流表示断路器对短路电流的电动稳定性，也称极限通过电流。

（8）额定短路持续时间

额定短路持续时间是指开关设备和控制设备在合闸位置能承载额定短时耐受电流的时间间隔，数值一般在 0.5 s，1 s，2 s，3 s，4 s 中选取。

（9）额定短路关合电流

额定短路关合电流指在额定电压以及规定的使用和性能条件下，高压断路器能保证正常关合的最大短路峰值电流。

（10）合闸线圈、分闸线圈额定电源电压

合闸线圈、分闸线圈额定电源电压。交流为 220 V、380 V；直流为 48 V、110 V、220 V，合闸线圈一般配一套，分闸线圈为满足可靠性的要求，一般可配两套及以上，其动作电压为：合闸 85%～110%UN；分闸为 65%～110%U_N。

2. 主要调整参数

（1）总行程。在分、合操作中，高压断路器动触头起始位置到终止位置的距离。

（2）超行程。合闸操作中，高压断路器触头接触后动触头继续运动的距离。

（3）分闸速度。高压断路器在分闸过程中动触头的运动速度，实施时常以某尽量小区段的平均值表示。

（4）触头刚分速度。高压断路器分闸过程中，动触头与静触头分离瞬间的运动速度，测试有困难时，常以刚分后 10 ms 内的平均值表示。

（5）合闸速度。高压断路器在合闸过程中，动触头的运动速度。实施时常以某尽量小区段的平均值表示。

（6）触头刚合速度。高压断路器合闸过程中，动触头与静触头接触瞬间的运动速度，测试有困难时，常以刚合前 10 ms 内的平均值表示。

（7）合闸时间。从接到合闸指令瞬间起到所有极触头都接触瞬间的时间间隔，对装有并联电阻的断路器，需把与并联电阻串联的触头都接触瞬间前的合闸时间和主触头都接触瞬间前合闸时间做出区别，除非另有说明，合闸时间就是指直到主触头都接触瞬间的时间，合闸时间的长短，主要取决于断路器的操动机构及传动机构的机械特性。

（8）分闸时间。从高压断路器分闸操作起始瞬间（即接到分闸指令瞬间）起到所有极的触头分离瞬间的时间间隔。对具有并联电阻的断路器，需把直到弧触头都分离瞬间的分闸时间和直到带并联电阻的串联触头都分离的分闸时间做出区别，除非另有说明，分闸时间就是指直到主触头都分离瞬间的时间，时间的长短主要和断路器及所配操动机构的机械特性有关。

（9）开断时间。从高压断路器接到分闸指令瞬间起到各极均熄弧的时间间隔，即等于高压断路器的分闸时间和燃弧时间之和。

（10）合闸相间同步。是指断路器接到合闸指令，首先接触相的触头刚接触起，到最后相触头刚接触为止的一般时间。一般合闸相间同步不大于 5 ms。同一相内串联几个断口时，有断口间合闸同步要求，断口间合闸同步不大于 2.5 ms。

（11）分闸相间同步。是用来反映三相触头分开时间差异的。这一性能的衡量，是以断路起接到分闸指令，自首先分离相的触头刚分开起，到最后分离相的触头刚分开为止这一段时间的长短来表示。一般分闸相间同步应不大于 3 ms。同一相内串联几个断口时，有断口间分闸同步要求，断口间分闸同步应不大于 2 ms。

（12）自动重合闸时间。高压断路器分闸后经预定时间自动再合闸的操作顺序称自动重合闸。重合闸操作中，从接到分闸指令瞬间起到所有极的动、静触头都重新接触瞬间的时间间隔为重合闸时间。

（13）无电流时间。在自动重合闸过程中，从断路器所有极的电弧最终熄灭起到随后重合闸时任一极首先通过电流为止的时间间隔。

（14）金属短接时间。在合闸操作过程中，从首合极各触头都接触瞬间起到随后的分闸操作时所有极中弧触头都分离瞬间的时间间隔，金属短接时间的长短要满足断路器自卫能力的要求，原则上应大于其分闸时间和预击穿时间之和。

第二节　真空断路器

一、真空断路器的基本知识

1. 真空及真空度

真空：指的是绝对压力低于一个大气压的气体稀薄的空间。绝对压力等于零的空间叫作绝对真空或理想真空，这在目前的技术水平下还是达不到的。"真空度"是指气体稀薄的程度，是气体的绝对压力值，表示压力时以毫米汞柱（mm Hg）为单位，表示真空度时叫作托（Torr）。国际单位制为帕斯卡（Pa）或兆帕（MPa）。1个大气压＝760托＝0.1013 MPa约等于0.1 MPa。

真空断路器中真空开关管的灭弧与绝缘介质是真空，真空断路器的工作原理及真空断路器在使用中出现的许多问题都与真空有关。真空是指在给定的空间内压力低于一个大气压的气体状态，绝对压力等于零的空间称为绝对真空。真空度是表示或度量真空程度的，用气体的绝对压力值表示，绝对压力值越低表明真空度越高。真空度之间的换算关系是：

$$1\text{Torr} = 1 \text{ mmHg} = 13.6 \text{ g/mm}^2 = 1.33 \times 10^{-3} \text{ bar} = 133.32 \text{ Pa} \qquad (2-1)$$

一个工程大气压约等于0.1 MPa，运行和储存的真空断路器的真空度不能低于6.6×10^{-2} Pa，工厂出厂的新真空灭弧室要求达到1.32×10^{-5} Pa。我国通常将真空度划分为以下几个区域：

（1）粗真空。真空压力为$1.01 \times 10^5 \sim 1.33 \times 10^2$ Pa。

（2）低真空。真空压力为$1.33 \times 10^2 \sim 1.33 \times 10^{-1}$ Pa。

（3）高真空。真空压力为$1.33 \times 10^{-1} \sim 1.33 \times 10^{-6}$ Pa。

（4）超高真空。真空压力为$1.33 \times 10^{-6} \sim 1.33 \times 10^{-10}$ Pa。

（5）极高真空。真空压力小于1.33×10^{-10} Pa。

2. 真空电弧的特点

真空电弧有小电流下的扩散型和大电流下的集聚型两种形态。

（1）扩散型

在小电流下（如数千安以下），阴极上存在许多高温的小面积称之为阴极斑点。阴极斑点是一些温度很高、电流密度极大的小面积，并处于不断的游动、分裂、熄灭和再生的过程中。这种存在许多阴极斑点且不断向四周扩散的真空电弧叫作扩散型真空电弧。扩散型电弧阴极斑点的高速运动对真空断路器的灭弧性能十分有利，因为就阴极斑点所经过的电极表面的任何一点来说，都被加热极短一段时间，只有极薄的一层金属被熔化，阴极斑点一消失，熔化的金属表层能在微秒级时间内凝固，从而使电弧过零灭弧成为可能。

（2）集聚型

真空电弧的电流超过数千安后，电弧外形发生明显变化，阴极斑点不再向四周扩散，它们相互吸引而聚集成一个或几个阴极斑点团。这种阴极斑点团移动速度很慢，阳极和阴极被局部加热，表面严重熔化，这种电弧叫作集聚型真空电弧。这种电弧由于在工频交流电流过零后，过量的金属蒸气仍会发射并存在，使灭弧成为不可能，在设计真空开关管时，要让电流过零之前某些微秒时间内电弧处于扩散性状态。

3. 影响真空间隙击穿电压的主要因素

真空间隙的绝缘强度远比空气的高，理论上真空间隙的击穿强度可达100 kV/mm，实际试验结果为30 kV/mm～40 kV/mm。影响真空间隙击穿电压的主要因素有：

（1）电极的材料。一般高熔点或机械强度较高的材料的绝缘强度亦较高。

（2）电极的形状及表面状况。一般曲率半径大的电极比曲率半径小的电极承受击穿电压的能力高。

（3）电极间隙长度。在均匀电场条件下，真空间隙的击穿电压与间隙长度的关系为：

$$U_j = KL^a \qquad\qquad (2-2)$$

其中：

L——真空间隙距离。

k——与电极材料及表面状况有关的常数。

a——系数（与间隙长度有关，变化范围为 0.4～1，对于几毫米的间隙，a＝1；对于长间隙，a＝0.4～0.7）。

（4）真空度。在间隙距离不同时，真空度对击穿的影响有完全不同的情况。对于较短的真空间隙，实验表明，当真空度在 1.33×10^{-6}～1.33×10^{-2}Pa 之间变化时，击穿电压基本上不随真空度的变化而变化；当真空度在 1.33×10^{-2}～1.33 Pa 范围内时，击穿电压随着真空度降低而迅速下降。

（5）老炼作用。老炼是使新的真空灭弧室经过若干次击穿或使暴露的表面经受离子轰击的一种过程，是用来消除或钝化表面突起而使之成为无害缺陷的一种手段。经过老炼，消除了电极表面的微观凸起、杂质和其他缺陷，从而提高了间隙的击穿电压并使之接近稳定。

老炼分为电压老炼和电流老炼两种，电压老炼就是通过放电消除电极表明的微观凸起、杂质等缺陷。经过小电流的放电使表面的微观凸起点烧熔、蒸发，使电极表面光滑平整，从而使局部电场的增强效应减小，提高击穿电压。电流老炼是让真空灭弧室多次开合几百安的交流电流，利用电弧高温去除电极表面一薄层材料，使电极表面层中的气体、氧化物和杂质同时除去，电流老炼的作用主要是除气和清洁电极表面。目前，国内开展的真空断路器老炼试验，既有单一类型老炼方式，也有高电压与大电流合成老炼方式。

（6）操作条件的影响

1）真空断路器带电合闸，而在分闸时电源已被切断，则因合闸时的熔焊现象在分闸时产生的毛刺不能被电流烧去，真空开关管的绝缘下降很大。

2）老炼处理后的断路器备用时间较长，在空载操作时，击穿电压往往有明显的降低，这是因为触头闭合形成冷焊而分开时又拉出新丝的原因，但对硬金属材料影响不明显。

4. 真空断路器的过电压

（1）截流过电压

真空断路器在开断交流小电流时，当电流从峰值下降但尚未到达自然零点时，电流突然被中断，电弧熄灭，这就是截流现象。由于电流突然被中断，电感负载上剩余的电磁能量会产生过电压，这种由截流现象产生的过电压称为截流过电压。影响真空断路器截流水平的因素有：

1）触头材料的饱和蒸汽压力。饱和蒸汽压力越高，截流水平越低，压力越低，截流水平越高。但是，触头材料的饱和蒸汽压力不能过高，过高将降低触头间隙的介质强度的恢复速度，降低绝缘强度。

2）触头材料的沸点与导热系数的乘积。乘积越大，截流值越高，反之截流值就低。这是因为触头材料的沸点越高，在相同的温度下，触头间隙的金属蒸气压力越小。触头材料的导热系数高，开断电流时，触头间的温度就会降低，金属蒸气就会减少。从降低截流水平的要求出发，触头应选用沸点低和导热系数小的材料，但这样会影响开断性能和绝缘性能。

3）开断电流大小和电流过零前的 dI/dt。随着开断电流的增大，平均截流水平降低。

4）触头的运动速度。触头的分闸速度越高，截流水平可能增大，因此断路器的分闸速度不能太高，但也不能太低，太低可能会导致开断后的重燃。

5）开断次数。真空断路器使用初期，截流水平偏大，随着开断次数的增加会降低，使用一段时间后将趋近一个稳定值。

6）线路条件。真空断路器的截流在电感负载上会产生较高的截流过电压。实际影响真空断路器的截流过电压的因素还很多，在此不一一叙述。

（2）多次重燃过电压

真空断路器在投切电力电容器组或开断较大电感电流时，即使截流过电压没问题，也有可能发生多次重燃，产生过电压（称之为多次重燃过电压），击穿电容器组或电机匝间绝缘。

（3）过电压的防护措施

1）生产厂应研制低截流水平、低重燃率的真空断路器，使用单位应选用经过各种开断型式试验的真空断路器。

2）在感性负载上并联电容器。

3）在感性负载上并联 RC 过电压抑制器。

4）采用非线性电阻吸收器，例如氧化锌避雷器。

5）串联电感保护。在真空断路器与电动机供电电缆之间串联 100 μH 左右的电感，用以降低过电压的上升陡度和峰值，减少重燃时的高频振荡电流。

5. 真空断路器的特点

（1）分断能力高、熄弧能力强

真空介质具有优异的介质强度和灭弧性能，真空介质恢复速率快达 25 kV/μs；触头开距间的真空耐压强度达 60 kV/mm 以上。

（2）触头电磨损小、电寿命长

1）在真空介质中的燃弧时间短，一般不超过半个周期，电弧电压低，通常为 20～100V，所以电弧能量小，对触头的电磨损小。

2）分断电路时，触头间形成金属液桥，在高温、高电流密度的作用下被熔化和蒸发，向触头间隙喷出大量金属蒸气，继而形成金属蒸气电弧。当电流过零熄灭的瞬间，弧隙间的金属微粒除部分向触头四周扩散，并在屏蔽罩等零部件上附着冷凝以外，大部分金属蒸气微粒溅落在触头表面上，并迅速凝结与复合，形成新的金属层，所以触头材料的损耗较小。

3）在真空电弧中，触头材料的损耗与负荷电流成正比，而在空气电弧中，触头材料的损耗与负荷电流的平方成正比，所以触头的电寿命长。真空断路器触头的电寿命，满容量开断达 30～50 次，额定电流开断达 5000 次以上。

（3）触头开距小、机械寿命长

由于触头开距小，操动机构的操作功就小，机械传动部分行程也小，其机械寿命自然就长，真空断路器的机械寿命已达 10000 次以上。

（4）结构简单、维修方便

触头完全封闭在真空灭弧室内，所以不需要检修，只需定期对断路器表面除尘，检查连接件的松动情况并给以紧固，定期检查灭弧室的真空度。若触头磨损超过规定、真空度降低和切断短路电流达到规定次数，就应更换真空灭弧室。

二、真空断路器的基本结构

真空灭弧室的基本结构如图 2-3 所示，它包括以下几部分：

1. 气密绝缘系统

由玻璃、陶瓷或微晶玻璃制成的气密绝缘筒、动端盖板、定端盖板、不锈钢波纹管组成气密绝缘系统，为了保证气密性，除了在封接时要有严格的操作工艺外，还要求材料本身透气性和内部放气量小。

波纹管的作用不仅能将真空灭弧室内的真空状态与外部的大气状态隔离开来，而且能使动触头连同导电杆在规定范围内运动。波纹管的种类很多，但用在真空开关管中则只采用液压成形波纹管和薄片焊接波纹管。

2. 导电系统

定导电杆、定跑弧面、定触头、动触头、动跑弧面、动导电杆构成了灭弧室的导电系统。其中定导电杆、定跑弧面、定触头合称定电极；动导电杆、动跑弧面、动触头合称动电极。

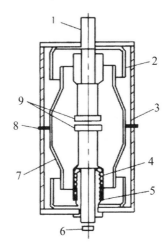

1-静电极；2-屏蔽；3-绝缘外壳；4-波纹管屏蔽；5-波纹管；6-动电极；7-屏蔽罩；8-屏蔽罩法兰；9-电极

图 2-3　真空灭弧室的基本结构图

（1）对真空灭弧室触头材料的要求

1）足够的适合于切断额定电流和短路电流的能力；

2）低的截流水平；

3）抗熔焊性好，并要求有小的熔焊强度；

4）耐压性能好；

5）良好的导电性能和导热性能；

6）低的含气量；

7）耐电磨损性能好；

8）机械加工性能好。

（2）铜铋锆触头材料

铜铋锆触头材料有一定的优点，但有绝缘水平差、截流水平高、电弧电压高、机械加工性能差等缺点，已经不被研制大容量真空灭弧室所采用。目前只在真空接触器的灭弧室和开断容量不大的断路器的灭弧室中采用。

（3）铜铋铝触头材料

广泛使用于国产真空灭弧室的触头材料是铜铋铝，铜铋铝触头材料在真空中冶炼，并在真空中浇铸，其含气量小于 10ppm。这种材料具有良好的开断能力，燃弧时间短，开断前后触头间的绝缘比较稳定。

（4）国内真空灭弧室触头结构种类

圆柱形触头、带有螺旋槽跑弧面的横向磁场触头以及单极纵向磁场触头。

1）圆柱形触头。只适用于真空负荷开关、真空接触器和小型断路器的真空灭弧室中，不宜用在大容量真空断路器的灭弧室上。目前国内用真空接触器的灭弧室几乎全部采用的是圆柱形触头。

用于开断电流 6.3 kA 及以下的真空断路器的真空灭弧室也大都采用圆柱形触头，因为它虽然有一定缺点，但制造工艺简单、成本低。

2）螺旋槽型横向磁场触头。我国目前生产的用于真空断路器的真空灭弧室，大多数采用螺旋槽型横向磁场触头结构。这种触头在 8 kA 以上和 25 kA 以下真空断路器的灭弧室中占主导地位，它的触头尺寸大小和电磨损情况远不如杯状触头和纵向磁场触头。在分断电流过程中，增加了横向磁场的强度，使电弧沿着触头以极高的速度运动，大大减轻了触头的磨损率，从而提高了分断能力。

3）纵向磁场触头。纵向磁场能大大降低电弧电压，有效地限制等离子体，从而极大地提高集聚电流。存在纵向磁场时，电极表面存在均匀的阴极斑点，电弧能量均匀地输入触头的整个端面，不会造成表面局部的严重熔化。利用在触头间隙呈现纵向磁场的结构来提高开断能力的触头称纵向磁场触头。

3. 屏蔽系统

屏蔽罩是真空灭弧室中不可缺少的部件，并且有围绕触头的主屏蔽罩、波纹管屏蔽罩和均压用屏蔽罩等多种。主屏蔽罩的作用是：

（1）防止燃弧过程中电弧生成物喷溅到绝缘外壳的内壁，电弧生成物会降低外壳的绝缘强度；

（2）改善灭弧室内部电场分布的均匀性，有利于降低局部场强，促进真空灭弧室小型化；

（3）冷凝电弧生成物，吸收一部分电弧能量，有助于弧后间隙介质强度的恢复。

主屏蔽罩可用铜或不锈钢两种材料制作，铜具有较高的导热率和优良的凝结能力，但铜熔点低，和电弧生成物有较大的亲和力，且屏蔽罩内壁上附有的金属屑会使燃弧后灭弧室内的电场分布不均匀，选用不锈钢做主屏蔽罩能克服上述缺点。

固定主屏蔽罩的方式有带电和悬浮两种方式，由于带电方式使绝缘外壳上的电位分布极不均匀,因而有可能造成电弧向屏蔽罩转移。此外,燃弧后的介质强度恢复速度与电流极性有关,使开断性能不稳定。因此多采用悬浮电位固定法,具体方案有中间封接式、瓷柱式、外屏蔽罩式和绝缘端盖式等。

试验表明,真空灭弧室中电弧能量的70%左右消耗在主屏蔽上,因而燃弧时主屏蔽罩的温度升得很高,温度越高表面凝聚电弧生成物的能力就越差,应采用导热性能好的材料来制造主屏蔽罩,如无氧铜、不锈钢、镍或玻璃等材料,其中铜是最常用的主屏蔽罩材料。主屏蔽罩的固定方式如图2-4所示。

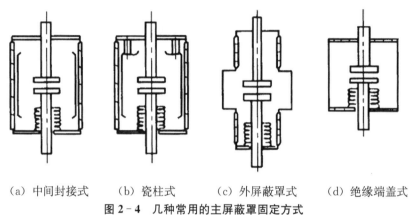

　　（a）中间封接式　　（b）瓷柱式　　（c）外屏蔽罩式　　（d）绝缘端盖式

图 2-4　几种常用的主屏蔽罩固定方式

4. 波纹管

（1）波纹管的作用

波纹管主要担负保证动电极在一定范围内运动和长期保持高真空功能,要求具有高的机械寿命,是真空灭弧室的最重要的部分。

（2）波纹管的结构

波纹管是薄壁元件,其厚度大约为 0.1～0.2 mm。选用材料的种类、壁厚的均匀性、结晶状态、材料本身的缺陷（夹杂、微裂纹、划伤）等都影响其寿命。

（3）真空灭弧室的机械寿命

1）真空断路器 1 万～8 万次（特殊的要求 10 万次）。

2）负荷开关 10 万～30 万次。

3）真空接触器 100 万～500 万次。

这是灭弧室在整体装配上必须满足的寿命,它主要依靠波纹管来保证。

（4）波纹管的种类

波纹管种类很多,在真空灭弧室中只采用液压成形波纹管和薄片焊接波纹管。

1）液压成形波纹管。它由 1.0～1.2 mm 厚的不锈钢管或不锈钢板经过多次延伸加工成为壁厚 0.1～0.2 mm 的不锈钢管,再经液压成形为波纹管主坯,最后经过加工修正和热处理等手段制成具有一定弹性和标准尺寸的波纹管。因为液压成形波纹管的长度受到加工技术条件的限制，不能做得很长，同时压缩行程仅为自由长度的 20%～30%，但是此种波纹管加工相对简单，价格便宜。液压成形波纹管如图 2 - 5 所示。

2）薄片焊接波纹管。是用厚度为 0.1～0.15 mm 的非导磁不锈钢片冲制成环状薄片，然后将一系列薄片依次逐个用氩弧焊焊接成如图 2 - 5 所示的波纹管，其长度取决于波纹的数，同时其工作行程可以达波纹管自由行程的 60% 以上。由于焊接波纹管的壁厚比较均匀，每片的形变不大，故它的疲劳寿命比液压成形波纹管长得多，一般可达数百万次，但是其焊接工艺比较复杂，价格昂贵。

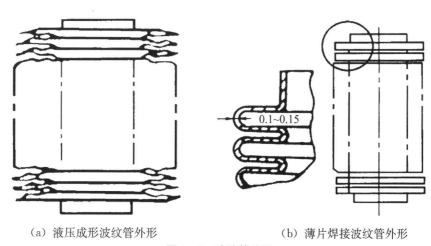

（a）液压成形波纹管外形　　　　　　（b）薄片焊接波纹管外形

图 2 - 5　波纹管外形

5. 其他零部件

（1）导电杆

真空灭弧室的导电杆除了考虑在运行中通过额定电流和短路电流外，还要考虑真空断路器在分、合操作时的机械撞击中不发生弯曲和形变，要有一定的导电能力和机械强度。

真空灭弧室导电杆在导通电流时会发热，但发热情况和其他灭弧室略有不同，因为触头和导电杆一部分在真空中，产生的热量不可能依靠对流散出去，热辐射也只能散去很少。热量主要是通过热传导传到伸出灭弧室外面部分的导电杆，然后以对流方式传递到空气中去，在其他情况相同时，真空灭弧室导电杆比其他介质灭弧室导电杆的温度要高一些。所以，真空灭弧室导电杆的电流密度取的较低，一般为 1～2 A/mm²，导电杆一般都使用无氧铜制造，而且为满足导电杆与整机操动机构连接的机械强度，通常会在动导电杆端部加焊一段由不锈钢制造的连接头。

（2）固定元件

为了将真空灭弧室固定在真空断路器整机的框架上，并满足一定的机械强度，在真空灭弧室的两端都设置有加强盖板，加强盖板随着整机结构的不同要求有三种固定方式：静触头端固定在框架上、动触头端固定在框架上和将真空灭弧室夹在框架之间，如图 2-6 所示。

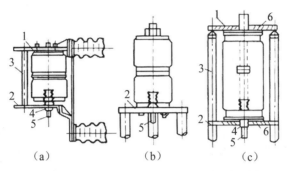

（a）　　　　　　（b）　　　　　　（c）

（a）静触头端固定；（b）动触头端固定；（c）两端压紧固定 （a）正视图
1-上支架（夹板）；2-下支架（夹板）；3-绝缘杆；4-导向套；5-动导电杆；6-橡皮垫

图 2-6　真空灭弧室的固定方式

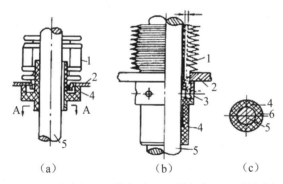

（a）　　　　　　（b）　　　　　　（c）

1-波纹管；2-动触头端盖板；3-排气孔；4-导向套；5-动导电杆；6-通气槽

图 2-7　动导电杆上安置导向套图

对于静触头端固定方式，在合闸时触头间的碰撞冲击力直接由静触头传递到开关支架上，真空灭弧室外壳不受操作冲击力的作用，仅受到由触头碰撞引起的振动波作用。分闸时，外壳将受到拉力的作用，但由于通过了弹性波纹管，故拉力值不大。

对于动触头固定方式，合闸时，灭弧室外壳受碰撞冲击力的直接作用，要求真空灭弧室外壳必须有足够的机械强度。目前，国外采用浇注成形的硼硅玻璃外壳或玻璃陶瓷外壳，其壁厚约为 8~10 mm，具有足够的抗冲击强度，能便于实现动触头端固定方式。这种固定方式在分闸时，由于拉力通过波纹管后再作用到支架上，故外壳基本不受力的作用。

对于两端压紧的固定方式，它实际上是上述两种方式的综合，所以无论在分闸或合闸时，灭弧室外壳基本不受操作冲击力的直接作用。采用这种固定方式，真空灭弧室外壳承受较大的静态装配压力，因此应在灭弧室两端加缓冲垫。

目前，我国大多数采用两端固定方式和静触头固定方式。

导向套的作用是保证真空断路器在分、合闸过程中动导电杆沿灭弧室轴线做直线运动。导向套通常装在动导电杆处，固定在真空灭弧室的动端盖板上，也有装在真空断路器的支架上的。导向套的设计和安装质量，直接影响真空断路器的使用寿命和分、合闸速度。

图 2-7 所示为动导电杆上安置导向套图，动导电杆上装有导向套的情况应注意以下问题：

（1）通常导向套要伸到灭弧室波纹管处，为了防止波纹管内壁被导向套擦伤，波纹管和导向套外壁之间的间隙不能太小。

（2）为了保证良好的导向，导向套应有一定的长度。

（3）在导向套上开设有排气孔。

（4）为了防止电流流过波纹管，导向套用绝缘材料制成。同时也要考虑选择与导电杆构成低摩擦阻力的材料，如聚四氟乙烯、石墨尼龙等。

第三节　SF$_6$断路器

一、SF$_6$断路器的基本结构

1. SF6 断路器的分类

（1）根据 SF$_6$断路器的电压等级不同，在电力系统中的作用不同，是否要求单相重合闸的不同，SF$_6$断路器可分为单相操动式和三相联动式 SF$_6$断路器。

（2）根据结构形式的不同，分为支柱式 SF$_6$断路器（简称 P-GCB）、落地罐式 SF$_6$断路器（简称 T-GCB）、气体绝缘金属封闭组合电器（简称 GIS）用断路器、插接式开关系统（简称 PASS）用断路器等，如图 2-8 所示。

（3）根据所配置操动机构类型的不同，分为液压机构式、气动机构式、弹簧机构式 SF$_6$断路器等。

（4）根据单相断口的多少，分为单断口和多断口 SF$_6$断路器，在多断口 SF$_6$断路器的灭弧室上，有带并联电容和并联电阻之分。

（a）瓷柱式断路器　　　　（b）罐式断路器

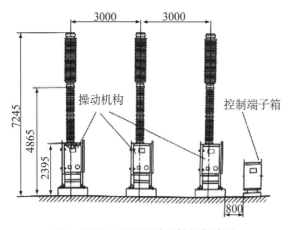

（c）三相独立配置操动机构的断路器

图 2-8　高压断路器的几种主要结构形式

2. SF6 断路器的基本结构

SF$_6$ 断路器的基本结构和其他断路器相似，从其功能上分是基本相同的，主要有：

（1）导电部分。包括动、静弧触头和主触头或中间触头以及各种形式的过渡连接等，其作用是通过工作电流和短路电流。

（2）绝缘部分。主要包括 SF$_6$ 气体、瓷套、绝缘拉杆等，其作用是保证导电部分对地之间、不同相之间、同相断口之间具有良好的绝缘状态。

（3）灭弧部分。主要包括动、静弧触头、喷嘴以及压气缸等部件，其作用是提高熄灭电弧的能力，缩短燃弧时间。既要保证可靠地开断大的短路电流，又要保证开断小电感性电流不截流，或产生的过电压不超过允许值，开断小电容性电流不重燃。

（4）操动机构。主要指各种形式的操动机构和传动机构，按操作能源分有手动、电磁、气动、弹簧、液压等多种。作用是实现对断路器规定的操作程序，并使断路器能够保持在相应的分、合闸位置。

3. SF6 断路器灭弧室的分类、结构及灭弧过程

（1）SF$_6$ 断路器灭弧室结构的分类

SF$_6$断路器灭弧室结构按灭弧介质压气方式的不同，分为双压式和单压式灭弧室；按吹弧方式不同，分为双吹式和单吹式、外吹式、内吹式灭弧室；按触头运动方式的不同，分为变开距和定开距灭弧室。

第一代的双压式灭弧室。由于结构复杂，辅助设备多，需要压气泵和加热装置，环境适应能力差，现在已被淘汰。

第二代的单压式变开距灭弧室和定开距灭弧室。这两种灭弧室仅靠机械运动产生灭弧所需要的气体压力，操动功率较大，机械部件易损坏，使用寿命短，采用液压操动机构或压缩空气操动机构，分闸时间长，虽然现已大量投入运行，但单压式变开距灭弧室逐步被"自能"式灭弧室所代替。

第三代单压变开距"自能"式灭弧室。这种灭弧室开断大电流时，利用电弧自身的热量产生灭弧所需的气体压力吹气；开断小电流时，利用机械辅助压气建立的气压吹气，具有不易产生截流过电压，所需操动功率小，机械部件不易损坏，使用寿命长等特点。宜采用弹簧操动机构，工作可靠，分闸时间短，正常情况下，基本不需要维修。目前国内外广泛使用这种断路器。

现在国内外生产的各电压等级的SF$_6$断路器，主要是采用变开距灭弧室和定开距灭弧室的结构，以及在变开距灭弧室基础上进一步改进的，代表着最新发展和研究成就的"自能"式灭弧室。

（2）变开距灭弧室的结构

1）变开距灭弧室的结构

变开距灭弧室的结构形式是从少油断路器的设计体系中发展起来的。触头系统有主回路工作触头和弧触头组成，工作触头放在外侧有利于改善散热条件，提高断路器的热稳定性能。灭弧室的可动部分由动触头、喷嘴和压气缸组成。为了使分闸过程中压气缸内的高压气体能集中从喷嘴向电弧吹气，而在合闸过程中不致在压气缸内形成负压力影响合闸速度，故在固定的压气活塞上设置了止回阀。合闸时，止回阀打开，使压气缸与活塞内腔相通，SF$_6$气体从止回阀充入压气缸内；分闸时，止回阀封闭，让SF$_6$气体集中向电弧吹气。

2）变开距灭弧室结构的主要特点

触头开距在分闸过程中不断增大，分闸后开距比较大，故断口电压可以做得比较高，介质强度恢复速度较快。喷嘴与触头分开，喷嘴的形状不受限制，可以设计得比较合理，有利于改善吹弧的效果，提高开断能力。

由于电弧是在触头运动过程中熄灭的，触头的开距在整个分闸过程中是变化着的，故有变开距之称。变开距灭弧室的基本结构如图2-9所示。

3）变开距灭弧室的基本原理

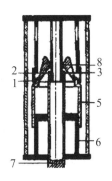 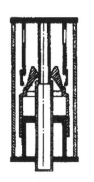 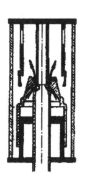 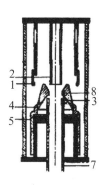

　　（a）合闸状态　　　（b）压气过程　　　（c）吹弧过程　　　（d）分闸状态

　　1-静主触头；2-静弧触头；3-动弧触头；4-动主触头；5-压气缸；6-压气活塞；7-提升杆；8-灭弧喷嘴

图 2-9　变开距灭弧室基本结构

　　如图 2-9 所示，在开断电流时，由操动机构通过绝缘拉杆 7 使带有动触头 3 和绝缘喷嘴 8 的压气缸 5 运动，使其内部的 SF_6 气体受到压缩，建立高气压，并使高压气体形成高速气流经喷嘴 8 吹向电弧，使电弧强烈冷却而熄灭。

　　a. 合闸状态。如图 2-9（a）所示，主触头 1 与弧触头 2 并联，电流基本上经过主触头 1 流通。

　　b. 压气过程。如图 2-9（b）所示，电流已由主触头 1 转移到弧触头 2 上流通，但还没有形成电弧，压气缸 5 中的 SF_6 气体开始被压缩，而其喷嘴 8 还没有被打开，这一阶段可称为压气阶段。

　　c. 吹弧过程。如图 2-9（c）所示，动、静弧触头刚刚分离并已产生电弧，随着动触头 3 及运动系统继续向下运动，压气缸 5 中的 SF_6 气体一方面继续被压缩，同时高压气体经被打开的喷嘴 8 吹向被拉长的电弧，当电流过零时被熄灭。

　　d. 分闸状态。如图 2-9（d）所示，当电弧熄灭之后，动触头 3 及运动系统继续运动到分闸位置。

　　变开距压气式灭弧室 SF_6 断路器目前在我国投入运行的比较多，例如瑞士 BBC（现在的 ABB）公司的 ELF 系列断路器、日本三菱公司的 SFM 系列断路器、日立公司的 OFP 系列断路器、法国 MG 公司的 FA 系列断路器等。

　　（3）定开距灭弧室的结构

　　1）定开距灭弧室的基本结构

　　定开距灭弧室的基本结构如图 2-10 所示，断路器的触头由两个带喷嘴的空心静触头和动触头组成。弧隙由两个静触头保持固定的开距，故称为定开距灭弧室。

　　在合闸位置时，动触头跨接于两个静触头之间，构成电流的通路。由绝缘材料制成的固定活塞和与动触头连成整体的压气缸围成压气室。当分闸操作时，操动机构通过绝缘拉杆使压气缸随同动触头运动，使压气室内的 SF_6 气体受到压缩，建立高气压，当喷嘴被打开后，高压气体形成高速气流吹向电弧，使电弧强烈冷却而熄灭。操动机构通过绝缘拉杆，带动动触头和压气缸组成的可动部分继续运动到分闸位置。

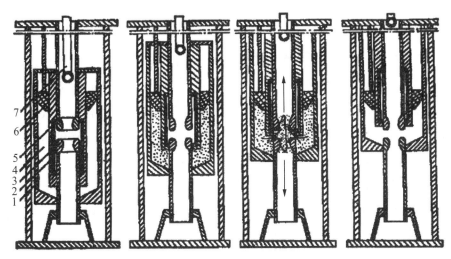

（a）合闸状态　　（b）压气过程　　（c）吹弧过程　　（d）分闸状态

1-压气缸；2-动触头；3-静触头；4-压气室；5-静触头；6-固定活塞；7-绝缘拉杆

图 2-10　定开距灭弧室的基本结构

2）定开距灭弧室的特点

由于利用了 SF_6 气体介质绝缘强度高的优点，触头开距设计得比较小，126 kV 电压等级的 SF_6 断路器灭弧室静触头开距仅有 30 mm。触头从分离位置到熄弧位置的行程很短，因而电弧的能量很小，所以，定开距灭弧室的灭弧能力强，燃弧时间短，但压气室的体积比较大。

3）定开距灭弧室的工作原理

a. 断路器合闸状态。如图 2-10（a）所示，动触头 2 跨接于两个静触头 3 和 5 之间，构成电流的通路。

b. 压气过程。如图 2-10（b）所示，分闸时由绝缘拉杆 7 带动动触头 2 和压气缸 1 组成的可动部分运动，压气室 4 内的 SF_6 气体被压缩，建立高气压。

c. 开断短路电流过程。如图 2-10（c）所示，动触头 2 刚刚离开静触头 3 的瞬间，在静触头 3 和动触头 2 之间便形成电弧，同时，将原来动触头所密封的压气室 4 打开而产生气流，吹向两个带喷嘴的空心静触头 3 和 5 内孔，对电弧进行纵吹，使电弧强烈冷却而熄灭。

d. 分闸状态。断路器熄灭电弧后的分闸状态如图 2-10（d）。

目前，我国使用的 252 kV、550 kV 电压等级的 SF_6 断路器，很多均采用这种形式的灭弧室结构。

（4）变开距"自能"式灭弧室

依靠短路电流电弧自身的能量来建立熄灭电弧所需要的部分吹气压力的灭弧室，称为"自能"式灭弧室。

1）变开距"自能"式灭弧室的结构

变开距"自能"式灭弧室是在变开距灭弧室基础上进一步改进的，代表着最新发展和研究成果。灭弧的基本原理是：当开断短路电流时，依靠短路电流电弧自身的能量来建立熄灭电弧所需要的部分吹气压力，另一部分吹气压力靠机械压气建立；开断小电流时，靠机械压气建立起来的气压熄灭电弧。所以，配置的操动机构基本上仅提供分断短路电流时动触头运动所需要的能量。

2）变开距"自能"式灭弧室断路器的特点

a. 具有比较好的可靠性，由于需要的操动功率小，可采用故障率比较低的、不受气候、海拔高度、环境条件影响的弹簧操动机构；

b. 在正常的工作条件下，几乎不需要维修；

c. 安装容易，体积小，耗材少，对瓷套的强度要求低，轻巧，结构简单；

d. 由于需要的操动功率小，因而对构架、基础的冲击力小；

e. 具有较低的噪声水平，可安装在居民住宅区；

f. 不仅适合于大型变电站，也适合于边远山区和农村小型变电站使用。

3）变开距"自能"式灭弧室的基本原理

变开距"自能"式灭弧室的基本结构如图 2-11 所示。

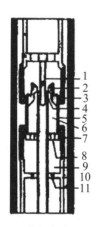 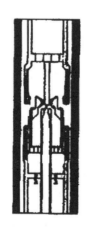 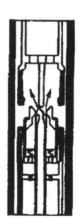 

（a）合闸状态　（b）开断短路电流过程　（c）开断小电流过程　（d）分闸状态

1-静弧触头；2-喷嘴；3-静主触头；4-动弧触头；5-动主触头；6-压气室；7-主电流触头；8-止回阀；9-辅助压气室；10-圆筒；11-止回阀

图 2-11　变开距"自能"式灭弧室的基本结构

变电一次设备典型故障分析与处理

48

a. 合闸状态。如图2-11（a）所示，此时静弧触头1和静主触头3并联到灭弧室的上部接线端子上，电流主要通过主触头流通。

b. 开断短路电流过程。如图2-11（b）所示，开始分闸时，主触头比弧触头先分开，弧触头刚分开的瞬间，电弧在静、动弧触头之间形成。电弧使压力室6里的气体加热，气体压力迅速升高到足以熄灭电弧，止回阀8同时关闭。当喷嘴2打开时，压力室6中储存的高压气体通过喷嘴2吹向电弧，当电流过零时使之熄灭。而动触头系统在操动机构带动下，继续向下运动，辅助压力室9中的气体压力继续升高到超过止回阀11的反作用力时，辅助压力室9底部的止回阀11打开，使辅助压力室9中过高的气体压力释放，而且止回阀11一旦打开，要维持分闸的操动力不会很大，故不需要分闸弹簧有太大的能量。

c. 开断小电流过程。如图2-11（c）所示，当开断负荷电流、小电感电流、小电容电流时，由于电弧能量不能产生足以熄灭电弧的压力，这时必须依靠辅助压气室9内储存的高压气体经过止回阀8、压气室6辅助吹气熄灭电弧。压力室6向固定的圆筒10方向运动，使辅助压气室9中的SF_6气体受到压缩，压力升高，止回阀8打开，使高压气体进入压气室6，从而通过喷嘴2产生不太大的气流吹向电弧，使电弧冷却而熄灭，而不会产生截流过电压。由于喷嘴较大和压力室6的存在，使电弧熄灭后，在动、静触头之间保持着较高的介质绝缘强度，不会发生热击穿和电击穿而导致开断的失败。

d. 分闸状态。如图2-11（d）所示，当电弧熄灭之后，动触头继续运动到分闸位置。

（5）变开距灭弧室和定开距灭弧室的特点比较

1）气体利用率。变开距灭弧室的吹气时间比较长，压气缸内的气体利用率比较高，定开距灭弧室的吹气时间比较短促，压气缸内的气体利用率比较低。

2）断口情况。变开距灭弧室断口间的电场强度分布稍不均匀，绝缘喷嘴置于断口之间，经电弧高温多次灼伤之后，可能影响断口绝缘性能，故断口开距比较大，定开距灭弧室断口间的电场强度分布比较均匀，绝缘性能比较稳定，故断口开距比较小。

3）开断电流能力。变开距灭弧室的电弧拉的比较长，弧柱电压比较高，电弧能量大，不利于提高开断电流。定开距灭弧室的电弧长度短而固定，弧柱电压比较低，电弧能量小，有利于熄灭电弧，性能稳定。

4）喷口设计。变开距灭弧室的触头是与喷嘴分开的，有利于喷嘴最佳形状的设计，提高吹气效果。定开距灭弧室的气流经触头喷嘴内喷，其形状和尺寸均有一定限制，不利于提高吹气效果。

5）行程与金属短接时间。变开距灭弧室的可动部分行程较小，超行程与金属短接时间较短。定开距灭弧室的可动部分行程较大，超行程与金属短接时间较长。

虽然国内、外各生产厂家生产的变开距灭弧室和定开距灭弧室所采用的原理是基本相同的,但是,各厂家生产的灭弧室结构并不完全相同。

二、SF₆断路器的附件

SF₆断路器的附件,是指 SF₆断路器及其操动机构配置的具有一定特殊功能的附属部件。主要有 SF₆断路器上的压力表、压力继电器、安全阀、密度表、密度继电器、并联电容、并联电阻、净化装置、防爆装置等。它们虽然是附属部件,但是却起着非常重要的作用。

1. 压力表和压力继电器

（1）压力表

压力表按其结构原理可分为弹簧管式压力表、活塞式压力表、数字式压力表等多种形式。这些压力表又可分为精密压力表和一般压力表,本模块主要介绍 SF₆断路器上常用的弹簧管式一般压力表。

弹簧管式压力表结构原理如图 2-12 所示,主要由弹性金属曲管、金属连杆、齿轮机构和指针等组成。弹性金属曲管与断路器相连接,其内部空间与 SF₆断路器中的 SF₆气体相通。

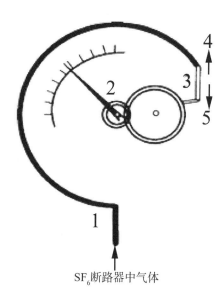

1-弹性金属曲管；2-齿轮机构和指针；3-金属连杆；4-压力增大时的运动方向；5-压力减小时的运动方向

图 2-12 弹簧管式压力表的结构原理

（2）压力继电器

压力继电器的结构形式多种多样,它主要配置在断路器的液压操动机构和压缩空气操动机构上,带有多对电触点,主要用于控制操动机构电动机的起动、停止和断路器的闭锁以及发出相应的信号等。压力继电器各触点的动作值是预先设定的,它的动作只与被测介质的压力有关,而与其温度无关。

1)液体压力继电器的结构原理

液体压力继电器的结构原理如图2-13所示,液体压力继电器有多对电触点,分别控制操动机构电动机的起动、停止以及输出闭锁断路器分闸、合闸、重合闸的指令或信号等。当压力升高或降低时,柱塞带动阀针向上或向下运动,在不同的压力值时,使相应的行程开关电触点动作,以实现利用压力来控制有关指令和信号的输出。除此之外,还提供了备用行程开关触点,以供用户的特殊用途。

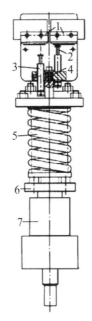

1-行程开关;2-阀针;3-阀;4-螺钉;5-组合弹簧;6-弹簧座;7-阀体

图 2-13　液体压力继电器的结构原理

2)安全阀

在液压操动机构和压缩空气操动机构中的安全阀,也是压力继电器的一种特殊形式,如图2-14所示,不同之处是安全阀不带电触点,动作方式不同。它是电动机油泵或空气压缩机系统故障情况下引起压力过高时的一种安全保护装置,当油压或气压超过规定的最高压力值时,其内部机构装置动作,泄压至规定的压力值时,安全阀自动关闭,因此,它是液压操动机构或压缩空气操动机构中不可缺少的重要组成部分。

2. SF6 气体密度表和密度继电器

SF$_6$ 断路器中的 SF$_6$ 气体在 20 ℃时的额定压力下,它具有一定的密度值,在断路

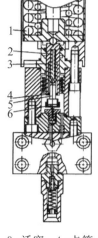

1-组合弹簧；2-弹簧；3-活塞；4-卡簧；5-导向杆；6-密封垫

图 2-14　液体压力安全阀的结构

器运行的各种允许条件范围内密度值始终不变，SF_6 断路器的绝缘和灭弧性能取决于 SF_6 气体的纯度和密度，对 SF_6 气体纯度的检测和密度的监视是非常重要的。

　　SF_6 断路器应装设压力表和密度继电器或 SF_6 气体密度表，压力表是起监视作用的，密度继电器是起控制和保护作用的，SF_6 气体密度表同时具有监视、控制和保护作用。

　　（1）SF_6 气体密度表

　　本模块以某厂生产的 SF_6 气体密度表为例介绍 SF_6 气体密度表的结构原理，如图 2-15所示，主要由指针、双金属补偿装置、SF_6 气体进口管、布尔登弹簧、电触点和各种杆等组成。

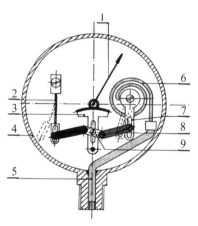

1-指针；2-双金属补偿装置；3-齿轮杆；4-金属外壳；5-SF_6 气体进口管；6-布尔登弹簧；
7-摆杆；8-连杆；9-中间连杆

图 2-15　SF_6 气体密度表结构原理图

（2）SF$_6$气体密度继电器

SF$_6$气体密度继电器使用比较广泛，在使用压力表进行监视 SF$_6$ 气体的断路器上，一般都配置 SF$_6$ 气体密度继电器。

1）SF$_6$气体密度继电器的结构原理

SF$_6$气体密度继电器的结构原理如图 2-16 所示。它主要由外壳、电触点、基准SF$_6$气室、波纹管与断路器中SF$_6$气体连通的气室等组成。

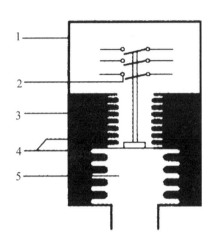

1-外壳；2-电触点；3-基准 SF$_6$ 气室；4-波纹管；5-断路器中 SF$_6$ 气体

图 2-16 SF$_6$ 气体密度继电器

是以密封在基准气室内的 SF$_6$ 气体的状态为基准，与断路器连通的气室中的 SF$_6$ 气体的状态与之相比较。

SF$_6$气体密度继电器关键部件是波纹管，波纹管内充入规定压力的 SF$_6$ 气体和密度继电器动作压力值的调整等工作都在厂家的恒温室（20 ℃）内进行，波纹管内 SF$_6$ 气体密封好坏直接影响密度继电器的动作压力值，因此密度继电器的内部元件在现场不得随意拆卸。

2）新型的 SF$_6$ 气体密度表和 SF$_6$ 气体密度继电器

新型的 SF$_6$ 气体密度表带指针，同时也带有供报警和闭锁功能的电触点，可兼做密度继电器使用。目前生产的新型 SF$_6$ 气体密度表和 SF$_6$ 气体密度继电器的特点是：

a. 能够在停电时准确测量 SF$_6$ 气体的密度；

b. 能够在运行中 SF$_6$ 断路器内部具有温升的情况下准确测量 SF$_6$ 气体的密度；

c. 具有表示密度的刻度和单位；

d. 具有以断路器 SF$_6$ 气体额定密度为 100% 的百分刻度数，运行人员可直接看出是否漏气或漏气的百分数；

e. 具有较高的准确度，读数误差在最大允许误差范围内。

3. 并联电容和并联电阻

并联电容（也称均压电容）和并联电阻（也称合闸电阻）都是与断路器灭弧断口相并联的，是改善断路器分闸或合闸特性的重要附属元件。在高压断路器中，有的灭弧断口上并联电阻，有的灭弧断口上并联电容，在363、550 kV SF₆断路器灭弧断口上，也有的同时并联电容和并联电阻。

（1）并联电容

随着新技术的不断发展高压断路器每相断口也由多断口向单断口发展，但从技术和经济方面进行比较，对于超高压或特高压等级的SF₆断路器，还是以多断口为主。断路器采用多断口结构后，每个断口在开断位置的电压分配和开断过程中的恢复电压分配并不是均匀的，每个断口的工作条件并不相同。为了使各个断口的工作条件接近相等，在每个断口上并联一个适当电容量的电容C，此电容称为并联电容。并联电容在高压断路器中的作用是：

1）在多断口断路器中，使在开断位置时每个断口的电压均匀分配，开断过程中每个断口的恢复电压均匀分配，每个断口的工作条件接近相等。

2）在断路器分闸过程中，当电弧电流过零后，降低断路器触头间弧隙的恢复电压速度，提高近区故障的开断能力。断路器断口上的并联电容，应能够耐受断路器的2倍额定相电压2 h，其绝缘水平应与断路器断口间的耐压水平相同。

（2）并联电阻

为了限制合闸或分闸以及重合闸过程中的过电压，改善断路器的使用性能，有些SF₆断路器采用在断口间并联电阻的方式来解决。并联电阻片一般是由碳质烧结而成，外形与避雷器阀片很相似，但其热容量要大得多。

选择并联电阻值的大小对限制合闸过电压影响很大。目前我国500 kV断路器上使用的并联电阻值一般为400～450Ω。

合闸电阻值应由制造厂家给定，允许偏差为±5%，提前投入时间为8～11 ms，在最高温度时电阻值变化范围应在±5%之内。

4. 净化装置和压力释放装置

（1）净化装置

在每一相SF₆断路器或GIS中的气室内都必须装设净化装置。根据不同制造厂家和断路器的结构不同，净化装置安装的位置也不同，有的安装在灭弧室的上部，也有的安装在灭弧室的下部。其结构主要由过滤罐和吸附剂组成。

吸附剂的作用是吸附SF₆气体中的水分和SF₆气体经电弧的高温作用后产生的某些分解物，其中主要是吸附SF₆气体中的水分。因为水分对SF₆断路器性能的危害最大，直接影响到SF₆断路器的安全可靠运行，所以国内外制造厂家都把SF₆气体中的水分含量作为一项重要指标，采取有效措施进行严格控制。

（2）压力释放装置

当 GIS 内部母线管或元件内部等发生故障时，如不及时切除故障点，电弧能将外壳烧穿；如果电弧的能量使 SF_6 气体的压力上升过高，还可造成外壳爆炸。GIS 外壳被电弧烧穿的时间与外壳的材料、厚度、电弧能量的大小等有关。SF_6 气体压力升高的速度与电弧能量的大小、气室体积的大小有关。SF_6 气室越大，气体压力升高的速度越慢，升高的幅度越小；SF_6 气室越小，气体压力升高的速度越快，升高的幅度越大。因此，对于 GIS 和 SF_6 断路器除装设有完善的保护装置外，还要根据需要，装设有压力释放装置。

压力释放装置是对 SF_6 断路器和 GIS 本体进行压力保护的重要装置，结构比较简单。对于较小 SF_6 气室的 GIS 或支柱式 SF_6 断路器，由于气体压力升高的速度较快，气体压力的升高幅度也较大，压力释放装置对其较为敏感，使用压力释放装置可靠性较高。

1）压力释放装置的分类

a. 以开启压力和闭合压力表示其特征的，称为压力释放阀；

b. 一旦开启后不能够再闭合的，称为防爆膜。

2）对压力释放装置的要求

a. 当外壳和气源采用固定连接时，所采用的压力调节装置不能可靠地防止过压力时，应装设适当尺寸的压力释放阀，以防止万一压力调节措施失效时外壳内部的压力过高，其压力升高不应超过设计压力的 10%。

b. 当外壳和气源不是采用固定连接时，应在充气管道上装设压力释放阀，以防止充气时压力升高到高出外壳设计压力的 10%。此阀也可以装设在外壳本体上。

c. 一旦压力释放阀动作，当压力降低到设计压力的 75% 之前，压力释放阀应能够可靠地重新关闭。

d. 当采用防爆膜压力释放装置时，其动作压力与外壳设计压力的关系要适当配合好，以减少防爆膜不必要的爆破。

e. 防爆膜应能够保证在使用年限内不会老化开裂。

f. 制造厂应提供压力释放装置的压力释放曲线。

g. 压力释放装置的布置和保护罩的位置，应能确保排出压力气体时，不危及巡视通道上执行运行任务人员的安全。SF_6 断路器上的防爆膜一般装设在灭弧室瓷套顶部的法兰处。

h. 若气室的容积足够大，在内部故障电弧发生的允许时限内，压力升高为外壳承受所允许，而不会发生爆炸，可不装设压力释放装置。

i. 若用户与制造厂家达成协议时，可不装设压力释放装置。

国外早期生产的 SF_6 断路器一般不装设防爆膜，但是，随着断路器发生爆炸事故的增多，现在生产的 SF_6 断路器一般都设计有装设防爆膜的位置，是否要安装防爆膜，根据用户的要求和订货合同而定。

（3）防爆膜的作用

防爆膜的作用主要是防止 SF_6 断路器因其性能极度下降，开断短路电流时，或其他意外原因引起的 SF_6 气体压力过高时，使断路器本体发生爆炸事故。一旦压力过高达到一定值时，防爆膜破裂将 SF_6 气体排向大气。

在这种情况下，断路器将不能熄灭电弧切除短路故障，将由继电保护装置使其他断路器越级分闸，扩大停电范围，防止该断路器发生爆炸而波及高压场地的其他运行电气设备。

第四节　断路器操动机构

一、弹簧操动机构

1. 弹簧式操动机构的特点

利用已储能的弹簧为动力使断路器动作的操动机构，称为弹簧式操动机构。弹簧式操动机构有多种形式，弹簧式操动机构同样具备闭锁、重合闸等其他功能，弹簧操动机构成套性强，不需要配置其他附属设备，性能稳定，运行可靠，但是，结构复杂，加工工艺要求高。

随着 SF_6 断路器近年来大量采用"自能"式灭弧室，对操动机构输出功率的需求大大减小，在 220 kV 及以下电压等级的断路器中，采用弹簧式操动机构越来越多。

2. 弹簧式操动机构结构、原理

弹簧式操动机构主要由储能机构、电气系统和机械系统组成。

（1）储能机构。包括储能电动机、传动机构、合闸弹簧和连锁装置等。在传动轮的轴上可以套装储能的手柄和储能指示器。全套储能机构用钢板外罩保护或装配在同一铁箱里面。

（2）电气系统。包括合闸线圈、分闸线圈、辅助开关、连锁开关和接线板等。

（3）机械系统。包括合、分闸机构和输出轴（拐臂）等。

操动机构箱上装有手动操作的合闸按钮、分闸按钮和位置指示器，在操动机构的底座或箱的侧面备有接地螺钉。

3. 电动储能式弹簧操动机构工作原理

电动储能式弹簧操动机构组成原理框图如图 2-17 所示，电动机通过减速装置和储能机构的动作，使合闸弹簧储存机械能，储存完毕后通过闭锁使弹簧保持在储能状态，然后切断电动机电源。当接收到合闸信号时，将解脱合闸闭锁装置以释放合闸弹簧的储能。这部分能量中一部分通过传动机构使断路器的动触头动作，进行合闸操作；另一部分则通过传动机构使分闸弹簧储能，为分闸做准备。当合闸动作完成后，电动机立即接通电源动作，通过储能机构使合闸弹簧重新储能，以便为下一次合闸动作做准备。当接收到分闸信号时，将解脱自由脱扣装置以释放分闸弹簧储存的能量，并使触头进行分闸动作。

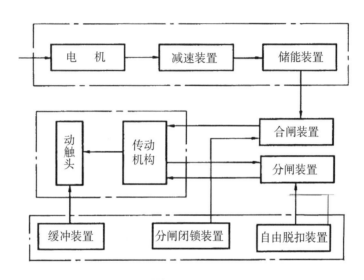

图 2-17　弹簧操动机构组成原理框图

二、液压操动机构

1. 液压操动机构的特点及分类

（1）液压操动机构的特点

由于液压操动机构利用液体不可压缩的原理，以液压油作为传递介质，将高压油送入工作缸两侧来实现断路器分、合闸操作，因此，它具有以下特点：

①主要优点

a. 体积小，输出功率大，需要的控制能量小，液压机械的工作压力高，一般在20 MPa～40 MPa左右；

b. 延时小、动作快；

c. 负载特性配合好，噪声小；

d. 速度易调变；

e. 可靠性高；

f. 维修方便等；

2) 主要缺点：

a. 加工工艺要求高，如果制造或装配不良，容易渗漏油等；

b. 速度特性易受环境温度的影响。

（2）液压操动机构的分类

液压操动机构可按照下列不同的方法进行分类：

1) 按液压作用方向，可分为单向传动式和双向传动式两种。

2) 按液压传动方式，可分为间接（机械—液压混合）传动和直接（全液压）传动两种。

3) 按充压方式，可分为瞬时充压式、常高压保持式、瞬时失压—常高压保持式三种。常高压保持式液压操动机构是目前世界各国采用较为普遍的一种结构形式。

瞬时失压—常高压保持式液压操动机构的最大优点是结构简单、制造维修方便，合闸结束后不需任何连锁装置，由高压油直接保持。由于分闸时只需失压即可动作，因此，固有分闸时间短而稳定。但是，它的工作缸利用率低，对密封元件的质量要求较为严格。

2. 液压操动机构的结构原理

断路器的液压操动机构有多种型号，但其主要构成元件有：储能元件、控制元件、操动（执行）元件、辅助元件、电气元件等五个部分，常高压保持式液压操动机构系统的工作原理如图 2-18 所示，液压操动机构各主要元件构成及各元件主要功能见表 2-1。

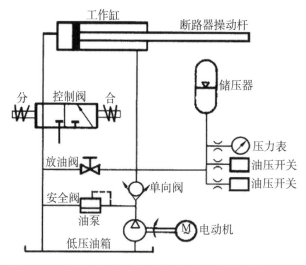

图 2-18 常高压保持式液压操动机构系统的工作原理图

主要元件	元件构成	主要功能
储能元件	储压器	由活塞分开，上部一般充入氮气。当电动机驱动油泵时，油从油箱抽出打压送入储压器，压缩氮气储存能量。当操作时，气体膨胀对外做功，通过液压油传递给工作缸，转变成机械能，实现断路器分、合闸操作。
	油泵	将油从油箱送至储压器及工作缸合闸腔，储存能量。
控制元件	阀系统	作为储能元件与操动元件的中间连接，给出分、合闸动作的液压脉冲信号，去控制操动元件。
操动元件	工作缸	借助连接件与断路器本体连接，受控制元件控制，驱动断路器实现分、合闸动作。
辅助元件	压力继电器	控制油泵电机启、停，发出信号，作为分、合闸闭锁触点和油泵起动、停止用触点，同时给主控室转换信号，以便起到监控作用。
	安全阀	释放故障情况引起的过高压力，以免损坏液压元件。
	滤油器	保证进入高压油路的油无杂质。
	放油阀	调试和检修时，用以释放油压。
	信号缸	带动辅助开关切换电气控制回路，有的还带动分、合闸指示器及计数器。
	油箱	作为储油容器，平时与大气相通，操作时因工作缸排油，将会使它的内部压力瞬时升高。
	排气阀	在液压系统压力建立之前，用以排尽工作缸、管道内气体，以免影响动作时间和速度特性。
	压力检测器	测量液压系统压力值。
	辅助储油器	为了充分利用液压能量，减小工作缸分闸排油时的阻力，提高分闸速度。
	分合闸线圈	分别用以操作分、合闸电磁阀（一级阀）
	加热器	在外界低温时，用以保持机构箱内的温度，分为手动和自动两种。

三、弹簧液压操动机构

1. 弹簧储能液压式操动机构的特点

目前，电力系统中使用的弹簧储能液压式操动机构主要有 AHMA 型液压弹簧机构和 HMB 型液压弹簧机构，这种机构采用差动式工作缸，弹簧储能液压－连杆混合传动方式。弹簧储能液压机构综合了弹簧机构和液压机构的优点，能量的储存靠碟簧组来完成，使用寿命长，稳定性好、可靠性高，不受温度变化影响，结构简单，可将液压元件集中在一起，无液压管道，液压回路与外界完全密封，从而保证液压系统不会渗漏。

HMB 型液压弹簧机构是在 AHMA 型液压弹簧机构的基础上开发的第二代液压弹簧机构，与 AHMA 型相比较，这种机构充分发挥了液压对大小功率适应性强和碟簧贮能的优势，主要特点是：

（1）采用模块化结构，通用性强，互换性强，常出现毛病的元件在易观察、可拆卸位置。

（2）用标准的精密铸铝合金取代 AHMA 型液压弹簧机构的铸钢件，加工制造工艺性较好，制造成本低，重量轻。

（3）分合闸速度特性可通过节流孔平滑调节，十分方便，压力管理采用定油量和定压力兼容方式，机械特性稳定，与环境温度无关。

（4）变截面缓冲系统结构紧凑，使缓冲特性平滑，大大提高了机械可靠性。

（5）采用新型密封系统，性能可靠；相对螺旋弹簧而言，碟簧的力特性较"硬"，因此运动特性变化小。

四、气动操动机构

气动操动机构是一种以压缩空气做动力进行分闸操作，辅以合闸弹簧作为合闸储能单元的操动机构。压缩空气靠断路器机构自备的压缩机进行储能，合闸弹簧为螺旋压缩弹簧。运行时分闸所需的压缩空气通过控制阀封闭在储气罐中，而合闸弹簧处于释放状态，这样分、合闸系统各自独立。储气罐的容量能满足操动机构具有很高的可靠性和稳定性。

1. 气动操动机构优点

（1）结构简单。动作可靠，易损件少。

（2）不存在慢分慢合的问题。在分闸位置是由掣子锁死，在合闸位置是由合闸弹簧保持。

（3）机械寿命高。其转动部分大都装有滚针轴承，减少了摩擦力，可单相操作 10000 次不更换零件。

（4）机构缓冲性能好。配用的油缓冲器直接与机构活塞相连，有效地消除了分合闸时的操作冲击。

（5）防跳跃措施好。在机构内配有电气防跳回路，能可靠地防止跳跃。

（6）保证断路器机械特性的稳定。断路器的分闸是靠压缩空气作为操作开关的动力源。在机构箱二次控制回路中的空气回路内装有空气压力开关，来控制空气压缩机自动起动与停止、控制空气低气压闭锁与重合闸操作的指示信号。空气压力开关的接通和断开只与空气压力有关，与当时所处的环境温度无关。

（7）减少了设备投资及维修工作量。每台断路器配有一台小型空气压缩机，保证储气罐内的气体压力，毋须运行部门另外配备气源。

2. 气动操动机构缺点

尽管气动操动机构的机械性能稳定，但因储能介质—压缩空气的原因，运行中存在很多问题，主要体现在下面几方面：

（1）可靠性。气动操动机构零部件多，气体管路长，管路接口多，各种阀体（安全阀、逆止阀、控制阀等）、储气罐、压缩机等的密封处理很关键，稍有不慎可能导致漏气；压缩空气中的水分会锈蚀工作缸、储气罐及管路，压缩空气中的杂质会导致安全阀、逆止阀等的阀芯卡涩，不能正常工作。

（2）对环境温度的适应性。气动操动机构受温度的影响较大，当环境温差较大时，容易误发气压报警信号；温度很低时，空气管路中的水分会结冰，堵塞空气管路，容易造成断路器的事故。

（3）维护工作量。按照制造厂要求，为了减少储气罐中的水分应每7天对储气罐进行一次放水，放水阀的频繁开启，在高压力下可能会导致密封不良而发生漏气；作为机构动力的来源，空气压缩机机油的周期性更换十分必要；空气管路安装加热带，增加了对加热带的维护等等。

第三章 组合电器

第一节 组合电器（GIS）的基本知识

一、组合电器（GIS）的分类及结构特点

SF_6 全封闭组合电器是 20 世纪 50 年代末期出现的一种先进的高压电气配电装置，国际上称这种设备为 Gas-Insulated Switchgear，简称 GIS。

GIS 是指将断路器、母线、隔离开关、检修接地开关、快速接地开关、负荷开关、电流互感器、电压互感器、避雷器、套管等单独元件连接并组合在一起，封装在金属封闭外壳内，与出线套管、电缆连接装置、汇控柜等共同组成，充以一定压力的 SF_6 气体作为灭弧和绝缘介质，并且只有在这种形式下才能运行的高压电气设备。由于其技术性能优良且占地面积少，所以在国内外应用广泛。

PASS 电气设备（Plug And Switch System），即插接式开关装置，也是组合电器的一种，是在 GIS 组合电器紧凑、可靠性高、运行维护工作量小优点的基础上，将发生事故概率极低的母线保留为常规的 AIS 布置，同时也将原常规 AIS 设备占地面积大、可靠性不高、检修维护工作量大等缺点巧妙地进行了解决。

1. SF_6 全封闭组合电器的分类

SF_6 全封闭组合电器的类型一般可以分为：按安装场所、按结构形式、按绝缘介质、按主接线方式等。

（1）按安装场所分。可分为户内型和户外型两种类型，户外型与户内型结构相同，只是在户内式基础上增加了防尘防雨功能。

（2）按结构形式分。根据充气外壳的结构形状，可分为圆筒形和矩形。圆筒型 GIS 依据主回路配置方式的不同，又可分为单相壳型（即分相型）、部分三相一壳型（又称主母线三相共体型）、全三相一壳型、复合三相一壳型等；矩形 GIS 根据柜体结构和元件间是否隔离，还可分为箱型和铠装型两种。

其中三相共筒式 GIS 具有以下优点：1）所需金属壳体少，节约材料成本；2）采用三

相共体，对于断路器、隔离开关、接地开关等需要三相联动的设备省去了复杂的连接，提高可靠性的同时降低了成本；3）整个筒体体积小，SF_6 使用量减少，同时密封面和结合面减少，降低了漏气概率；4）在筒体上基本无电磁感应电流流过，涡流损耗较小。

（3）按绝缘介质分。可分为全 SF_6 气体绝缘型和部分 SF_6 气体绝缘型两种。全 SF_6 气体绝缘型是指全密封的 GIS；部分 SF_6 气体绝缘型则又分为两类：一类是除母线之外，其他元件采用 SF_6 气体绝缘，并构成以断路器为主体的复合电器；另一类则相反，只有母线采用 SF_6 气体绝缘的密封母线，其他元件均为常规的敞开式电器。

（4）按主接线方式分。常用的有单母线接线、双母线接线、双母线带旁路接线、3/2接线、桥形接线、角形接线等多种接线方式。GIS 的主接线方式取决于具体工程的需要。

（5）按不同功能将设备分成不同间隔：进线（出线）间隔，母联间隔，互感器（PT）间隔等。

2. SF_6 全封闭组合电器的结构特点

GIS 由于其优越的技术性能和占地体积小的特点，在国内外广泛应用。其结构特点可以总结如下：

（1）采用充入一定压力的 SF_6 气体作为绝缘介质，使得导电体同金属地电位壳体间的绝缘距离大为缩短。就 110 kV 电压等级的 GIS 设备而言，占地面积是常规设备的50％左右。尤其是三相共箱式结构，具有体积小，重量轻的特点，可以最大程度减小厂房面积，节约土建成本。

（2）所有电器元件都被封闭在接地的金属壳体内，除了采用架空引出线的部分，其余全部带电体均不暴露在空气中，运行中可不受自然条件的影响，相较于常规电气设备，其可靠性与安全性大大提高。

（3）SF_6 气体是一种惰性气体，其化学特性稳定、不易燃，防火性好不易爆，并且绝缘性能和灭弧性能很好，因此 GIS 属于防爆设备，适合在城市中心地区和其他防爆场合安装使用。

（4）运行安全可靠、维护工作量少、检修周期长。由于 GIS 设备的制造和安装工艺严格，且主要组装调试工作均在制造厂家内完成，现场安装和调试工作量较小，可以缩短变电所安装周期。断路器开断能力高，触头烧伤轻微，故检修周期长、故障率低。又由于 GIS 组合电器的绝缘件、带电导体封闭在金属壳内，是一个整体，重心较低，所以抗震性能优越。

（5）GIS 设备没有无线电干扰和噪音干扰。GIS 设备导电部分均为外壳所屏蔽，外壳接地良好，其导电体所产生的辐射、电场干扰等都被外壳屏蔽了，噪声来自断路器的开断过程，也被外壳屏蔽。所以 GIS 不会对通信、无线电造成干扰。

（6）GIS 设备结构较为复杂，设计制造、安装调试水平要求较高。GIS 价格也较为昂贵，变电所建设一次性投资大。

二、SF₆全封闭组合电器GIS的发展方向

SF₆封闭式组合电器（GIS）在高压及超高压领域的应用越来越普遍，电压等级越高，所带来的技术经济效益越明显。

GIS发展方向是在向高电压、大容量、小型化、共筒化、复合化及二次现代化的方向发展。为了使GIS布置紧凑和小型化，在126 kV～252 kV采用了全三相共箱结构，在363 kV～550 kV采用三相母线共箱结构。通过"三工位"开关，实现隔离、接地开关复合和功能的集合。GIS的二次控制趋向现代化、智能化，即由传统的机电系统发展成以计算机为中心的现代智能化系统，并同时装设有自主控制和保护装置。

第二节　组合电器（GIS）的基本结构

一台完整的GIS是由若干个不同间隔所组成，通常是根据用户提供的主接线方式和要求，在设计时将不同的气室或间隔（也称标准模块）组合成不同的间隔，再将这些间隔组成符合用户需求的GIS。一个间隔指的是一个具有完整的供电、送电和其他功能（控制、计量、保护等）的一组元件。一个气室或气隔指的是将各种不同作用和功能的元器件，独立地组合在一起，拼装在一个独立的封闭金属壳体内所构成的各种标准模块，例如：断路器模块、隔离开关模块、电压互感器模块、电流互感器模块、避雷器模块、连接模块、分相模块等。GIS的总体布局示意图如图3-1和图3-2所示。同时对图3-2所示GIS各组成元件简要介绍如下：

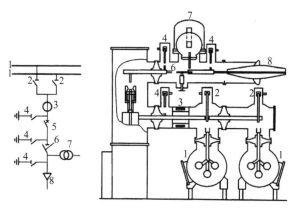

(a) 接线图　　　　　(b) 结构图

1-母线；2-隔离开关；3-电流互感器；4-接地开关；5-断路器；6-隔离开关；7-电压互感器；8-出线电缆

图3-1　GIS的总体布局示意图之一

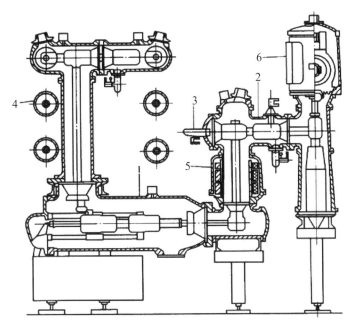

1-断路器；2-隔离开关；3-接地开关装置；4-母线；5-电流互感器；6-电压互感器

图 3-2　GIS 的总体布局示意图之二

1. 断路器

断路器是 GIS 的中心元件，由灭弧室及操动机构组成。灭弧室封闭在充气壳体内。断路器按灭弧原理可分为：压气式、热膨胀式和混合式。所配操动机构有液压、气动、弹簧及液压弹簧机构。

GIS 中的断路器与其他电器元件必须分为不同的气室，其原因主要有：

（1）由于断路器气室内 SF_6 气体压力的选定要满足灭弧和绝缘两方面的要求，而其他电器元件内 SF_6 气体压力只需考虑绝缘性能方面的要求，两种气室的 SF_6 气压不同，所以不能连为一体。

（2）断路器气室内的 SF_6 气体在电弧高温作用下可能分解成多种有腐蚀性和毒性的物质，在结构上不连通就不会影响其他气室的电器元件。

（3）断路器的检修概率比较高，气室分开后要检修断路器时不会影响到其他电器元件，因而可缩小检修范围。

图 3-3 为 252 kV GIS 断路器结构图，图 3-4 为灭弧室结构图。

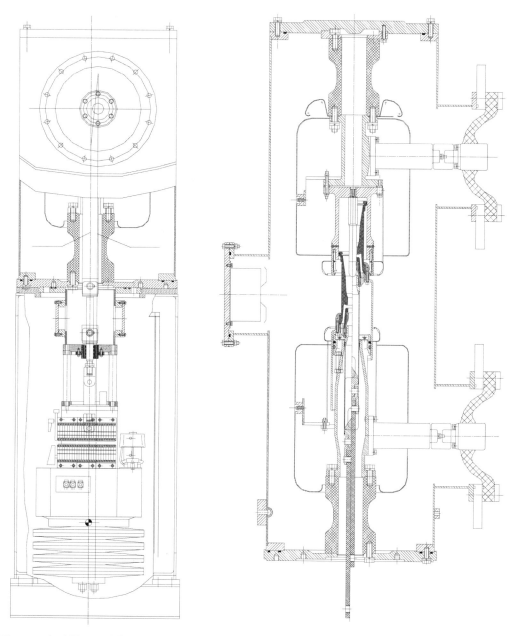

图 3-3　断路器（配弹簧液压操动机构）结构　　　图 3-4　灭弧室结构

2. 隔离开关

隔离开关是 GIS 中比较复杂的开关元件，主要用于电路无电流区段的投入和切除。为了适应各种不同的电气主接线和 GIS 结构布置的需要，隔离开关具有多种结构形式，从而保证了 GIS 整体设计时的灵活性，提高了空间利用率。隔离开关装置的结构简图，如图 3-5 所示。动、静触头由锥形绝缘子支撑在铸铝外壳上，同时锥形绝缘子还具有保证该气室密封性的功能。隔离开关采用公用的电动操动机构，通过壳体外面的绝缘操作杆，驱动三相绝缘杆和滑动触头。也可在每个隔离开关设有观察窗，用以观察开关位置和触头情况。隔离开关在完全合闸和完全分闸位置时用锁扣装置锁住。

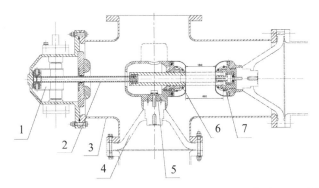

1-隔离开关传动；2-绝缘拉杆；3-筒体；4-盆式绝缘；5-中间触头；6-动触头；7-静触头

图 3-5　隔离开关结构图

3. 接地开关

接地开关设计成安装在其他设备上的一个小型组件，如图 3-6 所示。其主静触头安装于接地开关的设备之内，动触头与操作连杆系统相连接。操动机构采用电动弹簧式机构，三相联动，其可用来进行工作接地，并且能够合上短路故障。为防止维修期间接地开关动作，开关的全合和全分位置皆可扣住。借助于接地开关，可以测量分闸时间、主回路的绝缘电阻，测定电流互感器的极性等。

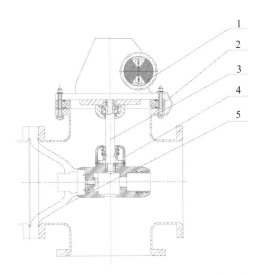

1-接地开关传动；2-绝缘盘；3-动触头；4-静触头；5-盆式绝缘子；（4）电流互感器

图 3-6　接地开关结构图

4. 电流互感器

GIS中的电流互感器可以单独构成一个元件，也可以与套管电缆头联合组成一个元件单独的电流互感器装置在一个较大的筒内，如图3-7所示。电流互感器的一次绕组即为GIS内的高压导体。根据设计要求，筒内装有4~6个单独的环形铁芯，二次绕组即绕在环形铁芯上。无磁性的屏蔽罩装在二次绕组的内侧，二次绕组通过端子板引到二次绕组的端子箱。

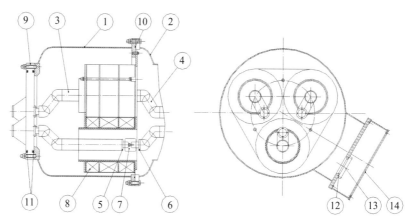

1-罐体；2-罐体；3-导体；4-导体；5-导体；6-导体；7-触头；8-电流互感器线圈；9-盆式绝缘子；10-O型密封圈；11-O型密封圈；12-O型密封圈；13-接线端子；14-出线筒

图3-7 电流互感器结构

5. 电压互感器

电压互感器按其原理可分为电容分压式和电磁式两种。按其绝缘方式划分，常见的有环氧浇注式和SF_6气体绝缘式。GIS一般采用电磁式电压互感器。图3-8给出了环氧浇注绝缘的电压互感器结构图。其一次和二次绕组由闭合铁芯支持。每个电压互

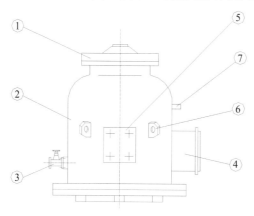

1-盆式绝缘子；2-罐体；3-充气阀门；4-二次接线盒；5-铭牌；6-吊耳；7-接地端子

图3-8 单相电压互感器

感器单独构成一个气室，并装有防爆膜。

6. 母线

图 3-9 所示为单相母线的典型结构图，其外壳为圆柱形，波纹管主要是用于补偿因温度升高引起的外壳长度变化，同时便于 GIS 安装调整和检修时拆卸邻近部件。母线中的高压导体通常采用插接式连接方法，这种插接式触头也能吸收由温度升高引起的导线长度变化，因而不会在支撑绝缘子上产生过大的机械应力。单相母线的优点一是杜绝了三相短路的可能性；二是便于实现气室划分，因而也便于 SF_6 气体回收。其缺点是占地面积大，外壳涡流损耗大。

GIS 的母线筒结构有下列三种形式：

（1）全三相共体式结构。不仅三相母线，而且三相断路器和其他电器元件采用共箱筒体。

（2）不完全三相共体式结构。母线采用三相共箱式，而断路器和其他电器元件采用分箱式。

（3）全分箱式结构。包括母线在内的所有电器元件都采用分箱式筒体。

图 3-10 所示为三相共箱型主母线。三相主母线导体呈倒置等腰三角形布置在共同的金属壳体中，每相导体分别用环氧浇注绝缘件支撑在壳体上，为了补偿温度变化或其他因素引起的尺寸误差，在适当位置有波纹管以便于拆装。

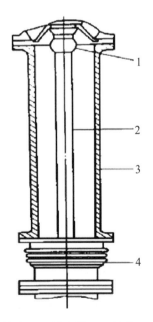

1-套筒式接头；2-导电管；3-外壳；4-波纹管

图 3-9　单相母线结构图

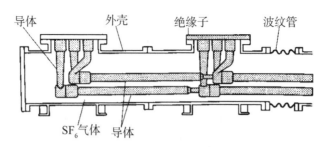

導体　外壳　绝缘子　波纹管

SF₆气体　导体

图 3-10　三相共箱主母线的结构

7. 避雷器

SF₆避雷器的主要元件如同普通避雷器，但它结构很紧凑。火花间隙元件密封，与大气隔绝。整个避雷器用干燥压缩气体绝缘，使性能高度稳定。在 SF₆避雷器中，金属接地部分与带电部分靠得很近；因此，要特别注意补偿电压沿避雷器元件的非线性分布。

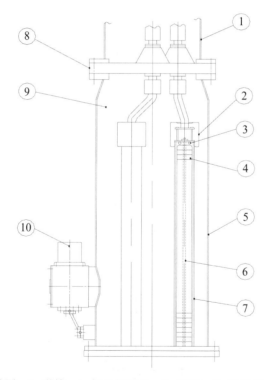

1-保护罩；2-屏蔽罩；3-弹簧；4-氧化锌阀片；5-罐体；6-绝缘杆；7-绝缘筒；8-盆式绝缘子；9-0.5 MPaSF₆气体；10-在线监测仪

图 3-11　避雷器结构

8. 套管

架空线或所有空气绝缘件用空气/SF₆气体套管连至 GIS。这些套管使用电容均压，并被间隔绝缘子分成两个独立的隔室。被瓷绝缘子包围的间隙，充有略高于大气的 SF_6 气体。当电瓷受损时，这就将风险减至最小。在间隔绝缘子开关设备侧的气隙中，亦充同样压力的 SF_6 气体。充油电容器套管亦可用于高压，即将 GIS 直接连至变压器。

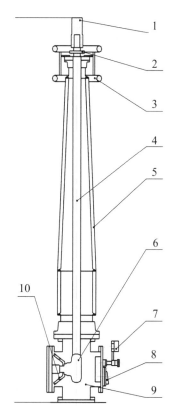

1-接线板；2-卡板；3-屏蔽环；4-导电杆；5-瓷套；6-L 型电联接；7-带充放气接头的密度继电器；8-爆破片；9-四通筒体；10-盆式绝缘子

图 3-12　套管结构与布置简图

9. 电缆终端

各种类型的高压电缆，均可通过电缆终端盒连至 SF_6 开关设备。它包括带连接法兰的电缆终端套管、壳体及带有插接头的间隔绝缘子。气密套管将 SF_6 气室与电缆绝缘介质分开。连至 GIS 的一个完整 XLPE 电缆终端，具有尺寸小且热特性更好的优势。

10. 三工位隔离-接地组合开关

三工位隔离-接地组合开关是将隔离开关、接地开关组合在一起，共用一个动触头和一台操作机构的组合设备，它同时也兼用于 GIS 间隔相互对接的共箱母线。三工位隔离-接地组合开关体积小、结构紧凑、复合化程度高、配置方式灵活多样。

三工位隔离-接地组合开关及其操动机构的外形见图 3-13，电动操动机构与壳体通过连板（13）与轴封相连。在动作过程中，操动机构内的主轴与本体输出轴通过齿轮连接，并带动三工位隔离-接地组合开关本体实现分、合闸。操动机构除电动操作外，还能手动操作，并且电动与手动互相联锁。

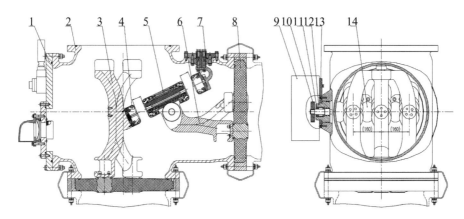

1-端盖板；2-壳体；3-主导体；4-隔离静触头；5-动触头；6-母线；7-普通接地开关；8-盘式绝缘子；9-电动操动机构；10-本体齿轮；11-卡圈；12-轴封装配；13-联接板；14-相间绝缘子

图 3-13　三工位隔离-接地组合开关

11. 主要组部件

（1）GIS 导体

GIS 导体一般为铝管，其直径和壁厚取决于电压和额定电流。铜弹簧触指构成触头插座，铜插件构成触头插头。触头表面镀银，并将触头焊到铝导体上。导体系统连同支持绝缘子必须精心设计，使之能耐受正常工作和短路条件下的电、热和机械负荷。

（2）GIS 壳体

GIS 壳体型式可以分为三相共筒式和单相式，采用三相共筒式具有以下优点：

1）所需要的壳体少，节约材料。

2）采用三相共体，对于断路器、隔离开关、接地开关等需要三相联动的设备省去了复杂的连接，提高了可靠性，节约了成本。

3）整个筒体体积减小，SF_6 使用量减少，密封面和结合面减少，减小了漏气概率。

4）三相共筒结构，在罐体上基本无电磁感应电流流过。相应的涡流损耗也几乎没有。目前发展趋势是三相共筒化。

（3）GIS 接地

GIS 壳体对整个 GIS 构成整体和接地、屏蔽体。壳体材料有铝合金和钢两种，钢材料的优点是强度高，缺点是存在环流和涡流损耗，加工不易成型。现在新的 GIS 壳体材料都朝铝合金方向发展。

GIS 系密集型布置结构方式，对其接地问题要求很高，一般要采取下列措施：

1) 接地网应采用铜质材料，以保证接地装置的可靠和稳定，而且所有接地引出线端都必须采用铜排，以减小总的接地电阻。

2) 由于 GIS 各气室外壳之间的对接面均设有盆式绝缘子或者橡胶密封垫，两个筒体之间均需另设跨接铜排，且其截面需按主接地网截面考虑。

3) 在正常运行，特别是电力系统发生短路接地故障时，外壳上会产生较高的感应电势。为此要求所有金属筒体之间要用铜排连接，并应有多点与主接地网相连，以使感应电势不危及人身和设备（特别是控制保护回路设备）的安全。

一套 GIS 外壳需要几个点与主接地网连接的问题，要由制造厂根据订货单位所提供的接地网技术参数来确定。

（4）绝缘支撑件

在 GIS 中要用到很多固体绝缘支撑件，有盆式、锥体等形状。固体绝缘材料在压缩的 SF_6 气体中会使电场分布畸变。绝缘件影响 GIS 绝缘短时特性，绝缘件的老化也影响了系统的电压梯度分布。

（5）气隔

GIS 内部相同压力或不同压力的各电器元件的气室间设置的使气体互不相同的密封间隔称为气隔。设置气隔有以下好处：

1) 可以将不同 SF_6 气体压力的各电器元件分隔开；

2) 特殊要求的元件（如避雷器等）可以单独设立一个气隔；

3) 在检修时可以减少停电范围；

4) 可以减少检修时 SF_6 气体的回收和充放气工作量；

5) 有利于安装和扩建工作。

（6）压力释放等保护装置

当 GIS 内部母线管或元件内部等出现故障时，如不及时切除故障，外壳将被电弧烧穿。如果电弧能量使 SF_6 气体的压力上升过高，还可能造成外壳爆炸。因此 GIS 和 SF_6 断路器除装设完善的保护装置外，还应装设快速接地开关或其他压力释放装置。快速接地开关是由故障电流作为启动能量的，只要故障电流达到动作值，快速接地开关就会合闸，启动断路器跳闸，切除故障。对于 SF_6 气室较大的 GIS，由于气体压力升高缓慢，气体压力升高幅度也较小，使用压力释放装置已起不到保护作用，应装设快速接地开关。对于 SF_6 气室较小的 GIS 或者支柱式 SF_6 断路器，由于气体压力升高速度较快，气体压力升高幅度大，压力释放装置对其较为敏感，使用压力释放装置的可靠性也较高。

压力释放装置分为以下两类：一类是以开启和闭合压力表示其特征的，称为压力释放阀，一般组装在 GIS 或罐式断路器上；另一类是开启后不能再闭合的，称为防爆膜，一般装在支柱式 SF$_6$ 断路器上。

（7）汇控柜

汇控柜是气体绝缘金属封闭开关设备与主控室间电气联接汇聚点，按结构及功能可分为普通型和智能型两种。

普通型汇控柜具有以下功能：

1）监视六氟化硫气体的密度；

2）进行断路器、隔离开关、接地开关的电气就地操作；

3）实现断路器、隔离开关、接地开关的电气联锁；

4）承接来自主控室的各种操作命令。

智能型汇控柜（智能测控系统）具有以下功能：

智能型汇控柜除具备普通型汇控柜的功能外，还具有保护功能、测量功能和通讯功能。在与主控室微机连接后，可实现电站的自动化管理。

第四章 高压隔离开关

第一节 高压隔离开关的基本知识

一、高压隔离开关的基本介绍

隔离开关又称隔离刀闸，由于其没有专门的灭弧装置，因此不能用来切断负荷电流和短路电流，使用时应与断路器配合，一般对动触头的开断和关合速度没有规定要求。

1. 高压隔离开关的基本作用与要求

在电力系统中，隔离开关主要有以下三种作用：

（1）隔离电源。用隔离开关将需要检修的设备与带电的电网隔开，使其具有明显的断开点，以保证检修工作的安全进行。

（2）改变运行方式。在断口两端接近等电位的条件下，带负荷进行拉、合操作，变换双母线或其他不长的并联线路的接线方式。

（3）接通和断开小电流电路。用于关合和开断空载电力设备、电压互感器、避雷器等，在运行中具体可进行以下操作：

1）接通和断开正常运行的电压互感器和避雷器。

2）接通和断开励磁电流不超过 2 A 的空载变压器。如 35 kV 级 1600 kVA 及以下或 10 kV 级 320 kVA 及以下的空载变压器，但当电压在 20 kV 及以上时，应使用户外垂直分、合式的三联隔离开关。

3）接通和断开电容电流不超过 5 A 的空载线路。如 35 kV 户内三联隔离开关可分、合 5 km 以下的线路，户内三联隔离开关可分、合电压 10 kV，长度 1 km 以内的空载电力电缆。

4）接通和断开未带负荷的汇流空载母线。

5）户外三联隔离开关可分、合电压为 10 kV 及以下，且电流在 15A 以下的负荷电流。

6）与断路器并联的旁路隔离开关，当断路器在合闸位置时可接通和断开断路器的旁路电流。

7）接通和断开变压器中性点的接地线。但当中性点接消弧线圈时，只有在系统确认无接地故障时才可进行。

8）户外带消弧角的三联隔离开关可接通和断开电压为 10 kV 及以下，电流为 70 A 以下的环路均衡电流。

在电力系统实际应用中，对隔离开关的基本要求如下：

（1）有明显的断开点。在隔离开关分开状态下，应具有明显的断开点，以便清楚地鉴别被检修的设备是否已与电网隔离，从而能更好地保证检修工作人员的安全。

（2）有可靠的绝缘。隔离开关同一相的开断触头之间的距离要大于不同相导电部分之间及导电部分对地之间的距离（比绝缘耐受电压大 10%~15%）。当系统出现过电压时，如果一旦发生放电，也只在不同相导电部分之间或导电部分对地之间发生，而不会在同一相的开断触头间发生。从而保证了在过电压作用情况下不带电侧的人身及设备的安全。

（3）有一定破冰能力。户外隔离开关的触头敞露在大气中，经受各种气候的考验，尤其是在寒冷的天气，隔离开关的触头等部位有可能被冰层所覆盖，因此对户外式隔离开关，在分开时要求具有一定的破冰能力。

（4）隔离开关和接地开关间应有可靠的机械连锁。在隔离开关和接地开关操作过程中，必须保证先断开隔离开关后，再合接地开关；先拉开接地开关后，再合隔离开关的操作顺序。所以在隔离开关和接地开关间应有可靠的机械连锁装置。

（5）有锁扣装置。隔离开关在通过短路电流时由于受电动力的作用有可能使隔离开关自动分开，所以在隔离开关本身或其操动机构上应有锁扣装置。

2. 高压隔离开关的分类及特点

高压隔离开关的类型一般可以分为：按安装场所、按使用特性、按有无接地开关、按使用环境、按操动机构、按结构形式等。

（1）按安装场所的不同，分为户内与户外两类。户外需要适应恶劣的气候条件，包括在覆有定厚度冰层的情况下仍能顺利地分闸与合闸，而户内无此要求。

（2）按使用特性的不同，分为一般用、快分用和变压器中性点接地三类。

一般用的隔离开关，还有输配电用和发电机母线用之分，后者的电压不高，但其通流能力很大，额定电流最高达到几万安培。

快分用的隔离开关，能自动快速分闸，通常由分闸弹簧使之分闸。

变压器中性点接地用的隔离开关，是单极式结构。在运行中，其断口的一端接变压器的中性点，另一端直接（或者串接入供继电保护用的电流互感器）接地。

（3）按断口两端有无接地装置及附装接地开关的数量不同，分为不接地（无接地开关），单接地（有一台接地开关）和双接地（有两台接地开关）三类。

（4）按使用环境的不同，隔离开关可以分为普通型和防污型。

（5）按操动机构的不同，隔离开关可以分为手动式、电动式、气动式和液压式。

（6）按结构形式分，则如表4-1所示。

表4-1　隔离开关结构形式及其特点

序号	结构形式		特点			代表产品
			相间距离	分闸后情况	其他	
1	双柱式	平开式（中间开断）	大	不占上部空间	支持绝缘子兼受较大扭矩	GW4型 GW5型
2	三柱（双断口）	平开式（水平回转）	较小	不占上部空间	纵向长度大，绝缘子分别受弯或扭矩	GW7型
3		立开式（垂直伸缩）	小	占上部空间	纵向长度大，隔离开关传动复杂	瑞士产品
4	直臂式		小	上部占空间大	适合较低电压	GW8, GN9, GN13型
5	伸缩插入式	绝缘子转动（或拉动）	小		适用于较高电压或户内	GW12型, GW11型, GW17型, GN21型
6	直臂式		小	一侧占空间大	隔离开关运动轨迹大	GW3型
7	单柱式	偏折式	小	一侧占空间大	适用于架空硬、软母线	GW10型 GW16型
8		对折式	小	二侧占空间	触头钳夹范围大	GW6型

注：序1为水平断口、双柱式；序2、3为水平断口、三柱（双断口）；序4、5为水平断口；序6、7、8为垂直断口。

3. 隔离开关型号及含义

隔离开关型号表示方法及含义如下：

$$\boxed{1}\boxed{2}\boxed{3}-\boxed{4}\boxed{5}/\boxed{6}$$

1. 产品名称："隔离开关"用汉语拼音首字母 G 表示，即 G-隔离开关。

2. 安装场所：N-户内型，W-户外型。

3. 设计序号：由行业管理部门根据鉴定及申领型号的先后顺序确定，用阿拉伯数字"1、2、3…"表示。

4. 额定电压（kV）：按照 GB153-1993 中确定的设备最高电压的千伏数表示。

5. 补充特性：C-瓷套管出线，D-带接地刀闸，K-快分型，G-改进型，T-统一设计；

6. 额定电流（A）：以额定电流的安培数表示。

例如：型号 GW16-252D/3150 中，G 表示隔离开关，W 表示户外，16 是设计序号，额定电压是 252 kV，D 是表示有接地闸刀，额定电流是 3150 A。

目前，国内使用比较多的有 GN2、GW4、GW5、GW6、GW7、GW16、GW17 等系列隔离开关。

二、高压隔离开关的发展方向

隔离开关随着电力系统中电压等级的升高和需求量增大，品类也越来越繁杂，隔离开关结构形式设计是否合理，对变电站及电厂的建设和发展具有关键作用。因此高压隔离开关的发展方向需要做到电气参数和机械参数两者配合默契，主要是向高电压、大容量、性能可靠、组合化发展，具体表现为以下几个方面：

一是高电压、大容量。随着我国经济的发展，工业中心不断增大负荷密度、要求提高输电能力，提高电压，增大容量。我国已大量建设 1000 kV 的输电线路，远距离、大容量输送电力能力逐步增加。

二是性能可靠、结构紧凑。电力建设的发展，对电力供应可靠性的要求越来越高，同时要求产品结构紧凑，占地面积小。产品设计中改进导电系统，采用新材料、新设计，还采用多接触点触头，以节省用铜，减轻质量，提高导电容量及开关的安全性。

三是超高压隔离开关向结构组合化、系列化，使部件少、通用性强，以有限的标准基础件组成许多不同规格产品方向发展，即符合用户需要又利于大规模生产。

四是研究隔离开关的特殊性能要求和特殊使用环境。例如：铁道电气用、防污秽、高原型、耐地震、分合小电流等。

第二节　隔离开关的基本结构组成及常见类型

一、高压隔离开关的基本结构组成

隔离开关的品种虽然较多，但其结构均由开断元件、支撑绝缘件、传动元件、基座及操动机构五个基本部分组成，其方框图和示意图分别如图4-1、4-2所示。

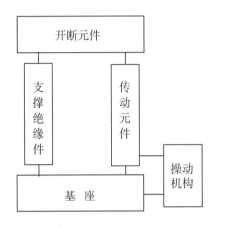

图4-1　隔离开关组成方框图

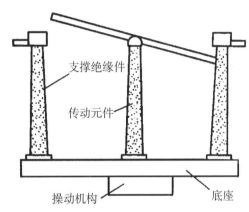

图4-2　隔离开关组成示意图

开断元件是这些基本组成部分中的核心元件，承担开关的导电及安全隔离等方面的任务。其他组成部分，都是配合开断元件为完成上述任务而设置的。

基本组成部分的主要零部件及功能如表4-2所示。

表4-2　隔离开关基本组成部分的主要零部件及其功能

名　称	主要零部件	功　能
开断元件	主触头系统、主导电回路	开断及关合电力线路、安全隔离电源
支撑绝缘件	绝缘子等构成的支柱式绝缘件	保证开断元件有可靠的对地绝缘、承受开断元件的操作力及各种外力
传动元件	各连杆、齿轮、拐臂等元件	将操作命令及操动力传递给开断元件的触头导杆及其他部件
基座	开关本体的底架底座等	整台产品的基础
操动机构	电动、弹簧及手动机构的本体及其配件等	为开断元件分合闸操作提供能量、并实现各规定的操作

二、高压隔离开关常见类型

高压隔离开关的类型有很多，如前所述，按安装场所可分为户内式和户外式，其基本结构分述如下。

1. GN2型户内式隔离开关

如图4-3所示，此类型户内式三相高压隔离开关结构主要包括导电部分、绝缘部分和操动部分等。

（1）导电部分。主要作用是关合和断开电路。它包括"L"形静触头和动触头。动触头为两根矩形铜条制成的闸刀，用弹簧紧夹在静触头两边形成线接触。紧贴在闸刀两端外侧靠近静触头之处的钢板通常名为磁锁。它的作用是：

1）在一定的弹簧力下，通过磁锁造成的杠杆比，可以在闸刀和静触头接触处产生较大的接触压力；

2）在短路电流流过时，由于钢板被磁化，便产生一吸引力，此力作用于刀片上，使接触压力增加，从而可以避免短路电流引起触头熔焊和防止闸刀自行分开。

（2）绝缘部分。主要起绝缘作用，它包括支柱绝缘子、套管绝缘子和升降绝缘子。动触头和静触头分别固定在套管绝缘子和支柱绝缘子上，升降绝缘子带动闸刀转动，实现分、合操作。

（3）操动部分。它与操动机构连接，完成分合操作。主要包括转轴和拐臂，转轴装设在框架上，而拐臂安装在转轴上，最终构成升降绝缘子与闸刀及转轴上的拐臂绞接。转轴通过其端部的拐臂（也称主拐臂，图4-3中未显示）与操动机构连接，从而进行分、合操作。户内式隔离开关通常配用CS6型手动操动机构，它与GN2型隔离开关配合的一种安装方式如图4-4所示。

户内式隔离开关的工作过程归纳如下：图4-3所示为分开位置；当关合电路时，通过操动机构转动转轴，升降绝缘子即拉动闸刀向下，使之夹住静触头，于是电路便接通；当开断电路时，只要通过操动机构使转轴向相反方向转动，升降绝缘子就推动闸刀向上，使之和静触头分离，造成可见的空气间隙，即明显断开点。

我国生产的户内式高压隔离开关基本都是这一类型的结构。当额定电流改变时，只是闸刀的尺寸、刀片的数目和绝缘子直径随着改变，而布置形式完全相同。

户内式隔离开关的额定电压在40.5 kV及以下，额定电流可为200 A直到万安以上，额定短时耐受电流和额定冲击耐受电流要求较高，无需破冰措施。

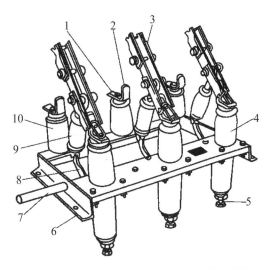

1-上接线端子；2-静触头；3-闸刀；4-套管绝缘子；5-下接线端子；6-框架；7-转轴；8-拐臂；9-升降绝缘子；10-支柱绝缘子

图4-3 户内式三相高压隔离开关结构图

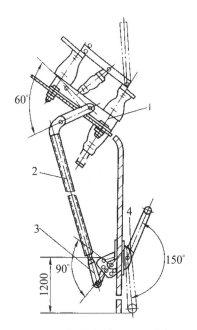

1-GN8型隔离开关；2-φ20 mm焊接钢管；3-调节杆；4-CS6型手动操动机构

图4-4 CS6型手动操动机构与GN8型隔离开关配合安装方式

2. GW5型户外式隔离开关

如图4-5所示是GW5型的高压隔离开关结构图，由图可见其包括导电部分、绝缘部分和机构箱。

（1）导电部分。主要作用是关合和断开电路。包括固定在"V"形支持瓷柱上用铜管制成的导电臂 4，其端部装有触头 5 和 6，触头 6 为一短圆管，它和导电臂 4 焊成"T"形。触头 5 由触头支架 7、弹簧 8 和触指 9 组成，如图 4-5（b）所示。触指 9 分成两排嵌在触头支架 7 中，依靠弹簧 8 使触指 9 和管形触头 6 之间获得给定的接触压力。为防止触头闭合后被冰冻住不易打开，整个触头与外面罩以防雨罩。

（2）绝缘部分。起绝缘作用，包括两个支持瓷柱 1，构成"V"形，如图 4-5（a）所示。它分别装在机构箱 2 中的轴承座上，可以绕自己的轴转动。

（3）机构箱。主要是齿轮传动系统。支持瓷柱的轴穿入机构箱内并通过装在轴上的伞形齿轮互相啮合，以保证两支持瓷柱同步转动。

GW5 型隔离开关的工作过程可归纳如下：如图 4-5（a）所示为分开位置；当关合电路时，先用一手动操作机构将接地闸刀 11 与其静触头 10 分开，然后用另一手动操作机构使两个瓷柱之一旋转，通过机构箱中的伞形齿轮带动另一瓷柱转动，于是触头 6 插入指形触头 9 中使电路接通；当开断电路时，操作次序与此相反，即先使隔离开关触头分开，然后将接地闸刀闭合。为保证能按这一操作次序正确进行，通常在两操动机构上装有连锁装置，以防止由于误操作而发生事故。

GW5 型高压隔离开关的额定电压为 40.5～126 kV，额定电流为 600～2000 A。由于 GW5 型高压隔离开关安装基础小，易于满足特殊方式（任意角度倾斜）安装的要求，所以现场应用较多。

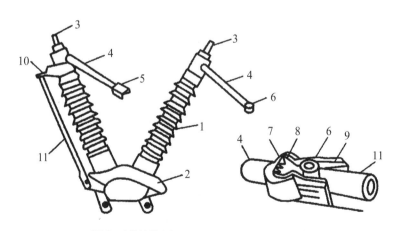

（a）隔离开关结构图　　　　（b）触头结构图

1-磁柱；2-机构箱；3-接线端子；4-导电臂；5、6-触头；7-支架；8-弹簧；9-触指；10-静触头；11-接地刀闸

图 4-5　GW5 型高压隔离开关结构图

3. GW4 型户外式隔离开关

如图 4-6 所示是 GW4 型的高压隔离开关结构图，由图可见它也包括导电部分、绝缘部分和操动部分。

（1）导电部分。主要起关合和断开电路的作用，包括导电臂 6 和 7。导电臂 6 的右端装一防雨罩 8，内装指形触头。导电臂 7 的左端装一管形触头。中部装有接地闸刀的触头 9。指形触头和管形触头的结构与图 4-5 的相类似。

（2）绝缘部分。主要使导电臂对地绝缘，包括两根支持瓷柱 1。它们分别装在底座 2 的两端，其间用一曲柄连杆机构 3 进行联动。

（3）操动部分。主要是使用支持瓷柱联动的曲柄连杆机构 3。

GW4 型高压隔离开关的工作过程可归纳如下：图 4-6 所示为闭合位置；当开断电路时，用手动操动机构使两个支持瓷柱之一旋转，通过曲柄连杆机构的带动，另一支持瓷柱将跟着转动，于是导电臂 7 上的管形触头和导电臂 6 上的指形触头分离，电路分开。在分开终了时，支持瓷柱 1 约转过 90°。此时如需将接地闸刀闭合，可操作另一操动机构使接地闸刀 4 顺时针旋转，使其触头和导电臂 7 上的触头 9 接触。关合时的次序与上述相反。为保证操作次序的正确，在两手动操动机构之间也装有机械连锁。

GW4 型高压隔离开关的额定电压为 40.5～363 kV。电压等级不同，支持瓷柱的节数也不同，126 kV 及以下采用 A 节，252 kV 采用 2 节，363 kV 采用 3 节。

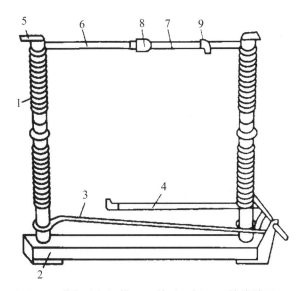

1-支持磁柱；2-底座；3-曲柄连杆机构；4-接地刀闸；5-接线端子；6、7-导电臂；8-防雨罩；9-触头

图 4-6　GW4-220 型隔离开关的结构

4. GW6 型户外式隔离开关

如图 4-7 所示是 GW6 型的高压隔离开关的结构图。其基本结构的组成部分与前述基本一致，但也有其自身特点：

（1）可单相操作，分相布置，占地面积小。

（2）具有两个瓷柱，即支持瓷柱6和操作瓷柱7。因其只有一个支持瓷柱，故又称为单柱式。

（3）动触头2固定在导电折架3上，通过操作瓷柱及传动装置去操作折架上下运动。静触头固定在架空硬母线或悬挂在架空软母线上。动触头垂直上下运动即可形成电气绝缘断口。如图4-7中虚线部分是合闸位置时可动部分的位置。

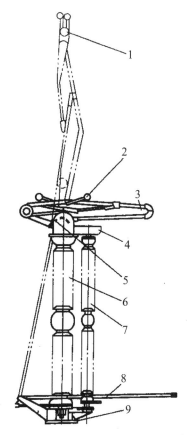

1-静触头；2-动触头；3-导电折架；4-传动装置；5-接线板；6-支持瓷柱；7-操作瓷柱；8-接地刀闸；9-底座

图 4-7　GW6-220GD 型单柱式隔离开关结构图

5. GW7 型户外式隔离开关

如图4-8所示是GW7型的高压隔离开关的结构图。其基本结构的组成部分与前述基本一致，但依旧有其自身特点：

（1）三柱式结构

（2）静触头分别在两边的棒形支柱绝缘子上端，中间棒形支柱绝缘子用以支持闸刀，并可带动闸刀作水平旋转。

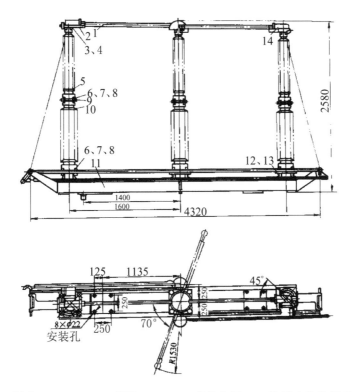

1-导杆；2-触头；3-M12 * 22 螺栓；4-M12 弹簧垫圈；5-棒形支柱绝缘子；6-M16 * 65 螺栓；7-M16 螺栓；8-M16 弹簧垫圈；9-垫片；10-棒形支柱绝缘子；11-底座；12-铭牌；13-φ3* 11 铜铆钉；14-触头

图 4-8 GW7-220 型单级隔离开关结构图（mm）

第五章 高压开关柜

第一节 高压开关柜的基础知识

目前，国内高压开关拒大都采用空气绝缘形式，虽然柜体大些，但由于绝缘性能可靠、维护方便、造价较低等优点，仍是主流。至于复合绝缘，只是在某些型号真空断路器本体中采用，或者在柜体主母线加套固体绝缘材料以增加它的绝缘可靠性。但没有普遍采用。此外，对于柜内个别部位绝缘水平略显不足的，往往加入玻璃纤维绝缘板或者加套绝缘热缩套管，作为辅助措施。

除了空气绝缘和复合绝缘之外，还有采用 SF6 气体绝缘的开关拒。这种开关柜将整个导电回路，包括母线、隔离开关、真空断路器、电流、电压互感器、避雷器，甚至电线头等元件全部包容在一个密闭的柜体中，内充稍高于大气压力的 SF6 气体，由 SF6 作为绝缘介质，称为充气柜。其优点是体积缩小，与外部环境条件（如湿度、海拔高度、灰尘、雾、污秽等）完全没有关系，缺点是技术复杂、精度高、电器元件本身的可靠性要求极高，价格相比较贵，使用 SF6 气体，SF6 气体的回收难度大、成本高，不环保。

一、高压开关柜基本概念

高压开关设备：主要用于发电、输电、配电和电能转换的高压开关以及和控制、测量、保护装置、电气联结（母线）、外壳、支持件等组成的总称。

高压开关柜（又称成套开关，以下简称开关柜）：它是以断路器为主的电气设备；是指生产厂家根据电气一次主接线图的要求，将有关的高低压电器（包括控制电器、保护电器、测量电器）以及母线、载流导体、电流互感器、避雷器、绝缘子等装配在封闭的或敞开的金属柜体内，作为电力系统中接受和分配电能的装置。

二、高压开关柜特点

（1）有一、二次方案，这是开关柜具体的功能标志，包括电能汇集、分配、计量和保护功能电气线路。一个开关柜有一个确定的主回路（一次回路）方案和一个辅助回路（二次回路）方案，当一个开关柜的主方案不能实现时可以用几个单元方案来组合而成。

（2）开关柜具有一定的操作程序及机械或电气联锁机构，实践证明：无"五防"功能或"五防功能不全"是造成电力事故的主要原因。

（3）具有接地的金属外壳，其外壳有支承和防护作用.因此要求它应具有足够的机械强度和刚度，保证装置的稳固性，当柜内产生故障时，不会出现变形，折断等外部效应。同时也可以防止人体接近带电部分和触及运动部件，防止外界因素对内部设施的影响；以及防止设备受到意外的冲击。

（4）具有抑制内部故障的功能，"内部故障"是指开关柜内部电弧短路引起的故障，一旦发生内部故障要求把电弧故障限制在隔室以内。

三、高压开关柜组成

开关柜由柜体和断路器二大部分组成，具有架空进出线、电缆进出线、母线联络等功能。柜体由壳体、电器元件（包括绝缘件）、各种机构、二次端子及连线等组成（开关柜应满足 GB3906《3 kV－35 kV 交流金属封闭开关设备》标准有关要求）。

1. 柜体材料

（1）冷扎钢板或角钢（用于焊接柜）；

（2）敷铝锌钢板或镀锌钢板（用于组装柜）；

（3）不锈钢板（不导磁性）；

（4）铝板（不导磁性）。

2. 柜体功能单元

（1）主母线室（一般主母线布置按"品"字形或"1"字形两种结构）；

（2）断路器室；

（3）电缆室；

（4）继电器和仪表室；

（5）柜顶小母线室；

（6）二次端子室。

3. 柜内常用一次电器元件

柜内常用一次电器元件（主回路设备）常见的有如下设备：

（1）电流互感器简称 CT（如：LZZBJ9－10）；

（2）电压互感器简称 PT（如：JDZJ－10）；

（3）接地开关（如：JN15－12）；

（4）避雷器（阻容吸收器）（如：HY5WS 单相型；TBP、JBP 组合型）；

（5）隔离开关（如：GN19－12、GN30－12、GN25－12）；

（6）高压断路器（如：真空型（Z））；

（7）高压接触器（如：JCZ3－10D/400A 型）；

（8）高压熔断器（如：RN2－12、XRNP－12、RN1－12）；

（9）变压器（如：SC（L）系列干变、S 系列油变）；

（10）高压带电显示器（如：GSN－10Q 型）；

（11）绝缘件（如：穿墙套管、触头盒、绝缘子、绝缘热缩（冷缩）护套）；

（12）主母线和分支母线；

（13）高压电抗器（如串联型：CKSC 和起动电机型：QKSG）；

（14）负荷开关（如：FN26－12（L）、FN16－12（Z））；

（15）高压单相并联电容器（如：BFF12－30－1）。

4. 柜内常用的主要二次元件

柜内常用的主要二次元件又称二次设备或辅助设备，是指对一次设备进行监察、控制、测量、调整和保护的低压设备），常见的有如下设备：

（1）继电器；（2）电度表；（3）电流表；（4）电压表；（5）功率表；（6）功率因数表；（7）频率表；（8）熔断器；（9）空气开关；（10）转换开关；（11）信号灯；（12）电阻；（13）按钮；（14）微机综合保护装置等。

四、高压开关柜分类

1. 按断路器安装方式分类

按断路器安装方式分为移开式（手车式）和固定式

（1）移开式或手车式（Y）：表示柜内的主要电器元件（如：断路器）是安装在可抽出的手车上的，由于手车柜具有很好的互换性，因此可以大大提高供电的可靠性。常用的手车类型有：隔离手车、计量手车、断路器手车、PT 手车、电容器手车和所用变手车等。型号如：KYN28A－12。

（2）固定式（G）：表示柜内所有的电器元件（如：断路器或负荷开关等）均为固定式安装的。型号如：XGN2－10。

2. 按安装地点分类

按安装地点分为户内式和户外式

（1）户内式（N）：表示只能在户内安装使用。型号如：KYN28A　12。

（2）户外式（W）：表示可以在户外安装使用。型号如：XLW。

3. 按柜体结构分类

按柜体结构可分类为金属封闭铠装式开关柜、金属封闭间隔式开关柜、金属封闭箱式开关柜和敞开式开关柜四大类。

（1）金属封闭铠装式开关柜（用字母 K 来表示）主要组成部件（例如：断路器、互感器、母线等）分别装在接地的用金属隔板隔开的隔室中的金属封闭开关设备。型号如：KYN28A‑12。

（2）金属封闭间隔式开关柜（用字母 J 来表示）与铠装式金属封闭开关设备相似，其主要电器元件也分别装于单独的隔室内，但具有一个或多个符合一定防护等级的非金属隔板。型号如：JYN2‑12。

（3）金属封闭箱式开关柜（用字母 X 来表示）开关柜外壳为金属封闭式的开关设备。型号如：XGN2‑12。

（4）敞开式开关柜，无保护等级要求，外壳有部分是敞开的开关设备。型号如 GG‑1A（F）。

第二节　KYN28C‑12 高压开关柜

KYN28C‑12 铠装式金属封闭开关设备（以下简称 KYN 开关柜）适用于三相交流 50 Hz、3.6 kV～12 kV 单母线及单母线分段电力系统，具有"五防"功能。开关柜的可移开部分可配置真空断路器和真空接触器等元器件。开关柜外壳的防护等级为 IP4X，当断路器室门打开、手车移开时，防护等级为 IP2 X。

一、KYN 高压开关柜基本知识

1. KYN 高压开关柜型号含义

KYN 高压开关柜型号含义如图 5‑1 所示：

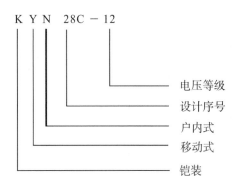

图 5‑1　KYN 高压开关柜型号含义

2. KYN 高压开关柜的技术参数

KYN 高压开关柜技术参数如表 5‑1 所示。

表 5-1 KYN 高压开关柜技术参数

额定电压		kV	12
额定绝缘水平	1min 工频耐压（有效值）	kV	42
	雷电冲击耐压（峰值）	kV	75
额定频率		Hz	50
主母线额定电流		A	630，1250，1600，2000，2500，3150，4000
分支母线额定电流		A	630，1250，1600，2000，2500，3150，4000
4s 热稳定电流（有效值）		kA	16，20，25，31.5，40
额定动稳定电流（峰值）		kA	40，50，63，80，100

二、KYN 高压开关柜（出线柜）结构

KYN 高压开关柜由固定的柜体和真空断路器手车组成。就开关柜而言，进线柜或出线柜是基本柜方案，同时有派生方案，如母线分段柜、计量柜、互感器柜等。此外，尚有配置固定式负荷开关、真空接触器手车、隔离手车等方案。本章以出线柜（如图 5-2）为例说明 KYN 开关柜结构：外壳隔板、面板、断路器室、断路器手车、母线室、电缆室、低压室和联锁/保护等等。

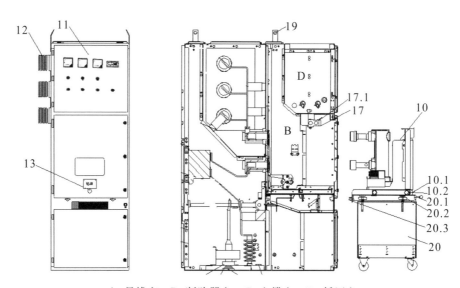

A-母线室 B-断路器室 C-电缆室 D-低压室

1-母线 2-绝缘子 3-静触头 4-触头盒 5-电流互感器 6-接地开关 7-电缆终端 8-避雷器 9-零序电流互感器 10-断路器手车 10.1-滑动把手 10.2-锁键（联到滑动把手） 11-控制和保护单元 12-穿墙套管 13-丝杆机构操作孔 14-电缆夹 15.1电缆密封圈 15.2-连接板 16-接地排 18-二次插头 17.1联锁杆 18-压力释放板 19-起吊耳 20-运输小车 20.1-小车锁定把手 20.2-调节螺栓 20.3-锁舌

图 5-2 KYN 进线或出线柜基本结构剖面图

1. 外壳和隔板

开关柜的外壳和隔板由优质钢板制成，具有很强的抗氧化、耐腐蚀功能，且刚度和机械强度比普通低碳钢板高。3个高压室的顶部都装有压力释放板。出现内部故障时，高压室内气压升高，由于柜门已可靠密封，高压气体将冲开压力释放板释放出来。相邻的开关柜由各自的侧板隔开，拼柜后仍有空气缓冲层，可以防止开关柜被故障电弧贯穿熔化。低压室 D 装配成独立隔室，与高压区域分隔开。隔板将断路器室 B 和电缆室 C 隔开，即使断路器手车移开（此时活门会自动关闭），也能防止操作者触及母线室 A 和电缆室 C 内的带电部分。卸下紧固螺栓就可移开水平隔板，便于电缆密封终端的安装。

2. 开关柜面板

开关柜面板分为二部分：仪表门，开关仪表门。仪表门主要完成仪表检测、带电检测、信号灯监视和就地电气操作；开关仪表门主要完成开关接地开关的就地机械操作（见图 5 - 3）。

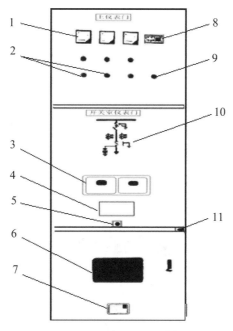

1-仪表；2-电磁分合闸按钮；3-机械分合闸按钮；4 名牌；5-丝杆机构手柄插口；6-观察窗；7-柜内照明开关；8-高压带电显示；9-指示灯；10-电气接线图；11-接地开关操作插

图 5 - 3　开关柜面板

3. 断路器室

断路器手车装在有导轨的断路器室 B 内，可在运行、试验（隔离）两个不同位置之间移动。当手车从运行位置向试验（隔离）位置移动时，活门会自动盖住静触头，反向运行则打开。手车能在开关柜门关闭的情况下操作，通过门上的观察窗可以看到手车的位置、手车上的 ON（断路器合闸）/OFF（断路器分闸）按钮、合分闸状态指示器和储能/释放状况指示器（见图 5-4）。

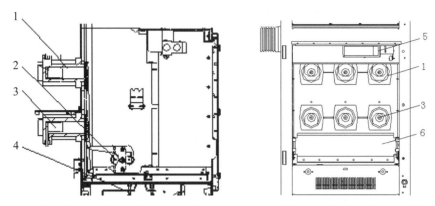

1-上触头座；2-提门机构；-3-下触头座；4-接地母线；-5-航空插座；6-活门

图 5-4　断路器室

4. 断路器手车

手车可采用手动进行移动。框架由合金钢板拼装而成，上面可装断路器和其他设备。具有弹簧触头系统的触臂装在断路器的极柱上，当手车插入到运行位置时起电气连接作用。手车于开关柜之间的信号、保护和控制线，用一个控制线插头（航空插头）连接。手车刚插入开关柜就固定在试验（隔离）位置，同时也可靠地连接到开关柜的接地系统。手车的所在位置，能通过观察窗或装在低压室面板上的手车电气位置指示器看到（见图 5-5）。

除真空断路器外，手车可配真空接触器、隔离装置和计量设备等。

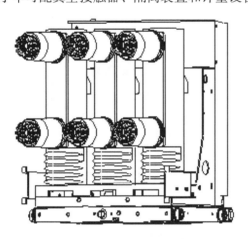

图 5-5　断路器手车

5. 母线室

母线从一个开关柜引至另一个开关柜，通过分支母线和套管固定。矩形的分支母线直接用螺栓连接到主母线上，不需任何连接夹。所有母线和分支母线都用热缩套管覆盖。套管板和套管将柜与柜之间的母线隔离起来，并有支撑作用。对电动应力大的开关柜，一般需要这种支持。

表 5－2　母排位置相序对应关系

相别	漆色	母线安装相互位置		
		垂直	水平	引下线
A 相	黄	上	远	左
B 相	绿	中	中	中
C 相	红	下	近	右

6. 电缆室

电流互感器和接地开关装在电缆室后部。电缆室也可安装避雷器。当电缆室门打开后，有足够的空间供施工人员进入柜内安装电缆（最多可并接 6 根）。盖在电缆入口处的底板可采用非导磁的不锈钢板，是开缝的，可拆卸的，便于现场施工。底板中穿越一、二次电缆的变径密封圈开孔应与所装电缆相适应，以防小动物进入。对于湿度较大的电缆沟，建议用防火泥、环氧树脂将开关柜进行密封。

7. 低压室

开关柜的二次元件装在低压室内及门上。控制线线槽空间宽裕，并有盖板，左侧线槽用来引入和引出柜间连线，右侧线槽用来敷设开关柜内部连线。低压室侧板上有控制线穿越孔，以便控制电源的连接。端子排座可向上旋转以便辅助开关的安装，控制线的布线和接线。低压室如图 5－6 所示。

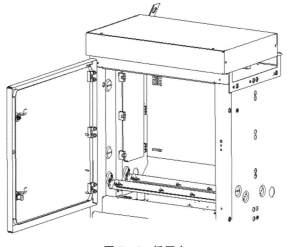

图 5－6　低压室

8. 断路器手车位置

断路器手车位置包括：工作（运行）位置，试验（隔离）位置，工作位置和试验位置之间，检修（移出）位置。

第六章　互感器

第一节　互感器的基本知识

一、互感器概述

互感器是电力系统重要电力设备，是电流互感器和电压互感器的统称。能将高电压变成低电压、大电流变成小电流，用于量测或保护系统。其功能主要是将高电压或大电流按比例变换成标准低电压（100 V）或标准小电流（5 A 或 1 A，均指额定值），以便实现测量仪表、保护设备及自动控制设备的标准化、小型化。同时互感器还可用来隔开高电压系统，以保证人身和设备的安全。

二、互感器的作用

电力系统为了传输电能，往往采用交流电压、大电流回路把电力送往用户，无法用仪表进行直接测量。互感器的作用，就是将交流电压和大电流按比例降到可以用仪表直接测量的数值，便于仪表直接测量，同时为继电保护和自动装置提供电源。电力系统用互感器是将电网高电压、大电流的信息传递到低电压、小电流二次侧的计量、测量仪表及继电保护、自动装置的一种特殊变压器，是一次系统和二次系统的联络元件，其一次绕组接入电网，二次绕组分别与测量仪表、保护装置等互相连接。互感器与测量仪表和计量装置配合，可以测量一次系统的电压、电流和电能；与继电保护和自动装置配合，可以构成对电网各种故障的电气保护和自动控制。互感器性能的好坏，直接影响到电力系统测量、计量的准确性和继电器保护装置动作的可靠性。

三、互感器的分类

互感器分为电压互感器和电流互感器两大类。电压互感器可在高压和超高压的电力系统中用于电压和功率的测量等。电流互感器可用在交换电流的测量、交换电度的测量和电力拖动线路中的保护。

第二节　电流互感器

一、电流互感器的基本知识

电流互感器（Current Transformer），简称 CT，也称作 TA。它是将一次侧的大电流，按比例变为适合通过仪表或保护装置使用的，额定电流为 5 A 或 1 A 的变换设备。其工作原理和变压器相似。其执行标准为 GB20840 互感器技术要求。

电流互感器是电力系统电能计量和保护控制的重要设备，是电力系统电能计量、继电保护、系统诊断与监测分析的重要组成部分，其测量精度、运行可靠性是实现电力系统安全、经济运行的前提。目前在电力系统中 110 kV 及以上电压等级广泛应用的是油浸式电容型电流互感器，针对 35 kV 及以下干式环氧树脂浇筑的电流互感器则应用较多。

电力线路中的电流各不相同，通过电流互感器一、二次绕组匝数比的配置，可以将不同的线路电流变换成较小的标准电流值，一般是 5 A 或 1 A，这样可以减小仪表和继电器的尺寸，简化其规格。

电流互感器的主要作用小结：传递信息供给测量仪表、仪器或继电保护、控制装置；使测量、保护和控制装置与高电压相隔离；使测量仪器、仪表和保护、控制装置标准化。

1. 电流互感器的基本原理

作为电力系统中很重要的一次设备，其原理是根据电磁感应原理而制造的。它的一次线圈匝数很少，通常采用单匝线圈，即一根铜棒或一根铜排。二次线圈主要接测量仪表或保护装置的线圈。电流互感器的二次侧不能开路运行，当二次侧开路时，一次侧的电流主要用于激磁，这样会在二次侧感应出很高的电压，从而危及二次设备和人身的安全，也会造成电流互感器烧毁。电流互感器原理图如图 6 - 1 所示。

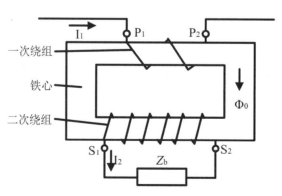

图 6 - 1　电流互感器原理图

当电流 I_1 流过一次绕组时，I_1 与一次匝数 N_1 的乘积为一次磁动势。一次磁动势分为两部分，其中一小部分用来给铁心励磁，励磁电流为 I_0；另外一大部分用来平衡二次磁动势 I_2N_2。用以平衡二次磁动势的这部分一次磁动势大小与二次磁动势相等，方向相反。

即：$I_1N_1 + I_2N_2 = I_0N_1$

针对 110 kV 及以上油浸式电容型电流互感器，多采用一次绕组可调，二次多绕组的形式，如图 6-2 所示。这种电流互感器的特点是变比量程多。其一次绕组分为两段，分别穿过互感器的铁心，二次绕组分为两个带抽头的、不同准确度等级的独立绕组。一次绕组与装置在互感器外侧的连接片连接，通过变更连接片的位置，使一次绕组形成串联或并联接线，从而改变一次绕组的匝数，以获得不同的变比。带抽头的二次绕组自身分为两个不同变比和不同准确度等级的绕组，随着一次绕组连接片位置的变更，一次绕组匝数相应改变，其变比也随之改变，这样就形成了多量程的变比。

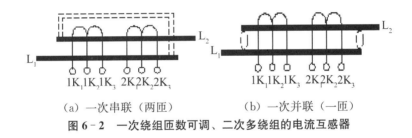

(a) 一次串联（两匝）　　　　　(b) 一次并联（一匝）

图 6-2　一次绕组匝数可调、二次多绕组的电流互感器

带抽头的二次独立绕组的不同变比和不同准确度等级，可以分别应用于电能计量、指示仪表、变送器、继电保护等，以满足各自不同的使用要求。例如当电流互感器一次绕组串联时，$1K_1$、$1K_2$，$1K_2$、$1K_3$，$2K_1$、$2K_2$，$2K_2$、$2K_3$ 为 300/5，$1K_1$、$1K_3$，$2K_1$、$2K_3$ 为 150/5；当电流互感器一次绕组并联时，$1K_1$、$1K_2$，$1K_2$、$1K_3$，$2K_1$、$2K_2$，$2K_2$、$2K_3$ 为 600/5，$1K_1$、$1K_3$，$2K_1$、$2K_3$ 为 300/5。

2. 电流互感器需要注意的问题

（1）电流互感器的二次侧在使用时绝对不可开路。否则会导致以下严重后果：二次侧出现高电压，危及人身和仪表安全；出现过热，可能烧坏绕组；增大计量误差。

（2）使用过程中拆卸仪表或继电器时，应事先将二次侧短路。安装时，接线应可靠，不允许二次侧安装熔丝。

（3）二次侧必须有一端接地。为防止一、二次绕组之间绝缘击穿后高电压窜入低压侧危及人身和仪表安全，电流互感器二次侧应设保护性接地点，接地点只允许接一个，一般将靠近电流互感器的箱体端子接地。

（4）接线时要注意极性。电流互感器一、二次侧的极性端子，都用字母表明极性。

电流互感器一般按减极性标注，如果极性连接不正确，就会影响计量，甚至在同一线路有多台电流互感器并联时，会造成短路事故。

（5）一次侧串接在线路中，二次侧的继电器或测量仪表串接。用于电能计量的电流互感器二次回路，不应再接继电保护装置和自动装置等，以防互相影响。

二、电流互感器的分类及技术参数

1. 电流互感器的分类

电流互感器的种类很多，分类方法也很多，大致有以下几种分类方法：

（1）按安装地点分：户外型、户内型。

（2）按安装方式分：穿墙（柜）式、支持式等。

（3）按绝缘介质分：油浸式、干式、SF_6 气体式等。

（4）按绝缘结构分：链式、电容均压型。

（5）按装配方式分：正立式和倒装式等。

（6）按外绝缘结构分：瓷套式和硅橡胶式等。

（7）按一次绕组结构型式分：绕线式、母线式、单匝式、复匝式（一次为多匝）、套管式（装入式）等。

（8）按型式分：常规型式和非常规型式，如电子式电流互感器即为非常规型式。

2. 电流互感器的铭牌及技术参数

电流互感器铭牌标有产品型号，技术参数包括额定电压、额定变比、额定绝缘水平、额定短时热电流和动稳定电流，性能参数包括：准确等级、输出容量等。其他参数包括制造厂家、序号、出厂日期等。气体绝缘的互感器还标有额定气压和补气气压等。二次绕组排列方式也在铭牌中标出。

互感器各种分类及其结构特征基本上能在产品型号中反映出来。JB/T 3837–2016《变压器类产品型号编制方法》规定了互感器型号编制，并规定了电子式互感器型号编制规定，在此之前，电子式互感器型号多以各生产厂家自行命名。

标准规定，产品型号应采用汉语拼音大写字母来表示产品的主要特征，型号后面用阿拉伯数字来表示产品的设计序号或规格代号等。如表 6–1 所示。

表 6–1　电流互感器型号含义说明

序号	分类	涵义	代表字母
1	型式	（电磁式）电流互感器	L
		电子式电流互感器	LE
2	用途	零序电流互感器	LX

序号	分类	涵义	代表字母
3	电子式 CT 的输出形式	数字量输出	N
		模拟量与数字量混合输出	A
4	电子式 CT 的传感器型式	光学原理	G
5	结构形式	穿墙式	A
		母线型	M
		支柱式	B
		瓷绝缘	C
		塑料注射绝缘	S
		单匝贯穿式	D
		户外式	W
		复匝式	F
		改进型	G
		低压式	Y
		浇注绝缘式支柱式	Z
		母线型	Q
		塑料外壳	K
		浇注绝缘或加大容量	J
6	绝缘特征	干式	G
		气体绝缘	Q
		浇铸固体绝缘	Z
7	功能	保护级	B
		差动保护	C
		D 级	D
		加大容量	J
		加强型	Q
8	结构特征	手车式开关柜用	C
		不带金属膨胀器	N
9	后缀第 1 位	电压等级	
10	后缀第 2 位	污秽等级	W
		高原地区	GY
		湿热地区使用	TH

例 1：LB6 - 110W2

表示一台电容型、带保护线圈的电流互感器，额定电压 110 kV，设计序号是 6。适用于Ⅲ级污秽地区。

例 2：LZZBJ9 - 10

表示一台支座式、环氧树脂浇注、带保护线圈、输出容量加强型的电流互感器，额定电压 10 kV，设计序号是 9。

例 3：LMZ - 10

表示母线式、浇注成型固体绝缘、额定电压 10 kV 电流互感器。

3. 电流互感器的准确级

按照电流互感器二次绕组和铁心的不同电气性能和不同应用目的，可以将若干个二次绕组分为测量和保护两大类。测量、监控回路应选用测量类绕组，保护回路应选用保护类绕组，测量、保护绕组需分别配置，使用原则也不同。

由于电流互感器本身存在着激磁损耗和磁饱和等影响，使二次侧的实测电流在电流数值上和相位上存在差异，产生所谓的测量误差。测量误差分电流误差和相角误差，分别用电流误差百分数和分或厘弧表示。根据测量误差的大小，电流互感器可分为不同的准确等级。

电流互感器测量用准确级和保护用准确级是分别标称的，测量级标称为 0.1、0.2、0.5、1.0。常用的准确级是 0.2 级和 0.5 级，试验室用精确测量用互感器有时用到 0.1 级。

特殊用途的电流互感器误差与普通级的区别：

0.2 级：二次负荷为额定负荷的 25％～100％之间的任何一个负荷值下，负荷电流在额定电流的 5％～120％时的电流误差和相位误差符合规定值。

0.2S 级（特殊级）：在满足上述二次负荷的条件下，负荷电流在额定电流的 1％～120％时的电流误差和相位误差符合规定值。

负荷电流越接近额定值，误差越小，0.2 级是负荷电流在额定电流的 100％～120％时，电流误差 0.2％，相位误差 10 分；而 0.2S 则是在满足电流误差 0.2％、相位误差 10 分时的负荷电流是额定电流的 20％～120％，精确度的范围要大得多，因此准确级是与二次负荷相关的值，如果二次容量选得较大，而运行后二次负荷电流较小，特别是应用微机保护后二次负荷电流比电磁式保护装置时下降明显，这时实际运行时便不能保证选择设备时选定的准确级。

保护准确级的标称：

保护用的二次绕组可以分为稳态下的 P 级和有暂态特性要求的 TP 级。

当短路电流对称的时候，互感器呈现对称饱和，按这种短路情况设计生产的电流互感器具有稳态特性，一般常用的是 P 级保护用电流互感器。

对保护用二次绕组，准确级以该准确级在额定准确限值一次电流下的最大允许复合误差的百分数标称，其后标以字母 P（表示保护）。国家标准中 P 级按准确度要求不同，通常分为 5P 级和 10P 级。

准确限值系数（用 ALF 表示）是额定准确限值一次电流（也就是满足复合误差时的一次电流）与额定一次电流之比，可以理解为准确限值系数是满足误差要求时与额定电流相比的最大故障电流倍数，一般为 15、20、30。

如标称为 5P30 的电流互感器，表示在 30 倍的额定一次电流下，该绕组的复合误差等于或小于±5％，或者满足综合误差等于或小于±5％时的一次电流为 30 倍的额定电流。其中 5 为复合误差的百分数，P 表示具有稳态特性，用于保护，30 是额定准确限值系数。

电流互感器准确级的选择，在多数情况下，取决于用于对电流互感器所在电网中常用继电保护装置所作的实际考虑。

三、常见的电流互感器

互感器分类按绝缘介质分为油浸式、干式、气体式、浇注式等。按结构形式：正立式、倒立式、贯穿式、支柱式、母线式等。下面就各种类型分别介绍几种常见的电流互感器。

1. 油浸式电容型电流互感器

油浸式电容型电流互感器多见于 110 kV 及以上电压等级，该类型设备以绝缘油、绝缘纸等为绝缘介质。油浸式电容型电流互感器外观及内部结构如图 6-3 所示。

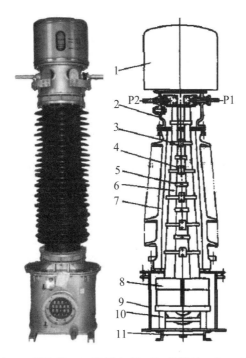

1-膨胀器；2-储油柜；3-绑扎带；4-绝缘夹板；5-绝缘块；6-一次绕组；7-瓷套；8-二次绕组；9-油箱；10-支架；11-注放油阀

图 6-3　油浸式电容型电流互感器外观及内部结构

基本组成部件

（1）膨胀器

金属膨胀器是油浸互感器的一种保护装置，主要作用是实现互感器的全密封，使绝缘油与空气隔离，从而防止油的老化和防止互感器受潮，如图6-4所示。

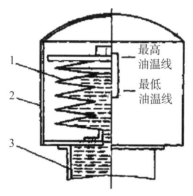

1-膨胀器；2-外壳；3-互感器储油柜

图6-4　波纹式膨胀器

金属膨胀器的主体是波纹片组成的膨胀节，很像手风琴的风箱节，可以补偿互感器内变压器油因温度变化引起的体积变化。此外，膨胀器可以使互感器保持微正压状态，如果互感器出现渗漏油，短期内亦不会因呼吸作用而使互感器受潮。

金属膨胀器有波纹式和盒式两种。

盒式膨胀器由若干个固定在金属架上的膨胀盒组成，膨胀盒由不锈钢板压成波纹的两膜片焊接而成，盒与盒之间用金属管联结，分为内油式和外油式两种，互感器大多使用内油式。盒式膨胀器自身比较重，现场多使用结构更简单的波纹式膨胀器。

使用波纹式金属膨胀器的互感器，在运输时需要专门的支架将膨胀节固定，防止运输时膨胀节晃动损坏，使用前需将固定支架拆除。

（2）储油柜

为了减少一次绕组出头部分漏磁所造成的结构损耗，储油柜多用铸铝合金，当额定电流较小时（2X400A以下），也可用铸铁或薄钢板制成。电流互感器一般在储油柜外部实现串并联，从而变换一次匝数，但一次安匝是不变的，如图6-5所示。

（3）绑扎带、绝缘夹板和绝缘块

在互感器运行时，P1侧和P2侧的电流是相反的，会产生很大的电动力。因此在整个主绝缘上分设几段绑扎带，与绝缘夹板、绝缘块配合使用，将一次绕组的两侧导体紧固起来。

（4）一次绕组

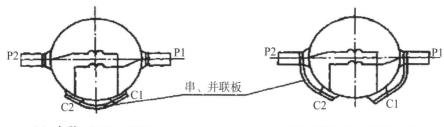

（a）串联：P1C1－C2P2　　　　　　　（b）并联：P1－C1C2－P2

图6-5　电流互感器串并联板

电流互感器一般为电容型绝缘结构。一次绕组的最内部为一次导体，承载一次电流。在它外面是很厚的绝缘，绝缘之间设置了一些电容屏，每两个电屏及其中间的绝缘就是一个电容器。靠近一次绕组的电屏与高电位联结，靠近二次绕组的电屏接地，这就构成了接在线路高电压与地电位之间的一组串联电容器。

串联电容屏间各屏表面场强的差别将随着电屏数的增加进一步缩小，绝缘能得到比较充分的利用。因为在电屏间的绝缘为油浸纸，故称为油-纸电容型绝缘。

电容屏一般为打孔铝箔，目的是便于真空干燥和浸油；另一种是半导体纸，也有利于提高绝缘的局部放电水平，结构如图6-6所示。

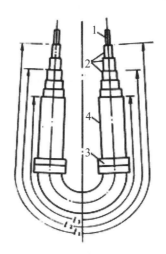

1-次绕组；2-电容屏；3-二次绕组及铁心；4-末屏

图6-6　电容型电流互感器结构原理图

一次绕组是承受高压线路上一次电流的载体。每个半圆铝管为1匝，两半圆铝管间垫有匝间绝缘，绑扎在一起，构成其截面为整圆的线芯。使用时可并联为1匝，也可串联成2匝。一次绕组用铝管或铜管制成，根据二次额定电流大小，一次导体采用1/4圆铝管、半圆铝管、加厚半圆铝管、半圆铜管或D型铝管等制成。

制作时首先利用弯管机将型材弯做出 180°的 U 形弯，再利用气焊边加热退火边弯制斜线段。再将已制作好的引线与导电管端部氩弧焊接。

（5）瓷套

瓷套是电流互感器的外绝缘，也是绝缘油的容器，其技术参数有以下。

瓷套高度：根据互感器外绝缘试验电压而定。对于高海拔（＞1000 m）地区，每升高 100 m，绝缘强度约降低 1%。

内径：主要取决于其与内部器身的间隙。伞数和伞形：取决于工频湿试电压和爬电比距。

污秽水平：如上表所示，Ⅲ（重）级污秽水平为 W2，Ⅳ（特重）级污秽水平为 W3。

爬电比距：最小爬电比距＝最小公称爬电距离/设备最高电压，mm/kV 工业区或沿海地区，空气中导电微粒多或盐雾大，积累到一定程度时会引起瓷套表面局部刷形放电，工作电压下可能发生外绝缘闪络，即污闪。不同污秽水平的爬电比距如表 6-2 所示。

表 6-2　不同污秽水平的爬电比距

污秽水平	Ⅰ-轻	Ⅱ-中等	Ⅲ-重	Ⅳ-特重
爬电比距/（mm/kV）	16	20	25	31

爬电系数：不能单靠增加伞数来加大爬电比距，应保证瓷套的总爬电距离与瓷套电弧距离之比（C. F）不超过一定值。对于Ⅲ、Ⅳ级污秽水平，C. F≤4.0。

（6）二次绕组

电流互感器的二次绕组采用环形绕组，导线绕在包有绝缘的环形铁心上，用专用的绕线机绕制。

绕制时分为均匀绕和非均绕。后者为避免过电流时一次返回导体影响使铁心局部饱和造成误差超限，采用调整二次绕组匝数分布补偿返回导体磁场影响。

二次绕组最内层是铁心，铁心外面缠绕二次导线。铁心与导线之间、层与层之间都有绝缘介质（皱纹纸或聚薄膜）。

（7）铁心

铁心由硅钢片卷制而成。硅钢卷铁心采用经纵剪下料，剪裁成一定宽度的成卷硅钢片连续卷绕而成的。这种铁心尺寸公差小，叠片系数高，外观整齐。

卷制铁心尺寸符合要求后，铁心最内/最外层钢片与其相邻层片通过点焊固定。由于硅钢片的导磁性能对机械应力很敏感，在制造过程中受剪切、卷绕等机械力的作用，会导致铁心磁性能变坏。为恢复和提高磁性能，要对铁心进行消除应力的热处理，即退火。退火还可以使各种形状的卷铁心定型。

（8）油箱

油箱为低压侧，运行时与地可靠连接。油箱正面设有二次绕组接线端子和末屏接线端子，接线引入控制室。

（9）支架

支架用于器身与油箱的固定。其与油箱等电位。

（10）注放油阀

取油口。

链式结构电流互感器主绝缘为油纸绝缘，一次线圈绕成环形，与带有二次线圈的铁心相互套着，像两个金属环链一样，形成一个链形故而得名。链形也形象地称为"8"月字形结构。链式电流互感器有两种外形结构，一种结构为瓷箱式结构，如图6-7所示。

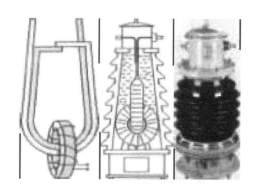

图6-7 瓷箱式链型电流互感器

另一种结构为油箱式结构，一次线圈用纸包铜线，成"吊环"形，如图6-8所示。

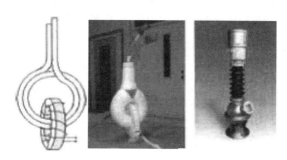

图6-8 油箱式链型电流互感器

铁心由硅钢片卷成环型铁心，二次线围绕在铁心上，一次线圈和二次线圈分开绝缘，在二次线圈和二次线圈两个环上都用电缆纸包绕很多层，然后一同浸在装有变压器油的瓷箱中。

"8"字形结构的互感器主绝缘层中的电场分布很不均匀，再加上包纸带时，由于环内、环外的半径不同，不可能包得很均匀，因而击穿电压较低，分散性大，随着制造技术的提高，110 kV 电流互感器已经普遍采用了绝缘结构更好的电容型结构，但这种电流互感器也有工艺简单，成本较低的优点，一般用于 35 kV 及以下电压等级的电流互感器。

35 kV 充油互感器可带有 3 个或 4 个二次绕组，测量精度可达到 0.2 级或 0.2S 级。链式结构的 35 kV 电流互感器电流比一般为单变比的较多。现在也可以做成多变比，可根据需要选择。

一次线圈的一个出线端与储油柜铁壳相连，因此上部铁质储油柜是带电的；另两个出线端由瓷套引出。

2. 浇注式电流互感器

浇注式电流互感器多用于 35 kV 及以下的电流互感器，一般分为环氧树脂挠注和硅橡胶浇注两种类型。户内使用常为环氧树脂浇注；户外使用可用防紫外线浇注材料或在环氧树脂浇注的互感器表面覆盖一层硅橡胶；低压互感器常用环氧树脂或硅橡胶浇注，浇注式电流互感器如图 6-9 所示。

图 6-9 浇注式电流互感器

环氧树脂浇注型电流互感器可分为以下三类。

（1）母线式

母线式电流互感器多用在 10 kV 系统、额定电流 1500A 及以上的地点，这时制成粗大的一次线圈甚是不便，因此利用导电铝排（母线）作为一次线圈，穿过电流互感器中间空的内腔，所以母线型电流互感器没有自己的一次线圈。

图 6-10 所示的是 LMZB10 型母线式电流互感器，户内型，一次额定电流 1500～5000 A，用于变电站 l0 kV 进线柜和母线联络柜中。

母线式电流互感器多数为环氧树脂浇注绝缘，在制造时，穿孔的内侧设有屏蔽层，互感器运行时，内侧的屏蔽层要与作为一次线圈的导电排连接，因此，母线式电流互感器的主绝缘不是以空气作为主绝缘的，仍是以浇注材料为主绝缘。有的母线式电流互感器会专门设有与屏蔽层相连的弹簧，使用时弹簧与次导线排接触，使互感器内侧屏蔽层与导电排连接。

母线式电流互感器如果没有内侧屏蔽层，运行时母线和二次绕组之间相当于以空气为介质的和以环氧树脂为介质的两个互相串联的电容器，由于空气的介电常数远小于环氧树脂

图 6 - 10　浇注式母线型电流互感器

的介电常数，因此其电容量也就远小于环氧树脂部分的电容量，运行时空气间隙上分配的电压也就较大，就容易产生电晕放电，并发生电晕响声，有时电晕噪声会很大。

安装使用母线式电流互感器时将与内侧屏蔽层连接的等电位线与母线连接，空气间隙就被短接，这样母线与互感器二次绕组之间只有环氧树脂绝缘，便消除了其中的空气电晕放电。

（2）穿墙（柜）式

穿墙（柜）式电流互感器安装在墙壁或金属板的孔中，分为全封闭和半封闭式。

（a）半封闭穿柜式　　　（b）全封闭穿柜式

图 6 - 11　穿墙式浇注电流互感器

如图 6 - 11（a）所示的是 LA - 10 型复匝半封闭（铁心外露）穿贯式电流互感器，如图 6 - 11（b）所示的是 LAJ - 10 型全封闭式，用于出线柜的穿柜式电流互感器。

20 世纪 80 年代中期以前多采用半封闭式结构，一次线圈为多匝式，铁心外露在空气中。20 世纪 80 年代中期以后逐渐向全封闭式发展，铁心也浇注在环氧树脂体内，产品体积小、外观好且运行可靠性高。

（3）支座式和支持式

浇注支持式电流互感器多用于 10 kV 系统中，35 kV 系统近年来应用也较多。一般为全封闭式。在 10 kV 系统中多用于开关柜的出线回路，额定电流在 600A 及以下。图 6‑12 所示的是 LZZBJ9‑10 型支座式电流互感器。一次线圈为一匝，用铜质材料制成，二次线圈与铁心套在一次线圈上，一次线圈和二次线圈连同铁心用树脂浇注成一整体组件，为防止铜质材料与环氧树脂材料因膨胀系数不一致，运行时流过电流发热造成环氧树脂因铜质线圈热膨胀而崩裂，在浇注前，一次线圈包有膨胀缓冲材料。

图 6‑12　支座式电流互感器

3. 干式电容型电流互感器

电容型电流互感器的主绝缘结构基本与油浸电容型互感器相同，只是包扎的绝缘材料不再是电缆纸，而是聚四氟乙烯塑料等绝缘材料，具有无油、无瓷、体积小、重量轻、不存在爆炸隐患，安全性好的特点。

为防止因气隙的存在使局部放电增加，干式电流互感器主绝缘在包扎时仍需涂有少量的黏质硅油，改善主绝缘的电气性能。

一次外绝缘为硅橡胶有机复合材料，防污闪性能优越。也有采用瓷套绝缘的，换流装置在头部中间。二次绕组放在底部，并用箱壳把全部二次绕组罩住，内部充以硅胶或相应防潮材料，防止灰尘、杂物和水分侵入。

4. 倒立式电流互感器

正立式电流互感器一次绕组多为"U"形或链形结构，使用中次绕组电流的方向不同，其返回导体所产生的磁场对二次绕组性能的影响是不可低估的，尤其是在一次电流较大的情况下尤为突出。如不采取措施，往往会造成保护复合误差超出标准规定。而倒立式电流互感器一次绕组从二次绕组中心穿过或多臣均匀分布，漏磁影响小，测量精度可以达到 0.1 级。

倒立式电流互感器与正立式电流互感器产品结构不同，其二次绕组及一次绕组集中置于产品的上部的储油柜（或壳体）内，一般由底座、瓷套、器身、一次储油柜（或一次壳体）组成，二次绕组置于储油柜（或壳体）内，通过支撑固定。

110 kV 及以下的产品，二次绕组通过支持管支撑，支持管同时作为二次绕组的引出线管：110 kV 以上的产品，大多采用绝缘子支撑；一次绕组为导电杆结构，直接穿过储油柜（或壳体）和二次绕组中心，通过上部的储油柜或壳体固定；外绝缘采用瓷套或硅橡胶复合套管；二次引线经设在瓷套内的支持管（或二次引线管）引至底座。

当一次电流较小时，可采用多匝软绞线均匀绕在二次绕组的外侧，其一次返回导体中的电流基本可以认为是在铁心外围均匀分布，产生的磁场分布也可以认为是均匀的，对铁心性能的影响可以忽略，也可以达到较高的测量准确度。

倒立式电流互感器具有以下优点：

（1）一次导体较短，与正立式相比容易满足较高的动稳定电流和热稳定电流的要求，同时也不需要接一次过电压保护器。

（2）当一次电流较小时，容易实现高准确度，且可满足大的短路电流倍数的要求。

（3）瓷套径向尺寸较小，制造工艺简单，可以降低成本。

（4）不存在"U"形一次绕组绝缘处在油箱底部，绝缘容易受潮的薄弱环节，运行可靠性较高。二次绕组用有机材料浇注于铝制屏蔽壳之中，二次侧的测量和保护线路因有材料保护会因绝缘击穿而受到的损伤很小。

（5）倒立式电流互感器易于和单级式电压互感器组装，利于组合式互感器的开发。

倒立式电流互感器也有其缺点，主要是二次绕组和铁心集中于互感器头部，使互感器重心较高，抗震性能较差；头部与支撑部分之间的电场强度集中，容易发生放电故障；头部与支撑部分连接的机械强度也较弱，在搬运、安装等过程中容易损坏；油浸倒立式互感器体积较小，内部充油量约为同电压等级正立式互感器的 60%，设备运行后对油采样进行绝缘监督受到一定限制。

倒立式电流互感器一次电流可以做到 4000 A，最大可达 8000 A，因此主要用于大电流系统中。

5. 电子式电流互感器

非常规电流互感器依其传感器头部是否需要提供电源，可以分为有源式和无源式两大系列，有源式非常规电流互感器的传感器采用罗柯夫斯基（Rogowski）线圈和低功率线圈，称为电子式电流互感器（简称 ECT）；无源式非常规电流互感器传感器采用光学原理实现一次电流的测量，称为光电式电流互感器（简称 OCT）。非常规电流互感器分类如表 6－3 所示。

表 6－3　非常规电流互感器

类型	名称	部件
有源式	法拉第电磁感应电子式电流互感器	罗柯夫斯基线圈
		低功率线圈（LPCT）

续表

类型	名称	部件
无源式	法拉第磁旋光效应光电式电流互感器	磁光玻璃（闭合环路）
		全光纤（赛格耐克效应）

有源式电子式电流互感器使用带铁心的微型电流互感器和无铁心的罗柯夫斯基线圈。电子式电流互感器国内生产厂家相对较多，工程上已有应用。

特点是测量精度高，精度可设计到高于 0.1%，一般为 0.5%～1%。测量范围宽，没有铁心饱和，绕组可用来测量的电流范围可从几安培到几千安培。频率范围宽，一般可设计到 0.1 Hz 到 1 MHz，特殊的可达 200 MHz 的带通。可测量其他技术不能使用的受限制领域的小电流，同时生产制造成本低。

6. 光电式电流互感器

光电式电流互感器是继电子式互感器之后大电流传变测量技术的又一次飞跃，将成为智能化变电站互感器的发展趋势。当前国内各类全光纤式电流互感器产品正处于新产品研发和工程试用阶段。

2010 年光电式电流互感器在国网河北电力试运行，将全光纤式电流互感器布置在线路刀闸外侧，与原有电磁式 CT 串连，两组 CT 的数字信号与模拟信号经合并单元处理后同时接入专用的录波装置和断引线保护装置，进行长过程数据记录及差电流比对。

与传统的电磁式互感器相比，光电式电流互感器具有绝缘性好、抗电磁干扰能力强、动态范围大、频带宽、响应度高、可测量交直流信号等特点，可以实现多功能、智能化，满足智能变电站中的继电保护装置、监控测量装置、计量设备以及故障录波装置对数据采集的各种需求。较之电子式互感器，全光纤互感器为无源式，不需要通过光纤向远端模块进行激光供能，因此电磁兼容能力更强，更能适应恶劣的气象环境。

光电式电流互感器特点主要有优良的绝缘性能、造价低、消除了磁饱和等问题，以及抗电磁干扰性能好，低压侧无开路高压危险，频率响应范围宽，动态响应范围大，无易燃、易爆炸等危险，体积小、重量轻，给运输和安装带来很大方便，适应电力计量与保护数字化、微机化和自动化发展的潮流。

第三节 电压互感器

一、电容式电压互感器的基本知识

1. 电容式电压互感器的作用

电容式电压互感器（Capacitor Voltage Transformers），简称 CVT。它是将一次侧

的高电压，按比例变为适合通过仪表或保护装置使用的工作电压的电压变换设备。随着电力系统的发展，电磁式电压互感器的绝缘问题越来越突出，存在和断路器断口均压电容产生铁磁谐振等严重问题，在高压电力系统中，电磁式电压互感器逐步被电容式电压互感器取代。电容式电压互感器作为一种电压变换装置，其主要用途有：

（1）电压计量

主要接于变电站的线路进出线上，常用于站与站之间的电量计算用，这种用途的互感器一般要求0.2级计量精度，输出容量一般不大。

（2）继电保护的电压信号源

继电保护用电容式电压互感器广泛应用于电力系统的母线和线路上，它要求的精度一般为0.5级及3.0级，输出容量一般较大。

（3）合闸或重合闸检同期、检无压信号用，它要求的精度一般为1.0、3.0级，输出容量也不大。

2. 电容式电压互感器的原理

电容式电压互感器是一种由电容分压器和电磁单元组成的电压互感器，具有防铁磁谐振、可兼作载波通信的相合电容器用、性能价格比较高以及运行维护工作量较少等主要优点，已成为110 kV及以上高电压等级系统中的主要测量装置。电容式电压互感器通过一个电容分压器与电网连接，不存在非线性电感，从根本上消除了铁磁谐振引起过电压的危险。

电容式电压互感器是由电容分压器发展而来的，但直接使用电容分压器，由于内阻较大，并且二次输出电压随负载的大小而变化，使得误差较大且输出容量较小，如使用高压电容量为5000 pF的电容器，接入220 kV系统中，得到100/3的标准电压，其输出容量只有11.5 VA。所以电容分压器的U2端不能直接和测量仪表、继电保护装置连接使用。

为提高输出容量，必须提高电容分压器的分压电压，这就需要一个中间变压器，将较高的电压降到标准电压，再连接继电保护装置和仪表，还要通过电磁单元实现变压比与负载无关的条件。所以电容式电压互感器是由电容分压器和电磁单元两部分组成。

在分压电路中串入补偿电抗器L的作用是补偿电容器的容抗，当 $X_L \approx X_e$ 时，电源的内阻抗最小，电压最稳定。不致因分压电容上的电压随负荷变化而变化。

在一次突然合闸或二次短路又突然消除等异常冲击作用下有可能产生内部分次谐波铁磁谐振，常见的是1、3次谐波，在电磁回路将产生较大的电流和过电压，对互感器、二次设备将造成危害，并可能导致保护装置误动作，阻尼器Z（Ld、Rd）用来消除可能产生的铁磁谐振。

3. 电容式电压互感器的铭牌基本技术参数

（1）电容式电压互感器的铭牌型号

电容式电压互感器铭牌标有产品型号、额定参数等产品信息，额定技术参数包括额定电压、额定电压比、额定绝缘水平、额定电压因数等，性能参数包括准确等级、输出容量等，其他参数有重量、产品序号、制造厂、制造日期等。110 kV 及以上的电容式电压互感器大部分铭牌还标有产品接线或二次绕组排列方式等结构示意图。气体绝缘的互感器标有额定气压和补气气压值。

电容式电压互感器的产品型号的组成形式是：产品型号字母、设计序号、额定电压、横划线、额定电容、特殊使用环境代号。电容式电压互感器常用的型号字母如下表 6-4 所示，字母符号后面的数字是设计序号或额定电压等级。用"-"隔开的数字是电容式电压互感器的额定电容值（微法），数字后面的字母表示使用环境，早期有用"H"表示使用于重污秽地区。

表 6-4 电容式电压互感器常用型号字母排列顺序及含义

序号	分类	含义	字母
1	型式	成套装置单相电容式电压互感器	TYD
2	绝缘特征	气体绝缘	G

例：JDCF-110W2

表示一台单相、油浸、串级式带剩余绕组、测量和保护绕组分开、适用于Ⅲ级污秽地区、110 kV 级电压互感器。

JDZX2-10

表示一台单相、浇注成型固体绝缘、带剩余绕组、设计序号为 2、10 kV 级的电压互感器。

TYD110/$\sqrt{3}$-0.02

表示单相、油浸、额定一次电压为 110/$\sqrt{3}$ kV、额定电容值为 0.02 μF、成套型电容式电压互感器。

（2）电容式电压互感器的技术参数

1）额定一次电压

作为电容式电压互感器性能基准的一次电压值，电容式电压互感器的额定电压为运行时的系统额定电压的 1/$\sqrt{3}$。

2）额定二次电压

作为电容式电压互感器性能基准的二次电压值。

电容式电压互感器，其剩余电压绕组的额定电压由系统接地方式而定，用于中性点有效接地系统，剩余绕组电压是 100 V，这是由于在系统发生单相接地故障时，其组成的开口三角两端电压须保证在 100 V 而确定的。

3）额定电压比

额定一次电压与额定二次电压之比，通常铭牌上是用斜横线表示其比式，分子为额定一次电压值，分母为额定二次电压值。

电容式电压互感器的二次额定电压通常是标准的，电压为 100 V 或 $100/\sqrt{3}$ V，一次侧额定电压与电网额定电压相同。

电容式电压互感器的一次线圈和二次线圈额定电压之比，称为电压互感器的额定变比 K，额定变比也可以用一次线圈和二次线圈额定匝数之比表示，见式（6-1）：

$$K=\frac{U_{N1}}{U_{N2}}\approx\frac{U_1}{U_2}=\frac{W_1}{W_2} \tag{6-1}$$

4）准确级

由于电容式电压互感器存在着激磁电流和内阻抗，使由二次电压 U_2 与额定变比的折算值与一次电压 U_1 相比大小不等，相位也存在着偏差，这就是电容式电压互感器的误差。误差由电压误差（也叫比值差、比差）和相角差（也叫相差、角差）组成。

电压误差可由式（6-2）计算：

$$电压误差（\%）=\frac{(K_nU_s-U_p)\times100}{U_p} \tag{6-2}$$

式中：k_n——额定电压比；

U_p——实际一次电压，单位为伏（V）；

U_s——在测量条件下，在 Up 时刻的实际二次电压，单位为伏（V）。

电容式电压互感器的误差与一次、二次绕组的阻抗、空载电流、二次负载和功率因数都有关系。所以准确级是在规定的一次电压和二次负荷变化范围内，负荷功率因数为额定值时误差的最大限值。

电容式电压互感器的测量用准确级和保护用准确级也是分别标出的。国家标准规定测量用单相电压互感器的标准准确级是 0.2、0.5、1.0、3.0 级，但电容式电压互感器准确级不包括 0.1 级。常用的准确级有 0.2 级和 0.5 级。

我们通常选用功率因数为 0.8 滞后负荷条件，互感器在所加电压在 80%～120%额定电压之间、负荷在 25%～100%额定负荷之间，满足铭牌上标注的准确等级。

电压互感器保护用线圈的准确级是在 5%额定电压到额定电压因数相对应的电压范围内最大允许电压误差的百分数标称，与电流互感器相同，其后也用标以字母"P"。

保护用电压互感器的标准准确级为 3P 和 6P。以 3P 为例，如果规定了负荷功率因数是 0.8 （滞后），则在 25%～100% 额定负荷下，在上述电压范围内的电压误差不超过±3%，相应可以查到相位差不超过±120 分。

二、电容式电压互感器的基本结构

电容式电压互感器由电容分压器和电磁单元两部分组成，其主要结构如图 6-13 所示，电气原理图如图 6-14 所示。电容分压器部分通常由耦合电容器和分压电容叠装而成，电容器的瓷外壳内装有薄膜与电容器纸复合材料为介质的多个相串联的电容器元件，并充有绝缘油。电容器为全密封结构，装有油补偿装置，保持一定的正压力。各电容器之间用螺栓连接，某些高电压等级的产品在各节电容器连接处和分压器顶部装有防晕环。电磁单元包括由中间变压器、补偿电抗器、阻尼器等元件组成，密封于充油的钢制箱体内。补偿电抗器的电抗值 XL 与电容分压器的等值容抗 X（C_1+C_2）在额定频率下相等，确保电容式电压互感器在不同的二次负载下其二次输出电压保持应有的精度。

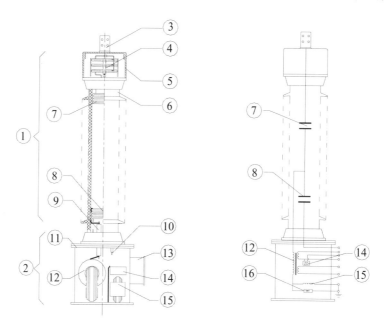

1-电容分压器；2-电磁单元；3-一次接线端；4-外置式金属膨胀器；5-铝合金罩子；6-电容分压器套管；7-高压电容 C_1；8-中压电容 C_2；9-中压端子；10-低压端子；11-电磁单元箱体；12-中间变压器；13-二次端子箱；14-阻尼器；15-补偿电抗器；16-避雷器或球隙

图 6-13　电气元件结构图　　　　**图 6-14　电气连接示意图**

三、电容式电压互感器的常见接线

电容式电压互感器在三相系统中需要测量的电压有：线电压、相电压和在单相接地时出现的零序电压。为了测量这些电压，电压互感器有相应的接线方式，最常用的接线方式是星形/星形/开口三角接线。

　　为了适应三相电力系统广泛采用的单相接地故障保护，实现监视电网的对地绝缘，需要使用三绕组结构的电压互感器，互感器除了有一次绕组和二次绕组外，还有一个剩余绕组（或称辅助绕组）。使用时三台单相电压互感器组成三相互感器，二次绕组接成星形，可以测量线电压和相电压，剩余电压绕组接成开口三角，其零序电压能进行绝缘监视和供单相接地保护之用，如图 6-15 所示。

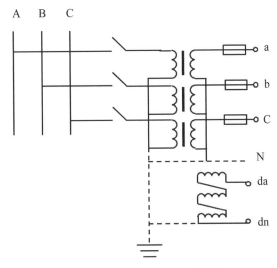

图 6-15　星形/开口三角接线

　　三台单相带有剩余绕组的电压互感器一次绕组和二次绕组接成星形，且中性点均接地，二次绕组可供测量线电压和相对地电压，三个剩余电压绕组接成开口三角形是反映零序电压的，开口三角两端与继电保护电压线圈相连。正常运行时，由于三相电压对称，零序电压绕组上感应电压三相之和为零或很小，当系统发生一相接地时，电压互感器二次开口三角两端产生一个零序电压，使继电保护装置发出信号，由此可以判断系统存在接地。这种接线方式广泛应用于电网系统中。用于中性点非有效接地系统的电压互感器剩余线圈的电压为 33.3 V，用于中性点直接接地系统的，剩余线圈电压为 100 V。

　　电压互感器一般经过隔离开关和熔断器接入高压电网，熔断器的主要作用是保护电压互感器本身，110 kV 及以上电容式电压互感器不装熔断器，一是 110 kV 及以上产品绝缘裕度较大，同时发生引线相间短路事故的可能性较小，二是考虑高压系统灭弧问题较大，熔断器制造困难。

四、新型电压互感器简介

目前，电力系统中广泛应用的是以变压器油为绝缘介质电磁式电压互感器或电容式电压互感器。随着电力系统向大容量、高电压的方向发展，厂、站和系统数字化测量、保护、调度和控制已成为发展的趋势，对电力设备提出的小型化、智能化、可靠性的要求也越来越高。现有的互感器由于其结构特点和存在的不足已不能满足这种要求，采用新技术的新型的电压互感器应运而生，新型的电压互感器主要由光电式电压互感器和 SF_6 气体绝缘电压互感器。

1. 光电式电压互感器

在电力系统中，电能计量、继电保护、运行控制、仪表测量都需借助电压互感器，将一次高电压转换为二次低电压，基本原理是利用电磁感应原理。这是一种传统式的互感器。然而，随着电力传输容量的不断增长和电网电压的提高，传统的电磁式结构的互感器已暴露出许多缺点，其主要缺点如下：

电压等级越高，其制造工艺愈复杂，可靠性愈差，造价愈大；

带导磁体的铁心易产生磁饱和和铁磁谐振，且有动态范围小、使用频带窄等缺陷。

基于上述问题，一种新型的光电式电压互感器已研制成功，并在输变电系统中得到应用，如图 6-16 所示。

图 6-16 光电式电压互感器

2. SF_6 气体绝缘电压互感器

传统的油纸绝缘电压互感器由于运行中油质劣化及水分的浸入，常导致产品内绝缘老化甚至破坏，而这些质量问题无法从制造中根除，已不适应电网对输变电设备提出的可靠性的要求。

SF₆ 气体绝缘电压互感器（以下简称 SF₆ 电压互感器）有两种结构：独立式和与 GIS 配套式。GIS 配套式的 SF₆ 电压互感器，由盆式绝缘子、罐体、器身、接线盒、防爆装置及 SF₆ 密度表等组成。独立式 SF₆ 电压互感器则是在与 GIS 配套的 SF₆ 电压互感器的基础上，取消盆式绝缘子，代之以高压绝缘套管，将一次高压线引出而成。SF₆ 气体绝缘电压互感器如图 6 - 17 所示。

SF₆ 电压互感器的器身由一次绕组、二次绕组、剩余电压绕组和铁心组成，二次绕组采用层式结构。一次绕组为多层圆筒式，由聚酯漆包线绕成，层间绝缘采用菱格点胶聚酯薄膜，绕组结构采用矩形结构或宝塔形结构。为了改善绕组的冲击电压分布，一次绕组低压端设有静电屏，高压端设有均压屏蔽罩。在超高压产品中，一次绕组中部可设有中间静电屏，其端部装有均压环。铁心采用单级式口字形铁心结构，铁心内侧设有屏蔽电极，以改善绕组端部电场。器身可吊装在箱盖上或固定在箱体内壁上。

图 6 - 17 SF₆ 气体绝缘电压互感器

一次高压引线有两种结构，一种是用导杆（一般用空心铝管）做引线，在引线的上下端设屏蔽筒以改善端部电场，110 kV 及以下电压等级的产品一般采用该结构；另一种采用短尾电容式套管作引线，220 kV 及以上电压等级的产品一般采用该结构。在实际产品设计中，若产品结构设计合理的话，220 kV 电压等级的产品也常用导杆作引线。

高压绝缘套管：可采用传统的电瓷套管，也可采用硅橡胶复合绝缘子，两者比较，前者稳定性好，价位低，但材质易碎，后者以硅橡胶和玻璃纤维增强塑料管为绝缘基材而制成，体积小、重量轻、抗震性好、防爆性和抗破坏性强，具有良好的耐污性和抗老化性，免维护性强。

为了防止产品内部压力的突变危及设备安全，在箱体侧面设有防爆装置，并装有密度继电器，便于运行人员监测。

由于运行中 SF₆ 互感器要严格控制含水量及气体在高温、电弧作用下的生成物，所以采取吸附措施，在箱体内部放置吸附剂，以保证安全运行。

与普通油浸式电压互感器相比，SF₆ 气体绝缘电压互感器具有以下优点：

（1）绝缘材料稳定性好。一、二次绕组之间绝缘材料性能稳定，无绝缘老化问题，寿命长，无爆炸隐患。

（2）电气性能高。采用单级式结构，误差性能好，带负载能力强，励磁特性好，抗谐振能力强，安全性好。由于采用防爆膜片，可以使绝缘套管在发生内部故障时，不易破裂。

（3）免维护性强。运行中只要监视气体密度即可，运行可靠，基本免维护。

（4）在线监测容易实现。运行中只需监视气体密度、微水、压力即可，在线监测设备运行状况容易实现。

第七章　电力电容器

第一节　电力电容器的基本知识

电力系统中使用的电容器的种类很多，按用途可分为移相（并联）电容器、耦合电容器、串联电容器、电热电容器、均压电容器、滤波电容器、脉冲电容器、标准电容器等八个系列，下面主要介绍并联电力电容器的基本知识。

一、并联电力电容器的无功补偿基本知识

1. 无功补偿的必要性

电网中感性负载，在能量转换过程中，一个周波内设备绕组吸收电源的功率和送还给电源的功率相等，没有能量消耗，只有能量转换，这种功率称感性无功功率。感性无功功率的电流相量置后于电压相量 90°，如电动机、变压器等。

电容器接入交流电网中，在一个周波内充电吸收的能量和放电放出的能量相等，也不消耗能量，只有能量转换，这种功率称容性无功功率。容性无功功率的电流相量超前电压相量 90°。

电网中的负荷绝大多数属于感性负载，感性负载过多会带来许多问题。利用并联电容器的容性无功来补偿感性无功功率，使电网输送的无功功率减小，达到提高功率因数、提高电能质量、减少电能损耗和提高电网输送电能的目的。

2. 无功补偿的形式

（1）集中补偿。把电容器集中在低压电网的某一处（一般在低压配电室），对整个低压电网进行补偿。

（2）分散补偿。把电容器安装在感性用电设备处，采用与感性负载同时投切的方式进行就地补偿，如电动机、电焊机等。

（3）固定补偿。用固定容量的电容器进行补偿，同时投入，同时切除。

（4）自动补偿。用自动投切装置，随着功率因数的高低自动调整，使低压电力网的功率因数控制在合格范围内。

3. 无功补偿容量的确定

（1）单台电动机补偿容量的确定。单台电动机补偿容量一般是按电动机空载情况下，将其功率因数补偿为 1 或接近 1 来确定。对于机械负荷惯性较小（如风机）的电动机，其补偿容量等于 0.9 倍电动机空载无功功率。其算式为：

$$Q_0 = U_e I \tag{7-1}$$

$$Q_c \approx 0.9Q \tag{7-2}$$

式中：Q_c——补偿电容器容量（kvar）。

Q_0——电动机空载无功功率（kvar）。

U_e——电动机的额定电压（kV）。

I——电动机的空载电流（A）。

对于机械负荷惯性较大的用电设备（水泵、球磨机等）的电动机，补偿容量可选得较大些，一般可按下式选择：

$$Q_c = (1.3 \sim 1.5)Q_0 \tag{7-3}$$

式中 Q_c——补偿电容器容量（kvar）。

Q_0——电动机空载无功功率（kvar）。

（2）变压器补偿容量的确定。变压器补偿主要用在配电网中，是在配电变压器低压侧安装一组低压并联电容器补偿装置，补偿容量应按不大于配电变压器空载激磁功率选取，一般可按变压器容量的 1/10 配置。

（3）集中补偿容量的确定。集中补偿的并联电容器的容量，可按下式确定：

$$Q_c = P_m (\mathrm{tg}_1 - \mathrm{tg}_2) \tag{7-4}$$

式中 P_m——用户最高负荷月平均有功功率。

tg_1——补偿前功率因数角的正切值。

tg_2——补偿到规定的功率因数角的正切值。

二、电力电容器的型号及其含义

电容器型号含义如下：

代表辅助特性：R—内有熔丝，TH—湿热型代表安装地点，W—户外型，无标记—户内型。

代表相数：1—单相，3—三相代表标称容量（kar 或 μF）。

额定电压（kV）

代表固体介质：F—纸、薄膜复合纸；M—聚丙烯薄膜；无标记—电容器纸。

代表液体介质：Y—矿物油；W—十二烷基苯；F—二芳基乙烷；B—异丙基联苯；G—苯甲基硅油。

代表产品类别：B—并联；C—串联；O—耦合。

例如 BWM11/-334-1W 表示的含义是：并联，十二烷基苯浸渍，全聚丙烯薄膜介质，额定电压是 11kV，标称容量是 334 kAr，户外单相电力电容器。

第二节 电力电容器的基本结构

电力电容器的结构，主要由外壳、电容元件、液体和固体绝缘、紧固件、引出线和套管等元件组成，单相移相电容器的结构如图 7-1 所示。

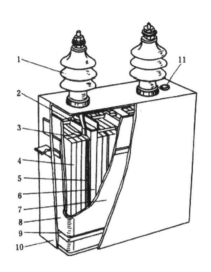

1-出线套管；2-出线连接片；3-连接片；4-电容元件；5-出线连接片固定板；6-组间绝缘；
7-包封件；8-夹板；9-紧箍；10-外壳；11-封口盖
图 7-1 单相移相电容器的结构图

（1）电容器元件。电力电容器元件主要采用卷绕的形式。用铺有铝箔的电容器纸（或薄膜）卷绕成圆柱状卷束，然后压成扁平状，如图 7-2 所示。

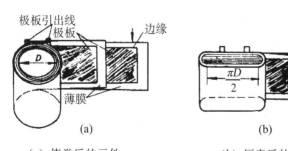

（a）绕卷后的元件；   （b）压扁后的元件
图 7-2 卷绕式电容元件

由纯度 99.7% 以上的铝,压延成厚度为 0.006~0.016 mm 的铝箔构成电容元件的极板,是载流导体,电流通过时会发热和产生电动力。脉冲电容器为了得到很大的瞬间电流,应尽可能减少极板的有效电阻;电热电容器为了减少发热和更有效的传热,都选用较厚的极板。电容元件在安装中应注意压紧,以免极板和引线因振动而疲劳损坏。

电容元件的绝缘介质,老产品采用油浸纸,即 5~6 电容器纸和聚丙烯薄膜复合介质,现在发展为聚丙烯全膜介质。

聚丙烯薄膜的耐压强度和机械强度都很高,介质损耗和吸水性小,化学性能和电老化性能都比较好。用它代替电容器纸,介质损耗可降低一半,工作电场强度可提高三倍。而且当电容元件击穿后薄膜熔化而使极间短路,不会产生电弧,可避免因油分解产生高压气体,减少油箱爆炸和扩大事故的可能性,不仅增加了安全可靠性,并可增大单台产品的容量。

电容元件的极板引出线是由薄铜片搪锡制成,插在元件内与相应的电极连接。引出线应相对连接,如图 7-3(b)所示,使不同极板的电流方向相反,以减少电感的数值;若不同极板上的引出线相互错开,则极板上的电流方向相同,电感很大,如图 7-3(a)所示。

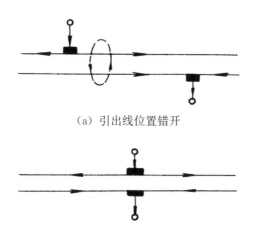

(a)引出线位置错开

(b)引出线位置相对

图 7-3 极板引出线的位置和电流方向

电容元件在电容器内组合时,应满足额定容量和额定电压的要求,通常采用竖排,如图 7-4 所示。图 7-4(a)为 11 kV、334 kVar 的双套管电容器,它是由电容元件 3 串 6 并方式连接组成,双套管引出线两端并联有放电电阻 R,可接成星形,用于 10 kV 系统。图 7-4(b)为 19 kV、334 kVar 的单套管电容器,由电容元件 9~10 串 2 并方式连接组成,一条引出线接套管引出,另一条引出线接在油箱壁上。引出线两端并联有放电电阻 R,可采用两段串联后接成星形,用于 63 kV 电力系统。

(2)外壳和套管。电力电容器外壳有金属外壳和绝缘外壳两种。

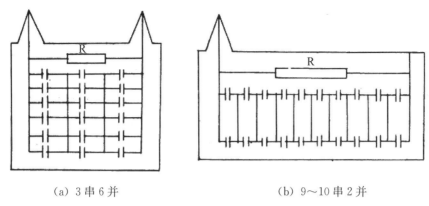

(a) 3串6并   (b) 9～10串2并

图7-4 电容元件的连接方式

金属外壳一般采用1～2 mm的薄钢板焊接而成。电容元件经装配后，装入外壳内由金属夹具与外壳固定。金属外壳导热的性能好，有利于散热。而且由于箱壁薄钢板有弹性，当电容器运行温度上升，绝缘油体积膨胀时，起调节压力的作用，防止油箱爆裂。我国生产的移相、串联、滤波、电热和一部分脉冲电容器，均采用金属外壳。

绝缘外壳包括瓷外壳和胶纸筒外壳两种。绝缘外壳不需瓷套管，体积和重量都比金属外壳小得多。但绝缘外壳导热很差，散热困难，而且不能调节内部压力，必须采用特殊的温度补偿装置。

移相电容器的套管有焊接式和装配式两种，如图7-5所示。

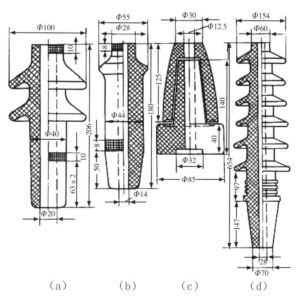

（a）   （b）   （c）   （d）

（a）户外式套管；（b）焊接式套管；（c）装配式套管；（d）100 kV脉冲电容器套管

图7-5 移相电容器的引线瓷套管（单位：mm）

焊接式套管，是在规定的部位表面涂一层由银的氧化物和有机溶剂混合的银膏，在 860 ℃左右反复焙烧三次，使其还原为紧附在瓷瓶表面的银层。银层上再镀以银镉焊料，用高频焊接或用电烙铁在温度不高的状态下将套管焊接在油箱上。装配式套管由内外两个瓷件和铜芯引线螺杆组装而成，为了使密封良好，螺杆上部与套管接触处，装有纸垫圈和铁垫圈各一个，内、外瓷套与油箱的接触面垫有耐油橡胶垫圈，依靠螺杆的紧固压力，使各部分接触紧密。铜锌螺杆在套管内的部分，套以绝缘纸管，以增强其绝缘性能。

第八章　电抗器

电抗器在电路中是用于限流、稳流、无功补偿及移相等的一种电感元件。从用途上可分为两种：一是限制系统的短路电流，通常装在出线端或母线间，使得在短路故障时，故障电流不致过大，并能使母线电压维持在一定的水平，用于限制短路电流的电抗器称为限流电抗器；二是补偿系统的电容电流，在 330 kV 及以上的超高压输电系统中应用，补偿输电线路的电容电流，防止线端电压的升高，从而使线路的传输能力和输电线的效率都能提高，并使系统的内部过电压有所降低，用于补偿电容电流的电抗器称为补偿（或并联）电抗器。另外在并联电容器的回路通常串联电抗器，它的作用是降低电容器投切过程中的涌流倍数和抑制电容器支路的高次谐波，同时还可以降低操作过电压，在某些情况下，还能限制故障电流。

第一节　电抗器的基本知识

一、电抗器的原理

电抗器是一个大的电感线圈，根据电磁感应原理，感应电流的磁场总是阻碍原来磁通的变化，如果原来磁通减少，感应电流的磁场与原来的磁场方向一致，如果原来的磁通增加，感应电流的磁场与原来的磁场方向相反。根据这一原理，如果突然发生短路故障，电流突然增大，在这个大的电感线圈中，要产生一个阻碍磁通变化的反向电势 E，在这个反向电势 E 的作用下，必然要产生一个反向的电流，达到限制电流突然增大的变化，起到限制短路电流的作用，从而维持了母线电压水平。

二、电抗器结构类型

电抗器按结构可分为三大类：空心电抗器、带气隙的铁心电抗器和铁心电抗器。

1. 空心电抗器

这种电抗器只有绕组而无铁心，实际上是一个空心的电感线圈。磁路磁导小，电感值也小，且不存在磁饱和现象，它的电抗值在绕组匝数、形状以及频率不变的情况下，始终是一个常数，不随其中通过电流的大小而改变。如限制电力系统短路电流用的电抗器（包括分裂电抗器）、高压输电线路载波回路用的阻波器等就属于这种结构。

2. 带气隙的铁心电抗器

其磁路是一个带气隙的铁心，带气隙的铁心柱外面套有绕组。由于磁路中具有部分铁心，导磁性能较好，所以电抗值比空心电抗器大，但超过一定电流后，由于铁心饱和，电抗值逐渐减小。在容量相同时，其体积比空心电抗器小。常用的消弧线圈、补偿线路电容电流的并联电抗器、大型电机降压启动用的电抗器、整流电路用的平整波纹电抗器与电炉变压器匹配用的电抗器等，均属于这种结构。

3. 铁心电抗器

其磁路为一闭合铁心，由于铁心具有高的磁导率，电抗器的电抗值很大，在容量相同时，其体积最小。但因铁心的磁导率是随线圈通过的电流大小而变化，尤其是当电流大而使铁心达到磁饱和时，电抗器的电抗值减小得很多，这种电抗值随电流变化的性质对使用者带来一些不方便。一般比 Y 联结的整流电路中用的平衡电抗器、调压和调节功率用的饱和电抗器、动圈式谐振电抗器等均采用这种铁心结构。

第二节　电抗器的种类及特点

一、限流电抗器的种类及特点

1. 混凝土柱式电抗器

电压在 20 kV 及以下，电流 150～3000 A 的电抗器常做成空心混凝土结构，线圈绕组好后，用混凝土浇注成一个牢固的整体。这种结构制造简单、成本低，运行可靠，维护方便，属于户内装置，一般都做成单相。组成三相时，有三种排列方式，即三个单相自下而上重叠垂直排列；两相重叠，一相并列；三相并列水平排列。为了减小相间绝缘的支持瓷瓶承受的拉伸力，在三相重叠排列时，中间相电抗器的绕组应与上下两相绕组的绕向相反；在两相重叠，一相并列的情况时，相重叠的两相电抗器绕组的绕向要相反。对 400 A 以上的电抗器，其线圈均用两根以上的电缆并联绕制。为使并绕电缆的电流分配均匀，各并联电缆在绕制时，要进行换位。

2. 分裂电抗器

带有中间抽头的混凝土电抗器称为分裂电抗器。分裂电抗器在使用时，中间端子接电源，首末两端接负载。正常工作时，分裂电抗器的臂（即两支路）电流方向相反，而两臂线圈绕向又相同，因此两臂产生的磁通是相互削弱的，这样使得电抗器两臂的有效电抗值很小。

分裂电抗器在正常运行时，电压降不大，但当一臂发生短路故障时，电流将急剧增大，另一臂的电流比起短路臂的电流来说仍很小，所产生的互感磁通对短路臂的影响可以忽略，因此短路臂的有效电抗很大，起着显著的截流作用。

3. 油浸式限流电抗器

油浸电抗器多用于户外 35 kV 电压等级，由于电抗器处在铁制的油箱内，漏磁通会在箱壁上造成损耗和发热，为了减少箱壁的损耗和发热，在箱壁内加装有磁分路或磁屏蔽。

二、并联电抗器的种类及特点

充油电抗器的外形与变压器相似，但内部结构不同。变压器的绕组有一次绕组和二次绕组铁心磁路中没有气隙，而电抗器只是一个磁路带气隙的电感线圈。由于系统运行的需要，要求电抗器的电抗值在一定范围内恒定，即电压与电流的关系是线性的，所以并联电抗器磁路中必须有气隙。

并联电抗器按铁心结构可分为两种，即壳式电抗器和心式电抗器。

1. 壳式电抗器

壳式电抗器线圈中的主磁通是空心的，不放置导磁介质，也就是线圈内无铁心，在线圈外部装有用硅钢片叠成的框架，以引导主磁通。一般壳式电抗器磁通密度较低，到 1.5～1.6 倍额定电压，饱和后的动态电感仍为饱和前的 60% 以上。壳式电抗器由于没有主铁心，电磁力小，相应的噪声和震动比较小，而且加工方便，冷却条件好。由于铁轭屏蔽了线圈，外部磁通小，油箱和其他金属构件中的附加损耗小。但壳式结构线圈内无铁心，磁通密度低，要达到一定的电抗值，则要比心式匝数多，这样增加了铜的用量，铜、铁损耗也增加，有效材料也要增加。另外，壳式电抗器的线圈通过磁通的辐向分量较大，所以线圈中的附加损耗往往达到线圈电阻损耗的 75%～100%，大于心式电抗器。

2. 心式电抗器

心式电抗器具有多个气隙的铁心，外套线圈。气隙一般由不导磁的砚石组成。由于其铁心磁通密度高，因此材料消耗少，结构紧凑，自振频率高，存在低频共振可能性较少。心式结构通常在 1.2～1.3 倍的额定电压才出现饱和。主要缺点是加工复杂，技术要求高，震动和噪声较大。目前我国制造的高电压大容量并联电抗器只采用心式结构。

并联电抗器可按需要做成单相或三相结构。三相电抗器可以节省材料，附属设备简单，价格便宜，但三相三柱式电抗器的磁路结构有明显的问题。由于三相电抗器的磁路连在一起，互相影响，当三相输电线路非全相运行时，有可能因相间耦合带来谐振和过电压等不良后果。另外采用单相重合闸时，在单项断开后另外两相产生的磁通将通过断开相的铁心，在断开相的绕组感应出一个电压，该电压将使故障相的潜供电流增大，不利于熄弧。500 kV 及以上电压等级的并联电抗器，由于相间绝缘问题及容量较大，所以大多采用单相结构。

由于并联电抗器的铁心有气隙，气隙对磁通通过的阻力比铁心大得多，所以磁力线通过硅钢片进入气隙时，存在着明显的气隙边缘磁通扩散现象（即漏磁）。电抗器磁场有如下规律：

（1）在铁轭框架范围内与铁轭平行的空间，由于铁轭框架的存在，漏磁少；

（2）在垂直于铁轭框架空间，两侧铁心不能吸收这部分漏磁，漏磁多。由于并联电抗器内存在着大量空间漏磁，当它穿过金属件时会产生涡流，涡流的热效应会使金属件升温，为了降低漏磁的危害，可在电抗器外壳内壁采取磁屏蔽。

并联电抗器外壳结构可分为钟罩式和平顶式两种。钟罩式电抗器的外壳与底部用螺栓连接，现场检修时只需拆除底部螺栓，吊起钟罩即可。平顶式外壳多半采用全部焊成全密封结构，密封性能较好，但现场检修时必须割开焊缝，施工较困难。

电抗器的冷却方式为油浸式，免去了油泵附属设备，运行维护比较方便和简单，在变电站失去所用电时也不影响并联电抗器的运行，超高压并联电抗器的外壳及其散热片均能承受全真空。为了保证并联电抗器的安全运行，并联电抗器采用胶囊或隔膜式储油柜，还应装设压力释放阀、温度测量系统、油位指示器，气体继电器及其他保护装置。

第九章　避雷器

第一节　避雷器的基本知识

一、金属氧化物避雷器的作用与原理

1. 金属氧化物避雷器的作用

电力系统运行的电气设备除了承受正常运行电压下的工频电压外，有时还会遭受到暂时过电压、操作过电压和雷电过电压的作用。由于雷电过电压和操作过电压的幅值均会超过电力设备的绝缘耐受水平，在过电压的冲击下，会使设备绝缘损坏而导致设备发生事故。因此必须采取措施来限制电力系统中的过电压，避雷器就是电力系统防止过电压的重要措施。

金属氧化物避雷器用于保护输变电设备的绝缘免受过电压危害的重要保护设备，它具有响应快、伏安特性平坦、性能稳定、通流容量大、残压低、寿命长、结构简单等优点，广泛使用于发电、输电、变电、配电等系统中。

2. 金属氧化物避雷器的原理

金属氧化物避雷器是通常接在系统与地之间，与被保护设备并联。在正常运行电压下，氧化锌电阻片呈现极高的电阻，通过它的电流只有微安级；当系统出现危害电气设备绝缘的过电压时，由于氧化锌电阻片的非线性，避雷器两端的残压被限制在允许值之下，并且吸收过电压能量，从而保护了电气设备的绝缘。

避雷器特性具体是在高电压作用下呈现低阻状态，而在低电压作用下呈现高阻状态。在发生雷击时，当雷电波过电压沿线路传输到避雷器安装点后，由于这时作用于避雷器上的电压很高，避雷器将动作，并呈低阻状态，从而限制过电压，同时将过电压引起的大电流泄放入地，使与之并联的设备免遭过电压的损害。在雷电侵入波消失后，线路又恢复了正常传输的工频电压，这一工频电压相对雷电侵入波过电压来说是低的，于是避雷器将转变为高阻状态，接近于开路。

二、金属氧化物避雷器的铭牌及基本技术参数

1. 金属氧化物避雷器的铭牌基本技术参数

避雷器铭牌标有产品型号、额定参数等产品信息，主要包括额定电压、直流参考电压、标称放电电流、标称放电电流下的最大残压等，如图 9-1 所示。

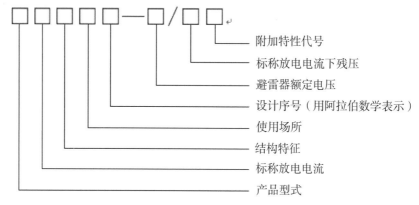

图 9-1 避雷器型号意义

产品型式：

Y—表示瓷套式金属氧化物避雷器、YH（HY）—表示有机外套金属氧化物避雷器。

结构特征：

W—表示无隙、C—表示串联间隙。

使用场所：

S—表示配电型、Z—表示电站型、R—表示并联补偿电容器用、D—表示电机用。

例如：避雷器型号为 Y10W-200/520，型号含义是该氧化锌避雷器标称放电电流为 10 kA，额定电压 200 kV，无间隙，标称放电电流下的最大残压 520 kV。

2. 金属氧化物避雷器的技术参数

（1）避雷器额定电压

施加到避雷器端子间的最大允许工频电压有效值，按照此电压所设计的避雷器，能在所规定的动作负载试验中确定的暂时过电压下正确地工作。它表明避雷器运行特性的一个重要参数，但它不等于系统标称电压。

（2）避雷器持续运行电压

允许持久地施加在避雷器端子间的工频电压有效值。

（3）避雷器额定频率

避雷器设计使用的电力系统的频率。

（4）雷电冲击电流

一种 8/20 波形冲击电流。因设备调整的限制，视在波前时间的实测值为 7 μs～9 μs波尾视在半峰值时间为 18 μs～22 μs。

（5）长持续时间冲击电流

一种方波冲击电流，其迅速上升到最大值、在规定时间内大体保持恒定、然后迅速降至零值的冲击波。定义方波冲击电流的参数为：极性、峰值、峰值视在持续时间和总的视在持续时间。

（6）避雷器的放电电流

避雷器动作时通过避雷器的冲击电流。

（7）避雷器的标称放电电流

用来划分避雷器等级，具有 8/20 波形的雷电冲击电流峰值。

（8）避雷器的持续电流

施加持续运行电压时流过避雷器的电流。为了比较，持续电流可用有效值或峰值表示。持续电流由阻性和容性分量组成，随温度、杂散电容和外部污秽影响而变化。

（9）避雷器的参考电压

参考电压分为工频参考电压和直流参考电压。

1）避雷器的工频参考电压

在避雷器通过工频参考电流时测出的避雷器的工频电压最大峰值除以$\sqrt{2}$，多元件串联组成的避雷器的电压是每个元件工频参考电压之和。

注：测量工频参考电压对动作负载试验中正确选择试品是必需的。

2）避雷器的直流参考电压

在避雷器通过直流参考电流时测出的避雷器的直流电压平均值。

注：测量直流参考电压对动作负载试验中正确选择试品是必需的。

（10）避雷器的参考电流

1）避雷器的工频参考电流

用于确定避雷器工频参考电压的工频电流阻性分量的峰值（如果电流是非对称的，取两个极性中较高的峰值）。工频参考电流应足够大，使杂散电容对所测避雷器或元件（包括设计的均压系统）的参考电压的影响可以忽略，该值由制造厂家规定。

注：a. 工频参考电流取决于避雷器的标称放电电流及（或）线路放电等级。对单柱避雷器，参考电流值的典型范围为每平方厘米电阻片面积 0.05 mA～1.0 mA。b. 在工频参考电流波形因极性而不对称情况下，应取两极性中较高的电流来确定参考电流。

2）避雷器的直流参考电流

用于确定避雷器直流参考电压的直流电流平均值。

注：避雷器直流参考电流通常取 1 mA～5 mA。

3）0.75 倍直流参考电压下漏电流

在 0.75 倍直流参考电压下流过避雷器的漏电流。

（11）避雷器的残压（Ures）

放电电流通过避雷器时其端子间的最大电压峰值。

第二节　金属氧化物避雷器的结构与特性

一、金属氧化物避雷器的结构

金属氧化物避雷器其基本工作元件是密封在瓷套内的氧化锌阀片如图 9－2、9－3
所示。氧化锌阀片是以 ZnO 为基体，添加少量的 Bi_2O_3、MnO_2、Sb_2O_3、Co_3O_3、
Cr_2O_3 等制成的非线性电阻体，具有比碳化硅好得多的非线性伏安特性，在持续工作
电压下仅流过微安级的泄漏电流，动作后无续流。因此金属氧化锌避雷器不需要火花
间隙，从而使结构简化，并具有动作响应快、耐多重雷电过电压或操作过电压作用、
能量吸收能力大、耐污秽性能好等优点。

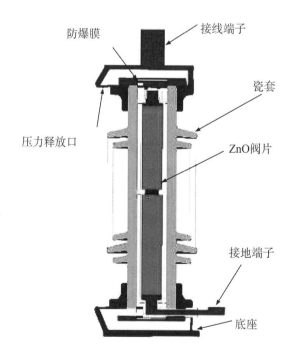

防爆膜　接线端子　瓷套　ZnO阀片　压力释放口　接地端子　底座

图 9－2　瓷套型避雷器结构图

图 9 - 3　氧化锌阀片实物图

避雷器由主体元件，绝缘底座，接线盖板和均压环（110 kV 以上等级具有）等组成，如图 9 - 2 所示。避雷器内部采用氧化锌电阻片为主要元件，如图 9 - 3 所示。当系统出现大气过电压或操作过电压时，氧化锌电阻片呈现低阻值，使避雷器的残压被限制在允许值以下，从而对电力设备提供可靠的保护；而避雷器在系统正常运行电压下，电阻片呈高阻值，使避雷器只流过很小的电流。

二、金属氧化物避雷器的伏安特性

金属氧化物避雷器的重要性能指标是其电压与电流之间的非线性关系，即伏安特性，典型氧化锌阀片的伏安特性如图 9 - 4 所示，该特性可大致划分为三个工作区：即小电流区、限压工作区和过载区。

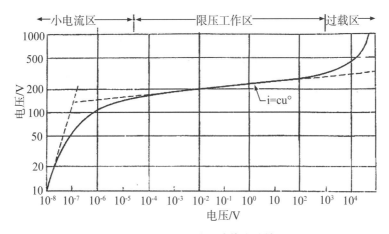

图 9 - 4　氧化锌阀片伏安特性

在小电流区，阀片中电流很小，呈现出高阻状态，在系统正常运行时，氧化锌避雷器中的压敏电阻阀片就工作于此区。

在限压工作区，阀片中流过的电流较大，特性曲线平坦，动态电阻氧化锌压敏电阻阀片与碳化硅阀片的伏安特性比较小，压敏电阻发挥对过电压的限压作用在此区内的非线性指数约为 0.015～0.05。

在过载区，阀片中流过的电流很大，特性曲线迅速上翘，电阻显著增大，限压功能恶化，阀片出现电流过载。

从伏安特性上可见，氧化锌阀片具有良好的非线性特性，如图 9-5 所示，它比碳化硅阀片的伏安特性要优越得多。氧化锌避雷器在过电压作用时电阻很小，残压很低，而在系统正常运行电压作用时电阻很高，实际上接近于开路，因此不必用类似于碳化硅避雷器那样采用间隙来隔离正常运行电压，可以将氧化锌压敏电阻直接接到电网上运行也不致被烧坏。通过比较下图中的两种伏安特性可知，两者在 10 kA 下残压大致相等，但在系统正常运行相电压下，碳化硅阀片电流达（200～400）A，而氧化锌阀片则为（10～50）μA，可近似认为等于零，这也是氧化锌避雷器可以不用串联间隙而成为无间隙与无续流避雷器的原因。

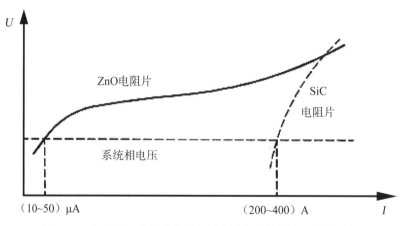

图 9-5　氧化锌阀片伏安特性与碳化硅阀片的伏安特性的比较

第二部分 故障及缺陷案例分析与处理

第十章　变压器故障及缺陷

第一节　本体故障及缺陷

一、主变内部异物导致铁心多点接地故障

1. 案例描述

××年××月××日，根据年度预试计划××公司对某 110 kV 变电站 2 号主变（型号为 SFSZ10 - 50000/110）进行预防性试验。试验中，使用 2500 V 摇表多次检测主变铁心及夹件对地绝缘电阻均回零，因此判断该主变存在铁心多点接地故障。

2. 分析处理

（1）现场试验

本次预防性试验根据有关规程共进行了有载开关切换波形、直流电阻、绕组连同套管的绝缘电阻、吸收比、介损及电容量、电容型套管的介损及电容量、铁心对地绝缘电阻等试验。除铁心对地绝缘电阻出现异常外，其他数据均正常。用 2500 V 摇表多次检测主变铁心及夹件对地绝缘电阻均回零，因此判断铁心存在多点接地情况。

××年××月××日，变压器厂家工作人员尝试利用电焊机通流（200 A、400 A 电流）烧掉铁心接地点。通流后，现场用万用表测量铁心对变压器外壳电阻为 1.6 Ω、1.8 Ω，从而判断铁心存在实接地情况。

××年××月××日上午，变压器厂家工作人员用 2500 V 摇表对 4 只 0.1 μF 电容器充电，利用已充电的电容器对铁心及地放电两次，铁心对地电阻变为 5000 MΩ。

××年××月××日，吊罩后测量铁心对地绝缘电阻为 20000 MΩ。

（2）吊罩检查

主变吊罩检查中没有发现明显的造成铁心接地的遗留物，但发现以下问题：

1）固定 110 kV 中性点引线夹件的尼龙螺钉断裂，原因是拆卸中性点引线过程中，支持夹件承受不住引线重力导致，如图 10 - 1（a）所示。

2）B、C 相绕组上部压钉松动，压饼底部绝缘垫块松动，如图 10 - 1（b）所示。

3）有载调压开关侧压饼上部发现部分疑似焊渣的物质，如图10-1（c）所示。

4）发现110 kV A相一侧上轭铁与心柱矽钢片尖角（轭铁矽钢片与A相心柱矽钢片搭接缝处）有放电点，铁心矽钢片尖角处有长5 mm左右烧损痕迹，未见异物，如图10-1（d）所示。

5）检查油箱顶部发现北侧铁心固定装置处有一5 mm×5 mm深1 mm左右放电点，但在变压器顶部相应位置未发现异物和放电点（变压器厂家解释此痕迹为安装时硬物碰撞所致，因小坑底部还有油漆），如图10-1（e）所示。

（a）A相引线夹件的尼龙螺钉断裂图　　（b）B、C相上部压钉松动、绝缘垫块松动

（c）有载调压开关侧压饼上部的疑似焊渣　（d）110 kVA相上轭铁与心柱矽钢片尖角放电点

（e）油箱顶部北侧铁心夹件处放电点

图10-1　主变内部异物导致铁心多点接地图

（3）原因分析

1）高压侧中性点引出线固定工艺设计存在缺陷，仅有一个木件支撑点，单个胶木螺钉不足以承受引出线重力所形成的横向剪切力，导致螺钉断裂；

2）变压器线圈的整体套装工艺存在缺陷，在变压器长期运行及遭受短路冲击的情况下，造成垫块松动；

3）变压器在厂内中性点套管升高座进行二次处理的过程中，清渣不彻底，导致电焊渣遗留在变压器箱体内，在运行过程中脱落造成变压器铁心多点接地。

3. 预防措施

（1）基建工程变压器投运前，应进行吊罩检查；

（2）加强变压器铁心接地电流的定期测试，凡超标的应立即处理；

（3）加强变压器的驻厂监造工作，对于关键的停工待检点，必须由有经验的专业技术人员进行现场监督确认；

（4）变压器厂家立即核查是否存在采用相同工艺的变压器，并采取相应的整改措施。

4. 案例总结

高压侧中性点引出线固定工艺需要进行加强设计，变压器线圈的整体套装工艺需改进提高，提升抗短路能力，加强变压器铁心接地电流的定期测试，凡超标的应立即处理。

二、主变低压侧近区短路导致绕组变形放电故障

1. 案例描述

××年××月××日，××公司专业人员在对油色谱在线监测系统数据巡视时发现某 500 kV 变电站 1 号主变 B 相本体绝缘油乙炔含量为 5.47 ppm，超过了国家电网有限公司《输变电设备状态检修试验规程》要求（要求值为 500 kV≤1 ppm）。当日公司安排专业人员进行取样分析，实验室结果为 4.88 ppm，确定 1 号主变 B 相本体绝缘油乙炔含量超标。公司组织用主变备用相对该主变进行了更换。××月××日相关单位在变压器厂内共同对该主变进行了解体分析。解体发现主变低压线圈有明显变形；变形部位导线绝缘损坏，导体露出；低压线圈内侧有炭黑。根据解体情况分析本次主变出现乙炔的原因为：在××年及××年主变出现低压侧短路后主变低压绕组变形，线圈铜线露出；主变内部杂质在变压器油流动中进入低压绕组内侧，在露出导线之间形成小桥放电造成主变产生乙炔。

2. 分析处理

（1）现场试验

××年××月××日，某 500 kV ♯1 主变绝缘油色谱在线监测装置报警，B 相本体绝缘油乙炔含量超标（5.47 ppm）。如图 10 - 2 所示，超过《输变电设备状态检修试验规程》注意值（1 ppm）。

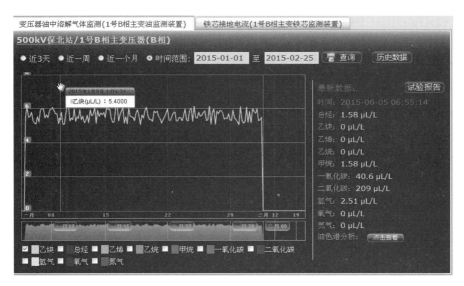

图 10 - 2　在线监测曲线

　　取样进行实验室检测结果为 4.88 ppm，确认 B 相本体绝缘油乙炔含量超标，判断内部出现异常放电。A、C 相无异常。

　　1）油化学试验

　　在停电前的跟踪监测中，试验室数据与在线监测数据对比发现整体趋势相同，数据偏差不大。根据在线监测发现该变压器乙炔含量在××月××日 7 点至明日 7 点之间出现一次突变，由 0 ppm 上升至 5 ppm，数据稳定在 5 ppm 左右，此后未出现异常增长。

　　2）局部放电测试

　　发现缺陷以来，专业人员每日进行高频局部放电及超声局部放电带电测试，未检测到异常放电。

　　3）设备检查

　　现场检查本体、有载调压开关油位在正常范围。取调压开关绝缘油进行检测，发现本体油色谱数据与之没有对应性，而且没有过渡过程，排除调压开关内渗问题。

　　红外测试潜油泵无发热，拆线测试潜油泵绝缘合格，取潜油泵电流进行高频局部放电测试未发现异常，测试潜油泵直阻及电机电流正常。切换潜油泵观察绝缘油色谱变化，未发现异常。初步判断潜油泵无异常。

　　取注油管死油化验，未发现乙炔，证明当时油枕所注绝缘油合格。

检查瓦斯继电器内无气体，底部未发现明显杂质，可排除储油柜杂质污染变压器本体油的情况。

根据色谱成分中乙炔、氢气含量出现增长，乙烷、乙烯、甲烷基本不变的情况，可以确定导致绝缘油色谱含量出现变化的原因为弧光放电，排除内部过热、绝缘油受潮等因素。又因二氧化碳未出现显著增长，表明放电未涉及纸绝缘。如图10-3所示。

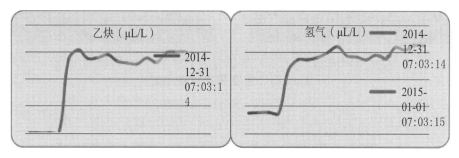

（a）在线监测数据乙炔变化趋势　　（b）在线监测数据氢气变化趋势

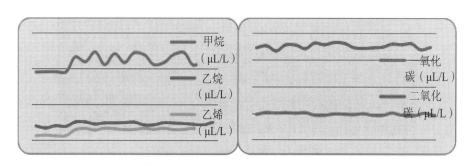

（c）甲烷、乙烷、乙烯变化趋势　　（d）一氧化碳、二氧化碳变化趋势

图 10-3　变压器油色谱分析结果

色谱成分分析属于瞬时电弧型放电或短时金属悬浮放电。

（2）故障处理

1号主变停运，进行停电局部放电测试，随后利用备用主变直接更换1号主变B相，B相返厂大修后作为备件。

（3）解体检查

××月××日相关单位人员在变压器厂内对1号主变B相进行吊罩及解体检查。

1）吊罩检查

吊罩检查发现下节油箱无水迹，无脱落零件，存在少量绝缘纸碎片；器身无明显移位、窜动、变形迹象；铁心出角无移位迹象；木支架无开裂痕迹，个别固定螺栓松动；器身垫块、围板、撑条、压块无异常移位、损伤。如图10-4所示。

2）拆铁检查

（a）高压侧情况   （b）低压侧情况

图 10 - 4　主变吊罩检查情况

①拔出主柱整体线圈发现低压侧的屏蔽板内、外围屏纸板均有裂痕，如图 10 - 5 所示。

图 10 - 5　低压侧屏蔽板折痕情况

②拆开围屏发现铜膜屏蔽板对应位置有裂痕，如图 10 - 6 所示。

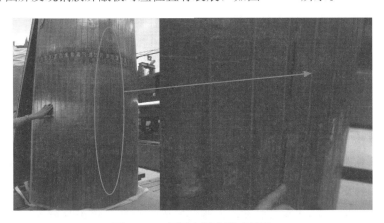

图 10 - 6　围屏电屏蔽裂痕情况

③拆下屏蔽板发现铁心撑条有不同程度挤压碎裂情况。上述纸板有裂痕的位置撑条受挤压最为严重，如图 10 - 7 所示。

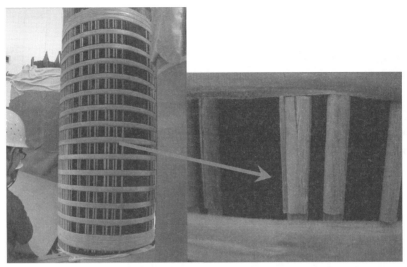

图 10 - 7   铁心撑条变形情况

④拔下副柱整体线圈发现旁轭撑板的紧固螺栓大部分断裂、松动，如图 10 - 8 所示。

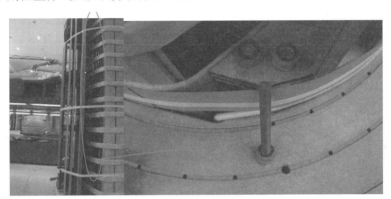

图 10 - 8   紧固螺栓断裂情况

⑤副柱的围屏纸板与屏蔽板之间，对着开关侧下端有一块黑迹，类似油污，如图 10 - 9 所示。

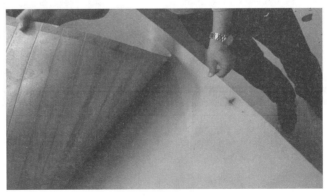

图 10 - 9   围屏纸板与电屏蔽情况

⑥除上述问题外，铁心检查未见异常，见下图 10 - 10 所示。

图 10 - 10　铁心整体照片

3）散拔线圈检查

①主柱高压、中压；副柱调压、励磁圈均无异常，如图 10 - 11 所示。

（a）高压线圈　　　　　　　　　　　（b）中压线圈

（c）调压线圈　　　　　　　　　（d）励磁线圈

图 10‑11　主变高中压侧及调压、励磁线圈检查情况

②低压围屏拆下后发现低压线圈变形，从出头开始逆时针数 7～8 间隔之间线饼向外凸起，油隙均被挤倒，导线松散、露铜，如图 10‑12 所示。

（a）低压线圈整体照片　　　　　　　（b）线圈变形局部图片

图 10‑12　主变低压线圈检查情况

③低压线圈内纸筒对应线圈变形位置正处在坡口处，坡口处全部开裂，有炭黑痕迹，如图 10 - 13 所示。

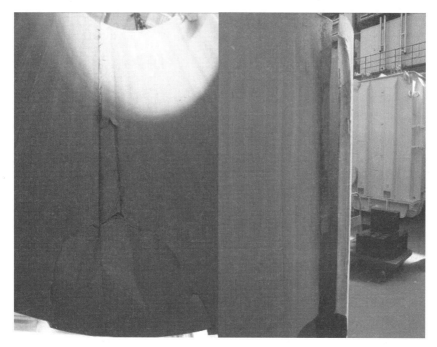

图 10 - 13 低压线圈内纸筒开裂情况

④检查低压圈内径侧，线圈变形处一小段撑条打开后有炭黑痕迹，对应铜线表面有一个击穿点，如图 10 - 14 所示。

（a）低压线圈内侧放电情况

点击穿点在第一导向
隔板下第14个

（b）放电情况

图 10 - 14 低压线圈放电点

⑤线圈下端数起第 28 个饼有一处导线漆膜有损伤，如图 10 - 15 所示。

图 10 - 15 导线漆膜损伤情况

⑥后续从线圈下端逐渐向上翘起每个线饼检查，未发现异常，如图 10 - 16 所示。

图 10 - 16 其他检查情况

（4）原因分析

低压绕组发生翘曲变形。内径侧有放电碳化物痕迹，根据经验，低压内径侧绝缘纸的黑迹应为放电痕迹，此类放电发生时，油色谱乙炔量值应该有明显反应。根据现场反馈的油色谱监测信息，油中乙炔量值曾经达到 4.88 μL/L，之后几天正常运行时，监测到的乙炔量值没有增加，可以判定该放电故障为一次性的弧光放电，低压线圈为螺旋式，线饼电压最大 300 多伏，具备自愈的条件。

根据前期情况及厂内解体情况分析 1 号主变 B 相放电原因为：

1）主变在运行过程中低压侧出现短路，导致主变低压线圈变形，绝缘破损，上部压板及低压线圈内部围屏无法对低压线圈完全遮蔽，这是本次缺陷发生的最根本原因。

2）变压器内杂质在经受投运冲击后杂质浮起，随油流在变压器内流动，个别杂质在经过低压线圈部位时落入低压线圈与内部围屏之间，杂质下落过程中在低压线圈匝间形成小桥放电，同时由于杂质下落是一个持续的过程，且低压线圈匝间电压较低（200 V～300 V），小桥放电也是一个不断形成与消失的过程，所以在低压线圈内部轴向形成了较大范围的炭黑痕迹。另外由于放电使杂质越来越小致使放电痕迹上部较下部要明显。

3）变压器杂质沉淀于变压器底部，一般不会浮起，只有在受到较大振动等情况时才有可能重新分布，在重新分布完成后又会沉淀于变压器内部，杂质进入低压线圈更是一个小概率事件。因此该主变在××年低压短路冲击后一直未出现乙炔且在本次主变出现乙炔后主变即停止增长，也未检查出放电。

4）变压器副线圈支撑件螺栓破损原因分析是变压器在长期运行后再次进行脱油干燥螺栓受到应力较大，造成螺栓断裂，对今后长期运行后的变压器再次脱油干燥时，关注其螺栓情况。

3. 预防措施

因 20 世纪 90 年代产品尚未使用自粘换位导线，低压线圈的抗短路能力普遍偏弱。变压器运行过程发生低压外部短路时，低压绕组发生挤压翘曲变形的可能性大。全面梳理 18 台低压侧未采用半硬自粘换位导线的变压器运行环境，重点检查并完善低压母线绝缘化情况及低压侧设备运行情况，防止出现低压侧出口短路情况。

4. 案例总结

变压器返厂后按出厂条件进行低电压阻抗测量。结果与出厂值相比较：高中阻抗减小 0.22%，高低阻抗增大 0.64%，中低阻抗增加 1.4%，这与低压翘曲变形，高低、中低主空道尺寸增大有关联。阻抗变化趋势与阻抗计算理论相符。根据 GB 1094.5-2008《电力变压器第 5 部分：承受短路的能力》条款 4.2.7 的相关规定，偏差 2% 是短路试验是否通过的依据（Q/GDW 1168-2013《输变电设备状态检修试验规程》规定不超过 1.6%），此次中低阻抗变化率达到 1.4%，解体检查发现线圈已变形，为今后判断线圈变形提供了参考。应组织针对低压绕组变形的情况对以往绕组变形试验结果组织进行分析,检验是否存在绕组变形情况。

三、主变低压侧线路断线接地短路导致绕组变形故障

1. 案例描述

××年××月××日8时57分25秒864毫秒,某220 kV变电站35 kV线路发生B、C相间短路,持续133 ms后转为三相短路,线路保护过流Ⅱ段动作跳闸,重合于故障再次跳闸,故障电流10.6 kA,8时57分28秒265毫秒切除故障;57分28秒285毫秒♯2主变差动保护动作出口,8时57分28秒298毫秒跳开三侧开关,57分30秒433毫秒♯2主变本体保护重瓦斯出口,故障未造成负荷损失。经检查,发现35 kV线路距离变电站约450 m处B、C相导线存在断线现象;2号主变外观无异常,绝缘油色谱、低压侧直流电阻、绕组电容量等试验数据异常。由于现场不具备处理条件,需返厂大修。

2. 分析处理

(1) 现场试验

1) 油中溶解气体分析

对♯2主变进行油色谱检测,发现乙炔含量64.017 $\mu L/L$(注意值5 $\mu L/L$),总烃含量160.956 $\mu L/L$(注意值150 $\mu L/L$),根据GB/T 7252-2001《变压器油中溶解气体分析和判断导则》,三比值编码为101,属于电弧放电。油色谱试验数据详见表10-1。

表10-1 2号主变油色谱检测结果

气体组分	甲烷	乙烯	乙烷	乙炔	氢气	一氧化碳	二氧化碳	总烃
故障后气体含量($\mu L/L$)	40.315	52.759	3.865	64.017	87.948	482.99	3401.117	160.956
故障前气体含量(1月8日($\mu L/L$))	8.244	0.837	1.318	0	17.575	433.477	2165.205	10.399

2) 绕组直流电阻试验

对2号主变高、中、低压测直流电阻进行试验,高、中压侧直流电阻未见异常,低压绕组Rab、Rbc、Rca均有不同程度增长,线间互差为18.06%,超过《输变电设备状态检修试验规程》的1%要求,折算到单相绕组,低压c相直流电阻增大50.96%,b相绕组增大8%,a相未见异常,判断低压绕组b、c相可能存在断股。

3）绕组电容量试验

绕组电容量测试发现，低压对高压、中压及地的电容量增大 4.54%，中压对高压、低压及地的电容量减少 4.87%，高压对中压、低压及地的电容量减少 6.11%，均超过《输变电设备状态检修试验规程》要求的注意值（±3%）。另外，对所测电容量进行分解发现，低压绕组对铁心电容量增大 9.27%，中压对地电容量减少 22.92%，由此可判断，低压绕组距铁心距离较出厂时增大，中压绕组与内部接地部位距离较出厂时缩小。

4）短路阻抗试验

短路阻抗试验数据显示中压绕组对低压绕组短路阻抗的横比偏差超过《输变电设备状态检修试验规程》警示值（2%）要求，判断低压侧绕组存在变形故障。

5）变比试验

分别在 9b 分接进行高压/低压、1 分接中压/低压变比试验，试验数据显示，变比结果均超过《输变电设备状态检修试验规程》要求值，其中 BC/bc 变比为 296.09，BmCm/bc 变比 69.75，较额定计算变比偏差最大，分析认为低压侧绕组存在匝间短路、导线断股故障。

6）绝缘电阻试验

检测 2 号主变高、中、低压绝缘电阻，未见异常。

7）频响绕组变形试验

采用 TDT6 频响仪对 2 号主变高、中、低压进行绕组变形试验，图谱显示低压侧C 相重合性较差，可能存在严重变形，如图 10-17。

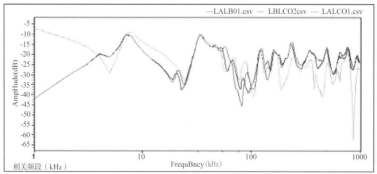

图 10-17　2 号主变低压侧频谱

（2）故障处理情况

依据现场检查及分析结果，确定更换 2 号主变，利用备用变作为替代变，现场处理情况如下。

1）故障主变恢复

当日××公司已完成备用变相关试验。

经省设计院核实，备用变与故障变额定电压、变比、阻抗等参数基本相同，主变基础相同，出线走向等尺寸相差不大，能够满足现场安装要求。

据变压器厂家反馈，备用变与故障的 2 号主变技术参数基本相同，基础相同，低压侧套管出线尺寸相差不超过 10 cm，不影响现场安装、接引。两台变排油注氮开口方向、孔径一致，管道与本体连接法兰尺寸及螺孔位置相同，但主管道距地面垂直距离相差约 10 cm，水平纵向相差约 5 cm，可现场进行改造。

2）检修结果如图 10 - 18 所示

（a）C 相端圈顶部有炭黑

（b）A、B 相无异常，C 相低压圈严重变形并放电烧损

（c）轴向电动力作用下 C 相线圈线饼大范围窜位

（d）轴向电动力作用下线饼绝缘破坏放电、部分导线断股

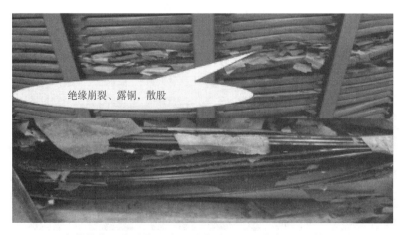

（e）自粘换位导线黏接不牢导致多处纸包绝缘崩裂、露铜、散股

（f）多处线饼在轴向电动力作用下导致轴向弯曲

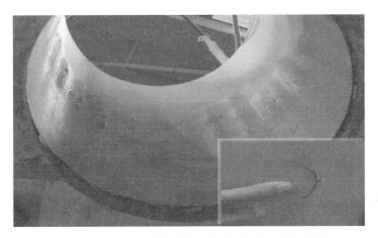

（g）C相低压线圈内撑绝缘纸筒受压变形、局部破裂

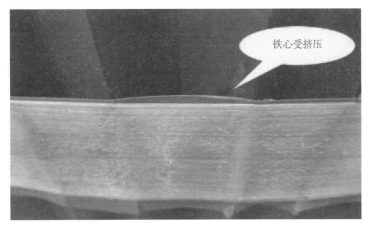

（h）C相铁心柱1处存在受挤压变形情况

图 10-18　主变返厂解体检查结果

（4）原因分析

综合运行检修、继电保护、试验检测等信息，分析认为某 220 kV 变电站外 35 kV 线路保护通道 10 m 范围以外（边导线距离建筑施工塔吊外沿 12 m）的高层建筑施工塔吊在吊运过程中，钢丝绳断裂后反弹到该线路导致 B、C 相短路，并发展为三相短路故障。♯2 主变本身抗短路能力差，未能承受低压侧短路电流冲击，导致变压器低压绕组局部变形、匝间绝缘损坏。

分析结论：♯2 主变自身抗短路能力不足是故障损坏的根本原因。具体包括：

一是低压线圈导线电流密度选择过大（3.779 A/mm²），导线截面偏小，线圈自支撑能力不足；

二是变压器选用的自粘换位导线存在局部黏接工艺不良缺陷，遭受短路冲击时部分线匝散股，导线屈服强度下降；

三是低压线圈在轴向电动力作用下换位处发生饼间错位，部分线饼、匝间绝缘破损并引发电弧放电。

3. 预防措施

一是变电站单变运行期间，责任公司合理安排电网方式，变电站恢复有人值班，加强有关线路和站内设备特巡，防止变电站全停事故发生；

二是责任公司尽快做好 35 kV 线路的修复、索赔工作，加强输电线路巡视，严格落实属地化巡视工作要求；

三是对安全裕度在 2.0 以下的 34 台 220 kV 变压器采取分裂运行、低压侧出线停运重合闸、加装限流电抗器（如场地允许）等措施，避免低压侧设备故障造成主变损坏；

四是鉴于分裂运行也未避免♯2 主变因外部短路故障造成损坏，建议对该变压器厂生产的变压器进一步论证研究，确定是否需返厂大修。

4. 案例总结

该变压器厂生产的该批次变压器存在抗短路能力不足问题。××年该厂生产的某♯2 主变曾发生绕组变形和匝间短路故障，当时认定原因为"制造工艺质量控制不严，局部绕组黏接不牢造成自支撑度下降，内纸筒与铁心间局部间隙较大引起幅向支撑力不足，短路电流冲击时，局部线匝在轴向力的作用下窜动，饼间错位，匝间绝缘破损，最终发生匝间短路损坏"。

四、主变中压侧出线电缆终端放电导致绕组变形故障

1. 案例描述

××年××月××日 15 时 44 分，某 220 kV 变电站 1 号主变跳闸。经查，站内

110 kV线路C相线路避雷器爆炸，线路B相电缆终端表面有放电痕迹，线路开关分闸线圈故障，开关未跳开；主变差动保护动作跳开三侧开关，重瓦斯保护动作。1号主变绝缘油总烃及乙炔超标，C相中压绕组严重变形，需返厂检修。

2. 分析处理

（1）现场试验情况

××月××日，某站1号主变绝缘油色谱测试结果如表10-2所示：乙炔和氢气增长明显，三比值分析编码为102，属电弧放电。

表 10 - 2　主变油色谱测试结果

取样日期	H_2	CO	CO_2	CH_4	C_2H_4	C_2H_6	C_2H_2	总烃
8月4日	879.02	2071.33	128.05	138.23	20.5	180.37	467.15	293.37

绕组直阻测试显示，中压绕组直阻相间偏差2.28%，C相直阻偏差较大，判断中压C相绕组存在断股故障。频响法绕组变形测试显示，C相中压存在严重绕组变形。绕组电容量测试显示，低压绕组对地介损及电容量无法测试，低压绕组对地可能存在短路；高、中压绕组对低压及铁心绕组电容量增大3.38%。短路阻抗测试显示，高压绕组对中压绕组及中压绕组对低压绕组的短路阻抗异常，平均值偏差0.862%，其中C相短路阻抗的纵比偏差2.147%，超出DL/T 1093-2018中1.6%要求值，说明中压C相绕组存在异常。

综合分析，该站#1变在遭受中压侧短路冲击后，内部发生电弧放电，中、低压侧C相绕组严重变形、损坏，低压C相绕组对地短路。

（2）解体检查

××月××日，解体检查发现：A相高、中、低压线圈未见异常。B相高、低压线圈未见异常，中压线圈局部轻微变形、匝绝缘破损。C相高压线圈线饼局部轻微倾斜；中压线圈整体轴向变形、倾斜，18-31饼、46-61饼扭曲变形，换位导线散股、绝缘破损、露铜，存在放电烧熔铜屑；低压线圈整体轴向变形、倾斜，个别部位辐向变形、鼓包，上下端部3、4、5饼间（第1、2匝间）发生放电、绝缘烧损，线圈首端内侧1根导线断股、穿过围屏对铁心放电，铁心存在放电痕迹，对应低压绕组变形处上压板局部变形破裂，如图10-19所示。

（a）B相中压圈轻度变形

（b）C相线圈整体倾斜

（c）C相中压圈严重变形

（d）C相中压圈严重变形

（e）C相中压圈放电

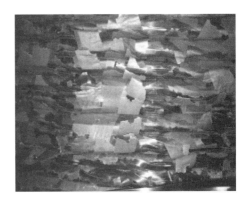
（f）C相中压圈纸绝缘破碎

（g）C相低压圈顶部变形

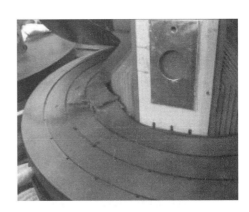
（h）C相上压板损坏

图 10－19　主变解体检查结果

（3）原因分析

该站 1 号主变自身抗短路能力不足是故障损坏的根本原因。中压线圈采用非自粘换位导线，自支撑能力较差，B、C 相中压线圈在出口短路电流作用下，电磁线出现倒伏扭曲，绝缘受损、线饼失稳。C 相中压侧故障持续 1108 ms 后发生中压线圈匝间短路，整体安匝平衡被破坏，局部漏磁场异常增大、畸变，角接的低压线圈在零序过电流产生的电动力和中压线圈向内挤压力的双重作用下，导致低压线圈整体轴向变形、倾斜，局部辐向变形、鼓包。

3. 预防措施

（1）加强 110 kV 及以上变压器中低压侧故障统计分析，建立故障信息台账，结合历史故障信息和变压器具体情况，对变压器状况进行深入分析；变压器遭受短路冲击后，如变压器未跳闸，则必须于 4、12、24 h 分别对绝缘油进行取样分析，并做好纵横数据对比，发现问题立即按有关规程进行处理；如变压器跳闸，应立即进行绝缘油色谱分析，同时对瓦斯继电器内气体取样分析，综合判断变压器健康状况并进行相应处理。在严密进行油气分析的基础上视情况进行绕组变形诊断试验。

（2）重点开展断路器防拒动排查，加强变压器三侧设备运行状况的收集分析工作，提出针对性措施，编制"一变一策"。

（3）在对外调研、委托电科院继续计算校核的基础上，邀请院校、变压器设计制造及运行方面的专家深入研究变压器抗短路能力不足的故障机理，从结构、工艺两方面找准问题，进一步论证故障变压器返厂改造方案，并在专家的指导下对 220 kV 变压器研究制定整体治理规划和具体改造方案；电科院对返厂改造变压器实施全过程监造，确保治理成效；在治理完成前各单位要采取综合措施，降低变压器近区短路故障发生概率。

（4）完善继电保护及自动装置配置、降低短路电流水平，进一步优化出线及后备保护定值整定、缩短保护动作时间，并将瓦斯继电器等非电量保护校核及动作情况等重新纳入基层单位继电保护专业考核内容；对抗短路能力不足的变压器在返厂改造工作完成前实行差异化管理，从保护主设备的角度出发，逐台确定中压侧并列方式，统筹优化保护级差配合，研究制定自动化装置投切策略，杜绝主设备损坏或故障扩大等事件发生。

4. 案例总结

对变压器抗短路能力不足问题的治理措施仍不彻底，尤其是早期投运的变压器（约 2005 年及以前），执行 GB1094.5－2008 及以前标准，且受材料和工艺水平限制，该类变压器均未采用半硬自粘换位导线，以 GB1094.5－2008 标准衡量普遍存在抗短路能力不足问题。针对此类设备，在生产实际中落实了包括中压侧分裂运行、低压侧设备治理、母线绝缘化及变电站周边环境治理等综合措施，但从实际运行情况看，此类措施只能降低故障概率，无法彻底防范变压器损坏事件。

五、主变油箱内部压力突变导致跳闸故障

1. 案例描述

××年××月××日 04：21：24，某 500 kV 变电站 3 号主变三侧开关 5012、5013、213、313 开关跳闸；220 kV 线路 264 开关 B 相跳闸，264 开关重合成功，未损失负荷。

2. 分析处理

（1）现场检查、试验情况

1）3 号主变外观检查无异常，5012、5013、213、313 开关三相机械指示在分位。气体继电器集气盒中无气体。跳闸前后，3 号主变油色谱在线监测数据未发生明显变化，结果见表 10－3。线路 264 开关三相机械指示在合位，线路设备外观检查无异常，

外观无闪络放电痕迹。线路故障点查找中发现，线路♯4塔B相绝缘子存在闪络痕迹。

表10-3　♯3主变跳闸前后油色谱在线监测数据　　　　　　μL/L

相别	日期	氢气	甲烷	乙烷	乙烯	乙炔	总烃	一氧化碳	二氧化碳
B	1月29日	1.87	5.15	0.9	0.44	0	6.49	2.74	1869
	1月30日	2.04	4.82	0.91	0.44	0	6.17	265	1832
A	1月29日	3.64	5.96	0	0	0	5.96	256	1251
	1月30日	/	/	/	/	/	/	/	/
C	1月29日	1.72	6.83	1	0.4	0	8.57	236	1760
	1月30日	1.58	7.26	0.91	0.4	0	8.57	241	1760

2）3号主变跳闸后进行了试验检查，变压器绝缘油色谱分析、绝缘电阻、铁心绝缘、直流电阻、绕组变形、三侧绕组电容量、低电压阻抗等试验无异常。油化学试验结果无异常。

（2）原因分析

综合分析认为，造成此次3号主变重瓦斯动作的原因为主变中压侧在外部发生对地放电情况下，绕组中流过较大短路电流，大量漏磁通经过主变油箱，油箱在电磁力作用下发生突然收缩，同时，绕组振动幅度加大，造成内部绝缘油压力突变，绝缘油经气体继电器向储油柜方向涌动，超过气体继电器整定值（1.0 m/s），导致重瓦斯动作。

3. 预防措施

（1）更换气体继电器，同时按照变压器厂家建议，将本台变压器的气体继电器流速由1.0 m/s改为1.3 m/s。

（2）♯3主变投入运行后，加强跟踪监测。投运后立即开展一次高频局部放电测试。同时按以下周期开展油色谱跟踪分析：前5天每天跟踪一次，6～10天每两天跟踪一次，第13天开始每三天跟踪一次，第19天之后，每5天跟踪一次。连续跟踪1个月。

（3）加强气体继电器定值校验工作。

4. 案例总结

主变中压侧在外部发生对地放电情况下，绕组中流过较大短路电流，大量漏磁通经过主变油箱，油箱在电磁力作用下发生突然收缩，同时，绕组振动幅度加大，造成内部绝缘油压力突变，绝缘油经气体继电器向储油柜方向涌动，超过气体继电器整定值（1.0 m/s），导致重瓦斯动作。

应合理校验、整定气体继电器动作值，加强主变抗短路能力，及时保护主变的同时尽力降低因外部短路冲击造成的变压器油流短时扰动的影响。

六、电屏蔽和夹件磁屏蔽多点接地导致高温过热故障

1. 案例描述

××年 10 月 14 日，××公司专业人员在进行主变绝缘油例行试验时发现某 500 kV 变电站 2 号主变 B 相本体绝缘油中乙炔、总烃超注意值（乙炔 1.84 $\mu L/L$，注意值 1 $\mu L/L$；总烃 487.951 $\mu L/L$，注意值 150 $\mu L/L$）。主变其他检查未发现异常，三比值法判断为高温过热故障（高于 700 度）。对比分析数据，初步判断为 2、3 号油泵故障或主变内部裸金属过热，缺陷不涉及主绝缘。

2. 分析处理

（1）现场检查试验

对主变进行红外精确测温、局部放电检测、铁心、夹件接地电流等测试等数据正常。主变油温、油位、油泵等检查未见正常。

现场从在线监测装置内部调取数据分析，氢气、甲烷、乙烯等数据从 8 月 10 日开始缓慢增长，与冷却器运行时间对比分析，1 号冷却器运行时各类气体含量基本未增长，2 号、3 号冷却器运行时气体增长趋势明显，如图 10-20 所示。

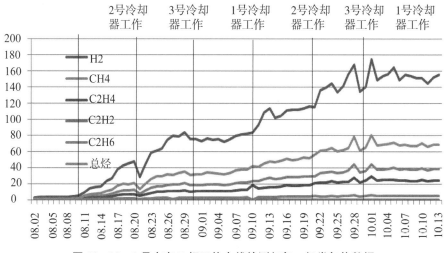

图 10-20 2 号主变 B 相乙炔在线检测氢气、烃类气体数据

××月××日召开缺陷分析会议，分析认为，因为一氧化碳、二氧化碳数值未增长，所以缺陷不涉及固体绝缘，没有在线圈内部，可能发生在裸金属部分。油色谱数据中乙烯、甲烷含量较高，是典型的过热性故障，且有少量的乙炔产生，所以发热温度较高，发热点温度大于 700 ℃。根据油泵启停情况及在线监测数据，怀疑 2、3 号油泵故障的可能性较大，计划先更换油泵，对油泵进行解体检查，排除外部原因。

10 月 14 日发现缺陷后，专业人员每日对主变油色谱进行离线跟踪，数据起初比较

平稳，在 11 月 25 日以后发生了两次阶段性增长。

1）11 月 25 日至 12 月 2 日数据开始有明显增长，到 12 月 2 日检测总烃增长了 118.26 $\mu L/L$，乙炔增长 0.42 $\mu L/L$，乙烯增长 64.4 $\mu L/L$，乙烷增长 14.02 $\mu L/L$，甲烷增长 39.06 $\mu L/L$，氢气增长 23.89 $\mu L/L$，乙烯、甲烷、氢气含量增加较多。

2）12 月 14 日至 12 月 26 日数据又有明显增长，到 12 月 26 日检测总烃增长了 284.5 $\mu L/L$，乙炔增长 1.35 $\mu L/L$，乙烯增长 125.42 $\mu L/L$，乙烷增长 33.58 $\mu L/L$，甲烷增长 124.15 $\mu L/L$，氢气增长 35.23 $\mu L/L$，乙烯、甲烷、氢气含量增加较多。增长趋势如图 10 - 21、图 10 - 22 所示。

主变光声光谱在线检测装置每 4 h 监测一次油样数据，数据发展趋势与离线检测基本一致。

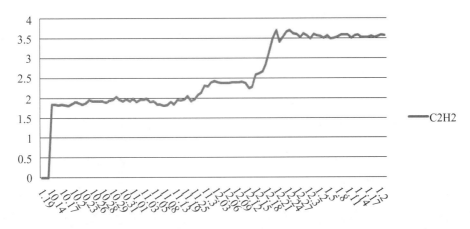

图 10 - 21　2 号主变 B 相离线乙炔数据

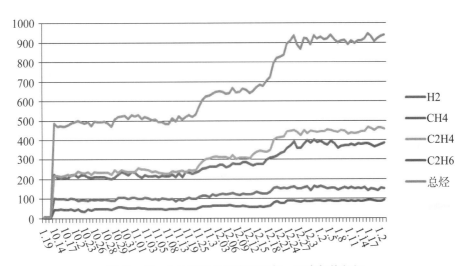

图 10 - 22　2 号主变 B 相离线氢气、烃类气体数据

由于色谱数据在 11 月 17 日以后又出现增长，局部放电带电检测和其他检查都未发现异常，再次召开缺陷分析会议，根据主变油中特征气体分析，乙烯、甲烷气体增长占特征气体增长的 80% 以上，缺陷主要是高温过热缺陷，由于有少量乙炔、氢气气体产生，因此怀疑为过热缺陷和短时局部放电缺陷的叠加，由于没有一氧化碳、二氧化碳产生且缺陷状态不稳定，所以可基本排除器身和电气主回路缺陷，判断油泵或油路导致铁心或电磁屏蔽回路发生缺陷的可能性较大，主变在加强监测的条件下可以继续运行。为排除油泵故障的可能性，安排带电更换主变 3 台油泵。

××年××月××日带电更换了 B 相 3 台油泵，并进行解体检查。2、3 号油泵检查正常，1 号油泵发现在电机定子、转子铁心中间和外圈有摩擦痕迹，如图 10‐23。

（a）定子铁心外圈有摩擦痕迹 （b）转子铁心中圈、外圈磨损情况

图 10‐23 1 号油泵解体检查情况

通过现场油泵解体检查情况分析，油泵整体运行情况良好，B 相 1 号油泵在运行过程中有金属异物进入定子、转子间隙之间，造成摩擦高温产气，但产生的气体量值有限，不是本次缺陷的原因，怀疑在主变本体内部铁心片间、夹件或电磁屏蔽处可能存在一个不稳定的故障点，需停电后解体检查分析。

（2）返厂解体检查

××年××月××日主变停电返厂，返厂解体后发现，在高压侧主柱与旁轭间的电屏蔽边沿与下夹件磁屏蔽边沿有过热及放电痕迹，位置如图 10‐24（a）、（b）、（c）所示。

（a）铁心下部电屏蔽与主柱线圈底部磁分路铁心处有发热烧损痕迹

（b）缺陷位置烧损痕迹图　　　　（c）铁心电屏蔽安装情况

图 10‑24　主变解体检查情况

检查其他部位电屏蔽金属层与纸板底部边缘距离较长，与磁分路间距离较大，无搭接发热现象，解体检查未见其他异常。

（3）原因分析

1）缺陷部位制作安装情况分析

按照设计要求，铁心电屏蔽金属层两侧均有绝缘纸板保护，放电部位在安装过程中上部覆盖的绝缘纸板未插入缝隙，绝缘纸板未起到隔离磁屏蔽的作用如图 10 - 24 (c)；另外根据设计图纸此部分金属膜与绝缘纸板底部边沿距离应为 25 mm 如图 10 - 25（a），实际测量缺陷部位距离为 20 mm 如图 10 - 25（b）。电屏蔽制作尺寸不符合要求，制作和安装工艺控制不良是此次缺陷的主要原因。

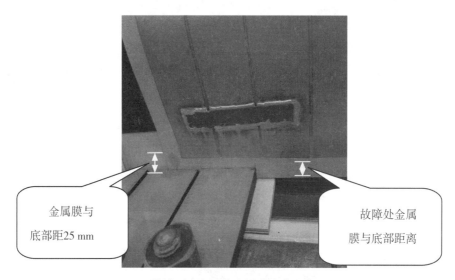

金属膜与
底部距25 mm

故障处金属
膜与底部距离

（a）设计要求电屏蔽金属膜安装距离

（b）故障处电屏蔽金属膜安装情况

图 10 - 25　故障处铁心电屏蔽安装情况

2）放电原因分析

缺陷位置处下轭电屏蔽金属膜距离磁屏蔽距离间隙小，在极性异物长期累积作用下导通，在夹件磁屏蔽和电屏蔽之间产生了多点接地，在漏磁作用下形成了环流过热性故障。由于缺陷部位距离油道较近，在油泵切换过程中油流扰动会引起极性物质聚集和变化，将电屏蔽和夹件磁屏蔽间歇性连通，造成放电和环流过热叠加故障，产生的特征气体与色谱数据吻合。

3）前期监测情况分析

由于缺陷形成回路漏磁通较小，所以在接触部位产生电流过热烧损，在搭接和断开的瞬间会有小的放电，由于量值小、时间短，在线监测和带电检测都未捕捉到。环流回路在夹件内部，所以变压器铁心接地电流和夹件接地电流也不会有反应，也不会影响铁心和夹件的绝缘，所以在前期的局部放电带电检测、在线监测，铁心、夹件接地电流都没有发现异常。

由于缺陷距离油道较近，油泵启停过程中产生油流涌动，造成缺陷部位连接状态的变化，因此油色谱数据与油泵切换有一定的联系，对前期缺陷判断造成干扰，误以为缺陷由油泵故障造成。

3. 预防措施

（1）做好厂内检修见证工作，安排专业人员全程进行驻厂监造，确保各个环节按照工艺要求开展。

（2）对其他主变类似部位进行检查，避免重复出现类似问题，与厂家核实目前在运变压器类似结构台数，对油色谱数据加强跟踪监测。

（3）要求厂家对此类结构电屏蔽安装位置作为一个关键工艺控制点，避免发生类似问题。目前厂家××年以后的产品已经不再安装铁心电屏蔽，不存在类似问题，之前产品主变大修过程中需重点检查。

4. 案例总结

按照设计要求，铁心电屏蔽金属层两侧均有绝缘纸板保护，放电部位在安装过程中上部覆盖的绝缘纸板未插入缝隙，绝缘纸板未起到隔离磁屏蔽的作用。电屏蔽制作尺寸不符合要求，制作和安装工艺控制不良是此次缺陷的主要原因。缺陷位置处下轭电屏蔽金属膜距离磁屏蔽距离间隙小，在极性异物长期累积作用下导通，在夹件磁屏蔽和电屏蔽之间产生了多点接地，在漏磁作用下形成了环流过热性故障。

七、主变屏蔽罩紧固螺栓松动脱落导致局部放电故障

1. 案例描述

××年××月××日，××公司专业人员通过油色谱在线监测发现某 500 kV 变电

站 3 号主变 A 相本体绝缘油乙炔含量为 2.91 μL/L，超过规程要求（要求值≤1 μL/L），带电检测未发现异常。经分析认为主变发生一次性火花放电，缺陷未涉及固体绝缘，考虑到暂时无合适备用相，且检测数据无明显增长，决定暂时监测运行，并使用新购主变备用相更换。

2. 分析处理

（1）故障设备简况

型号：ODFPS－334000/500

（2）缺陷发生时电网运行方式、负荷及运行工况

故障前 12 天 500 kV 3 号主变高压侧、中压侧均无相关操作，低压侧无功设备正常投切，站内所有设备保持全方式运行。3 号主变负荷最大为 560 MVA；主变各侧避雷器未动作，未发生近区短路及过负荷情况。

（3）现场检查情况

根据油色谱在线监测装置发现其特征气体含量在××年××月××日有较大增长，之后数据基本稳定。各项特征气体无明显增长。测试油中含气量为 2.89%，微水为 8.9 mg/L，满足规程要求。

××月××日专业人员分别使用高频局部放电仪、AE 超声检测仪对 3 号主变三相进行了高频局部放电检测和超声局部放电检测，测试结果均未发现异常。检测结束后，试验人员对该变压器开展 24 h 不间断局部放电监测，未发现异常放电。

××月××日上午，变压器厂家专业人员携带相关仪器对该变压器进行本体超声局部放电及铁心、夹件高频局部放电测试，检测三相无明显异常。检查主变外观未发现渗漏油情况，主变油温正常，呼吸器工作正常；三台油泵绝缘均大于 500 MΩ，红外检测潜油泵无异常摩擦发热；分别切换不同冷却器，同时监测局部放电，三组冷却器切换后未发现异常放电；初步排除潜油泵故障引起的绝缘油乙炔增长。

从该站 3 号主变 A 相油中特征气体分析可基本判断为间歇性或一次性火花放电，缺陷未涉及固体绝缘；但判断 3 号主变 A 相内部状况已发生变化，考虑到目前暂无合适的备用相，并且监测数据无明显增长，暂时监测运行，同时要求加强主变状态跟踪监测。相关单位共同对该站 3 号主变开展 24 h 实时局部放电在线监测，每天将监测、检测结果上报。

××年××月××日，公司组织召开该站 3 号主变处置方案研讨会。从发现缺陷后 67 日内该主变处于 24 h 不间断局部放电在线监测及绝缘油色谱在线监测，监测过程中没有发现局部放电异常情况，油中乙炔数值基本稳定在 2.2 μL/L（图 10－26）。确定该站 3 号主变 A 相缺陷定性为一次性放电、放电未伤及线圈，通过加强监测，主变暂时可在正常条件下继续运行。但该主变仍处于异常状态，存在缺陷发展或外部短路

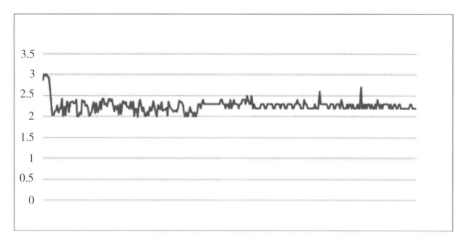

图 10‑26　某 500 kV 变电站 3 号主变油中乙炔数值变化（故障后 67 日内）

等其他扰动导致故障的风险，确定在新购备用相生产完毕后，尽快择机安排返厂检修。同时，如缺陷有发展，该主变应直接停电返厂检修。紧急情况下可紧急拉停主变。

（4）现场更换及钻检情况

××年××月××日主变备用相生产完毕具备出厂条件，××月××日至××日停电对该主变进行了更换。××月××日现场对缺陷主变进行了钻检，如图 10‑27 所示检查发现：

铁心上铁轭靠近中柱的下拉带，一端拉带屏蔽罩固定螺栓脱落，屏蔽罩与夹件接触，并有放电痕迹。

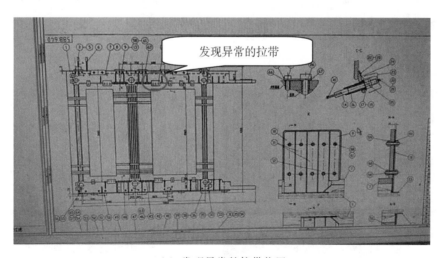

（a）发现异常的拉带位置

（b）屏蔽罩与夹件已经接触　　　　（c）屏蔽罩与夹件间有放电痕迹

图 10-27　主变现场钻检情况

拉带的另一端接地线烧断，屏蔽罩与夹件上都有放电痕迹（见图 10-28a、图 10-28b）。

（a）拉带另一端接地线烧断　　　　　（b）烧断掉落的接地线

（c）烧断掉落的接地线　　　　　　（d）屏蔽罩固定螺栓

图 10-28　拉带断裂情况

屏蔽罩固定螺栓及垫片已掉落，分析掉落到铁心屏蔽桶外侧油隙（见图 10 - 28c）。屏蔽罩固定螺栓为 M6 螺栓，长度 15 mm，包含 1 个平垫和 1 个弹垫（见图 10 - 28d）。其他位置检查未见异常，同时检查了其他拉带屏蔽罩，未发现有固定螺栓有松动的情况。

初步原因分析：根据现场的检查情况分析，缺陷原因为铁心上铁轭靠近中柱的下拉带，一端拉带屏蔽罩固定螺栓脱落，屏蔽罩歪斜与夹件导通，同时另一侧有接地线与夹件导通，夹件、屏蔽罩与拉带形成闭合回路，感应电压造成放电，电流使拉带另一侧接地线烧断放电位置示意如图 10 - 29 所示。

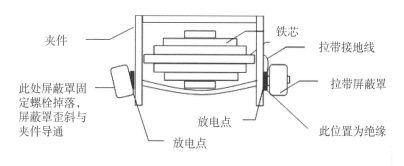

图 10 - 29　放电位置示意图

现场分析认为自××年××月××日 3 号主变 A 相发现乙炔以后，乙炔数值一直没有增长，且长时间跟踪后有缓慢下降趋势，其他气体数值基本没有变化，局部放电在线监测一直也没有发现异常，可以确定此次主变产生乙炔的原因主变内部为一次性裸金属放电。根据现场检查情况、能量级别、产气的数量、自愈熄灭等综合分析判断，发现的故障位置与之前的分析吻合，此故障点为唯一故障点。

由于屏蔽罩固定螺栓已经掉落在铁心与线圈之间，如果不取出有可能在运行过程中放电产气。考虑到如现场处理，一是由于固定螺栓、平垫、弹垫都掉落到了铁心和线圈间的油隙中，位置靠里且油隙较小，如果现场查找取出需要吊罩并将线圈压钉泄压取出压装垫块后，用磁铁吸出，难度较大，现场短时间取出的把握不大；二是屏蔽罩接地线烧断后产生的熔渣无法完全清除；三是器身绝缘件上溶解了部分乙炔，现场无法完全清除，运行过程中会缓慢析出，影响后续设备状态的判断；四是如果现场吊罩，器身暴露的时间将远超规程规定时间（16 h，湿度不大于 65%）；综合上述原因，对该主变进行返厂处理。

（5）厂内解体情况

吊罩检查情况：××月××日，在设备厂家对主变进行吊罩检查，检查发现主体除上铁轭发生缺陷拉带位置，其他拉带、紧固位置及其他部位未见异常（见图

10-30a)，箱底及导油盒未发现其他金属异物（见图 10-30b）。高压侧固定低压铜管的一个导线夹与上夹件连接处一件绝缘螺栓断裂脱落（见图 10-30c），其他未见异常。

（a）主变本体器身

（b）主变箱底及导油盒

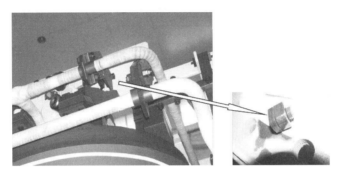

（c）导线夹螺栓脱落位置

图 10-30　主变返厂解体情况

经检查主变本体除发生缺陷拉带两侧与夹件接触处有明显放电痕迹外，其余各处均无放电痕迹。除故障拉带一侧屏蔽罩螺栓脱落外，主体上部其余各拉带、屏蔽罩固定螺栓紧固完好，均未发现其他异常。

发现缺陷拉带低压侧屏蔽帽紧固螺栓脱落，下部掉落金属熔渣。器身压板表面未发现螺栓。用内窥镜查看可疑位置也未发现。屏蔽罩表面有两个凹坑，并且屏蔽罩正好位于低压引线导线夹正下方（图 10-31）。怀疑凹坑是由于安装导线夹过程中由于与屏蔽罩配合不恰当，按压屏蔽罩造成其表面凹陷。

图 10-31　故障屏蔽罩位于低压侧引线导线夹下部屏蔽罩上有凹坑

拆除屏蔽帽后发现拉带固定螺栓及下部夹件处有明显的放电痕迹（图 10 - 32）。

图 10 - 32　屏蔽帽放电痕迹及对应位置

高压侧拉带屏蔽帽已拆除，可见垫圈及夹件上有放电的痕迹，接地线已经脱落（见图 10 - 33）。

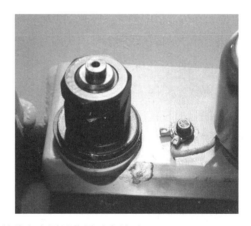

（a）拉带固定螺栓平垫的放电点同屏蔽罩对应关系

（b）脱落的接地小辫及紧固屏蔽帽的螺栓、垫圈、碟簧

图 10 - 33　屏蔽帽放电情况

解体检查：由于吊罩后未找到掉落的螺栓，随后对主变主体进行脱油处理，××月××日，主变脱油、冷却结束后，现场工作人员依次将该主变的上部夹件、拉带、上铁轭拆除，然后用内窥镜检查线圈上部，未发现螺栓（如图10-34）。

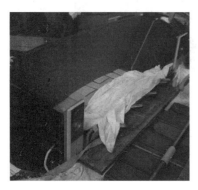

图 10-34　拆除主变上铁轭检查线圈上部　　　图 10-35　掉落螺栓及垫圈的相对位置

随后将主变线圈整体拔包，拆除铁心屏蔽板及内层纸板，检查未发现螺栓。拆除线圈上压板后，发现掉落的螺栓、碟簧及平垫，螺栓与平垫已分离，位于低压线圈外侧的第一层油道纸板上部，从低压线圈上部出头向左数第五和第六间隔内（见图10-35）。

（6）故障原因分析

①内部放电原因

导致缺陷的直接原因是：铁心上铁轭靠近中柱的一条铁心拉带屏蔽罩紧固螺栓松动脱落，造成屏蔽罩同夹件连通，使拉带、接地线、夹件、上撑板形成闭合回路（见图10-28），此回路内通过上铁轭磁通电磁感应产生电压，瞬间在闭合回路中通过较大的电流，造成屏蔽罩与夹件、螺栓之间放电，导致拉带接地线烧毁。

②螺栓脱落原因

通过对取出的紧固件检查发现，紧固用的防松蝶簧安装方向倒置，导致蝶簧形变量变小，从而使得防松效果弱化（见图10-36），长时间运行中在铁心振动等因素影响下脱落。

图 10-36　取出的脱落螺栓

根据变压器厂内安装要求，此蝶簧要求单片使用，用于螺栓处防松，蝶簧安装示意图见图 10-37。故障屏蔽罩固定螺栓碟簧装反后，不能对螺栓起到有效的防松作用，加上器身在运行时的振动等因素造成螺栓脱落。

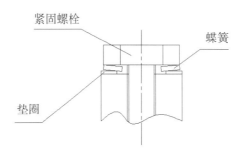

图 10-37 屏蔽罩螺栓碟簧安装示意图

根据厂家安装工艺规定，拉带屏蔽罩上的固定螺栓分别在器身压装后、出干燥炉浸油后及出厂前吊检时均要进行紧固，在正常情况下螺栓自行松动脱落的可能性很小。现场对主变铁心撑板与上夹件螺栓连接处、铁心垫脚与铁心下夹件螺栓连接处、铁心拉带接地线接地处、铁心屏蔽接地线接地处、油箱磁屏蔽板接地片接地处等 48 个同结构位置的螺栓进行了检查，未发现松动情况，除发生缺陷的拉带两侧 2 个屏蔽罩螺栓防松碟簧安装方向错误以外，其他螺栓碟簧安装方向正确。因此，此次螺栓松动脱落属于个例。若在运变压器拉带屏蔽罩的固定螺栓在异常情况下发生松脱也不会造成突发性事故，通过日常的油色谱检测或在线监测数据均会有所体现，可以根据具体出现的问题再行分析处置，因此对于在运的其他变压器无需进行专项检查。

（7）故障处理

针对此相主变，按工艺要求做好后续处理工作，更换老化损坏的部件及绝缘件，做好产品的入厂监造工作，全面检查各处螺栓正确使用碟簧，最后吊罩检查时用力矩扳手紧固屏蔽罩处螺栓，留有检查记录，同时注意检查拉带处屏蔽罩，使其与夹件之间缝隙均匀，检查各处接地线连接可靠。

3. 预防措施

（1）做好变压器设备入厂监造工作，监造人员注意检查变压器器身各处屏蔽罩、接地线、引线支架等位置的螺栓紧固情况，同时检查屏蔽罩与夹件之间缝隙均匀，确保各部位不发生短路情况。

（2）做好在运主变的油色谱在线检测数据检查，每日检查数据变化情况，发现异常及时进行实验室分析确认，同时及时开展相关带电检测分析，避免设备缺陷发展为故障。

4. 案例总结

本次某 500 kV 变电站 3 号主变 A 相本体乙炔含量超标缺陷的主要原因为：铁心上铁轭靠近中柱的一条铁心拉带屏蔽罩紧固螺栓的防松蝶簧安装方向倒置，长时间运行中在铁心振动等因素影响下脱落，从而造成屏蔽罩同夹件连通，使拉带、接地线、夹件、上撑板形成闭合回路，致使屏蔽罩与夹件、螺栓之间放电，导致拉带接地线烧毁和本体绝缘油乙炔含量超标。通过对主变停电后进行返厂检修，彻底消除设备隐患，并通过做好变压器设备入厂监造工作、加强油色谱检测等预防措施，以避免此类事件再次发生。

八、主变中压侧短路放电导致本体爆燃故障

1. 案例描述

××年××月××日 21 时 26 分，某 500 kV 变电站 220 kV 线路 274 开关内部发生 A 相接地故障，220 kV 线路两侧线路保护及站内 220 kV 母差保护动作，跳开 220 kV ♯2 母线所有运行开关。随即，该站 3 号主变 500 kV 侧发生 A 相接地故障，♯3 主变差动保护、重瓦斯保护动作，跳开♯3 主变三侧开关。A 相本体局部开裂喷油起火，500 kV 套管损毁。23 时 40 分，火被扑灭。

故障前运行方式为：500 kV 系统正常运行方式；220 kV 系统正常运行方式，具体为：220 kV 线路 275、278、281、♯3 主变 213 上♯1 母线运行，274、276、280、♯2 主变 212 上♯2 母线运行；35 kV 系统分裂运行。

2. 分析处理

（1）故障设备简况

3 号主变信息

型　　号：ODFPS-250000/500 单相自耦变压器

3 号主变高压套管信息

型号：SETFt-1675-500-BE10B（环氧树脂浸渍纸电容式硅橡胶干式套管）

额定电流：1600A　　　　2s 短时电流：32 kA

弯曲负荷：4000N

（2）投运以来运检情况

××年××月投运以来，3 号主变未进行过解体性大修，故障相 A 相未遭受过短路冲击。本次故障前，相关设备异常情况如下：

1）××年××月××日，500 kV ××线路发生 C 相接地故障，线路两侧保护快速动作单跳 C 相开关，线路两侧三跳。3 号主变 C 相高压侧故障电流为 0.637 kA，中压侧 1.024 kA，持续时间 49ms。

2）××年××月××日，500 kV××线路发生 C 相接地故障，线路两侧保护快速动作单跳 C 相开关，线路两侧三跳。3 号主变 C 相高压侧故障电流为 0.722 kA，中压侧 1.2 kA，持续时间 40 ms。

3）××年××月××日，220 kV×× Ⅰ 线 275 开关 B 相发生内部接地故障。流经 3 号主变高压侧 B 相故障电流为 4.86 kA，中压侧故障电流为 13.42 kA，持续时间 49 ms。

预防性试验：××年××月投运以来，按照原《××电力公司电气设备优化检修试验规程》要求，3 号主变共进行 3 次预防性试验，最近试验项目包括绕组直流电阻、绕组绝缘电阻及吸收比、绕组介损及电容量、套管绝缘电阻、介损及电容量，铁心及夹件的绝缘电阻，历次试验结果无异常。

带电检测：变压器带电测试项目包括油色谱及微水测试、铁心及夹件接地电流测试、接地导通试验及红外测试。其中，油色谱及微水测试周期为 3 个月，最近一次为××月××日；铁心接地电流测试周期为 6 个月，最近一次为××月××日；接地导通检测周期为 1 年，最近一次为××月××日；红外测温周期为 1 个月，最近一次为××月××日，以上检测结果均未见异常。

在线监测：3 号主变于××年××月安装了油色谱在线监测装置（××公司产，型号 H201Ti 单组分），监测数据稳定，变化趋势无异常，如图 10‑38 所示。

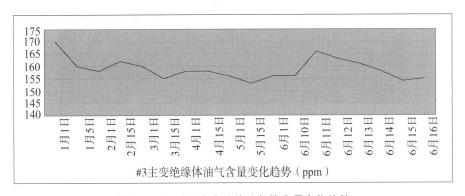

图 10‑38　#3 主变绝缘油气体含量变化趋势

（3）现场检查情况

故障发生后，××公司立即组织相关单位专业人员赶赴现场，进行故障分析和处理工作。

1）变压器现场检查情况

现场检查发现，3 号主变 A 相本体高压套管升高座底部与本体相连处开裂，本体底部加强筋处开裂漏油，高压套管外绝缘烧损，端子箱及二次电缆烧毁，油箱接地扁

第
十
章

变
压
器
故
障
及
缺
陷

175

铁螺栓崩开，如图 10-39 所示。♯3 主变 B、C 相外观检查无异常。

图 10-39　主变 A 相高压侧端部油箱开裂

图 10-40　本体加强筋处开裂漏油

图 10-41　油箱接地扁铁螺栓崩开

2）雷击情况检查

经查询雷电定位系统，故障前后 1 h 内，该站周围 3 km 内仅在 21 时 23 分有一次落雷，距××线♯1 杆塔约 2.9 km。××线周围除前一次落雷外，还有一次是 21 时 16 分，落雷地点在距离♯74-♯75 杆塔 1.17 km 处。落雷时间与地点与故障情况不相符，可以排除雷击造成故障的可能。

♯3 主变高压出口避雷器 B 相动作 1 次，其余站内避雷器均未动作。站内避雷器计数器每天 16 时记录 1 次，故障前检查♯3 变高压、中压避雷器动作指示为 15，低压为 20，故障后检查高压侧 B 相变为 16，其他未动作。主变三侧避雷器最近一次停电例行试验为××年××月××日，试验数据无异常。最近一次带电阻性电流测试为××年××月××日，数据无异常。全电流在线监测装置数据每天 16 时记录 1 次，未见异常。

3）试验检查情况

故障发生后，♯3 主变 B、C 相局部放电、油色谱、介损及电容量、低电压阻抗、绕组变形、直流电阻等试验项目的测试数据纵横比分析无异常。

由于♯2、♯3 主变并列运行，同样遭受大电流冲击，为慎重起见，♯2 主变停运并进行了油色谱、介损及电容量、低电压阻抗、绕组变形、直流电阻等试验项目的测试，纵横比分析均无异常。

故障后，对主变高压侧出口避雷器进行了测试，试验结果正常。

（4）故障原因分析

1）继电保护动作情况分析

故障分为三个阶段，故障电流及保护动作情况如下：

第一阶段：00 ms～42 ms，持续时间 42 ms。××线 274 开关接地点故障电流 48.7 kA，♯3 主变高、中压侧套管 CT 故障电流分别为 5.2 kA 和 14.4 kA。××线 274 开关线路保护最快 10 ms、母线保护最快 12 ms 动作出口，42 ms Ⅱ母线上所有开关跳开，故障切除。

第二阶段：42 ms～57 ms，持续时间 15 ms。♯3 变 A 相高压侧套管 CT 故障电流为 28.7 kA，中压侧套管 CT 故障电流为 7.6 kA。

第三阶段：57 ms～105 ms，持续时间 48 ms。♯3 变高、中压侧套管 CT 故障电流分别为 3.5 kA 和 6.7 kA。从主变内部接地故障时刻算起，♯3 变差动保护最快 10 ms 动作出口，63 ms ♯3 变各侧开关跳开，故障切除。

故障录波如图 10-42 所示。

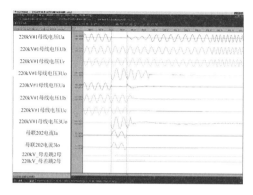

（a）故障录波图 1

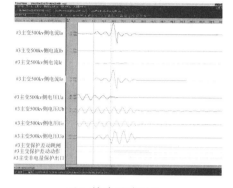

（b）故障录波图 2

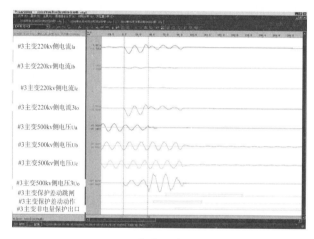

（c）故障录波图 3

图 10－42　220 kV 线路及主变保护故障录波图

2）套管解体情况

500 kV 高压套管检查发现，套管法兰以上硅橡胶绝缘被火烧损，套管法兰以下损坏严重，法兰炸裂，法兰向下 15 cm 处电容屏爆裂，下部电容屏整体下移 4 cm 左右，导电杆存在多处放电痕迹，如图 10－43、10－44、10－45 所示。

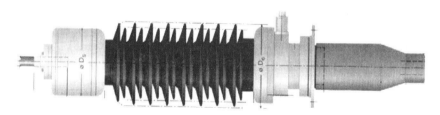

图 10－43　高压套管整体图

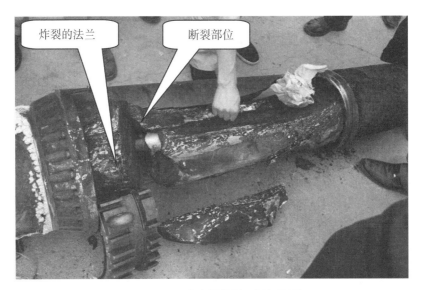

图 10 - 44　电容屏炸裂，损坏严重

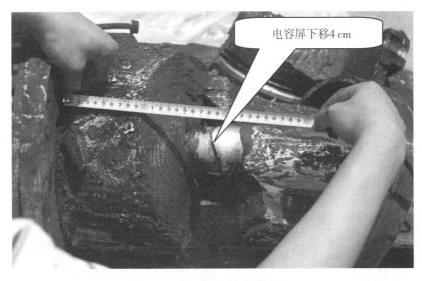

图 10 - 45　电容屏断裂并下移

3）主变返厂检查情况

♯3 主变 A 相吊检发现，高压绕组上部内侧损坏严重，自中部出线部位开始向上数第 1、2、20、21、37、38 线饼向内塌陷，2 根小线烧断。高中压间围屏（与高压线圈塌陷部位对应）存在明显放电痕迹，并延伸至线圈上部层压板。上部压板层间开裂，且存在明显贯穿放电痕迹，与压板贯穿放电部位对应的主柱和旁柱铁心存在放电灼痕，如图 10 - 46、10 - 47 所示。

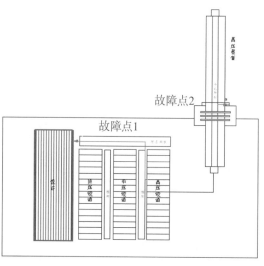

图 10-46 放电路径示意图

（a）高压线圈三处变形烧损

（b）高中压绕组间围屏放电痕迹

（c）铁心放电灼痕

（d）上部压板层间的放电通道

图 10-47 主变内部放电情况

进一步对高压线圈解体发现，第1、2饼内侧线匝存在明显放电痕迹并向内轻微变形；第20、21饼所有线匝严重向内变形，最里侧两个线匝股间散裂，最内侧上下线匝对应处存在放电灼痕；第 37、38 饼向内变形，里侧线匝有放电灼痕，如图 10 - 48 所示。

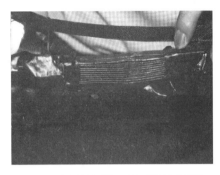

（a）高压线圈第 1、2 饼放电照片　　　　　（b）高压线圈第 2 饼下部放电照片

 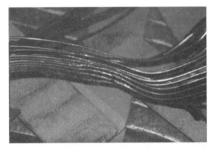

（c）高压线圈第 21 饼变形照片　　　　　（d）高压线圈第 21 饼放电照片

（e）高压线圈第 20 饼变形照片　　　　　（f）高压线圈第 38 饼变形照片

（g）高压线圈第 38 饼放电照片

图 10 - 48　高压线圈放电变形情况

第一故障点：高压绕组对地放电的起始点在绕组内侧中部引线处向上数第1、2饼处，放电电弧随着油气化和分解物沿着高中压绕组间绝缘纸板向上发展，击穿上端绝缘纸压板，从压板中间洞穿，从压板两侧对铁心和旁轭放电。电弧沿绕组内径的上升路径中，第21、22、37、38饼绝缘相应被损坏，造成21和22饼、37和38饼饼间放电短路，绕组变形。

第二故障点：第一次放电电弧产生的爆炸性油流涌动，对套管法兰处产生了较大的横向剪切力，再加上流过套管导电杆故障电流产生的电动力，导致高压套管应力最集中的法兰处主绝缘破坏发生电气击穿，对地放电，法兰和电容屏炸裂。

油箱撕裂：高压线圈和高压套管两处放电产生的高能电弧导致主变上节油箱内部压力骤增，在压力释放阀已动作情况下仍然被撕裂，喷油起火。

套管损坏原因：与会专家及套管厂家共同分析认为：高压干式套管承受不住绕组内放电点产生的爆炸性油流冲动在法兰部位产生的剪切力和流过套管导电杆故障电流产生的电动力共同作用，结构受到破坏，法兰和电容屏炸裂，发生电气击穿，导电杆对法兰放电。

变压器损坏原因：与会专家与变压器厂家共同分析认为：♯3变压器A相存在制造质量缺陷，高压线圈存在绝缘和机械强度薄弱点，在220 kV侧接地故障电流作用下，高压线圈局部变形，绝缘破坏，发生局部放电，然后发展为高压线圈对铁心发生贯穿性放电；高压套管未能承受住短路电流产生的剪切力和电动力，套管法兰下部电容屏发生断裂，套管主绝缘击穿。高压线圈和高压套管两处放电产生的高能电弧造成油箱内部压力骤增，主变油箱在压力释放阀动作情况下局部焊缝仍被撕裂，导致主变喷油起火。

（6）故障处理

通过对主变并列运行所涉及的变比、阻抗电压、联结组别、容量分配等多方面综合比较，以达到主变经济可靠稳定运行的目的，最终确定备用变选用方案。

根据制造厂提供资料，使用该备用变需进行三方面改动：1）将现××站变压器油池由7810 mm×10600 mm扩至9010 mm×10600 mm；2）延长中性点管母线，并增加1只中性点支持绝缘子（用于防火墙支撑管母线）；3）新建2组35 kV进线绝缘子支架。

3. 预防措施

（1）变压器厂家全面检查产品设计、绝缘材料和关键组部件选用、检验以及线圈、油箱加工、装配等环节工艺质量控制等方面存在的问题，制订产品质量控制和工艺改进措施。

（2）变压器厂家全面排查同年代产品是否存在相同质量缺陷。分析结果、整改措施和排查情况报告应提交有关单位，同时对产品现场缺陷检测和检修管理提出具体意见。

（3）××公司加强该站 3 号主变的绝缘监督工作，重新投运以后按新投运变压器要求的周期进行油色谱跟踪。

（4）变压器厂家对目前有关单位在运 500 kV 变压器进行一次全面的健康状况评估，并提出相应的故障防范措施。

（5）套管厂家核实 2 s 短时耐受电流值以及动热稳定型式试验情况，核实和验证套管是否存在因老化影响套管机械性能的可能。

（6）进一步改善变压器安全运行环境。一是落实综合整治措施，强化变压器三侧设备的检修运行管理，防范三侧设备故障发生；二是进一步落实防止变压器出口或近区短路的技术措施，防止多次遭受短路冲击。

4. 案例总结

♯3 变压器 A 相存在制造质量缺陷，高压线圈存在绝缘和机械强度薄弱点，在 220 kV 侧接地故障电流作用下，高压线圈局部变形，绝缘破坏，发生局部放电，然后发展为高压线圈对铁心发生贯穿性放电；高压套管未能承受住短路电流产生的剪切力和电动力，套管法兰下部电容屏发生断裂，套管主绝缘击穿。高压线圈和高压套管两处放电产生的高能电弧造成油箱内部压力骤增，主变油箱在压力释放阀动作情况下局部焊缝仍被撕裂，导致主变喷油起火。通过更换备用变并进行技术改造，完成了对故障的处理。并通过产品质量控制和改进工艺措施、设备评估、油色谱跟踪预防措施，防止发生类似故障。

九、主变有载分接开关内渗导致本体色谱异常

1. 案例描述

××年 11 月 30 日某 110 kV 变电站 2 号主变周期色谱分析，出现 6.74 μL/L 的乙炔，从 12 月 3 日起至 12 月 9 日，每天对该变压器进行油色谱分析，乙炔逐渐增长，12 月 9 日已涨至 14.13 μL/L；12 月 6 日、7 日，相关单位两次对其进行了局部放电带电检测，分别采用超声法和高频法两种方法联合检测，初步判怀疑主变内部存在局部放电，××月××日 2 号主变停电检修，对主变进行钻检未见异常，各项高压试验数据正常，××月××日对主变有载绝缘筒内油全部清理干净后对主变本体打油正压后发现绝缘桶内有存油，发现有载开关切换绝缘筒与铝制顶盖密封法兰处渗漏油。

2. 分析处理

（1）故障设备简况

设备信号见表 10 - 4。

表 10-4　故障设备简况

型号	SFSZ10—50000/110			产品代号	GB1094	
额定容量	50000			标准	GB1094	
容量比	50000/50000/50000					
一次额定电流	165 A			器身重	45.7T	
接线组别	YN, yno, d11			上油箱重	8.1T	
空载电流%	0.10			油重	19.4T	
空载损耗 KW	32.4			总重	82.3T	
	高—中	高—低	中—低	运输重	59.1T	
短路损耗 KW	207.0	217.0	178.2			
短路阻抗%	10.4	18.2	6.37	出厂日期	2007.7	
投运日期	2007.10					
有载开关型号	CMIII-500Y/72.5B-10193W			调压级数		19

（2）缺陷发展情况

11 月 30 日某 110 kV 变电站 2 号主变周期色谱分析，出现 6.74 μL/L 的乙炔；

12 月 04 日 110 kV 2 号主变周期色谱分析，乙炔涨至 7.28 μL/L；

12 月 06 日 110 kV 2 号主变周期色谱分析，乙炔涨至 7.95 μL/L；

12 月 07 日 110 kV 2 号主变周期色谱分析，乙炔涨至 10.49 μL/L；

12 月 09 日 110 kV 2 号主变周期色谱分析，乙炔涨至 14.13 μL/L。

（3）缺陷处理

××年××月××日公司组织相关人员进行初步缺陷分析及制定消缺方案。

1）初步缺陷分析：变压器本体内部有乙炔存在，发生此类缺陷的只有两种原因，第一是变压器内部存在放电故障；第二种原因是变压器有载调压开关油室存在渗漏，致使有载绝缘桶内油（由于有载调压开关在带电调压过程中进行拉弧，产生大量乙炔）污染本体油。

2）根据该主变现场运行情况对有载开关内漏进行分析，该主变本体油枕为波纹外油式，有载开关油枕为开放式，主变波纹外油式油枕内变压器油是充满的，所以其油位高度高于有载油位，如图 10-49 所示。查看历史记录对有载油枕油位变化情况进行信息收集，该主变××年投运前验收时有载油枕油位为 5.3 左右，××年 11 月 11 日检修人员对该主变进行特巡时，油位在 5.0 左右，12 月 4 日晚上对主变进行取油样时，油位在 4.8 左右，说明该主变有载开关油位变化符合其规律，基本排除有载内漏存在，为了防止发生重复检修，分析会上定为主变停电进行试验后对有载内漏进行检查。

××月××日，实验室油色谱分析结果表明，主变本体绝缘油乙炔含量为96.16 μL/L。另外，主变本体油枕油位已下降至零，两者综合判断2号主变本体油箱和有载分接开关油箱已连通，本体绝缘油已被污染。××月××日，2号主变高压侧绕组直流电阻测试发现，三相均无充电电流，测量回路不通，初步判断高压绕组三相已经开路。

图 10‑49　某 110 kV 变电站 2 号主变

　　3）请设备状态评价中心技术人员对主变进行带电测试，查看该主变内部是否存在局部放电，以判断内部是否存在绝缘故障。

　　4）设备停电后进行常规、交流耐压、局部放电等试验，查看设备内部是否存在缺陷。

　　5）继续对主变进行油色谱追踪，查看其乙炔的发展趋势。

　　6）尽快协调停电进行检修工作。

　　××年12月06日至07日，相关单位两次对110 kV 2号主变进行了局部放电带电检测，分别采用超声法和高频法两种方法联合检测，其中高频法测试灵敏，超声法便于定位分析，采用高频法结合超声法对变压器内部局部放电进行定量和定位检测时目前比较有效的手段，通过对二者的放电图谱进行比对分析，可得到以下结论：

　　①由于高频法和超声法都检测到明显局部放电信号，二者相互印证，基本判断其内部存在局部放电；

　　②根据二者放电相位图谱分析，其局部放电类型可能为内部放电或者悬浮放电；

　　③根据在不同测点测得超声信号幅值大小判断，初步判断放电距离高压侧偏左的位置较近；

　　④结合油色谱数据分析，一氧化碳、二氧化碳没有明显的增长，判断为裸金属部分放电，同时由于局部放电信号由绕组耦合到铁心后幅值较小，而本次测得高频局部

放电（由铁心处获得）幅值较大，判断可能放电存在于磁回路或者与之较近的位置。

××年××月××日110 kV 2 号主变停电，进行相关高压试验，试验项目包括常规试验和局部放电试验，通过试验数据判断变压器未见异常。

××年××月××日对 110 kV 2 号主变进行钻检未见异常。

××年××月××日至××年××月××日分别对 110 kV 2 号主变进行吊罩检查未见异常，其中对主变吊罩检查未发现明显的磁回路放电点。排除电路和磁路的问题后再次总结分析认为有载开关内漏的可能性还是最大。但是此前由于带电局部放电测试有明显的放电点及局部放电前后的色谱增长数据，不能完全确定是有载开关的内漏造成。

××年××月××日110 kV 2 号主变组装及真空注油调整油位后，对主变有载开关切换绝缘筒进行清理干净，对主变本体注油打正压 0.035 Mpa，16 h 后观察切换室内产生 2 L 油，渗漏部位为切换绝缘筒与铝制顶盖密封法兰处如图 10-50。该渗油处由胶垫密封，结构如图 10-51 所示。××年××月××日对该胶垫进行更换，继续打油压 0.035 Mpa，打压 12 h 后，重新检查绝缘筒渗漏情况无异常。

图 10-50　绝缘筒渗油部位

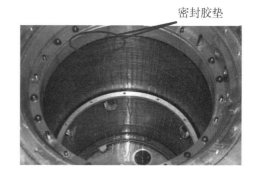

图 10-51　密封胶垫位置

××年××月××日对 110 kV 2 号主变有载开关切换绝缘筒与铝制顶盖密封法兰处密封胶垫更换，继续打油正压，未见渗漏。

××年××月××日对主变进行修后试验，未发现异常。

××年××月××日进行送电，由于此前的带电局部放电测试有明显的放电点，不能完全确定是有载开关的内漏造成的，主变送电后需进一步进行排查。

送电后进行油色谱跟踪，第五天出现痕量乙炔，且后来趋于平稳，判断该乙炔为主变固体绝缘内残存析出。主变至今运行正常。

（4）缺陷原因分析

通过对该主变检修，主变本体出现乙炔的原因为：有载调压开关发生渗漏，致使有载绝缘筒的油对本体油产生污染，根据主变运行情况看，其本体显示油位高于有载显示油位，但有载油位没有发生明显增高的变化，其分析如下：

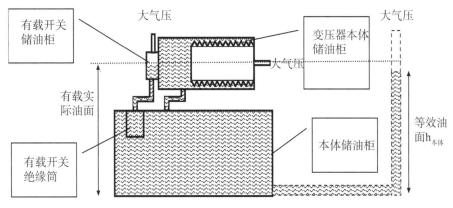

图 10 - 52　变压器内部油路原理图

如图 10 - 52 所示为变压器内部油路原理图，该主变本体油枕为波纹外油式油枕，该油枕在正常运行情况下油枕内是充满油的，为真空状态，波纹外侧承受大气压，油枕内油位变化为水平移动，当主变温度变化时，其整体波纹是水平移动。假设从变压器底部连接管路，形成连通器，依据连通器原理，变压器本体油枕内的实际油位可等效为连通器内的等效油位，如图所示等效油面高度 h$_{本体}$。

假设有载绝缘筒存在密封不良缺陷，依据连通器原理，会出现以下三种结果：

1) 当有载油位（h$_{有载}$）与变压器本体等效油位（h$_{本体}$）相等，即 h$_{有载}$ ＝h$_{本体}$，此时不会出现渗漏。

2) 当有载油位（h$_{有载}$）大于变压器本体等效油位（h$_{本体}$），即 h 有载＞h 本体，此时会出现向变压器本体内渗漏。

3) 当有载油位（h$_{有载}$）小于变压器本体等效油位（h$_{本体}$），即 h 有载＜h 本体，此时会出现向有载开关内渗漏。

变压器正常运行期间，随着季节温度和负荷的不断变化，变压器内部油不断的膨胀和收缩，就会出现以上三种情况。

今年该站地区温度骤降，特别是 11 月底 12 月初，天气格外冷，主变运行温度明显降低，变压器本体内油温的变化很大，造成变压器本体等效油位（h$_{本体}$）低于有载油位（h$_{有载}$），有载绝缘筒本身存在密封不良缺陷，造成有载油一直向本体内污染，致使每天色谱数据都增长，从而造成误判断。假如变压器温度升高，亦会出现上述 3 种情况，此时会出现有载开关储油柜内油位升高。

3. 预防措施

（1）通过设备停电，收集波纹外油式储油柜内部变压器油的运行数据，掌握其内部油压变化的规律，以便该型主变出现缺陷后能够及时查出缺陷原因，制定出有效的处理方案。

（2）重点分析外油式波纹膨胀器储油柜的工作原理，以及在现场各种复杂运行环境下的工作状态。

（3）遇到类似问题情况下首先对有载开关进行油压试漏检查，并结合高压、油务试验数据分析提前确定缺陷起因。

（4）规范主变专业缺陷查找流程体系，结合变压器检修规程重新梳理编写现场作业指导书（卡），细化到缺陷检查及处理等流程中每项作业的顺序及具体操作规范要求。

4. 案例总结

变压器本体内油温的变化很大，造成变压器本体等效油位（h 本体）低于有载油位（h 有载），有载分接开关绝缘筒本身存在密封不良缺陷，造成有载分接开关油一直向本体内污染，致使变压器每天色谱数据乙炔含量增长。

通过对有载开关切换绝缘筒与铝制顶盖密封法兰处密封胶垫进行更换，完成了对故障的处理。并采用收集储油柜内部油压变化规律、分析储油柜的工作原理、进行油压试漏检查、规范缺陷查找流程体系等预防措施，以期提高主变的健康水平。

十、主变套管升高座法兰密封老化导致本体油位异常

1. 案例描述

××年××月××日某站上报严重缺陷：2 号主变 A 相高压套管升高座与本体处漏油，漏油速度快于 5 s，油位正常，未形成油流。××月××日检修人员赴站对缺陷进行处理，检查发现 2 号主变 A 相升高座与本体连接处渗油，并有大片油迹，升高座紧固良好，无缝隙，分析渗油原因可能为胶垫劣化引起的密封不良。××月××日专业人员再次赴变电站对 2 号主变三相进行检查，发现 A 相高压套管升高座与本体连接处、B 相中性点套管升高座与本体连接处、C 相中压及中性点套管升高座与本体连接处均有渗漏油现象，并形成大片油迹。具体渗点见表 10-5。

表 10-5 某站 2 号主变渗油情况

间隔	渗油位置 1	渗油部位 2	备注
2 号主变 A 相	高压套管升高座与本体连接处	/	高压侧地面可见油迹
2 号主变 B 相	中压套管升高座与本体连接处	O 相套管升高座与本体连接处	中性点处地面可见油迹

续表

间隔	渗油位置1	渗油部位2	备注
2号主变C相	中压套管升高座与本体连接处	O相套管升高座与本体连接处	中压侧地面可见油迹

2号主变漏油位置见下图10‑53、10‑54、10‑55、10‑56所示。

(a) 2号主变A相渗油部位

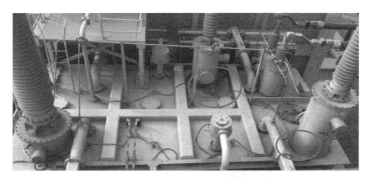

(b) 2号主变B相渗油部位

(c) 2号主变C相渗油部位

图 10‑53　2号主变三相渗油部位

图 10‐54　A相滴入油池的油迹

图 10‐55　C相中性点套管渗油部位

图 10‐56　A相高压套管渗油部位

对渗油部位法兰进行检查发现其螺栓紧固情况良好，密封面无缝隙。对油迹进行擦拭，并拆除个别螺栓，发现螺栓孔内很快被油填满，且为普遍现象，排除了由于法兰内扣处缺陷形成的渗油，确认渗油原因为套管升高座法兰密封失效。

2. 分析处理

（1）故障原因分析

通过前期处理，初步认为现场升高座螺栓紧固良好，排除因螺栓松动、密封垫未压实造成的渗漏；××公司设计密封槽深6.8mm，宽11.5mm，选用Φ10 O型密封垫，胶垫压缩量为32%，满足密封垫厂家及相关设计要求。变压器在初期安装后、投运前进行了试漏，未发生漏油现象，表明初期装配状态密封圈处于受压状态，配合尺寸无问题;变压器投运 23 个月后发生第一起 A 相漏油,表明渗油为设备长期运行后某些部件发现老化造成。

现场对漏油密封面的密封槽及密封条的状态和尺寸进行检查:

1) 密封槽情况

密封槽内光滑,未发现异常变形情况;升高座吊起时发现大部分密封条基本与密封法兰面齐平;对加工密封槽测量,符合厂家事前确认密封槽尺寸,满足尺寸要求如图 10-57 所示。

a) 高压套管升高座上法兰密封槽情况   b) 低压套管升高座上法兰密封槽情况

图 10-57　高低压套管升高座法兰密封槽情况

个别密封槽处有锈蚀情况,分析认为由于胶垫压缩量大,法兰之间间隙较小,水汽等进入后无法蒸发,长期存水导致法兰面锈蚀如图 10-58 所示。

图 10-58　密封槽锈蚀情况

2）密封胶垫情况

密封圈状态已经发生变化，O 型圈基本已变成扁平状，部分密封圈手捏感觉发硬。

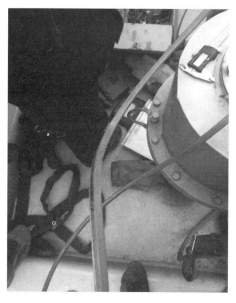

（a）中性点套管升高座下法兰胶垫情况　　　（b）低压套管升高座上法兰胶垫情况

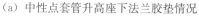

图 10-59　中低压套管升高座法兰脚垫情况

对密封胶垫尺寸进行测量，渗漏油部位的密封条永久变形量为 1.69～3.21 mm。根据 JB/T 8448.1-2004《变压器类产品用密封制品技术条件第一部分：橡胶密封制品》性能指标表格第 7 条"丙烯酸酯材料浸♯25 变压器油，压缩永久变形（压缩25%，125℃，168 h）为小于等于压缩量的 45%"。根据套管厂家提供的材质选型手册，关于丙烯酸酯橡胶耐变压器油的性能参数表中的第 10 条"浸♯25 变压器油压缩永久变形（压缩 25%，125℃，168 h）为≤压缩量的 50%，永久变形量应该小于等于1.6 mm"。按要求较宽的套管厂家标准，该主变渗油部位采用 Φ10 密封圈，设计压缩量为 32%，永久变形量应小于等于 1.6 mm（10 mm * 32% * 50%＝1.6 mm），实际永久变形量仍均超标。

本次主变渗油，渗油点均发生在套管升高座下端法兰处，该 2 号主变曾由于磁分路放电三相返修。主变返厂后需对拆卸部位的胶垫进行更换，套管升高座上法兰盖板一般不拆除，所以不需更换，而套管法兰处胶垫及套管升高座下法兰处胶垫因拆除所以进行了胶垫更换，且更换的胶垫为同一批次材料，相同的生产工艺加工而成，下端胶垫承受的压力比上端大 2500 KG，套管法兰处胶垫由于受力较小，所以未发生渗油，且根据现场测量情况也可以看出下端胶垫的形变量比上端大。

综上，该站 2 号主变在返厂后使用的丙烯酸酯材料密封圈的永久变形量超过标准

变电一次设备典型故障分析与处理

要求（返厂前使用的胶垫虽超标，但接近标准值），同时超过套管厂家选材手册上的性能参数要求，属于胶垫材质劣化导致的密封圈失效。

（2）故障处理

××年××月××日，根据该站 2 号主变渗油处理方案，责任公司会同变压器厂家对主变本体箱盖上部升高座与箱盖连接、升高座上部法兰密封及升高座与套管连接、升高座与导气管连接、散热器上部汇流管与箱盖连接、入孔法兰、箱盖定位法兰等部位的密封件进行更换如图 10 - 60 所示。

（a）低压套管升高座上法兰处　　　　　（b）中性点套管法兰处

（c）中性点套管升高座上法兰处　　　　（d）中性点套管升高座下法兰处

图 10 - 60　套管及升高座法兰脚垫更换

现场对密封槽深度、宽度以及胶垫厚度进行了测量，测试数据符合要求。××月××日，主变投入运行，运行后无渗油情况发生。

3. 预防措施

我公司近年采用丙烯酸酯材质密封垫的主变较多，因此对采用丙烯酸酯材质密封垫的变压器开展一次特殊巡视，重点关注渗漏情况。

建议不再采用同种类型材质，从××站 1 号主变解体情况看（××站 1 号主变 1996 年投运，至今运行 20 年，采用丁腈橡胶，未发生过漏油现场），普通丁腈橡胶在有密封槽保护的情况下可完全满足使用要求。

4. 案例总结

本次某 500 kV 变电站 2 号主变渗漏油缺陷。主要原因为：密封圈状态已经发生老化，O 型圈基本已变成扁平状，部分密封圈手捏感觉发硬，无法进行有效密封。组织采取开展专项排查、更改密封方案等预防措施，以预防由密封问题引起主变渗漏油。

第二节　分接开关故障及缺陷

一、主变有载分接开关枪击机构爪卡复位弹簧断裂导致三相短路故障

1. 案例描述

××年××月××日—至××日，某 220 kV 变电站 2 号主变风冷系统大修改造，更换主变本体胶垫、主变本体喷漆、本体除漏消缺等工作。大修改造工作完成后，××公司对主变本体进行油色谱分析和高压试验，各项试验数据合格；对有载调压开关进行了过渡电阻、过渡时间和过渡波形测试，数据合格。××日 17 点 13 分，全部工作结束。18 点 03 分，2 号主变由检修转冷备用，19 点 00，2 号主变由冷备用转运行。

20 点 04，因 110 kV 系统电压高（117.8 kV），变电站运行值班员进行 2 号主变有载调压开关由分头 2 至分头 1 的降压操作过程中：

20 点 04 分 54 秒，2WJ 差动保护动作；

20 点 05 分 30 秒，1WJ 差动保护动作。

220 kV 变电站♯2 主变差动、有载调压重瓦斯保护动作跳开三侧开关。

值班员现场检查发现，♯2 主变有载调压开关上部喷油，有载调压开关压力防爆膜爆破，油枕油标油面下降，如图 10-61、图 10-62 所示。

图 10-61　有载调压开关防爆膜爆破

图 10-62　有载调压开关喷出的油迹

2. 分析处理

（1）故障设备简况

2 号主变：型号 SFPSZ-120000/220。有载调压开关：型号 MⅢY500-110/D。截至故障时动作总计 25643 次，其中，值班员调压操作 11327 次，其他操作 14316 次。

（2）继电保护动作报告及录波图

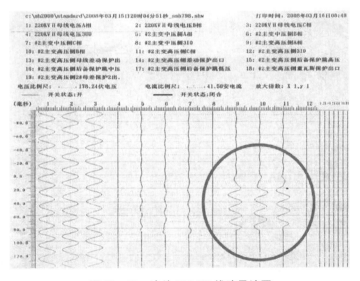

图 10-63　该站 220 kV 线路录波图

××月××日，相关单位及变压器厂家人员进行了现场检查和故障分析。由主变保护动作报告及故障录波报告看，主变有载调压重瓦斯动作、差动保护动作。变电站故障录波图显示，220 kV 侧存在三相短路，短路电流约为 1080A，$3I_0$ 幅值为零，表明发生了三相对称短路，如图 10-63 所示。

（3）各项试验情况

表 10‑6　220 kV 变电站 2 号主变故障后本体油色谱分析数据　　单位：µL/L

试验单位	一工区	二工区
取样日期	03‑15	03‑15
分析日期	03‑16	03‑16
CH_4	35.3	36.16
C_2H_4	72.85	72.23
C_2H_6	5.24	5.48
C_2H_2	95.94	96.16
H_2	122.28	132.94
CO	12.69	13.44
CO_2	400.14	400.06
总烃	209.33	210.03

××月××日，实验室油色谱分析结果如表 10‑6 所示。油色谱分析结果表明，主变本体绝缘油乙炔含量为 96.16 µL/L。另外，主变本体油枕油位已下降至零，两者综合判断 2 号主变本体油箱和有载分接开关油箱已连通，本体绝缘油已被污染。××月××日，2 号主变高压侧绕组直流电阻测试发现，三相均无充电电流，测量回路不通，初步判断高压绕组三相已经开路。

（4）解体检查情况

××月××日，相关单位人员与变压器厂家、分接开关厂家人员共同进行了有载分接开关吊芯检查。吊检发现，有载分接开关切换部分烧损严重、法兰固定螺丝崩断、有载开关三相过渡电阻均已烧毁、枪击机构爪卡复位弹簧断裂。进一步检查发现，故障时切换开关处于桥接状态，并没有切换到位，如图 10‑64 至图 10‑68 所示。

图 10‑64　有载分接开关严重烧损

图 10‑65　有载开关法兰固定螺丝崩断

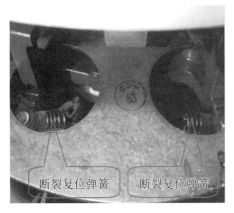

图 10‑66　枪击机构爪卡复位弹簧断裂

图 10‑67　有载开关三相过渡电阻均已烧毁

图 10‑68　有载调压机构处于桥连状态

（5）故障原因分析

综合分析认为，由于该 2 号主变有载分接开关已运行 19 年，枪机机构爪卡复位弹簧在由 2 分接至 1 分接的降压调节过程中发生疲劳断裂，导致切换开关切换失败，调压机构停滞于过渡状态（桥接状态），过渡电阻长时间通过负载电流过热烧毁，放电拉弧，形成三相短路故障。电弧作用下，绝缘油分解产生大量气体，导致有载开关油室压力骤增，防爆膜破裂喷油。最终由 2 号主变有载分接开关重瓦斯、差动保护动作跳开主变三侧开关，切除故障变压器。

（6）故障处理

××月××日，××公司进行了主变有载调压开关吊检，并对本体污染油进行滤油处理。

××月××日，调用××公司已退运的 1 号主变所配同型号有载开关进行恢复，由于有载开关过渡电阻阻值不匹配，开关到位后将由分接开关公司负责在现场更换过渡电阻，并对有载调压开关进行检修。

××月××日，对主变进行吊罩检查，进行主变全项目电气试验确认绕组是否受损。

××月××日，装配有载调压开关、回罩、附件组装、真空注油，油静止后进行全部电气试验，合格后恢复送电。

3. 预防措施

本次故障暴露出，一方面有载开关零部件缺陷诊断缺乏有效的手段，按有载开关维护导则和厂家检修说明书进行正常维护，很难避免此类问题的发生，尤其是故障有载开关操作次数为 25643 次，远低于厂家 10 万次的检修要求；另一方面，目前电力系统主变有载开关检修只能依靠制造厂家实施，但分接开关公司还不能有效提供针对老旧有载开关的大修服务，其国内售后服务人员数量更是难以满足数量庞大的有载开关检修需要。鉴于此，提出以下反事故措施：与主变有载开关制造厂商合作进一步研究零部件缺陷的诊断手段，以期进一步提高有载分接开关的健康水平。进一步加大培训力度，检修人员全面掌握主变有载开关的检修技术，减少对制造厂家的技术依赖。

4. 案例总结

本次某 220 kV 变电站 2 号主变跳闸故障：运行值班人员对 2 号主变进行由分头 2 至 1 的降压操作。有载调压开关枪击机构爪卡复位弹簧断裂导致切换开关处于桥接状态，切换失败。过渡电阻烧毁，放电拉弧，形成三相短路故障。短路电弧作用下，绝缘油分解产生大量气体，导致有载开关油室防爆膜破裂喷油。最终由 2 号主变有载分接开关重瓦斯、差动保护动作跳开主变三侧开关，切除故障变压器。

通过对主变进行有载调压开关吊检、过滤本体污染油、更换有载开关并匹配过渡电阻、对主变及有载调压开关进行检修试验、装配有载调压开关及附件后电气试验等多个步骤，完成了对故障的处理。并通过应用有效诊断手段、加大培训力度等预防措施，以期提高有载分接开关的健康水平。

第三节　冷却系统故障及缺陷

一、主变冷却控制系统设计缺陷导致本体重瓦斯动作跳闸

1. 案例描述

××年××月××日 11 时 03 分修试所主变检修××班工作负责人持第二种工作票到某站进行"3 号、4 号主变风冷系统检查"工作。

12时18分事故喇叭响，4号主变控制屏2204、104、504开关绿灯闪光，"本体重瓦斯动作"牌亮，中央信号控制屏545开关红灯闪光，母线电压控制屏"220 kV故障录波器启动"牌亮，3号主变保护I屏备自投动作灯亮，4号主变保护Ⅱ屏"本体保护箱"动作灯亮，4号主变保护I屏中、低压操作箱保护动作灯亮。

2. 分析处理

（1）直接原因分析

工作人员在进行主变风冷系统回路时间继电器延时测试时，由于断开油泵工作电源所以未申请退出主变本体瓦斯保护压板，且时间继电器KT11故障的情况下（串联在控制油泵启动回路中的延时返回接点不能返回）失去油泵分步停止的功能，造成了4台油泵同时启动的条件，之后经工作人员将操作手把SA3打在手动位置，先合QP1后合QP2空气开关造成两组潜油泵同时启动，导致"4号主变本体重瓦斯保护"在油流的冲击下动作。

具体过程如下：

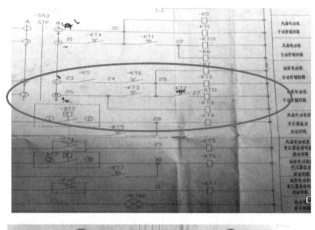

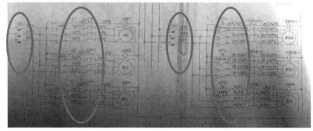

图 10 - 69　风冷系统原理图

1）SA3在"手动"位置时7～8接点导通，KT3线圈励磁后延时闭合常开接点，K7线圈励磁后其瞬时常开接点闭合，I组油泵具备启动条件（只要合QP1空开油泵就能启动）。

2）由于工作人员将 KT11 延时调整到最大位置时，延时打开的常开接点故障，长时间处于闭合状态不能正确返回，造成此时 Ⅱ 组油泵具备启动条件（只要合 QP2 空开油泵就能启动）。

3）此时依次合上 QP1、QP2 空开，由于 KT11 延时继电器因接点闭合尚未返回，从而使两组油泵均具备启动条件，造成两组潜油泵几乎同时启动。

4）在进行该项工作时未申请退出主变本体瓦斯保护压板，导致"4 号主变本体重瓦斯保护"在油流的冲击下动作。

（2）深层次原因和暴露出的问题

1）改造厂家在设计油路时，未能避免 4 台油泵同时启动可能造成主变本体重瓦斯保护误动情况的发生。该主变原冷却装置为 YF－120 型冷却器，潜油泵进出油管内径为 φ80 mm，冷却器内部分成三个油室，折流冷却后经汇流管进入本体油道；改造后的潜油泵进出油管内径增大到了 φ150 mm，并且去除了汇流管，油直接进入油箱本体油道，使油流涌动较改造前增大。改造后的变压器内油循环系统发生了较大变化的情况下，未进行油流扰动的精确计算与实测，只是凭厂家设计人员经验进行设计，存在四台泵同时启动时因油流扰动过大，冲击主变本体重瓦斯造成动作的可能。

××月××日 22 时 40 分至次日 2 时，将 4 号主变本体重瓦斯保护压板由跳闸改信号后，做 4 台油泵同时启动试验，16 次中有 7 次能造成主变本体重瓦斯保护动作。

2）改造厂家在油循环系统控制回路设计中未采取充足的措施防止 4 台油泵同时启停。为防止四台油泵同时启动，在控制回路设计上采取了分组启动的措施，即一组（两台）泵启动（或停止）后经过一个时间延时再启动（或停止）另一组（两台）潜油泵。两组泵的启停分别只靠一个时间继电器来间隔，并无其他防范措施。在继电器故障造成延时打开的常开接点长时间不能返回情况下，必然造成四台泵同时启停。

3）对复杂回路了解不透彻，对延时继电器故障时防范措施不足。现场工作人员采取了断开油泵工作电源的防范措施，但在发生延时打开的常开接点长时间不能返回情况时，仍可能造成 4 台油泵同时启动。对此种情况下的危险点辨识不清，采取的防范措施不到位，未考虑到更为彻底的防范措施是将主变本体重瓦斯保护压板改投信号。

（3）故障处理

检查 ♯3 主变负荷为 91 MW，温度 57°，检查保护动作情况及跳闸情况，复归保护信号。检查 ♯4 主变本体无异常，温度 50°，跳闸前负荷 48 MW。

12：20 区调令退出主变 10 kV 备自投保护，12：25 操作完毕回令。

12：47 区调令将 ♯4 主变由热备用转运行，13：29 操作完毕回令。

13：42 区调令将 ♯4 主变潜油泵打至停用，如油温高立即上报区调。

13：49 区调令拉开 10 kV 母联 545 开关，合上 4 号主变 504 开关，投入 10 kV 自投装置，14：03操作完毕回令，站内设备恢复正常方式运行。

3. 预防措施

（1）利用主变大修或改造机会加装汇流管，实现折流后经汇流管流入主变本体。在主变同侧两台潜油泵与对应主节门之间加装横向汇流管，实现油泵出口油流经汇流管与主进管间两次转折后进入主变本体，延缓主变本体进口油流速度。生产部、厂家拿出具体改造方案，修试所结合主变大修或其他停电机会落实。

（2）对油泵控制回路进行改造，加装软启动装置并实现逐台启动。在同组油泵中一台油泵的控制回路上串接软启动装置，实现同组油泵的分时启动，同时通过软启动装置功能的实现延缓一台油泵的冲击油流速度。

（3）加强技术培训，提高职工对设备异常状况下危险点的辨识分析能力。有关公司应安排风冷系统油路及控制回路的技术培训计划，重新修订风冷控制系统相关工作的专项作业指导书，对如元件故障后可能造成风冷全停及油泵同时启动的工作必须采取更为彻底的防范措施。

（4）加强专业技术管理。有关公司应组织风冷控制系统的培训和考试，分专业、突出重点对各专业人员进行培训，提升工作人员的专业技术水平。

4. 案例总结

本次某 220 kV 变电站♯4 主变跳闸故障：工作人员在进行主变风冷系统回路时间继电器延时测试时，未退出主变本体瓦斯保护压板，同时时间继电器 KT11 故障，工作人员造成两组潜油泵同时启动，导致重瓦斯保护动作。

通过复归保护信号、主变热备用转运行、主变低压侧送电等多个步骤，完成了对故障的处理。并采用主变大修或改造、加强技术培训与技术管理等预防措施，以预防风冷系统误使主变跳闸。

第四节　套管故障及缺陷

一、主变高压套管将军帽设计缺陷导致非停故障

1. 案例描述

××年××月××日检修专业人员在某 500 kV 变电站巡视过程中发现 3 号主变 A 相高压套管引线接线端子及均压环歪斜，随即申请主变停电，检查发现高压套管顶部将军帽与导杆连接部分螺纹损坏，将军帽松动严重。经分析旧将军帽结构设计不合理，仅靠内部导杆与将军帽螺纹连接，在大风作用下造成螺纹损坏，需更换新型将军帽。××月××日新将军帽到货，××月××日将 3 号主变三相高压套管将军帽进行更换。

2. 分析处理

（1）故障设备简况

主变型号：ODFPSZ－250000/500

套管型号：BRLW－550/1600－3

上次检修试验时间：××年××月××日至××日主变三侧检修试验，试验项目均合格。例行试验时只拆除引流线，不拆动将军帽部位，因此不存在后期检修试验工作导致将军帽松动的可能。另外变压器直流电阻试验项目可对该将军帽连接情况进行验证，试验结果合格。

（2）现场检查情况

××年××月××日专业人员巡视过程中发现 3 号主变 A 相高压套管引线接线端子及均压环歪斜，如图 10－70 所示随即申请停电处理，××月××日主变转检修。

现场检查情况如下：

图 10－70　#3 主变 A 相引线端子歪斜

停电后检查套管顶部将军帽与导杆间的螺纹损坏严重，边缘有电流烧损痕迹，如图 10－71 所示。

缺陷套管将军帽仅通过中间的螺纹与导电杆连接导电并固定上部线夹，当时厂家考

图 10‑71　将军帽边缘有烧损痕迹

图 10‑72　将军帽上部接线金具结构

虑导电杆伸缩情况，未在外圈采用螺栓固定，如图 10‑72 所示。对 B、C 相顶部将军帽进行了检查，B、C 相内部没有发热等异常痕迹，螺纹接触面良好。为确定套管状态，同时对 3 相套管进行了油色谱、介损、电容量、绝缘、直阻等试验，试验结果正常。

（3）缺陷原因分析

根据现场检查情况分析，本次缺陷原因为套管顶部将军帽结构设计不合理，仅通过内部螺纹与导杆连接，在大风作用下高压引线带动将军帽晃动造成螺纹损坏。

厂家新型将军帽采用内部螺纹和外圈螺栓相结合的方式，增加了连接的强度，并且为保证内部导杆有伸缩空间，在外沿中间增加了波纹连接，设计更加合理，如图 10‑73所示。

图 10‑73　新型将军帽结构

3. 预防措施

（1）新型将军帽送到现场后对变电站 3 号主变 3 相高压套管将军帽进行了更换。

（2）对该厂套管进行排查，经初步排查目前在运××公司 500 kV 导杆式套管除该站 3 号主变外还有 9 只，分别为××站 2 号主变三相，××站 3 号主变三相，××站 2

号主变 B、C 相，××站 3 号主变 A 相。

（3）对上述设备组织进行特巡，重点检查套管引线是否变位，检查套管顶部是否有发热现象。将该型号套管作为变电站特殊设备，加强巡视检查。联系厂家准备套管将军帽备件，根据要求在迎峰度夏前进行更换，目前已经制定停电计划。

4. 案例总结

本次某 500 kV 变站 3 号主变 A 相高压套管接线端子缺陷，分析故障原因为：套管顶部将军帽结构设计不合理，仅通过内部螺纹与导杆连接，在大风作用下高压引线带动将军帽晃动造成螺纹损坏。通过对将军帽进行重新设计，增加了连接的强度，并且为保证内部导杆有伸缩空间，在外沿中间增加了波纹连接，保证了将军帽的可靠稳定性。对同类型的主变压器套管将军帽进行更换，以避免此类事件再次发生。

二、主变套管密封结构设计缺陷导致本体进水受潮

1. 案例描述

××年××月××日白天天气阴，间有雷雨大风。16 点 12 分，A 站 1 号主变差动保护动作跳闸，发差动、轻瓦斯信号，变压器三侧跳闸；16 点 25 分，B 站 1 号主变差动保护动作跳闸，发差动、轻瓦斯信号，变压器三侧跳闸。

2. 分析处理

（1）故障设备简况

A 站 1 号主变

主变型号：SFSZ9 - 31500/110

110 kV 侧套管

套管型号：BRDLW - 110/630 - 3

套管品号：355020D

B 站 1 号主变

主变型号：SFSZ9 - 31500/110

110 kV 侧套管

套管型号：BRDLW - 110/630 - 3

套管品号：355020D

（2）现场检查情况

A 站 1 号主变直流电阻测试中发现 110 kV 侧 A 相断线。绝缘油气相色谱分析数据为油中乙炔含量 95.1 ppm（标准为：5 ppm）、总烃 188.5 ppm（标准为：150 ppm），乙炔和总烃含量均超标，三比值分析判断为主变内部存在高能量放电（工频续流放电）。其他试验未见异常。

××月××日上午，A 站 1 主变吊罩检查，A 相上压板处有大片炭黑痕迹（图 10-74），A 相绕组出线与调压绕组结合部明显烧损（图 10-75）；A 相上压板处有明显水痕，对此处残油的分析结果表明此处油中含水量达 2000 μL/L 以上。

图 10-74 A 相上压板炭黑痕迹　　　　　图 10-75 A 相主绕组烧损

××月××日，变压器在返厂解体检查，高压绕组高电位第一饼，两个线匝完全烧断，静电板烧损。A 相中、低压绕组及 B、C 两相高、中、低绕组均没有损坏。

B 站 1 号主变直流电阻测试中发现 110 kV 侧不平衡系数大部分分接处超标，A 相各分接的级差电阻明显比 B、C 两相偏大，但在 8、9 分接处直流电阻比较正常，说明高压主绕组无异常。绝缘油气相色谱分析发现，氢气 313.5 μL/L（标准为：150 μL/L）、乙炔 53.9 μL/L（标准为：5 μL/L）、总烃 126.1 μL/L（标准为：150 μL/L），氢气和乙炔超过注意值。三比值分析判断为主变内部存在高能量放电。其他试验未见异常。

××月××日下午，主变吊罩检查，A 相调压绕组烧损严重，第二饼和第三饼间击穿（图 10-76），2、3、4、7、8 分接绕组线匝完全烧断，5、6、9 分接绕组部分烧断，调压绕组线匝及引线明显扭曲变形（图 10-77），油箱底部有明显水痕（图 10-78），A 相导电杆与绕组引出线焊接处有明显铜锈（图 10-79）。如下图所示。

图 10-76 调压绕组烧穿点　　　　　图 10-77 调压绕组引线变形

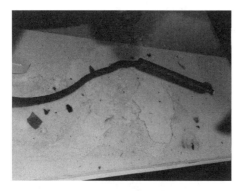

图 10-78 油箱底部水痕

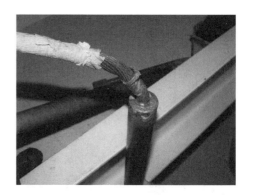

图 10-79 引线铜锈

（3）缺陷原因分析

该套管为××公司产品，型号：BRDLW-110/630，品号为355020D，其顶部结构如图10-80所示：

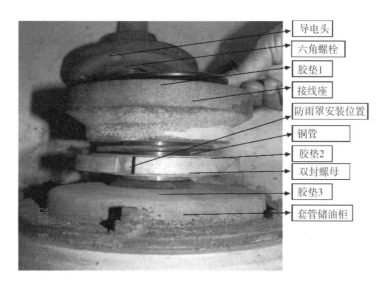

导电头
六角螺栓
胶垫1
接线座
防雨罩安装位置
铜管
胶垫2
双封螺母
胶垫3
套管储油柜

图 10-80 安装防雨罩的套管顶部结构

导电头接佛手线夹，4条六角螺栓将导电头、胶垫1及接线座紧固在一起，接线座内有空腔，安装固定主变引线导电棒的定位螺母和圆柱销，接线座安装在铜管上，该铜管是套管的内电极，直通套管的另一端。接线座及以下部件均应在厂家紧固良好，非现场组装内容。接线座下面有防雨罩，从胶垫2开始向下均为防雨罩内部件（防雨罩及以下部件见图10-81，防雨罩及以上部件见图10-82），双封螺母下面的胶垫3对套管储油柜与铜管进行密封。胶垫1、2、3须均安装牢固才能保证主变套管顶部密封良好，防止形成呼吸。

图 10－81　防雨罩及以下部件

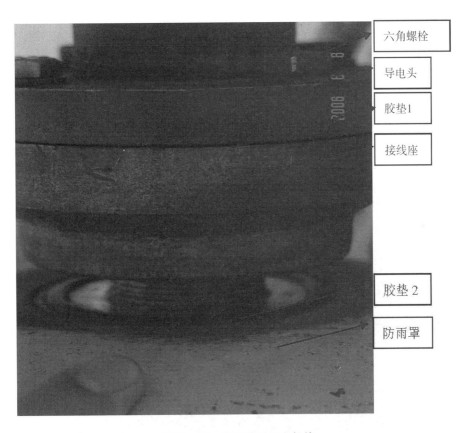

图 10－82　防雨罩及以上部件

　　经检查，A、C 相的接线座均有松动，用手即可拧动，其中 A 相松动较严重。B 相接线座固定稍好，但是，双封螺母连同接线座同时被拧下。三相套管的胶垫 2 表面脏污情况比较：三相套管胶垫 2 的上表面均有较多灰尘，其中 A 相最多，B、C 相基本相当；B 相套管胶垫 2 的下表面较清洁，无明显灰尘，A 相最多，C 相有部分灰尘。（清

洁程度比较见图 10－83）

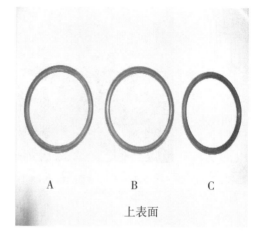

图 10－83　三个胶垫的下表面（在槽中）及上表面清洁程度

　　取下防雨罩，将导电头与接线座用 4 条螺栓紧固（此时接线座与导电头形成一体）、在套管顶部的密封处涂肥皂水；将套管尾部均压球卸下，进行密封并充压缩空气，保持套管内充气压力为约 0.1 MPa（接近本体试漏压力）正压，检测漏气情况。见图 10－84。

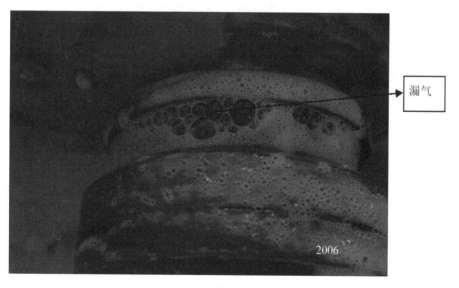

图 10－84　胶垫 2 处的漏气检测

　　密封试验结果：接线座用手拧紧，在套管充气时，胶垫 2 处漏气。接线座用工具稍拧紧，不漏气。A 相松开约 30°（1/12 扣）时看到胶垫 2 处漏气，用手摇动导电头可导致接线座摆动（对胶垫 2 的压紧一侧紧、一侧松，张口现象），且造成大量漏气；C

相在松动约 45°（1/8 扣）时看到胶垫 2 处漏气，摇动导电头无明显加剧漏气现象；B
相在松动约 90°（1/4 扣）时看到胶垫 2 处漏气，摇动导电头无明显加剧漏气现象。

从以上检查及试验情况可以看出：

1）故障主变的三只套管接线座均已松动，其中 B 相松动程度最轻。

2）故障主变的三只套管接线座下部的胶垫 2 均已失去密封效果，有不同程度的灰
尘进入密封面，其中 A 相脏污最严重，B 相相对较洁净。

3）B 相套管双封螺母松动，有套管主绝缘受潮的可能。

4）三相套管接线座处螺纹加工精度存在差异，其中 A 相误差最大。

考虑到现场变压器引线的布置情况，因架构引线相间距大于套管相间距，一般以 B
相为基准对中，则三相引线中 B 相最短。（见图 10‑85）

图 10‑85　套管引线的安装

因此，可以确定，套管密封结构设计无防松措施是导致套管接线座、双封螺母松
动的根本原因；运行中风吹引线摆动对套管施加的扭动力矩是套管接线座松动的直接
诱因（因 B 相引线最短，所以 B 相松动最少）；套管接线座松动的其他影响因素还有套
管出厂时的装配力矩、变压器运行中的振动、螺纹加工精度、变压器引线拆装时对其
产生的扭力等。

主变内部进水的途径是呼吸效应。因 110 kV 主变的 110 kV 套管顶部高于变压器
本体储油柜顶部，当套管顶部失去密封后，套管内导电铜管的上部会形成一个空气室，
其上部通过胶垫和螺纹等的缝隙与大气相通，底部通过变压器油与变压器本体相通。
该空气室的体积大小会随主变本体油位的升降而变化，其体积变化以及内外温差会产
生内外压差。一般情况下，当变压器负荷、油位及环境温度变化时，空气中水分会由
于该空气室的呼吸作用进入变压器内部。高温天气期间如发生降雨，积存在套管顶部
的雨水极易受套管内部负压作用吸入变压器内部，而大风摆动引线还会加剧套管顶部

的密封破坏情况，会促使更多的水进入变压器内部，最终诱发变压器故障。

3. 预防措施

（1）组织对套管顶部高于变压器储油柜（油枕）油位的各电压等级××公司生产的油纸电容式变压器套管进行接线座密封检查，发现松动要立即处理，防止雨季再次发生套管进水引起的变压器故障。

（2）对各电压等级××公司生产的油纸电容式变压器套管进行统计，安排停电计划对套管顶部进行防松和密封处理，防止主变和套管进水。

（3）××公司生产的套管进行了解体检查和密封试验，同时对该厂现存的8个厂家的套管结构进行了专项调查。

4. 案例总结

本次A站1号主变、B站1号主变跳闸案例，套管密封结构设计无防松措施是导致套管接线座、双封螺母松动的根本原因；运行中风吹引线摆动对套管施加的扭动力矩是套管接线座松动的直接诱因；套管接线座松动的其他影响因素还有套管出厂时的装配力矩、变压器运行中的振动、螺纹加工精度、变压器引线拆装时对其产生的扭力。即套管顶部进水是导致两台变压器内部短路故障的直接原因，而引发套管顶部进水的原因是该套管密封结构不合理，套管顶部无防松动措施。

第五节　油枕故障及缺陷

一、主变油枕胶囊破裂导致呼吸器渗油缺陷

1. 案例描述

××年××月××日，某500 kV变电站运行人员在巡视中发现2号主变C相呼吸器管路中有油滴下，呼吸器最上一层硅胶变为黑色，呼吸器油杯有大量变压器油溢出。当日专业人员赶到现场进行检查，判断为主变油枕胶囊破裂造成变压器油进入胶囊，在主变呼吸过程中变压器油随呼吸管路排出。××年××月××日，变压器班对该油枕胶囊进行更换。

2. 分析处理

（1）故障设备简况

主变型号：ODFPSZ－250000/500

胶囊型号：8BB. 379. 038. 4

胶囊规格：Φ1400×4810 mm

（2）现场检查情况

××年××月××日，某 500 kV 变电站运行人员在巡视中发现 2 号主变 C 相呼吸器管路中有油滴下，呼吸器最上一层硅胶变为黑色，呼吸器油杯有大量变压器油溢出，排油池中有大量油迹（如图 10-86、图 10-87、图 10-88 所示）。

　　××年××月××日，专业人员到达现场，对 2 号主变 C 相进行了现场检查，主变 A、B、C 三相本体油位均为 5.5，顶层油温均为 50℃，C 相本体呼吸器内油杯中存满变压器油，硅胶罐下层约 4～5 cm 硅胶浸在油中，呼吸器管路中油滴速度大于 180 滴/分。由于当时天色已晚，无法对主变 C 相本体油位进行校验，专业人员对呼吸器进行观察，并记录数据。

　　××年××月××日，专业人员对 2 号主变 C 相进行本体油位校验，显示油位高度约 900 mm，油位计指示 5.5，如图 10-89 所示不符合变压器油位温度曲线（油位实际高度 900 mm，对应油位指示应为 7.8 左右）。

图 10-86　呼吸器上层硅胶变为黑色

图 10-87　呼吸器油杯中有油溢出

图 10-88　呼吸器中 4-5 cm 呼吸器硅胶浸在油中

图 10-89　5 月 19 日校验油位

××年××月××日，对 2 号主变 C 相本体油枕胶囊进行更换处理。检修人员首先放出油枕中的变压器油，如图 10-90 所示打开油枕上部放气塞，发现胶囊未与油枕上壁紧密接触（胶囊已瘪），随后打开油枕与呼吸器联管连接法兰，发现该处密封良好但胶囊内存有少量的变压器油，说明胶囊确已破裂。胶囊拆除后对其进行密封检查，发现胶囊顶部法兰底部连接处有一长约 2 cm 的裂口（图 10-91），胶囊侧壁有 6 个渗漏点（图 10-92），胶囊底部及其他部位未见异常。

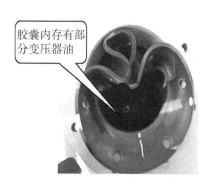

图 10-90　胶囊内有部分变压器油

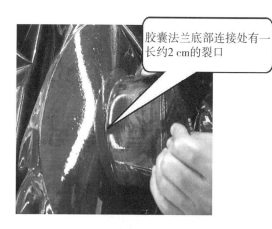

图 10-91　胶囊法兰底部连接处破裂情况

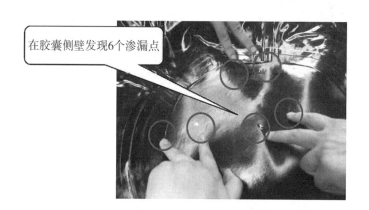

图 10-92　胶囊侧壁的 6 个渗漏点

（3）缺陷原因分析

根据现场检查情况，分析导致此缺陷可能的原因为：

1）胶囊在安装过程中施压损伤，在运行过程中形成渗漏点。

2）该胶囊质量不佳，出厂时存在损伤，运行过程中不断伸缩形成渗漏点。变压器油从渗漏点进入胶囊，空气进入油枕，由于渗漏点较小，长时间运行胶囊中的油达到一定的量以后，在油温上升，油位上涨情况下，将胶囊中的油挤出。油位计指示不准确的原因为：胶囊中进入变压器油，造成胶囊底面不平。油位的指示是通过浮球带动连杆再由连杆带动齿轮实现油位表的指示的，浮球在胶囊底部，由于胶囊底部不平，导致带动连杆的浮球不能正确随油面变化而转动，出现指示油异常的结果。

（4）缺陷处理情况

××月××日，检修人员对2号主变C相油枕胶囊进行更换处理，更换本体呼吸器变色硅胶，并对变压器各套管升高座、瓦斯继电器等放气塞进行放气，现场检查无异常，缺陷处理完毕。

3. 预防措施

（1）结合主变停电检修对所辖变压器油枕胶囊进行全面充气检查，确保胶囊完好无破损。

（2）严格落实"三抓一控"工作，加强主变油枕胶囊监造及安装验收工作。

（3）针对运行年限较长的主变（高抗）备有适量的胶囊备件，保证能够及时消缺。

4. 案例总结

本次某500 kV变电站2号主变C相油枕胶囊破裂缺陷，胶囊在安装过程中施压损伤，在运行过程中形成渗漏点。该胶囊质量不佳，出厂时存在损伤，运行过程中不断伸缩形成渗漏点。变压器油从渗漏点进入胶囊，空气进入油枕，由于渗漏点较小，长时间运行胶囊中的油达到一定的量以后，在油温上升，油位上涨情况下，将胶囊中的油挤出。为避免此类事件再次发生，应按照规程结合主变停电检修对所辖变电站油枕胶囊进行全面充气检查，确保胶囊完好无破损。

第六节　外绝缘故障及缺陷

一、主变低压侧穿墙套管外绝缘爬电短路导致故障跳闸

1. 案例描述

××月××日12时26分21秒，某220 kV变电站2号主变第一、二套保护差动保护动作跳闸，非电量保护未启动，故障未造成负荷损失。现场检查2号主变低压侧312C相套管电流互感器根部发生环绕贯穿性断裂，互感器导电棒对隔板放电，35 kV#2母线所带3923××线出线电缆终端头表面有爬电痕迹，电缆屏蔽接地线连接的角钢接地螺栓处有放电点。分析认为35 kV××线3923B相电缆终端头首先发生

表面爬电，造成 B 相接地，引起其他两相电压升高，13 ms 后 312 C 相套管电流互感器导电棒对隔板放电，形成区内外 B、C 相接地短路故障，造成主变差动保护动作跳闸，故障电流为 4320 A，持续时间 67 ms。对主变进行了绝缘油色谱分析、变压器绕组变形测试（频响法、阻抗法、电容量法），试验结果正常，对 35 kV♯2 母线及相关设备进行耐压试验合格，主变于××日 0 时恢复送电，220 kV、110 kV 侧恢复正常运行方式。

2. 分析处理

（1）故障设备简况

2 号主变

型号：SFPSZ10 - 180000/220

额定容量：180000/180000/60000

额定电压比：230/121/38.5

编号：20069S08

2 号主变 35 kVC 相套管电流互感器

型号：FGT - 35

额定电流比：1600/1

级次组合：0.5/10P25/10P25

编号：230801

35 kV××线

线路总长度：7.795 km（其中电缆分三段共 0.42 km，架空线路 7.375 km）

电缆型号：YJV22 - 3 * 240 26/35

架空导线型号：LGJ - 185/30

（2）故障前设备检修试验情况

××年××月××日，该站 2 号主变单元停电例行试验，2 号主变单元设备例行试验项目均符合《输变电设备状态检修试验规程》要求。××年××月××日，检修人员对该站全站设备进行带电测试，开关柜暂态地电压、超声局部放电测试未见异常。运维人员对该站设备进行巡视、测温工作，未发现设备状态异常情况，312 套管电流互感器红外图谱如图 10 - 94 所示。××年××月××日，3923 出线电缆停电例行试验合格。

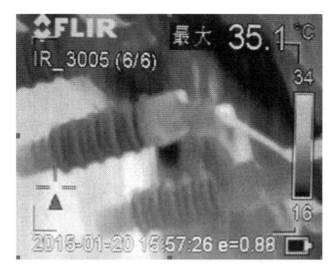

图 10‑93　312 套管电流互感器红外图谱

（3）故障后检查情况

根据故障录波情况分析，如图 10‑95 所示，××年××月××日 12 时 26 分 21 秒 643 ms，220 kV 变电站 2 号主变 35 kV××线 3923 出线发生 B 相接地故障，由于 35 kV 中性点不接地，所以 3923 线路保护未感受到故障电流。B 相接地造成 A、C 相电压升高，12 时 26 分 21 秒 656 ms，2 号主变区内 35 kV 侧发生 C 相接地故障，此时 3923××线 B 相接地故障并未消除，造成 35 kV 系统 B、C 两相异地接地短路，故障电流 4320 A。12 时 26 分 21 秒 662 ms，2 号主变差动保护、3923 线路电流保护启动，线路保护电流 Ⅰ 段 17 ms 动作出口，48 ms 后跳开 3923 开关，切除故障；2 号主变差动保护 21 ms 动作出口，41 ms 后跳开 212 开关，54 ms 后跳开 112 开关，70 ms 后跳开 312 开关，故障发展情况如表 10‑7 所示。

表 10‑7　故障发展情况

时间	故障情况
12：26：21　643	3923××线发生 B 相接地故障
12：26：21　656	♯2 主变 35 kV 侧 C 相区内接地故障，故障电流 4320 A
12：26：21　662	♯2 主变差动保护、3923 线路保护启动
12：26：21　679	3923 线路保护电流 Ⅰ 段 17 ms 动作出口
12：26：21　683	2♯主变差动保护 21 ms 动作出口
12：26：21　710	3923 线路保护电流 Ⅰ 段动作出口 48 ms 后，跳开 3923 开关，切除故障
12：26：21　732	2♯主变差动保护动作出口 70 ms 后，跳开 212、112、312 开关

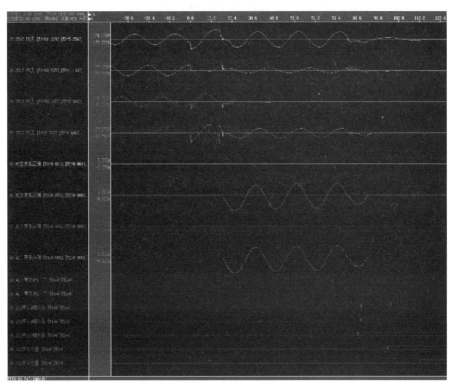

图 10 - 94　故障录波图

　　经检查，主变、刀闸、电抗器、避雷器未见异常，低压侧至 35 kV 配电室母排全部进行了可靠的热缩处理，热缩情况良好，如图 10 - 95 所示。

图 10 - 95　主变低压侧热缩情况良好

检查 312 套管电流互感器隔板与墙体之间密封良好。套管电流互感器 A、B 相未见异常，如图 10‑96 所示。C 相根部主绝缘发生由内向外的故障，硅橡胶外护套上部、下部撕裂，固定隔板上部有明显放电点，隔板下部被喷射灼黑，如图 10‑97 所示。

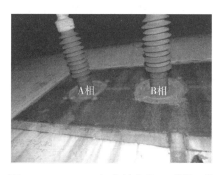

图 10‑96 A、B 相套管电流互感器正常

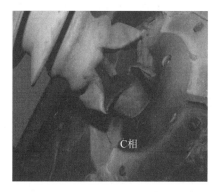

（a）下部   （b）上部

图 10‑97 C 相套管电流互感器故障情况

套管主绝缘为环氧树脂整体浇注，外套硅橡胶护套。将破损的外护套割开，发现根部树脂出现环绕贯穿性断裂，如图 10‑98 所示。裂缝上部较宽，下部较窄，判断为上部最先开裂。C 相套管室内部分未见异常，如图 10‑99 所示。

图 10‑98 C 相套管电流互感器根部贯穿性断裂   **图 10‑99 C 相套管电流互感器室内部分**

（4）故障原因分析

3923××线出线电缆终端头制作工艺粗糙，三相伞裙数量不等，黏接不牢，A、B相伞裙中间有白色绝缘带包裹，据调查××年××月份 3923 开关柜内部有异响，对开关柜进行地电波局部放电检测未见异常，检查电缆终端头表面有轻微放电迹象，对该终端头进行缠绕绝缘带包裹措施，进行交流耐压试验合格，再次投运后异响消失。该电缆终端头由于制作工艺不良，运行过程中表面发生电晕放电，长期积累会造成电缆终端表面绝缘降低，最终 B 相表面爬电至外屏蔽接地处，继续通过屏蔽线、角钢、螺栓形成放电通道，导致 B 相接地。

套管电流互感器与母线排连接处有软联，能释放母线排热胀冷缩产生的应力，套管电流互感器接线端子至支持瓷瓶距离 1 m 左右，套管不存在受力可能。该套管电流互感器是环氧树脂真空浇注成型的，据了解，产品浇注工艺大致分为原材料的预处理、混料、浇注、固化、脱模五个环节。查阅文献发现，环氧树脂在固化过程中会受到收缩力、热应力等产生的应力，运行过程中极易造成绝缘表面开裂。分析认为该互感器产品质量不良，由于应力造成内部绝缘开裂，开裂产生局部放电，造成绝缘老化。××月××日至××月××日该地区连续多次降雨，温度变化较大，内部铜质导电棒与环氧树脂膨胀系数不一致，造成开裂加剧，最终在互感器根部出现环绕贯穿性断裂，造成绝缘强度大幅下降，当 3923××线出线电缆发生 B 相单相接地后，AC 相对地电压升高，造成导电棒对隔板放电。

由于套管根部外套硅橡胶护套，运行过程中无法观察到裂纹，该套管电流互感器于××年××月××日进行红外检测，未见异常。

（5）存在的问题

1）电缆终端制作工艺较差，三相伞裙数量不等，黏接不牢，外屏蔽没有直接接地，运行过程中外护套表面产生电晕放电，长期积累造成电缆终端表面绝缘降低，最终导致 B 相表面爬电。

2）套管电流互感器质量不良，由于应力造成内部绝缘开裂，开裂产生局部放电，加速绝缘老化，内部铜质导电棒与环氧树脂膨胀系数不一致，造成开裂加剧，最终在互感器根部出现环绕贯穿性裂纹，造成绝缘强度大幅下降。

3）验收把关不严，验收时没有发现 3923××线出线电缆终端三相伞裙数量不等、工艺较差、外屏蔽没有直接接地等缺陷，并要求整改。

4）缺陷处理不彻底，发现 3923××线 B、C 相电缆终端表面有放电痕迹后，没有进行彻底处理，仅进行缠绕绝缘带的简单处理。

3. 预防措施

（1）缩短 2 号主变油色谱跟踪周期，在线监测周期调整为每 6 h 一次，离线取样周期调整为每两天一次，持续一个月。××月××日对 2 号主变进行高频局部放电检测，对 313 套管电流互感器进行红外精确检测，均未见异常。

（2）开展专项隐患排查，对××互感器厂 FGT-35 型套管电流互感器进行超声局部放电测试，并邀请技术专家采用特高频局部放电、紫外测试等带电测试手段进行诊断测试，准确把握设备状态。

（3）重新制作 3923××线出线电缆终端头，严格按照交接试验规程进行交接试验，经市公司组织验收合格后方可投运。

（4）加强 110 kV 及以上变电站低压侧出线的运行管理。缩短 220 kV 变电站低压出线线路巡视周期，组织对县公司 35 kV 线路进行重点巡视，对上述范围内 35 kV、10 kV 设备缺陷、隐患按升高一级优先处理。

4. 案例总结

本次某 220 kV 变电站♯2 主变差动保护动作：出线电缆终端头制作工艺粗糙，三相伞裙数量不等，黏接不牢，A、B 相伞裙中间有白色绝缘带包裹，检查电缆终端头表面有轻微放电迹象，运行过程中表面发生电晕放电，长期积累会造成电缆终端表面绝缘降低，最终 B 相表面爬电至外屏蔽接地处，继续通过屏蔽线、角钢、螺栓形成放电通道，导致 B 相接地。

第七节 其他故障及缺陷

一、主变本体油箱密封胶垫工艺不良导致渗油

1. 案例描述

××年××月专业巡视中发现某 500 kV 变电站主变 B 相本体箱沿存在渗油迹象，××年××月主变停电，将本体上节油箱顶起后检查，发现本体箱沿密封胶垫接缝处搭接工艺不良，存在挤压开裂现象，出现渗漏油情况。现场将油箱密封胶垫由原来的 Φ25 mm 更换为 Φ30 mm 规格，并按工艺妥善处理胶垫接缝后，缺陷消除。

2. 分析处理

（1）故障设备简况

主变型号：ODFPSZ-250000/500

（2）现场检查情况

××年××月，巡视发现某站 1 号主变 B 相本体箱沿南侧存在渗油迹象，怀疑为安装残油。安排专业人员对箱沿螺丝进行紧固并将油迹擦拭干净后跟踪检查。经跟踪发现该缺陷呈发展趋势，已构成一般缺陷。联系制造厂服务人员现场检查，怀疑渗油

位置为本体大胶垫搭接部位。

现场检查情况如下图 10 - 100 所示：

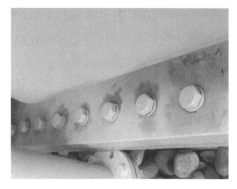

a）2013 年 8 月渗油情况 1　　　　　　　b）2013 年 8 月渗油情况 2

c）2014 年 8 月渗油情况 3　　　　　　　d）2014 年 8 月渗油情况 4

图 10 - 100　1 号主变 B 相渗油跟踪检查情况

（3）缺陷原因分析

××年××月××日，联系变压器厂家前往该站对主变箱沿缝隙进行处理。利用压缩空气和酒精对箱沿缝隙清理（将箱沿螺丝拆除，压缩空气气管从螺丝拆除处深入箱沿，将箱沿中杂质吹掉）、将箱沿清洁干净，并检查箱沿螺栓紧固情况，第二天下午现场观察，原挂有油珠的部位重新出现挂油迹象。通过以上处理后，箱沿依然存在渗油情况，分析认为箱沿渗油有以下几种可能：

1）变压器箱沿处钢板不平整；

2）变压器箱沿钢板间接缝不严，有缝隙；

3）本体大胶垫槽处有杂质或接口工艺不佳；

4）胶垫质量不佳，反弹力不足，厚度不够。

基于以上分析，经公司专业人员与变压器生产厂家研讨，认为需对变压器本体箱沿密封情况进行检查，更换密封胶垫，并制定进一步处理方案及作业措施。

（4）缺陷处理情况

××年××月××日，该站 1 号主变停电，主变排油后拆除主变储油柜及三侧套管，利用千斤顶将上节油箱顶起约 100 mm，对主变箱沿密封情况进行检查处理，如图 10 - 101 所示。

检查发现：变压器箱沿钢板平整，无明显变形；钢板接缝处规整，无漏点，无杂渣；将本体密封胶垫取出，检查密封槽无杂质，胶垫护框平整无凸凹现象；检查胶垫，整体平整、光滑，在不受力时高于密封槽（密封槽深约 15 mm，胶垫直径 25 mm，在压紧 1/3 后也略高于箱沿胶垫槽），胶垫压紧后反弹力度合适，胶垫不存在质量问题。

渗漏部位

图 10 - 101　渗油位置检查

对胶垫切口进行检查，发现胶垫搭接面坡口角度过大，搭接长度较短（厂内工艺要求搭接长度应为密封胶垫直径的两倍，其切角约为 30 度。现场检查搭接面与水平面切角约为 60 度，未达到工艺要求），且胶垫内侧接缝有开裂现象，造成密封不良。其位置与现场渗油痕迹相符，如图 10 - 102 所示。

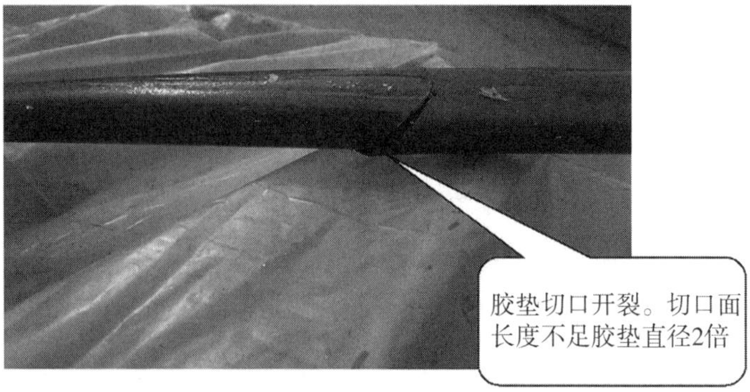

图 10‑102　本体大胶垫检查情况

为防止箱沿密封面存在肉眼难以发现的凸起情况导致再次渗漏，与变压器厂家讨论研究，认为将油箱密封胶垫由原来的 Φ25 mm 更换为 Φ30 mm 规格更为保险。

现场对本体大胶垫进行更换，并按照厂内工艺，妥善处理胶垫搭接部位后对 B 相变压器进行恢复。××年××月××日，1 号主变缺陷处理后投运，目前未出现渗油情况。

1 号主变 B 相经过停电检查，变压器本体箱沿渗油原因为：本体箱沿密封胶垫搭接面坡口角度过大，造成搭接长度不足，且搭接面的黏接胶水不足，致使密封胶垫接缝经过上节油箱压紧后开裂，造成密封不良，最终导致变压器油从开裂处渗漏到主变箱沿外部，并沿着箱沿渗到主变四周，出现大面积油迹，为工艺质量问题。

经向变压器厂调查，1 号主变三相产品在厂内生产时为不同班组总装，此次渗油问题属于个别工人未严格按工艺要求操作，为偶发问题，其他两相产品应不会产生同类问题，目前设备运行正常。

3. 预防措施

（1）细化主变监造内容，将主变箱沿大胶垫切口情况列入检查项目。

（2）加强主变投运后巡视工作，对投运后问题做到早发现早治理。

4. 案例总结

本次某 500 kV 变电站 1 号主变 B 相箱壁渗油缺陷案例，本体箱沿密封胶垫搭接面坡口角度过大，造成搭接长度不足，且搭接面的黏接胶水不足，致使密封胶垫接缝经过上节油箱压紧后开裂，造成密封不良，最终导致变压器油从开裂处渗漏到主变箱沿外部，并沿着箱沿渗到主变四周，出现大面积油迹，为工艺质量问题。为保证不再出现此类情况，应对同类型主变进行排查，同时加强入厂监造，确保设备质量达到规定要求，保证设备可靠运行。

二、主变箱壁开裂导致本体进水受潮

1. 案例描述

某 500 kV 变电站变压器中压、低压线圈均未采用半硬自粘换位导线，变压器整体抗短路能力偏弱，因此需要对其返厂改造。××年××月××日至××日利用主变备用相进行更换，××月××日备用相安装过程中内检时发现，主变中性点套管侧箱壁吊轴对应内部箱壁位置开裂，开裂部分有水分流出。

2. 分析处理

（1）更换后设备参数

主变型号：ODFPSZ－250000/500

额定电压：$500/\sqrt{3}/230\pm8*1.25\%/\sqrt{3}/36$

该主变备用相为××站 1 号主变 B 相××年××月返修后主变，厂内进行了中低压线圈、磁屏蔽、各侧套管的更换，主变油箱仍为原主变油箱。

（2）现场检查情况

××月××日主变本体破氮气，进行套管安装和器身内检，套管安装完毕后检查时发现，主变箱壁有一处半圆形开裂痕迹，长度约 30 cm，对应箱壁外部为主变吊轴位置，开裂处有水分流下的痕迹，变压器箱体底部的残油中有水珠（见图 10－103、图 10－104），随后进行铁心夹件绝缘试验，铁心绝缘正常，夹件绝缘降低至 40 MΩ。检查外部吊轴未发现渗漏痕迹，吊轴外侧封板也有向外涨的现象，切开吊轴发现内部开裂（见图 10－105）。

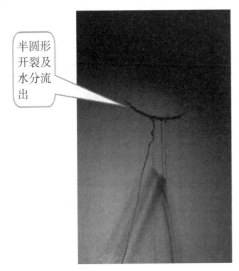

图 10－103　（内部开裂及水分流下）

图 10－104　（油箱底部水珠及杂质）

吊轴长 285 mm,直接焊接至油箱外壁上,内部有十字加强铁,外部紧贴油箱壁焊接一块 300 mm×400 mm 钢板进行加强,外部焊接在主变加强筋上(见图 10‐106 吊轴图纸)。

图 10‐105　外部检查开裂处

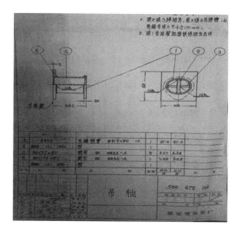

图 10‐106　吊轴图纸图

××月××日将吊轴从外侧封板切开,吊轴内部没有水分,有部分黑泥杂质,切开吊轴外部加强筋,在左上部加强筋内有水流出。将吊轴从箱壁侧切除,切除内部十字加强筋,检查裂口部位钢板齐整,锈蚀不明显。

对主变箱壁的四个吊轴打眼检查,发现有 3 个吊轴内部有水分,将本体 24 个加强筋下部打眼,发现 9 个有水流出。据厂家解释为早期产品加强筋处未采用密封焊接工艺(见图 10‐107、10‐108)。

图 10‐107　(打孔后加强筋水分流出)

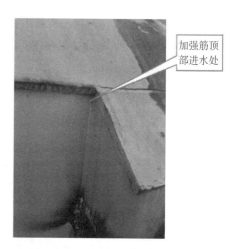

图 10‐108　(加强筋顶部进水处)

B、C 相主变为 2005 年产品,箱壁的吊轴为实心结构,加强筋的焊接结构与早期产品不同，要求进行密封焊接，焊接要求较高，检查两个加强筋，内部没有水分。

（3）缺陷原因分析

吊轴主要用于本体箱壁在厂内的吊装工作，在现场可以作为主变吊罩的吊点，在主变长轴方向两侧的箱壁各安装两个。在现场安装、拆除、运输过程中都不会使用。本台主变未进行过现场吊罩，因此未在现场使用，不存在受力导致箱壁裂纹的可能。

箱体内裂纹开裂部分向箱体内侧胀开，吊轴外部封板也有外胀现象，因此分析裂纹的产生是由于吊轴左上部加强筋顶部焊接位置存在焊缝，长时间在外部暴露，水分进入加强筋内部，由于吊轴与箱壁间只进行了外圈的焊接，同样存在焊缝，因此水分进入吊轴内，备用相拆除后，本体变压器油排除，失去了温度补偿，箱壁温度下降很快，在近期连续低温条件下，吊轴内水分结冰膨胀，吊轴、封盖厚度都是20 mm，只有箱壁厚度为10 mm，因此首先造成内部箱壁胀裂。

（4）缺陷处理情况

××月××日对主变箱体内的残油及水分清理干净，对箱底进行彻底擦拭清理，检查夹件绝缘情况，夹件绝缘恢复到300～400 MΩ左右。

××月××日-××日在主变外部将吊轴进行切除，清理裂纹部位，将向箱体内突出的钢板整平后，在箱体外部进行焊接，裂纹焊接完毕后，在外部补焊一块加强铁，确保外部不会渗漏，再恢复焊接吊轴与加强筋（见图10‑109、图10‑110、图10‑111）。内部对裂缝用专用胶进行封堵然后刷漆恢复（见图10‑112、图10‑113）。

图 10‑109　吊点外部补焊

图 10‑110　恢复吊轴及加强筋

图 10 - 111　处理后外观

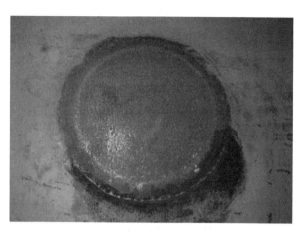

图 10 - 112　内部平整封堵

裁纹缺陷处理完成后开始抽真空，为增强抽真空效果，恢复底部垫脚绝缘，在箱体底部布置加热器进行加热，将箱底加热到 80°左右，抽真空 48 h（见图 10 - 114）。

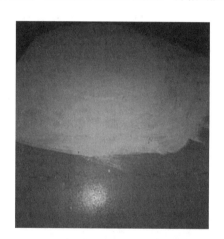

图 10 - 113　开裂处封堵补漆

图 10 - 114　底部加热清除水分

用干燥空气破除真空后，测量铁心夹件绝缘，绝缘恢复至 25000 MΩ 以上，证明绝缘已经恢复，同时现场工作人员内检，检查内部封堵处无沙眼等缺陷。可按照现场安装工艺要求进行下一步的安装工作。

按正常施工工艺，对主变抽真空、注油、热油循环、静置、试验合格后投运。

3. 预防措施

（1）对主变箱壁的加强筋和吊轴在底部打眼，有水分的放出积存的水分。通过敲击检查发现，该站 1 号主变 A、C 相加强筋与吊轴处均存在不同程度积水现象（与备用主变为同期产品），因该 2 台主变处于运行状态，本体温度约为 20 ℃，不存在冻裂风险，结合停电打眼放水。

（2）核查其他变压器加强筋、吊轴的结构，对于前期没有进行密封焊接，吊轴为空心结构的部件做好记录，结合设备停电进行打眼。

4. 案例总结

本次某 500 kV 变电站 2 号主变 A 相更换主变箱壁开裂案例，分析故障原因为：由于吊轴左上部加强筋顶部焊接位置存在焊缝，长时间在外部暴露，水分进入加强筋内部，由于吊轴与箱壁间只进行了外圈的焊接，同样存在焊缝，因此水分进入吊轴内，备用相拆除后，本体变压器油排除，失去了温度补偿，箱壁温度下降很快，在近期连续低温条件下，吊轴内水分结冰膨胀，吊轴、封盖厚度都是 20 mm，只有箱壁厚度为 10 mm，因此首先造成内部箱壁胀裂。

第十一章　断路器故障及缺陷

第一节　本体绝缘放电缺陷

一、10 kV 断路器因灭弧室内部缺陷导致绝缘击穿

1. 案例描述

××年××月××日，220 kV 变电站 35 kV4 号母线所属断路器全部跳闸。现场检查发现 C37 断路器 B 相灭弧室击穿导致 C37 断路器 B、C 相间短路，35 kV4 号母线母差保护动作。此次故障未造成负荷损失。

2. 分析处理

（1）现场故障检查

现场检查发现 C37 断路器机构本体均在分位，B、C 相灭弧室上接线座和相间绝缘隔板、固定绝缘子均有明显放电痕迹，如图 11‐1，11‐2，B 相灭弧室上有明显的击穿孔。

图 11‐1　绝缘隔板

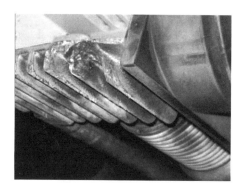
图 11‐2　上接线座

现场对 C37 断路器 B 相灭弧室进行了锯开处理，发现灭弧室内动、静触头有明显的拉弧现象，灭弧室内壁有击穿痕迹，如图 11‐3、11‐4、11‐5。

图 11-3 灭弧室

图 11-4 灭弧室能动静触头

图 11-5 灭弧室内部击穿点

（2）故障原因分析

对 C37 断路器 B 相灭弧室内部情况分析得出结论：进行 C37 断路器切断操作时，B 相灭弧室不能正常灭弧，灭弧室内压力瞬间急剧增高，击穿灭弧室，高温高压金属蒸汽喷出，导致 C37 断路器母线侧接线板 B、C 相相间短路，35 kV4 号母线母差保护动作。

（3）故障处理措施

对该断路器进行更换，试验合格后投入运行。检查同类型断路器，发现类似问题及时处理。

3. 预防措施

（1）加强断路器灭弧室出厂前试验、运行中检查，防止因断路器灭弧室故障造成停电事故。

（2）真空断路器，尤其是用于投切电容器组的真空断路器，应严格落实国网公司规定开展电流、电压合成老练试验，能够有效预防断路器灭弧室故障发生。

4. 案例总结

因生产厂家技术水平、制造工艺、原材料等因素所限，早期投运的真空断路器质量不稳定，特别是投切电容器组的真空断路器，因重燃造成的放电故障较多。应对真空断路器开展大电流、高电压合成老练试验，有效地提升真空断路器的开断灭弧能力，防范真空断路器故障发生。

二、110 kV 断路器因触头材质不良导致绝缘闪络

1. 案例描述

220 kV 变电站专业进行红外检测过程中发现 3914 断路器 B 相下侧部位有发热，表面温度为 40 ℃，正常相 38 ℃，负荷电流 69 A，比正常相相同部位高出 2 ℃，从热场分布来看应该是内部发热，判断断路器内部存在缺陷。

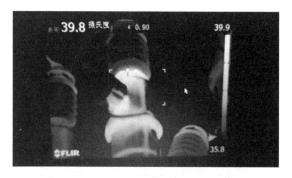

图 11-6　3914 断路器 B 相红外测温图谱

2. 分析处理

（1）现场故障检查

对 3914 断路器进行解体大修。解体后，通过内附 CT 侧看过去，有白色粉末，判断内部有放电现象，如图 11-7。进一步解体后发现，断路器 B 相动触头（图 11-8）和绝缘瓷套（图 11-9）均有放电痕迹，断路器 C 相静触头（图 11-10）和绝缘件也有不同程度的放电痕迹，如图 11-11。

图 11-7　3914 断路器内附 CT 侧有白色粉末

图 11-8　3914 断路器动触头

图 11 - 9　3914 断路器绝缘瓷套　图 11 - 10　3914 断路器静触头　图 11 - 11　3914 断路器 C 相

（2）故障原因分析

找到放电部位后，立刻组织人员对断路器气体进行分析，以进一步确定缺陷原因。判断缺陷原因如下：

1）触头材质不能满足使用要求。运行过程中铜钨触头严重磨损导致发热，致使设备内 SF_6 气体产生杂质，造成绝缘件闪络。

2）开关运行时间超过厂家规定年限未进行灭弧室大修，内部触头磨损严重，导致绝缘件闪络。

（3）故障处理措施

对 3914 断路器的三相动静触头和绝缘件进行了更换。试验合格后，恢复送电。

3. 预防措施

（1）充分利用带电测试手段能有效发现设备缺陷，利用不同试验手段互相印证能够更加准确的判断设备内部故障类型以及故障部位。

（2）针对同型号运行超过 15 年断路器进行排查，安排断路器轮换大修计划。

（3）对于未进行大修的断路器，缩短试验及巡视周期，并加强带电检测。

（4）加强电气性能和金属监督工作，将技术监督关口前移，严把入网设备质量关，提升设备本质安全。

4. 案例总结

电力设备带电检测是发现设备潜伏性运行隐患的有效手段，是电力设备安全、稳定运行的重要保障。应结合各类保电工作和迎峰度夏、度冬工作整体安排，强化带电测试工作，及时发现设备隐患，并及时做出妥善处理，避免严重设备事故。今后还将继续坚持开展带电检测工作，为设备检修提供依据，为保障可靠供电做出贡献。

三、10 kV 断路器因动静触头接触不良导致触头烧损

1. 案例描述

××年××月××日，公司 110 kV 变电站 2 号主变低压侧发生三相接地短路故障，2 号主变保护快速动作，跳开 185 断路器，跳开 512 断路器，501 断路器自投成功。

10 kV 母线室 2 号主进 512 开关柜内有少量烟尘散出，将 512 开关小车拉出柜外，发现 512 断路器 C 相触头已严重烧损，BC 相灭弧室上基座有放电痕迹。

2. 分析处理

（1）现场故障检查

故障后，512 开关柜外观无明显异常，如图 11 - 12，512 开关柜保护室上部缝隙处内有轻微烟熏痕迹，如图 11 - 13。

图 11 - 12　512 开关柜外观情况

图 11 - 13　512 开关柜保护室

检修人员对 512 开关柜及小车进行检查，观察发现，512 断路器室内有明显烟熏痕迹，如图 11 - 14，上触头活门挡板 C 相周围较严重，内壁有明显放电燃烧后飞溅物痕迹；512 断路器手车六只捆绑触头只有 C 相上触头严重烧损，如图 11 - 16、11 - 17，其余各相触头外观完好、无烧损痕迹，如图 11 - 15。

图 11 - 14　断路器室内情况

图 11 - 15　断路器动触头烧损情况

图 11‑16　C 相动触头烧损情况

图 11‑17　C 相静触头烧损情况

　　检查断路器时，发现 512 断路器灭弧室上基座机构侧的六条基座固定螺栓有明显的放电痕迹，如图 11‑18，部分螺栓已有熔焊现象，此螺栓是距柜体最近的部位。断路器室内壁也有放电痕迹，如图 11‑19。

图 11‑18　512 断路器灭弧室上基座放电情况

图 11‑19　512 柜内铁板的放电点

检查 512 开关柜内各相静触头盒，C 相上触头盒内有金属熔渣及烧断的触头弹簧，内壁绝缘层部分起皮、脱落，未发现裂痕，如图 11-20。

图 11-20 512C 相上触头盒内烧蚀情况

将烧损的 C 相触臂及静触头解体检查，发现触臂外绝缘较为完好，与捆绑触头连接的部位烧损严重，如图 11-21，静触头与捆绑触头接触部分烧损严重，烧损深度严重处约为 2 mm，如图 11-22。

图 11-21 触臂与捆绑触头连接部位烧蚀

图 11-22 静触头烧损情况

对 512 断路器进行绝缘电阻、交流耐压、直流电阻及机械特性试验，对柜内静触头盒进行绝缘电阻测试（由于进线与母线同仓，未进行交流耐压试验），试验数据均合格。

（2）故障原因分析

由现场设备烧损情况看，C 相上触头的烧损情况严重，其余各相基本完好，可以判断原始故障部位为 C 相上触头。从 C 相动静触头烧损情况分析，应为 C 相动静触头接触不良（触头弹簧已烧断，无法判断是否是由于弹簧有损伤导致接触压力下降），导致动静触头发热后引起触头严重烧损，烧损时产生的金属蒸汽扩散，在与地最近处的三相上基座螺丝部位对柜体铁板放电，造成三相接地短路故障。

（3）故障处理措施

将断路器更换，经试验合格后，投入运行。

3. 预防措施

（1）结合多起触头烧损故障及缺陷，加强开关动静触头检查，检查触指弹簧的工作状况，是否出现疲劳，及时消除缺陷。

（2）对运行年限超过 5 年的大电流开关柜的触头弹簧进行更换，避免由于弹簧疲劳导致触头接触压力降低，结合梅花触头夹紧压力测试对触头弹簧进行更换。

4. 案例总结

工作中应加大推广开关柜无线测温、带电检测手段，防止开关柜类设备监控缺失，消除设备监控保护的"死角""盲区"。加强设备的验收质量，确保设备"零缺陷"投运，严格安装验收标准开展验收工作。

四、220 kV 断路器因内部杂质造成沿绝缘拉杆表面闪络

1. 案例描述

××年××月××日，500 kV 变电站 220 kV 某线路 A 相发生接地故障，两侧线路保护及母差保护动作，跳开 220 kV2 号母线上所有断路器，现场一次设备检查及保护信息分析判断为 274 断路器 A 相罐体内部接地故障。

2. 分析处理

（1）现场故障检查

故障发生后，现场检查 274 断路器三相均在分位，A 相灭弧室罐体北侧法兰螺栓（图 11 - 23）及开关气动机构管路（图 11 - 24）有放电痕迹，两侧套管内壁（图 11 - 25）均有腐蚀现象。三相开关 SF_6 压力值分别为 A 相：0.53 MPa、B 相：0.55 MPa、C 相：0.54 MPa，均在正常范围内。274 开关气动机构空气压力为 0。

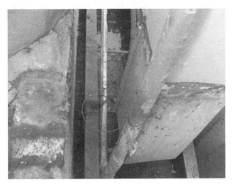

图 11 - 23 A 相北侧罐体螺栓放电痕迹　　图 11 - 24 A 相空气连接管路放电痕迹

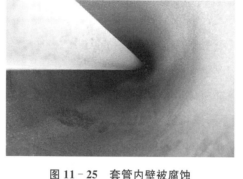

图 11－25　套管内壁被腐蚀

对故障相（A相）解体（图 11－26）检查发现，绝缘拉杆表面被电弧烧黑，绝缘拉杆高电位处连板轴销挡圈两端被烧熔且翘起，如图 11－27，连板根部有明显电弧灼烧痕迹，与支撑绝缘子连接的地法兰处有明显放电点，如图 11－28。

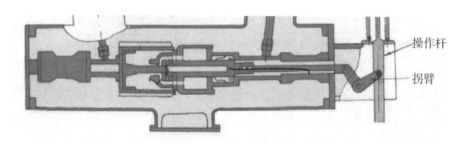

操作杆

拐臂

图 11－26　放电部位示意图

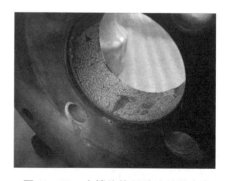

图 11－27　绝缘拉杆表面及高电位放电点　　图 11－28　支撑绝缘子地法兰放电点

进一步检查发现，绝缘拉杆表面（漆层）中部多部位烧蚀，如图 11－29，与支撑绝缘子连接的动触头支架内开孔处有放电点，如图 11－30。

对非故障相（B、C相）进行了解体检查，两相断路器动静触头无明显异常，支撑绝缘子内壁向上表面存有粉尘，绝缘拉杆无异常，但动触头拐臂侧对应罐体底部均存有金属屑，且B相灭弧室内发现一小块纸屑，如图 11－31。对B、C相绝缘拉杆进行

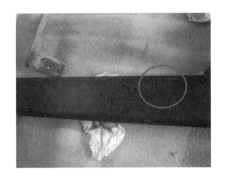

图 11-29　绝缘拉杆表面烧蚀　　　　　图 11-30　金属支架开口处放电点

耐压及局部放电试验，未发现异常。

图 11-31　非故障相解体情况

（2）故障原因分析

根据故障后解体情况分析，绝缘拉杆高电位处连板轴销挡圈两端被烧熔且翘起，说明轴销挡圈翘起后，该处电场畸变；根据非故障相断路器内存在杂质异物推断本相断路器内部可能同样存在杂质，在绝缘拉杆表面积累，导致绝缘拉杆表面绝缘性能降低。

当断路器内部发生放电故障时，短路电流通过罐体端盖（机构侧）、外壳、气动机构管路及接地扁铁流向接地网，在罐体端盖螺栓连接处放电，同时造成气动机构管路对其支撑角铁放电破损，机构内气体泄漏，压力表压力降为0。

274断路器A相罐体、套管内部及绝缘拉杆表面存在微粒杂质，造成沿绝缘拉杆表面闪络。

（3）故障处理措施

经确定现场检查为274断路器故障后，274断路器转检修。其他开关恢复运行。274断路器返厂修复，修复完成并试验合格后投入运行。

3. 预防措施

（1）制造厂应严格控制厂内加工、装配工艺，同时应加强厂内及现场安装时罐体内洁净度控制，避免断路器内存在尖角部位及微粒杂质造成绝缘破坏。

（2）在剩余16台同型号断路器中选取2台解体检查，如发现同类问题应对其余断路器安排检修。

（3）加强设备厂内监造工作，避免设备带缺陷出厂。

（4）故障后应认真检查瓷套内壁腐蚀损伤情况，避免瓷套受损后重新用于设备中。

4．案例总结

274断路器A相内部闪络故障暴露出产品存在制造质量问题。制造厂在零部件加工、整体装配工艺等方面控制不严，现场安装工艺把关不严格，造成断路器内部存在异常尖端部位及微粒杂质，形成不均匀畸变电场，导致内部绝缘下降，而对地放电。要加强对罐式断路器及GIS设备的带电局部放电检测及SF_6气体成分分析，发现可能存在的内部异常放电现象，以及加强开关专业管理，加强缺陷分析总结工作，对故障缺陷率较高的设备进行抽检，发现批次质量问题及时治理，避免重大设备事故的发生。

五、500 kV断路器因支撑绝缘筒内壁残留异物导致发生内部闪络

1．案例描述

××年××月××日，500 kV变电站500 kV线路检修工作报竣工，按照指令，5052/5053断路器及5042/5043断路器均处于热备用状态。9时34分，合上5053断路器为线路充电，24 s后三相断路器跳闸，重合闸不成功。现场检查发现5043断路器B相内部发生放电。

2．分析处理

（1）现场故障检查

故障发生后，对断路器、隔离开关、避雷器、CVT等一次设备及相关引流线进行了检查，发现线路避雷器A相、B相动作次数由0变为1，其他未见异常。

图11-32　罐体打开侧面手孔

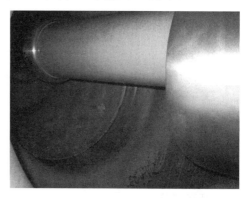

图11-33　打开手孔后的罐体

现场将 5043 断路器 B 相罐体线路侧手孔打开，如图 11 - 32，观察断路器内部有明显放电痕迹，罐体内部存在大量黑色粉尘存在，但未见明显放电点，如图 11 - 33。

对 5043 断路器 B 相内部进行了解体检查。检查整体外观，未见明显放电痕迹。将灭弧室与传动机构直接相连的绝缘拉杆外的屏蔽罩打开后，发现机构侧本体传动绝缘拉杆表面附着有大量粉尘，如图 11 - 34。

图 11 - 34　绝缘拉杆表面碳化变黑

对绝缘拉杆位置进一步解体检查，发现高压侧均压罩表面有明显的灼烧痕迹，如图 11 - 35，并粘黏金属物；绝缘拉杆表面有明显的树枝状放电痕迹如图 11 - 37；支撑绝缘筒内壁有多处明显的放电通道，如图 11 - 36。

 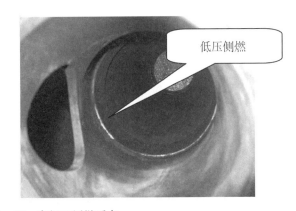

图 11 - 35　高低压侧燃弧点

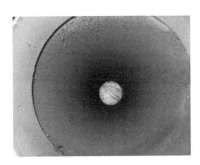

图 11 - 36　内壁放电痕迹

图 11 - 37　绝缘拉杆两侧电弧灼烧痕迹

（2）故障原因分析

根据放电现象，判断放电通道为绝缘拉杆高压侧屏蔽罩沿支撑绝缘筒内壁对支撑绝缘筒地电位处放电。当放电通道形成后，支撑绝缘筒腔体内部充满电离物质，电弧燃烧点发生漂移，造成绝缘筒内部多处放电通道。同时在电弧作用下，绝缘拉杆表面被电弧灼烧也形成明显的放电通道。

放电原因分析为故障相断路器支撑绝缘筒内壁存在异物或灰尘，断路器在操作过电压作用下，绝缘拉杆周围场强发生突变，因支撑绝缘筒内壁异物的存在，造成场强畸变，导致拉杆高压侧均压罩沿支撑绝缘筒内壁对支撑绝缘筒地电位放电。但考虑绝缘拉杆整体被支撑绝缘筒封闭，即便断路器罐体内部存在灰尘也不易进入支撑绝缘筒，因此，分析放电原因应为断路器灭弧室在厂内组装过程中工艺控制不严，造成支撑绝缘筒内壁残留异物，致使绝缘拉杆周围场强发生畸变而发生内部闪络。

（3）故障处理措施

对故障断路器进行更换，试验合格后恢复送电。

3．预防措施

（1）加强对罐式断路器及 GIS 设备的带电局部放电检测及 SF_6 气体成分分析，发现可能存在的内部绝缘缺陷；

（2）加强设备送电前线路过电压计算，有针对性的制定送电方案，尽量降低过电压对设备的影响。

4．案例总结

此次断路器故障是因制造厂在零部件及整体装配工艺等方面控制不良，造成断路器内部（隐蔽部位）存在异物，形成不均匀畸变电场，造成内部绝缘下降，导致对地放电。制造厂应严格控制厂内装配工艺，加强厂内及现场安装时罐体内洁净度控制，避免断路器内存在异物造成绝缘破坏。同时加强罐式断路器现场检修工艺控制，避免在大风或湿度较大等不良天气状况下进行开罐检修作业，现场检修应严格控制洁净度，开罐检修工作必须在防尘棚内进行，同时注意地面防尘，必要时进行地面硬化，严格按照制造厂内工艺要求进行控制。

第二节　雷击造成击穿损坏缺陷

一、110 kV 断路器因雷电导致断路器瓷群损坏

1．案例描述

××年××月××日，220 kV 变电站 2 号主变 110 kV 侧 10B 断路器、110 kV 旁

母 100 断路器，105 断路器、108 断路器跳闸，110 kV 2 段母线电度表电压消失、110 kVCT、PT 断线。

2. 分析处理

（1）现场故障检查

现场检查发现 107 断路器 A 相下方地面有部分瓷瓶碎片，如图 11‐38，A 相下接线端子上数第一片瓷裙破裂将近一半，周围有熏黑和电弧灼伤的痕迹，上接线端子和下方第一片瓷瓶有熏黑和电弧灼伤的痕迹，2 片瓷裙边沿上有电弧灼伤的白点。B、C 相极柱外观检查，未发现异常情况，如图 11‐39。

经现场检查试验分析，本体 A 相极柱内绝缘未受损伤，B、C 相极柱未发现异常情况。

图 11‐38　A 相下方地面瓷裙碎片

图 11‐39　开关俯视图

（2）故障原因分析

从保护跳闸的录波报告上分析，19 时 55 分，离站约 1.74 km 处遭受雷击，单相接地故障。雷电波沿导线向两侧传播。此时，107 断路器在热备用，雨水从上接线端子沿瓷裙流到下接线端子。虽然雷电压幅值不高，但是足以通过水流形成贯穿通道，引起母线差动保护动作。

（3）故障处理措施

对故障断路器进行更换，试验合格后投入运行。

3. 预防措施

（1）应考虑如线路处较长时间备用，两侧断路器应转为冷备用。

（2）断路器上方的操作走道，应安排改造，提高操作走道的排水能力。

（3）雷电活动频繁，新、扩建的变电工程要争取 35 kV～220 kV 出线出线侧装设避雷器保护。已运行的变电站，在 35 kV～220 kV 出线出线侧装设避雷器保护。

4. 案例总结

加强对雷击危害的观测、分析和研究，从工程设计、施工、运行维护等各方面采取措施，提高电网的抗雷害能力。及时吸取事故教训，防止电网瓦解和大面积停电事故的发生，认真组织开展安全生产大检查。加强事故隐患治理和防范措施落实，并狠抓设备的检修试验和消缺工作。

二、110 kV 断路器因雷电导致断路器损坏

1. 案例描述

××年××月××日，220 kV 变电站 284 断路器纵差保护动作出口，跳开 C 相断路器后重合成功。42 ms 后断路器切除故障电流。4 ms 后由于存在第二次雷击，侵入到站内的雷电冲击电压超过已断开的 283 断路器额定雷电冲击耐受电压，造成 283 断路器 C 相灭弧室内 SF$_6$ 气体因绝缘性能未恢复发生断口击穿重燃，180 ms 后 220 kV 母线失灵保护动作跟跳 283C 相断路器失败，330 ms 后跳开 283 断路器所在 220 kV 1 号母线及 201、213、285、211、281 断路器。17 时 11 分，283 断路器 C 相灭弧室发生爆炸，并造成临近设备受损。

2. 分析处理

（1）现场故障检查

现场发现 283 断路器三相机构均在分位，212 及其他间隔处于正常运行状态，283 断路器 C 相灭弧室炸裂。静触头座掉落在地上，静触头弹簧已烧损脱落，屏蔽罩及动静触头烧损严重，灭弧室内部瓷套有明显的放电痕迹。如图 11－40，检查发现炸裂的瓷套散布四周，最远崩至 40 m 处；283 断路器与 283 电流互感器间的过路管母线掉落在地上，283 断路器的 C 相电流互感器的一次接线座受外力作用变形，283 断路器 B 相和 201 断路器 A 相灭弧室外瓷套，283 断路器的 B、C 相电流互感器外瓷套，283-2 隔离开关 A、C 相支持瓷瓶及旋转瓷瓶，283 断路器 A 相与 283-2 隔离开关 A 相间一次引线支持瓷套均存在不同程度的受损。其他间隔设备外观检查未见异常。

图 11－40　设备受损情况

对 283 断路器 C 相进行解体，具体情况如图 11‑41、11‑42 所示。

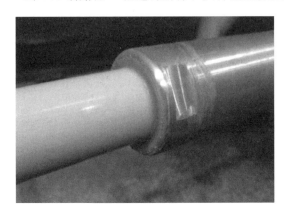 

图 11‑41　绝缘拉杆上部连接情况检查　　　图 11‑42　绝缘拉杆下部连接情况检查

绝缘拉杆外观正常，未发生断裂或变形，无闪络痕迹，与上下端接头黏接良好；绝缘拉杆与灭弧室连接处螺纹连接牢固，无松动。灭弧室动端拉杆情况检查，如图 11‑43 所示。

图 11‑43　灭弧室动端拉杆连接情况检查

灭弧室动端拉杆外观正常，未发生断裂或变形，无闪络痕迹，与灭弧室连接处螺纹连接牢固，无松动。

（2）故障原因分析

283 断路器 C 相断口间电弧熄灭后 4 ms 后，断路器断口间绝缘尚未完全恢复。断口承受的雷电过电压已超出产品承受能力，导致发生击穿燃弧。此时断路器处于分闸状态，无自主灭弧能力，而线路上电弧也未熄灭，283 断路器 C 相与线路处电弧接地点形成稳定的接地故障回路，直至 220 kV 1 号母线停电，故障电流消失。

因雷击过电压击穿 283 断路器 C 相的断口绝缘，产生的故障电流并未达到断路器立即爆炸的幅值，所以断路器未在雷击瞬间发生爆炸。长达约 280 ms 的燃弧导致 283 断路器 C 相灭弧室内静端屏蔽罩及动静触头等金属部件的烧蚀及瓷套的受损，同时灭弧室内持续的高温引起 SF_6 气体不断产生分解物,气室压力升高。高温气体被瓷套包围在封闭气室内,与外界的热交换缓慢,冷却时间长,受损瓷套在额定压力以上的气压的长时间作用下,套管产生疲劳损伤并逐步扩大,在断路器接线端子静拉力及风载等综合外力的作用下最终超过套管的承受极限,开关 C 相灭弧室发生爆炸。

(3) 故障处理措施

将 283 间隔停电,对 283 断路器进行拆除,制作养护土建基础。更换 283 断路器、283-2 隔离开关的支瓶及一次导电装配部分,恢复正常运行方式。

3. 预防措施

(1) 根据国网公司十八项反措要求,发生过雷电波侵入造成断路器等设备损坏的变电站应加装避雷器;

(2) 建议厂家开展敞开式 SF_6 断路器防爆装置的研发;

(3) 在断路器跳闸后重合闸未成功,尤其是失灵保护动作后,要求运维人员检查故障录波器,确保断路器录波图内未再次发生故障电流的前提下,方可进入现场进行相关工作;

(4) 为避免断路器虽转冷备用状态,但灭弧室内断口已击穿的无法监测,开展断路器设备加装 SF_6 气体压力数值远传,SF_6 气体微水、气体分解物和断路器机械特性等在线监测装置,实时监测断路器设备状态,避免工作人员在开关设备异常状态下开展工作,保障工作人员人身安全。

4. 案例总结

根据《国家电网有限公司十八项电网重大反事故措施(修订版)》(国家电网设备〔2018〕979 号)要求,对符合以下条件之一的敞开式变电站应在 110 kV(66 kV)—220 kV 进出线间隔入口处加装金属氧化物避雷器。

(1) 变电站所在地区年平均雷暴日大于等于 50 或者近 3 年雷电监测系统记录的平均落雷密度大于等于 3.5 次/(km²·年)。

(2) 变电站 110 kV(66 kV)—220 kV 进出线路走廊在距变电站 15 km 范围内穿越雷电活动频繁平均雷暴日数大于等于 40 日或近 3 年雷电监测系统记录的平均落雷密度大于等于 2.8 次/(km²·年)的丘陵或山区。

(3) 变电站已发生过雷电侵入波造成开关等设备损坏。

(4) 经常处于热备用运行的线路。当线路遭到雷击闪电损伤后,线路两侧断路器立即跳闸。按继电保护设定,断路器约经 700~1200 ms 左右再行重合。在断路器等待重合的时间内,若线路再次遭受雷击,此时由于断路器处于断开状态,母线避雷器无法保护断路器线路侧以及断口,第二次雷电侵入波在断路器断口处发生全反射,产生很高的雷电过电压,从而引起没有保护的断路器内绝缘或外绝缘的击穿。当多重雷击发生在较短线路中部时，可能会造成两个站的设备同时损坏。

第三节　重击穿

一、220 kV 断路器因雷击过电压导致闪络

1. 案例描述

××年××月××日，220 kV 变电站 281 断路器 C 相在单相开断线路故障 120 ms 后发生重击穿现象，281 断路器失灵保护跳 3 相，故障电流未消失，201 母差保护动作，跳开 201 断路器，故障电流消失。障碍未造成负荷损失。

故障时现场无检修工作，无操作。变电站内各设备无异常，281 线路 C 相有瞬时接地故障。因是大风及雷雨天气，站外树枝折断较多，听到多次较大的雷声。

2. 分析处理

（1）现场故障检查

保护动作情况：故障录波器检测 281 线路 C 相有故障，14 ms 分相差动出口，跳 C 相（最大短路电流二次值为 23.13 A 保护 CT 变比为 1600/1 折算至一次短路电流为 37 kA），19 ms I 段阻抗出口，显示 C 相，测距 1.656 km，跳 C 相。100 ms，单跳启动重合，253 ms I 段阻抗出口，C 相，跳三相，274 ms 分相差动出口跳三相（最大短路电流二次值为 16.25 A 保护 CT 变比为 1600/1 折算至一次短路电流为 26 kA）。352 ms 零序Ⅲ段加速出口，跳三相。

经查，断路器、保护在出现障碍时均正确动作。

281 断路器灭弧结构为定开距开断型式，采用液压分相操作机构，能够在三周波内断开故障。该断路器自投运×年以来，预防性试验数据合格，未进行过补气工作，未发生过任何缺陷。

据录波图 11 - 44 分析，281 断路

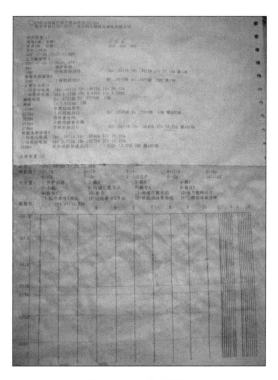

图 11 - 44　故障录波

器 C 相在故障后 70 ms 左右熄弧，经过 120 ms 后又发生重击穿，导致 281 断路器失灵保护动作。

（2）故障原因分析

根据现场情况及保护动作信息推断认为，故障发生的原因是：

线路遭受多重雷击，第一次雷击造成 281 的 C 相对地闪络。281C 相单跳隔离故障。190 ms 后在 281C 相断路器分闸情况下 281 的 C 相遭受第二次落雷，断路器断口母线侧承受正常的母线电压，线路侧承受的是雷击电压，在电压相位相反的情况下，断口间承受的实际电压已高于 2 倍的相电压，在高电压作用下引起灭弧室内部闪络，发生重击穿的现象。

（3）故障处理措施

对故障断路器进行整体更换，试验合格后恢复运行。

3. 预防措施

（1）从设备选型上考虑，建议以后不选定开距灭弧结构断路器，因定开距断路器实际开距小，有可能造成重击穿的现象；

（2）积极联系厂家对故障断路器进行返厂解体检查，查找有无其他异常现象；

（3）为防止断路器在热备用状态下因雷击而引起的重击穿现象，建议对定开距断路器线路出口处加装避雷器进行保护。

4. 案例总结

（1）因该型断路器是定开距灭弧结构，断路器在断开位置开距为 80 mm，开距较小。经查，该型号断路器在全国其他地区多次发生过雷击击穿的故障，充分说明产品设计深度不足是障碍发生的根本原因。

（2）在断路器处于热备用状态时，遭受雷击，断口间一侧承受正常母线电压，另一侧为雷电压，断口电压实际上是两侧电压的差值，在电压相位相反的情况下，断口电压值相对较大，高于断口间耐受电压，引起重击穿。

二、220 kV 断路器因重燃导致单相接地

1. 案例描述

××年××月××日，220 kV 变电站线路发生 A 相接地故障，保护快速动作，跳开三相断路器。后检查发现断路器 A 相在故障电流消失后发生重击穿，断路器的灭弧室严重烧损。

2. 分析处理

（1）现场故障检查

从录波图 11-45 中可以发现 A 相出现单相接地故障电流持续 43 ms 后，由于断路

器断开息弧，故障电流消失。此时三相断路器处于分闸位。但故障电流消失 24 ms 后，A 相断口击穿重新出现故障电流，并持续半个周波后消失。从录波图 11 - 46 上看故障电流的重新出现与断路器的变位存在一定的对应关系。

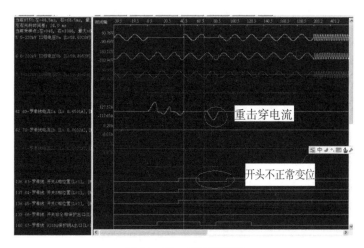

图 11 - 45　录波器截图

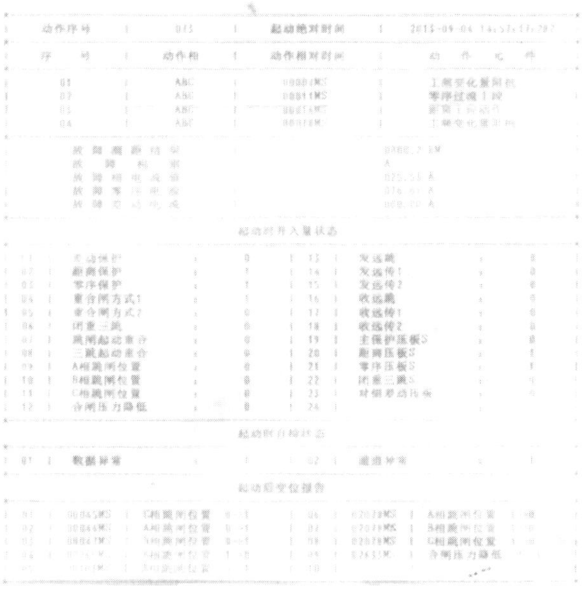

图 11 - 46　RCS931 保护的动作报告

（2）故障原因分析

1）A 相断口重击穿现象的分析：

通过气体成分测试结果及录波图中的图形分析可以得出，断路器 A 相在故障电流消失后的确发生重击穿事件。并且重击穿后较大的故障电流峰值持续半个周波后消失，但通过录波图进一步分析得出，虽然 A 相重击穿故障电流的峰值消失，但电弧并未熄灭，直到开关重合，A 相电弧燃烧时间从录波图中大致得出为 2016 ms。

a. 首先从断路器本体灭弧原理来看，当断路器断开后由于灭弧室内压气缸没有压缩气体的运动过程，无法进行有效吹弧，从而造成电弧无法熄灭。

b. 其次从断路器故障跳闸前后的二次电流的变化来看，A 相电弧在重合之间也没有熄灭；294 在接地故障发生前所带负荷较小，从录波图中可以看出，故障发生前三相二次电流的瞬时最大值基本在 0.15 A 左右。而开关跳开后在重击穿之前，B、C 相二次电流瞬时值最大值也在 0.15 A 左右，A 相二次电流瞬时最大值为 0.6 A。当 A 相重击穿，大的故障电流持续半个周波消失后，A 相二次电流的瞬时最大值从 1.2 A 衰减为 0.3 A，持续时间为 418 ms。A 相在第一次故障跳闸电流消失后，二次电流瞬时最大值为 0.6 A 以及断口重击穿大的二次电流持续半个周波后二次电流瞬最大值从 1.2 A 衰减为 0.3 A。通过上述 A 相二次瞬时电流最大值的描述可以得出，断路器重击穿故障电流持续半个周波后，虽然从图形上看出故障电流已经消失，但电弧并未熄灭。

2）B 相断路器气体成分 SO_2 含量较高的原因分析：

由于 294 断路器所带负荷正常时线路负荷较小，同时由于 294 回路 CT 的变比为 1600/5，变比较大。通过气体成分测试结果的对比来看，两相的 SO_2 成分基本一致。有可能断路器在分断过程中，电流没有过零，造成电弧无法熄灭，将灭弧室烧损。从而引起气体成分异常。

3）断路器不正常变位的原因分析：

由于录波器所采集的断路器变位信号，直接取自断路器机构的辅助开关，没有经过中间继电器，断路器在故障跳闸时，多次出现不正常变位，应当有两方面原因：一是辅助开关的机械联动部位松动，造成断路器在动作过程中辅助开关的接点出现抖动现象；二是断路器机构的分闸缓冲期存在问题，造成断路器在分闸过程中出现反弹过大的现象。

（3）故障处理措施

对故障断路器进行整体更换，试验合格后恢复运行。

3. 预防措施

（1）由于断路器出现重击穿的现象，并且燃弧时间较长，同时断路器本体的气体成份同样出现异常，断路器的灭弧室已严重烧损。应尽加强跟踪检查，杜绝同类事故，并入厂跟踪故障断路器解体进行检查。

（2）配合停电对站内电流互感器的励磁特性进行试验检查。

4. 案例总结

在大电流接地系统中，线路单相接地故障在电力系统故障中占有很大的比例，造成单相故障的原因有很多，如雷击、瓷瓶闪落、导线断线引起接地等。线路单相接地故障分为瞬时故障和永久故障两种。正常情况下如果是瞬时性故障，则重合闸会启动重合成功；如果是永久性故障将会出现重合于永久性故障再次跳闸而不再重合。因此在设备进场前要加强审查，防止设备带缺陷投运。在设备运行过程中要加强监测，及时发现问题。

第四节　本体破损

一、10 kV 断路器因手车偏斜导致触头烧损

1. 案例描述

××年××月××日，110 kV 变电站 518 断路器及 0 号站用变进行年检预试、消缺工作，停电后抽出手车开关，发现断路器 B 相上触指缺少 2 对共四只，触头弹簧接头部分烧损脱落在开关柜内，相间绝缘挡板与开关柜内上口绝缘挡板烧焦，一次接线端子有明显放电并烧熔痕迹。打开开关柜上口绝缘挡板，发现内部有四只触指，并且触指头部有烧熔的痕迹，如图 11-47 所示。

图 11-47　触指头部有烧熔的痕迹

2. 分析处理

(1) 现场故障检查

现场对断路器检查，发现断路器 B 相触头脱落 2 对触指，掉落 1 个弹簧，如图 11-48，BC 相绝缘挡板有熏黑现象，如图 11-49，三相触头螺丝有放电痕迹。检查 518 开

关柜内挡板 C 相有熏黑现象，柜内遗落触指卡簧，如图 11-50，打开挡板发现触头盒内有遗留的触指。

图 11-48　触指及弹簧脱落

图 11-49　柜内挡板熏黑

图 11-50　柜内遗落触指卡簧

由于 518 断路器是外来电源供电，其保护是站变保护，来电侧发生接地放电，518侧不易发现。

图 11-51　B 相导电臂下绝缘处放电痕迹

图 11-52　B 相触头盒与铁板交叉处放电痕迹

从图 11-51 中可看到断路器的 B 相导电臂下绝缘套处有放电痕迹，从图 11-52，开关柜 B 相触头盒与铁板交叉处有放电痕迹，说明这两处进行了放电，这两处放电的位置说明断路器在插入时放的电。从断路器卡簧烧损情况看，其上有放电痕迹，如图 11-53 所示。

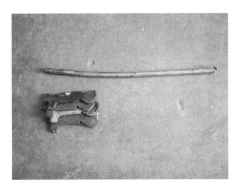

图 11-53　脱落的触指及弹簧

（2）故障原因分析

分析认为在断路器推入过程中，断路器 B 相触头与开关柜上口触头盒右下侧顶住，强行进车将断路器置于运行位置，导致在触指插入触头时脱落的四只触指向外张开，如图 11-54，触指将固定触指的触指座顶变形，触指脱落，造成开关柜对地距离变小，当线路有故障时引起断路器 B 相对开关柜 B 相触头盒下侧放电并烧熔被拉伸的触指弹簧，触指弹簧被烧熔后弹出造成中标示位置及开关柜绝缘挡板烧黑，如图 11-55，弧光造成断路器三相短路，一次接线端子处被烧熔。

图 11-54　外部放电痕迹

图 11-55　内部放电痕迹

现场检查断路器在推入过程中偏斜，如图 11-56，导致触指及弹簧被顶落，与柜体的距离变小，在运行中造成断路器 B 相上导电臂的下部与开关柜 B 相触头管口放电，造成相间放电及挡板熏黑。由于 518 间隔是受电侧，其断路器不能对此做出反应。

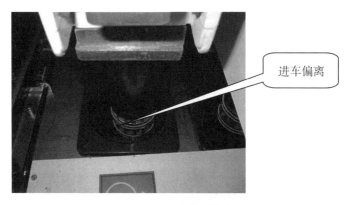

图 11-56　进车时偏离

（3）故障处理措施

对损坏的断路器进行更换，经试验合格后投入运行。对同类型的断路器进行全面排查。

3. 预防措施

（1）对手车开关柜所使用的断路器触指及簧进行检查，对断路器的触头进行检查，检查开关柜内隔离挡板是否能够正常开启；

（2）加强对手车开关进柜的培训及检查，发生偏移后及时处理；

（3）加强设备监造工作，对设备质量要认真验收、检查，尤其是设备中经常活动的连接位置；

（4）强化检修人员技能培训，在日常工作中要时刻关注设备运行情况，发现缺陷要能够及时处理。

4. 案例总结

手车开关的优点在于它无母线以及线路隔离开关，母线全封闭，柜体全封闭，占地面积小，操作使用安全方便、可靠性高。随着电网的逐步发展，目前手车开关已经广泛应用于变电系统当中，对于运检人员提出了新的要求，必须掌握它的功能及如何正确熟练的操作和检修。同时要严格把好产品质量关，规范装配工艺，设备质量验收时，严格检查手车操作的灵活性、准确性，防止动、静触头位置偏差。

二、10 kV 断路器因支架变形导致动静触头碰撞

1. 案例描述

××年××月××日，变电站主进 511 断路器检修。将开关手车拉出开关柜后，发现断路器 A 相动触头支架卡簧片位置错位，如图 11-57，正确用手触摸静触头有划伤毛刺。

图 11-57　511 断路器 A 相触头

2. 分析处理

（1）现场故障检查

检查发现因动、静触头不同心已造成动触头支架部分变形，如图 11-58。

图 11-58　511 A 相触头支架

主进手车重量较大，长期运行造成支架变形，动、静触头不同心，在手车摇进时静触头与动触指发生顶碰，如图 11-59 所示，触头支架变形并在手车摇进压力下，触指支架挡片后移，如图 11-60。

图 11-59　511 断路器触头变形

图 11-60　511 断路器触头支架变形

（2）故障原因分析

主进开关手车重量较大，长期运行后开关柜支架下陷变形，造成手车动、静触头不同心，在手车进出过程中发生碰撞，使得动静触头划伤、变形。

（3）故障处理措施

对动触头进行整体更换，静触头划痕进行打磨处理。其他两相进行检查。并对动静触头插入深度、同心度进行调整。手车位于运行位置时，检测直阻合格。

3. 预防措施

对类似主进设备，尤其是运行时间久的进行排查，发现问题要及时处理。

手车开关在操作时，要时刻关注手车开关进、出情况，对发现的变形情况，要立刻处理，防止类似事故发生。

4. 案例总结

随着电网建设的不断扩展和加强，各种形式的电气设备得到广泛应用。由于手车式开关柜具有占用空间小和经济性等优点，得到更多的普及和应用，相应的缺陷发生率也比较高，在日常工作当中要时刻关注设备运行情况，发现问题及时处理。更要加强设备投运前的监造工作，防止设备带缺陷投运。

三、35 kV 断路器因接头断裂导致漏气

1. 案例描述

××年××月××日，110 kV 变电站 377 断路器处于停电冷备用状态。35 kV 站变由 377-5 线侧接至 371-5 线侧，377 断路器出线电缆开展接引工作。17 点 12 分发现 377 断路器 SF_6 密度表压力为 0。随即对 377 断路器进行检查，发现 A 相充气管接头断裂，后及时对该断路器进行处理。

2. 分析处理

（1）现场故障检查

检修人员到达现场后对断路器充气管路进行外观检查，发现 377 断路器 A 相管接头断裂，导致 377 断路器三相 SF_6 气体泄漏压力降至 0。断裂管接头如图 11-61 所示。

图 11-61　断裂管接头

（2）故障原因分析

缺陷发生后，检修人员通过现场信息及现场排查发现如下：

1）管接头材质及加工工艺不合格，导致管接头刚度不合格，装配时损坏管接头；

2）机构组装工艺不合格，对断裂部分检查发现该管接头断裂部分为旧伤，分析为机构组装时，厂家工作人员暴力操作导致管接头受损。

（3）故障处理措施

检修人员配合厂家技术人员现场对 377 断路器 A 相管接头更换，对 B、C 两相进行检查。

3. 预防措施

（1）对同批产品利用停电机会进项检查，防止因装配问题造成设备部件损坏，导致断路器气体泄漏；

（2）加强设备监造管理，严格设备出厂试验见证流程；

（3）SF$_6$ 断路器要严格监视气体压力情况，对发现的漏气现象要自己查找并及时处理。

4. 案例总结

SF$_6$ 断路器具有良好的开断能力，允许连续开断次数多，噪音小，无火灾危险，机电磨损小等优点，是一种性能优异的"无维修"断路器，是电网中的重要元件，它对电网运行的可靠性有着重要影响。因此对 SF$_6$ 断路器的质量有更严苛的要求，从生产到组装，再到最后的投运，每一个环节都要严格把关。对 SF$_6$ 断路器各个连接管路以及接口要细致检查，防止漏气和充放气接口进水受潮。加强对 SF$_6$ 断路器的选型、订货、安装调试、验收以及投运全过程管理。

四、500 kV 断路器因继电器接线端子受潮导致断路器跳闸

1. 案例描述

××年××月××日，500 kV 变电站 06 时 12 分，5011 断路器跳闸。现场一次设备检查无异常，经进一步检查确认跳闸原因为 5011 断路器汇控柜内非全相继电器 2 的接线端子受潮短路，继电器动作所致。

2. 分析处理

（1）现场故障检查

现场检查 5011 断路器汇控柜，箱壁内和各元件上均无凝露现象。经仔细检查，非全相继电器 2 的正上方有一个通风口，上有水滴。非全相继电器 2 接线端子处有水迹。汇控柜顶部防雨盖下有少量水迹。

汇控柜顶部共有六个通风口，其中三个有排风扇，三个无排风扇。其他五个通风

口均无水滴，也无受潮现象。断路器跳闸时，汇控柜内排风扇为启动状态，两个 200 W 的加热器也处在加热状态。

（2）故障原因分析

1）直接原因

由现场情况判断，由于排气口内外存在温差，5011 汇控柜内的潮气在浓度较大的情况下，通过某些排气口时在通风口罩上形成凝露。

如图 11-63，水滴滴到非全相继电器 2 的接线端子上，造成 X4-34 与 X4-37 端子短路，从而使非全相继电器误动，导致 5011 断路器无故障跳闸，如图 11-62。

2）深层次原因

汇控柜存在先天缺陷，投运之初即造成柜内经常凝露，同时，非全相继电器的布置位置处于通风孔的正下方，一旦有凝露形成水滴就会落到继电器上。

通风孔布置在汇控柜顶部，增加了安全运行的不确定因素。

图 11-62　进水情况

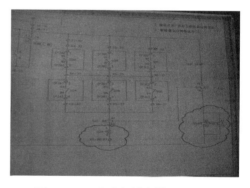

图 11-63　非全相继电器原理图

（3）故障处理措施

对二次回路进行检查，拆卸非全相继电器 2 进行清洁烘干处理并校验合格后安装。同时对非全相继电器 2 上方的通风口进行封堵，如图 11-64。

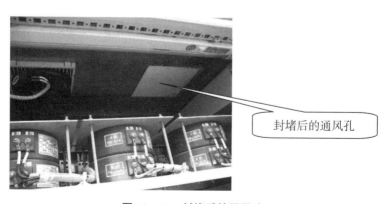

图 11-64　封堵后的通风孔

对站内 500 kV HGIS 设备所有汇控柜进行了检查，发现其他汇控柜也有类似情况存在，现已将所有汇控柜非全相继电器上方的通风口进行密封处理。下图 11 - 65 为 5023 断路器汇控柜排气口凝露滴水情况。

图 11 - 65　5023 开关汇控柜排气口凝露滴水情况

3. 预防措施

对同类型产品进行全面检查，发现问题的应及时处理。加强断路器汇控柜内除湿、通风设备检查，防止类似事故发生。

4. 案例总结

此次事故暴露出 HGIS 汇控柜结构存在设计缺陷，相关检测项目不全。对全网同类型设备进行改造，将汇控柜顶部的排风扇及通风口改到汇控柜侧面，同时将汇控柜顶部的通风口全部密封。

五、220 kV 断路器因压气缸与中间触头连接部位松动脱落导致断路器损坏

1. 案例描述

××年××月××日，变电站 221 断路器 C 相支柱瓷套上节爆裂，221-1 与 221-2 隔离开关间 C 相支柱绝缘子断裂，221C 相电流互感器开关侧一次引线处破损，引线拉出。如图 11 - 66 所示，220 kV 母差保护动作，221、201、211 断路器掉闸，220 kV1 号母线失压，101、001 自投装置动作成功，

图 11 - 66　221 间隔受损设备

未损失负荷。

2. 分析处理

（1）现场故障检查

检查发现 221 断路器 C 相仍在合位，机构缓冲器油位正常，如图 11 - 67；C 相中间瓷套爆裂，落在断路器 C 相南侧如图 11 - 68，上节绝缘拉杆两头存在爬电痕迹；221-1 与 221-2 隔离开关间 C 相支柱绝缘子断裂，如图 11 - 70；221C 相电流互感器开关侧一次引线处破损漏油，引线拉出落在地面，如图 11 - 69，并在下落过程中对 221C 相机构箱放电 11 - 72；对 220 kV1 号母线连接设备及 1 号主变回路进行检查，未发现异常，其他设备运行正常。

图 11 - 67　221C 相断路器缓冲器油位正常

图 11 - 68　221C 相断路器灭弧室

图 11 - 69　221C 相 CT

图 11 - 70　221C 相支持瓷瓶

图 11 - 71　221 断路器周围草地着火

图 11-72 下落导线对机构箱放电　　　　图 11-73 故障后断路器位置

　　现场将故障相下节支持瓷瓶吊开，发现下节绝缘拉杆无放电痕迹，如图 11-74。因此可以排除断路器内部绝缘拉杆发生贯穿性对地放电故障。

图 11-74 故障相绝缘拉杆

　　进一步解体灭弧室后发现，断路器动触头与静触头接触良好，动触头金属拉杆两端均被烧断；压气缸与中间触头连接处的压气缸壁烧蚀 11-75，主导电筒上部烧蚀 11-76；中间触头位于分闸位置（此时应与其相连的压气缸在合闸位置）；中间触头固定用铜环完好，但固定铜环向下有移位现象。

图 11-75 灭弧室烧蚀情况　　　　　　　图 11-76 主导电筒烧蚀情况

（2）故障原因分析

1）正常运行时，工作电流通过上接线座、静触头、动触头、压气缸、中间触头、主导电筒、下接线座输出，如图 11-77 所示。

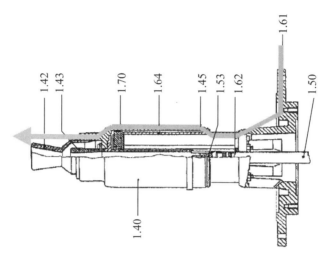

图 11-77 正常情况下电流路径

2）由于该型断路器设计不合理，中间触头及固定铜环与压气缸采用抱压紧固方式。在运行中，由于断路器长时间运行多次动作后，压气缸与中间触头连接部位松动并逐渐脱开，中间触头连同固定铜环向下滑落，使作为主导电体的压气缸与主导电筒间产生了间隙，两者间由于接触不良开始过热放电烧蚀，如图 11-78。

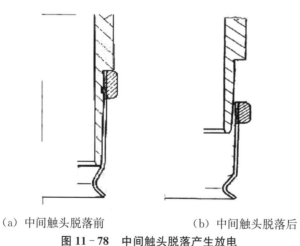

（a）中间触头脱落前   （b）中间触头脱落后

图 11-78 中间触头脱落产生放电

3）压气缸与主导电筒间电弧长时间燃烧，烧熔压气缸下边缘，同时造成压气缸与主导电筒之间间隙进一步加大，电流无法通过正常路径导通，而将压气缸拉杆与主导电筒和下接线座内壁间的间隙分别击穿通流，如图 11-79（分别找到对应放电点），

A、B两处产生放电过热，烧蚀主导电筒上端部、压气缸拉杆及下接线座内壁。并将压气缸金属拉杆在主导电筒上端部及绝缘拉杆上金属座处两处烧断。

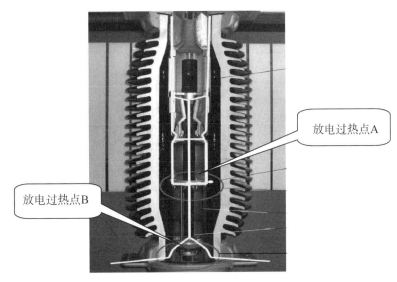

图 11－79　中间触指脱落后电流路径

4）故障断路器本体内两处放电点长时间烧蚀产生的热量造成断路器内部 SF_6 气体压力升高，同时下接线座放电点附近瓷瓶由于局部高温导致机械强度大幅度下降，当该部位瓷套无法承受内部 SF_6 压力、灭弧室本身重量及导线的牵引力时，瓷瓶断裂，中间瓷套掉落在水泥硬地面上破碎，上瓷套在引线拉力下坠落在草地中，连接的引线将电流互感器瓷套拉破，导线随上瓷套下落对断路器机构箱放电。由于放电点在 CT 与母线之间，线路保护未动作，母差保护动作，跳开 220 kV I 段母线，因 221 断路器 C 相瓷瓶断裂，SF_6 压力降低闭锁，母差保护动作后，C 相断路器未动作，C 相位置在合闸位置。

综合上述分析，可以得出本次故障的原因为：

由于断路器本身结构存在设计缺陷，在断路器长时间运行多次操作后，压气缸与中间触头连接部位松动脱落，压气缸与主导电筒间产生间隙，接触不良过热放电，烧蚀压气缸与主导电筒，致使间隙进一步变大，并最终导致压气缸拉杆与主导电筒及下接线座内壁分别击穿通流，将压气缸金属拉杆两端烧断，烧蚀导电筒头部下接线座内壁。放电点烧蚀产生的热量造成开关内部 SF_6 气体压力升高，同时下接线座放电点附近瓷瓶由于局部高温导致机械强度大幅度下降，当该部位瓷套无法承受内部 SF_6 压力、灭弧室本身重量及导线的牵引力时，中间瓷套爆裂坍塌，引线随上瓷套坠落过程中对开关机构箱放电，母差保护动作切除故障。

（3）故障处理措施

更换损坏断路器及电流互感器就位，完成 SF_6 气体静置及全部试验工作恢复送电。

3. 预防措施

（1）由于该型断路器导电回路存在设计缺陷，且均已超过厂家建议大修周期（15 年～20 年），通过大修改造无法解决存在的导电回路设计缺陷问题，同时目前该型断路器大修费用已高于新合资断路器采购价。建议对剩余 19 台该型号断路器利用大修费进行更新改造。

（2）上述断路器更换前应加强运行维护工作。立即安排检查油缓冲器油位情况，以后每半年检查一次，发现缺失缓冲油问题的应优先安排更换；将原每季度进行的红外精确测温周期缩短，220 kV 断路器每周一次，110 kV 断路器每月一次，重点检测部位为灭弧室及下接线板附近；每次停电时应进行 SF_6 分解产物检测。

（3）对照厂家说明书的检修周期对在运主要变电设备的运行年限进行梳理，健全设备状态检修台账，制定针对性的状态检修策略，并在年度大修技改费用中落实。对运行超过厂家检修周期的断路器设备进行红外测温、SF_6 分解产物检测等项目的检查。

（4）进一步深入研究带电检测新技术，可考虑安装在线红外测温装置，实时监测断路器中间接头位置温度；研究 X 射线发现瓷柱式断路器内部缺陷的可能性。

4. 案例总结

（1）故障暴露出产品导电部分设计结构不合理，存在中间触头与压气缸脱落造成断路器爆炸的事故隐患，本次断路器瓷套爆裂正是由于中间触头与压气缸脱落造成。

（2）故障设备虽然按规定进行了检修试验及红外测温工作，但结果未见异常，说明以目前的检测项目及检测手段无法及时发现该类故障隐患。

（3）该断路器至今已运行 23 年，产品说明书要求"每 15 年～20 年或断路器动作 2500 次后，应由制造厂人员或受过专门训练的人员进行检修"，但该断路器状态评价结果正常，故一直未安排大修，状态检修专业管理工作针对性还需要加强。

第五节　部件缺陷

一、110 kV 断路器因绝缘拉杆内部缺陷导致拒分

1. 案例描述

××年××月××日，110 kV 变电站 1171 断路器在由运行转热备用操作过程中，发现 1171 断路器拉开后 A 相仍有电流。立刻组织人员赶到现场进行检查，发现 1171 断路器机构三相均已到位，怀疑该缺陷系内部 1171 断路器 A 相内部未脱开造成。更换 1171 断路器 A 相本体后恢复送电。

对 1171 断路器进行检查，发现三相机构均在分位，且已到位；试验人员对 1171 断路器内部 SF$_6$ 气体水分进行检测，无异常。

2. 分析处理

（1）现场故障检查

对 1171 断路器 A 相本体进行了解体，发现内部有大量白色粉尘。同时，A 相绝缘拉杆断裂，绝缘拉杆轴销脱落且严重腐蚀变形，内部动静触头无灼伤放电痕迹。外观及解体情况，如图 11 - 80 至图 11 - 88 所示。

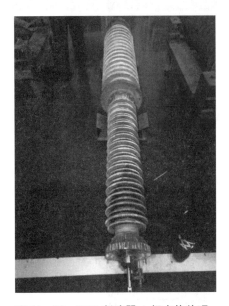

图 11 - 80 1171 断路器 A 相本体外观

图 11 - 81 1171 断路器中间法兰解体后

图 11 - 82 绝缘拉杆整体外观

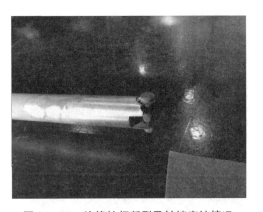

图 11 - 83 绝缘拉杆断裂及轴销腐蚀情况

图 11-84　与正常轴销的对比

图 11-85　绝缘拉杆断裂及轴销

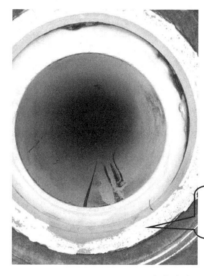

内部大量
白色粉尘

图 11-86　瓷套内部

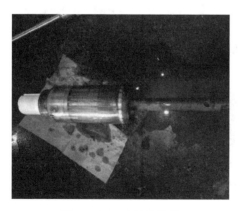

图 11-87　动触头外观

图 11-88　动触头与绝缘拉杆连接处

（2）故障原因分析

根据现场缺陷情况、解体情况，分析认为，造成此次缺陷的原因主要为：一是1171 断路器 A 相本体内部绝缘拉杆断裂是造成 A 相断路器无法断开的直接原因，其根本原因系该断路器由于部件加工工艺控制不严，拉杆连接轴销与轴销孔处存在间隙，在运行中或热备用中易产生悬浮电位而引起放电，腐蚀轴销和销孔，长时间放电造成销孔断裂，轴销变形脱落；二是该断路器返厂大修时，厂家未按要求对内部绝缘拉杆更换为带等电位连片的新拉杆，如图 11 - 89，造成悬浮电位放电，最终导致绝缘拉杆销孔断裂。

图 11 - 89　带等电位连片的绝缘拉杆

（3）故障处理措施

对该断路器进行整体更换，经试验合格后投入运行。

3. 预防措施

（1）对同厂同型同批次产品进行排查。

（2）对类似情况的断路器进行跟踪监测，内部 SF_6 气体组分一旦发生变化，立即处理；同时要求厂家对该断路器进行整体更换。

（3）要求严格控制大修工艺流程，加强大修过程管控，断路器到货验收时应随开关提交大修工艺控制卡及相应的试验报告。同时加强驻厂监造工作，对工艺流程、检修质量和关键工序进行抽检见证，并填写断路器返厂大修监造见证指导卡。监造完成后，此卡应与交接资料一起留存保管。

4. 案例总结

工厂化检修过程中，应加强断路器返厂大修监造，对存在缺陷的断路器返厂大修工作应重点开展设备监造见证工作，同时完善相应的断路器返厂大修监造见证指导卡，提升设备监造和关键点见证的工作质量水平。

二、35 kV 断路器因转换开关缺陷导致不能合闸

1. 案例描述

××年××月××日，110 kV 变电站 346 断路器突然跳闸，运行试送合闸不成功。检查发现 346 断路器转换开关接点有烧损。

2. 分析处理

（1）现场故障检查

现场对 346 断路器机构进行检查并打开机构盖板，发现其转换开关处冒烟，且接点有烧损现象，如图 11-90 所示。

使用万用表对转换开关进行测量，发现转换开关同侧相邻端子时有接通现象，对侧端子常开接点接通，说明转换开关不可靠，接点出现粘连状况。

图 11-90 转换开关烧损

（2）故障原因分析

经对转换开关的冒烟现象进行检查分析，发现其表面上留有从机构转动部位上掉落的黄油，机构转动部位的黄油应适量，不宜过多，否则在震动的情况下容易掉落到转换开关上，黄油在电流的作用下高温发热，导致转换开关接点受到损伤，并出现接点粘连情况。对二次回路进行检查，因出现的接点粘连情况，导致信号回路的正电串入跳闸线圈，使跳闸线圈动作，导致开关突然跳闸。

在试送合闸时突然跳闸的情况进行分析，发现同样是因为转换开关接点粘连的原因，在合闸过程中，正电串入分闸回路，导致跳闸线圈动作，开关分闸。

（3）故障处理措施

更换转换开关后，对机构进行清理，检查二次回路，对断路器进行试验，合格后

恢复送电。

3. 预防措施

（1）对同型号断路器的转换开关进行检查，发现类似情况要及时处理；

（2）加强对断路器机构的检查，检查机构转动部位尤其是转换开关上方的黄油是否过多，是否有掉落在转换开关上的情况。

4. 案例总结

断路器的转换开关由于需要频繁切换，很容易出现节点转换不到位的情况，在日常开关维护工作中，要重点检查转换开关转换情况。

对断路器的转动部位进行润滑时，不易涂抹过多的润滑油，防止润滑油滴落到断路器其他部件上，造成断路器故障。

三、10 kV 断路器因线圈缺陷导致直流接地

1. 案例描述

××年××月××日，110 kV 变电站 4 号电容器组 830B 断路器在操作过程中，出现间歇性直流接地信号并最终演变为持续直流接地信号，断路器本体有一股烧焦的气味。

2. 分析处理

（1）现场故障检查

检修人员到达作业现场，对 830B 断路器进行了进一步检查：

1）确认 830B 断路器控制电源和储能电源在断开位置，并释放 830B 断路器弹簧能量。

2）将 830B 断路器面板打开，检查发现：合闸线圈 YC 烧损严重，如图 11‑91 中红圈部位，出现流胶现象；合闸线圈前下方的微动开关 S6 烧损，如图 11‑92 接头 S6-22 与 S6-14 烧损粘接到一起；断路器机构底部出现黑色胶状物。

图 11‑91　烧损的合闸线圈 YC

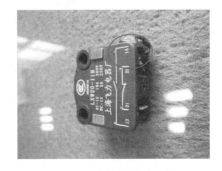

图 11‑92　烧损的微动开关 S6

按照故障描述：830B断路器控制电源断开，直流接地信号消失，由此判断直流接地故障出现在830B断路器本体控制回路中如图11-93。

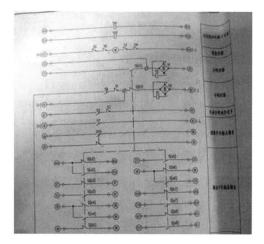

图 11-93　ZN65-12/T1250-31.5 型断路器控制回路

通过观察烧损的微动开关 S6 两个接线头，见图 11-94 与图 11-95 中红圈处，发现它主要涉及两条回路：储能回路与合闸回路。

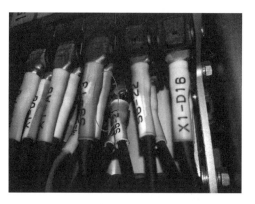

图 11-94　微动开关 S6 两个烧损接线头

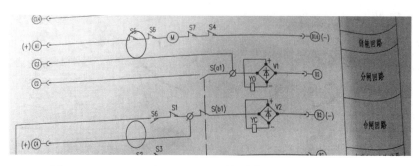

图 11-95　ZN65-12/T1250-31.5 型断路器储能回路与合闸回路

（2）故障原因分析

储能回路采用 AC220V，合闸回路采用 DC220V。而微动开关的接线头 S6-22 处于储能回路中，微动开关的接线头 S6-14 处于合闸回路中。两个接线头由于烧损而粘连在一起，就导致直流电窜入交流电回路，从而引发直流接地故障。

检查烧损的合闸线圈 YC，发现其铁心已被烧熔的胶粘连。微动开关 S6 的两个烧损节点紧靠合闸线圈 YC。检测烧损的合闸线圈 YC 电阻为 3.7 欧姆，如图 11‑96，而其正常值为 247 欧姆。远方操作施加合闸电压为 DC220V，可致电流高达几十安培，大量的发热导致合闸线圈 YC 烧损，其热熔液与微动开关 S6 节点 S6-22、S6-14 相接触，导致节点熔化，直流电通过连个节点窜入交流电回路而产生直流接地信号。

图 11‑96　检测烧损的合闸线圈 YC 电阻为 3.7 欧姆

（3）故障处理措施

检修人员对烧损零部件（合闸线圈 YC、微动开关 S6）进行更换。最后，将控制电源、储能电源合上，对 830B 断路器进行操作，多次分合闸未出现直流接地信号，故障消除。

3. 预防措施

（1）对类似微动开关中的节点布置，应尽量避免直流回路和交流回路节点共用一个微动开关；

（2）对该型号断路器的储能回路应采用与控制回路一致的直流电源；

（3）严格按照《国家电网公司输变电设备状态检修试验规程》进行设备的检修试验，重点加强合闸最低动作电压的检测与调整。

4. 案例总结

该直流接地故障直接原因是直流回路节点与交流回路节点太近所致。但是究其根本原因是合闸线圈 YC 执行合闸命令失败，线圈持续发热所致。而合闸线圈 YC 执行合闸命令失败的原因应归咎于现阶段我们执行《国家电网公司输变电设备状态检修试验规程》不严格。有些断路器在检修过程中，合闸最低动作电压偏高，甚至达到或超过控制电源额定输出，检修人员认为合闸功能较之分闸功能的要求低，因而未对其进行科学合理的调整。当流系统电压由于某些原因偏低的时候，调度部门远方遥合电容器开关就容易导致失败，烧毁线圈，进而引发次生故障。

四、110 kV 断路器因继电器缺陷导致跳闸后重合不成功

1. 案例描述

××年××月××日，220 kV 变电站 110 kV198 线路 A 相故障，14 ms 零序 I 段出口、15 ms 接地距离 I 段出口，CSC161A 线路保护装置动作跳开 198 断路器，1579 ms 后重合闸动作出口，此时由于断路器机构内部储能继电器故障接点不通，造成控制回路断线合闸回路不通，断路器重合闸不成功。

2. 分析处理

（1）现场故障检查

检修人员到达现场，198 断路器处于分位，显示已储能。检修人员对断路器机构箱进行外观检查，显示控制回路断线。现场对 198 断路器进行二次回路查线，发现 198 断路器 K12 储能继电器（图 11-97）21/22 接点不通，二次回路原理图如图 11-98 所示。对储能继电器进行调整后，现场进行 198 开关的传动试验，第三次时再次出现储能继电器接点不通缺陷，验证了该继电器存在隐患。

图 11-97 K12 继电器铭牌及外观

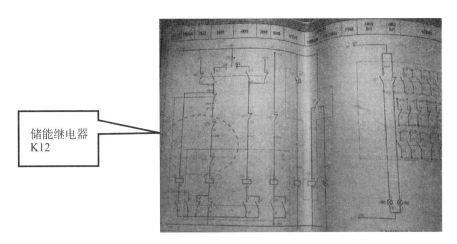

储能继电器
K12

图 11 - 98   二次回路原理图

（2）故障原因分析

缺陷发生后，检修人员通过现场信息及现场排查，分析故障原因可能如下：

1）继电器质量较差，不到年限即发生缺陷；

2）该机构长时间不动作，继电器易发生卡滞或者接点不通。

（3）故障处理措施

根据分析和判断，检修人员现场对 198 断路器 K12 储能继电器进行更换，保护人员对 198 断路器进行传动试验，测试结果合格。

3. 预防措施

（1）对同批次生产的断路器机构利用停电机会进行检查，重点检查各种继电器动作可靠性。

（2）对该批次投运的断路器进行大修（包括汇控柜及机构箱二次元件，机构机械部分）。

（3）断路器设备中继电器使用较多，要加强继电器产品质量检查，对不合格的产品要坚决禁止投入运行。

（4）断路器的日常检修维护工作中，要重点检查各个继电器的动作情况，防止由于继电器老化造成继电器卡涩或节点不通的缺陷发生。

4. 案例总结

继电器是具有隔离功能的自动开关元件，广泛应用于遥控、遥测、通讯、自动控制、机电一体化及电子设备中，是断路器中重要的控制元件之一。它能准确的控制和监视断路器的运行情况，且由于继电器在运行中动作频繁，很容易造成继电器节点不通等故障。在断路器的选型、制造、验收、运行过程中，要严把设备质量关，确保设备各个部件的运行可靠性。

五、110 kV 断路器因连杆缺陷导致分闸不到位

1. 案例描述

××年××月××日，110 kV 变电站 127 断路器在由运行转检修操作过程中，当断开 127 断路器后现场确认开关位置时发现断路器已指示在分闸位置，但主控室后台显示断路器 C 相仍有电流，分闸不到位。

2. 分析处理

（1）现场故障检查

相关人员进场检查处理，经查断路器分合指示已显示在分闸位置，解开断路器底座封板，发现 C 相拐臂处拉杆断裂，测量各相回路接触电阻，结果为 A、B 无穷大，C 相为 81 $\mu\Omega$，判断 C 相提升杆脱落，如图 11-99 所示。

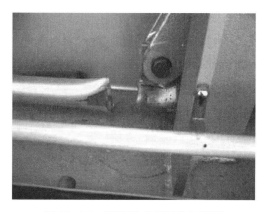

图 11-99　断路器 C 相提升杆脱落

返厂对该断路器进行解体发现：C 相本体绝缘拉杆与灭弧室活塞杆连接的轴销孔拉成长孔；轴销脱落，轴销受损中部变细，如图 11-100 至 11-102 所示。

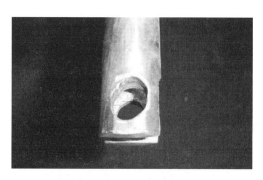

图 11-100　轴销孔变形

图 11-101 轴销受损

图 11-102 连杆与本体磨损

（2）故障原因分析

分析认为造成故障的主要原因是：由于 C 相拉杆连接处的零部件配合尺寸超差，分合闸时轴销撞击插孔，使间隙不断扩大，当上、下拉杆不相连时，下部插孔产生悬浮电位，在其周围产生电腐蚀；断路器的操作冲击加大间隙，在冲击和烧蚀的共同作用下，轴销与孔间隙不断增大，最终导致轴销脱落。

（3）故障处理措施

将 127 断路器返厂进行解体大修，经试验后投入运行。

3．预防措施

（1）运行中严格按照国网公司《预防交流高压开关事故措施》"预防开关设备机械损伤的措施"，加强监视分合闸指示器和绝缘拉杆相连的运动部件相对位置有无变化，并定期做断路器机械特性试验，以便及时发现问题；

（2）结合停电检修，安排对断路器的接触行程等参数进行测量，并与出厂值进行比较；

（3）运行部门加强巡视，特别注意断路器是否有异常声响，有异常声响时，进行分解产物含量的测试，以策安全并注意断路器分合指示是否有变位。

4．案例总结

目前制造厂家已对拉杆连接处进行了设计改进，将销子适当加长，在挡圈槽外开

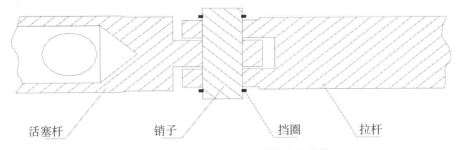

活塞杆　　　　　销子　　　　挡圈　　　　拉杆

图 11-103 设计未改动前的连接结构

浅槽，增加弹片，使弹片卡在浅槽中，弹片另一端用螺栓固定在活塞杆和拉杆上，每相两个弹片，利用弹片的弹性使活塞杆、拉杆和销子有效接触，消除悬浮电位。该种设计现已通过万次寿命试验。改进前后连接结构分别如图 11‑103、11‑104 所示。

图 11‑104　设计改进后的连接结构

六、35 kV 断路器因线圈缺陷导致无法合闸

1. 案例描述

××年××月××日，220 kV 变电站两台主变并列运行，2 号主变经 211 断路器带 220 kV 1 号母线运行，2 号主变经 011 断路器带 110 kV 1 号母线运行，35 kV 母联 301 断路器在并列运行状态。1 号主变 311 断路器在合闸送电过程中，发生控制回路断线故障，合闸不成功。经检查发现合闸线圈烧毁。

2. 分析处理

（1）现场故障检查

检查发现，311 断路器的控制电源正常，打开机构箱检查，箱内有轻微烧焦气味，检查合闸控制回路元件如图 11‑105，发现合闸线圈阻值达到 900 欧姆，同时对辅助开关、微动开关、相关继电器线圈及弹簧机构检查均无异常。

（2）故障原因分析

经现场检查后分析认为故障原因为合闸线圈烧毁、绝缘损坏。

（3）故障处理措施

更换了 311 断路器合闸线圈，对机构进行清扫、检查，传动部件

图 11‑105　311 断路器机构

进行润滑，传动 4 次开关，均能正常动作，并经保护试验合格后，将 311 回路恢复供电。

3. 预防措施

（1）利用 PMS 台账对型号相同、投运时间、出厂时间相近的开关展开排查，对于对运行时间长开关内合（分）闸线圈及时进行更换，并做好各项试验；

（2）引进线圈检测装备，开展分合闸线圈匝间短路检测，提升检测水平，及时发现线圈隐患，避免故障发生；

（3）加快对老旧设备淘汰，采用技术先进、质量可靠的设备，提升电网健康水平。

4. 案例总结

预防性试验是电力系统现阶段诊断、维护设备的重要手段，但过程中多次分合闸测试，也会造成断路器易损部件如合闸线圈部件疲劳，对于老旧设备损伤过程更明显，此次事件很大程度上就是由于线圈老化，难以承受预试过程中频繁传动导致断路器在合闸送电过程中合闸线圈绝缘失效，线圈损毁，发生控断故障。

七、220 kV 断路器因温控器缺陷导致跳闸

1. 案例描述

××年××月××日，220 kV 变电站两台主变并列运行，1 号主变经 211 断路器带 220 kV 1 号母线运行，2 号主变经 212 断路器带 220 kV 2 号母线运行，220 kV 母联 201 断路器在并列运行状态。220 kV 母联 201 断路器的非全相出口，220 kV 母联 201 断路器跳闸。经检查温湿度控制器内部发热引燃外壳，将上方的非全相继电器烧损。

2. 分析处理

（1）现场故障检查

经检查发现，母联 201 断路器汇控柜内，发现端子排有灼烧痕迹，多个继电器烧损，柜门上电源跳闸情况如图 10 - 106。

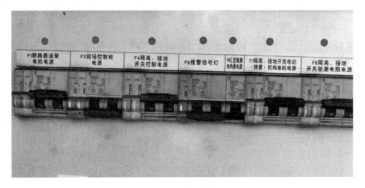

图 11 - 106　柜门上电源跳闸情况

经进一步检查发现，中间继电器 K10（低气压继电器）、K11（非全相启动继电器）、K12（A 相防跳继电器）、K13（B 相防跳继电器）、K14（C 相防跳继电器）、K15（开关连锁投入/解锁继电器）、KF（信号复归继电器）、KW1（汇控柜温度温控器）、KW3（汇控柜湿度温控器）烧毁，如图 107 至 109 所示。

图 11-107　汇控柜内烧损情况

图 11-108　烧损的继电器

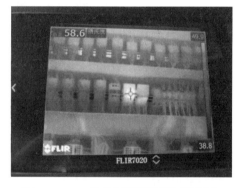

图 11-109　其他间隔温控器测温图谱

检修人员到达现场后，对汇控柜内二次原件进行了测温发现，温度、湿度控制器在运行过程中温度高达 58 ℃。

（2）故障原因分析

母联 201 汇控柜内的温湿度控制器，由于长期投入运行，运行年限长达 12 年，内部发热引燃外壳，外壳燃烧过程中，将上方的非全相继电器烧损，在燃烧过程中，由故障录波可见，17 点 49 分 27.016 秒时非全相继电器发出断断续续的信号，直到持续发出信号，201 断路器 A 相变位信号 17 点 49 分 41.802 秒跳闸，随后非全相继电器动作跳开 B 相和 C 相断路器，201 断路器三相跳闸。

由非全相继电器发出断断续续启动录波信号到断路器跳闸的时间差长达 14 s 可推测，该信号为火苗烘烤非全相继电器二次接线时造成非全相动作启动故障录波信号 K11（03）、K11（04）接点短路引起的，在火灾蔓延过程中，将非全相继电器 K11 跳 A 相断路器的接点 K11（13）、K11（14）烘烤短路后造成 A 相跳闸，导致 201 断路器 A 相跳开，随后非全相继电器动作，跳开 201 的断路器 B 相和 C 相。

（3）故障处理措施

更换中间继电器 K10（低气压继电器）、K11（非全相启动继电器）、K12（A 相防跳继电器）、K13（B 相防跳继电器）、K14（C 相防跳继电器）、K15（开关连锁投入/解锁继电器）、KF（信号复归继电器）、KW1（汇控柜温度温控器）、KW3（汇控柜湿度温控器），并经信号核对无误后，将母联 201 间隔恢复运行。

3. 预防措施

（1）对同批次组合电器的温度、湿度控制器进行更换，在更换前，将加热、除湿电源断开，人工手动投退加热器。

（2）定期开展组合电器汇控柜内二次元件测温，尤其是运行年限较长的老旧设备。

4. 案例总结

该案例主要暴露出以下问题：

（1）汇控柜内的温度、湿度控制器品控不严，为非阻燃材料制成，运行中发生温度异常升高，达到其燃点后引发火灾，波及其他设备；（2）汇控柜内二次原件运行工况恶劣，缺乏有效的降温、除湿手段，仅能依靠加热器和风扇进行除湿；（3）汇控柜内红外测温不及时，没有及时发现设备故障隐患。

第六节　操动机构故障及缺陷

一、220 kV 断路器因链条缺陷导致操作失灵

1. 案例描述

××年××月××日 15 时 00 分，220 kV 变电站在进行 262 断路器预试（保护传动）时，262 断路器 C 相机构拒合，非全相继电器动作，262 断路器 C 相机构拒分，检查断路器处于半分半合状态，机构分闸线圈烧毁。

2. 分析处理

（1）现场故障检查

断路器处于半分半合状态（图 11 - 110），两个分闸线圈已经烧损（图 11 - 111）。

图 11 - 110　断路器位置指示

图 11 - 111　断路器分闸线圈

导向小链条断裂（图 11 - 112），导向链条堆积在弹簧内（图 11 - 113）。

图 11 - 112　断裂的链条

图 11 - 113　导向链条堆积在弹簧内

（2）故障原因分析

1）分闸线圈烧毁原因分析

根据现场的检查情况分析，分闸线圈烧毁的主要原因是因为机构中小链条断裂引起的。

当小链条断裂后机构进行合闸操作时，大链条在没有小链条的导向作用下左右摆动，链条堆集在弹簧的导向件中，将该导向件损坏；由于消耗了部分合闸能量，所以断路器出现了半分半合的现象。现场发现该断路器位于即将合闸到底的位置，此时机构的辅助开关正好处在时通时断的状态，故发出非全相信号，触发非全相继电器动作使断路器分闸；由于凸轮和分闸拐臂处于接触状态，机构无法分闸，导致分闸线圈因通电时间过长而烧毁。

2）小链条断裂的原因有二：

a. 机构曾受到了一个非正常的冲击力

图 11 - 114　机构示意图

正常操作时，合闸弹簧除了为断路器的合闸提供能量外还为分闸弹簧存储分闸能量，剩余部分由合闸缓冲器吸收。

如果机构进行过空合操纵，则合闸弹簧的能量仅仅作用于机构内传动部件和合闸缓冲器上，机构中的运动部件将受到一个巨大的冲击力，参与运动的零件（链条、合闸拐臂、弹簧底托、缓冲器等）会受到不同程度的损坏和损伤。损伤的部件（如链条）在以后的操作中会渐渐显现出来，如图 11 - 114 所示。

b. 小链条本身存在装配问题

如果小链条存在装配问题，同样可以引起小链条断裂，现场未发现断裂小链条的另一面连接片（该机构已返厂封存，待查）。但小链条的装配问题不能导致分闸缓冲器漏油和 360Nm 的螺母松动。

3）链条是在第一片发生断裂，也就是链条活节处，从断裂的链条情况判断，应当是链条轴销先断裂后，发生卡片脱落。

（3）故障处理措施

对烧损的合闸线圈进行更换，对断裂的链条进行更换，检查机构运动情况，对修复的断路器进行操作试验，合格后恢复送电。

3. 预防措施

（1）对同类型的设备，开展机械特性测试排查，发现问题要及时整改，防止类似事故发生；

（2）对其他断路器设备有连接、转动部位的，要制定相应的检修计划。

4. 案例总结

随着电网规模的迅速扩大，变电站在运开关设备数量不断增加，所使用的断路器来源厂家不一，设备结构差异较大，设备技术参数不同，客观上提高了对电网检修人员的技术水平要求。在督促厂家提升设备质量的同时，也要加强检修人员的技能培训，在遇到设备故障时能及时处理，保证电网安全稳定运行。

二、220 kV 断路器因连杆缺陷导致操作失灵

1. 案例描述

××年××月××日，220 kV 变电站按计划投运，运行人员操作过程中，发现 220 kVGIS 室内 202 间隔处，202 断路器机构 B、C 相之间连杆脱落，两只轴销及垫片置于机构箱上部，机构已经无法操作。

2. 分析处理

（1）现场故障检查

从现场来看，202 断路器 AB 相在合位，C 相在分位，BC 相之间连杆脱落。连杆一侧（C 相）螺母垫片有明显撞击挤压痕迹，另一侧侧面有明显划痕，如图 11－115。BC 相轴销固定垫片已经脱落，垫片中心圆孔固定螺丝直径为 5 mm，上半部螺纹已经磨平，下半部约有 4～5 扣。

图 11－115　断路器机构示意图

（2）故障原因分析

1）202 断路器机构底架在断路器动

作过程中发生位移，在动作过程中机构拐臂与连杆产生横向力矩。在此力矩作用下，致使 B 相机构连杆轴销固定卡片发生脱落，轴销失去限位控制，经多次分合，最终导致机构连杆脱落。

2）机构连杆轴销固定卡片设计不合理，轴销采用卡片限位，卡片只用一个 $\varphi 5\ mm$ 螺丝进行固定，螺丝较短，且螺丝未加注密封胶，在受到横向及转动力矩时极易脱落。

（3）故障处理措施

将断路器脱落的连杆进行连接，检查机构传动部位，并对站内其他同型号断路器进行检查。

3. 预防措施

（1）为彻底消除同类隐患，对同型号机构进行全面排查，对具有同类设计的机构进行整改；

（2）新机构安装调试完毕后，轴销限位卡片固定螺丝应加注密封胶，底架与固定基础采用焊接方式进行固定；

（3）检查断路器机构 SF_6 气体监测回路是否受到撞击受损。

4. 案例总结

对断路器进行检修试验以及日常维护工作当中，要加强对断路器内所使用的各种连杆以及各类轴销、限位螺丝进行细致检查，对不易发现的问题要制定相应的检修策略。

三、110 kV 断路器因分闸脱扣器缺陷导致合后即分

1. 案例描述

××年××月××日，变电站分段 101 断路器由热备用转运行操作。15 时，分段 101 断路器在合闸送电过程中，发生 101 断路器机构合闸后立即分闸故障。

2. 分析处理

（1）现场故障检查

主控室检查分段 101 保护测控屏运行正常，无任何缺陷信号、记录，操作把手绿灯常亮。

现场检查 101 断路器机构处在分闸已储能状态，未发现机构机械部件有损坏变形现象，机构箱内无异味，分、合闸线圈外形无损坏且阻值正确，远控正负直流电源电压正确。

检修人员利用特性试验仪对分段 101 断路器进行试验合闸，发现断路器机构合闸后立即分闸，再次合闸仍然存在合后即分的现象。

检修人员测量机构凸轮与主拐臂上磙子之间的间隙尺寸，测量数据在正常范围内。

（2）故障原因分析

通过缺陷的现象，检修人员判断断路器机构在合闸到位后，分闸脱扣器未能将主拐臂上的分闸止位销锁住，致使机构无法将断路器本体保持在合闸位置。

（3）故障处理措施

检修人员将分闸脱扣器拆下发现分闸脱扣器表面磨损严重，如图 11 - 116、11 - 117 所示。将新分闸脱扣器安装完毕后进行试验，缺陷消除，断路器动作正常，断路器机构机械特性试验及低电压特性试验数据合格，分、合闸时间均在正常的范围内。

图 11 - 116　分闸脱扣器磨损　　　　　　图 11 - 117　分闸脱扣器磨损

3．预防措施

由于弹簧机构内部机械部件比较隐蔽，在正常检修工作中无法进行直观检查，目前只能通过机械特性试验及低电压试验间接检查，因此，在后续检修工作中应加强对分合闸擎子的脱口接触面检查。

4．案例总结

断路器所使用的各个部件，由于操作中存在磨损现象，很容易发生因部件磨损严重导致断路器无法正常操作。而且由于断路器机构内部机械部件安装较为紧凑，造成检修维护过程中检查不到位，容易给断路器留下隐患，在日常的检修维护工作中，要加强检修人员责任意识，确保检修到位。

四、35 kV 断路器因拐臂缺陷导致无法合闸

1．案例描述

××年××月××日，110 kV 变电站 312 断路器发控制回路断线信号，打开机构门闻到有烧焦气味，312 断路器合闸线圈烧毁。

2．分析处理

（1）现场故障检查

检修人员到现场后对 312 断路器进行检查，断路器合闸弹簧在储能状态。合闸回路进行测量，判定合闸线圈烧毁，更换合闸线圈后，并对分、合闸回路进行测量后未发现异常，然后对该断路器进行多次低电压试验，试验过程中发现断路器有时无法进行合闸（但分闸无问题）。

这时对断路器机构转动部分进行润滑，并进行多次手动分、合闸，断路器无异常情况；此时对合闸铁心间隙进行反复调试，但断路器仍然有时无法进行合闸；怀疑断路器机构的机械部分有卡涩情况。

（2）故障原因分析

经过对断路器机构进行检查发现机构输出拐臂已产生弯曲，变形现象；最终分析故障原因为，机构输出拐臂变形；该断路器触头超行程过大，导致断路器机构输出拐臂受力过大，产生弯曲、变形，最终致使合闸铁心冲击力达不到使合闸挚子脱开的力度。该型号开关机构图及铭牌分别如图 11 - 118、11 - 119 所示。

图 11 - 118 断路器机构图

图 11 - 119 开关机构铭牌

（3）故障处理措施

对该断路器机构进行整体更换，并对断路器行程、超行程进行调整，经低电压试验、特性试验合格后，缺陷消除。

3. 预防措施

（1）在进行断路器停电检修时，必须测量断路器行程和超行程，并对断路器进行低电压分、合闸试验，确保断路器各项数据符合标准；

（2）日常运行中，应对断路器的正常开断进行检查，发现问题要及时处理；

（3）加强设备监造阶段质量监督，督促厂家加强装配工艺质量控制，提高装配工艺质量，注意安装合理。

4. 案例总结

通过采取相应的预防措施，可以有效地控制断路器分、合闸运动情况。由于安装、调试时断路器未调试合格，经过长时间多次分、合闸后，致使断路器机构输出拐臂变形，断路器不能正常合闸，定期检修工作时必须严格检查断路器机构情况，及时发现问题，并解决问题。

五、110 kV 断路器因分闸铁心固定螺母缺陷导致拒分

1. 案例描述

××年××月××日 12 时，110 kV 变电站 101 断路器在由运行转热备用的操作过程中拒分，缺陷发生后运行人员迅速拉开控制回路小开关，避免了分闸线圈烧毁。故障未造成任何设备损坏及负荷损失。

2. 分析处理

（1）现场故障检查

检修人员到现场后对断路器进行检查，电动操作分闸仍不成功，经手动将断路器分开。对断路器机构进行仔细检查，发现机构分闸铁心顶杆与掣子间隙变大，如图 11 - 120，固定螺母已松动，如图 11 - 121，对分闸铁心顶杆间隙进行调整后动作正常，将固定螺母进行增加防松措施处理，缺陷消除。

图 11 - 120 分闸顶杆与分闸掣子间隙 　　　　图 11 - 121 防松螺母松动位置

（2）故障原因分析

经过现场分析判断，分闸铁心顶杆防松螺母内的尼龙垫失效是引起本次缺陷的主要原因。现场检查固定螺母已经松动，用手轻拧即可发生转动，螺母内的尼龙垫已经起不到防松作用。

防松螺母松动后，在多次的分闸操作过程中，分闸顶杆受到震动和冲击力作用，造成分闸顶杆部位转动，产生机械位移，使分闸顶杆与分闸掣子间隙增大。

分闸顶杆与分闸掣子间隙增大会影响开关的最低动作电压值，间隙太大时就会引起因分闸铁心顶杆顶不开分闸掣子或顶不住分闸掣子而引起拒分故障。

（3）故障处理措施

将断路器失效的尼龙垫进行更换，对断路器机构内各个部位螺丝进行紧固。调整合格后恢复送电。

3. 预防措施

（1）断路器停电检修时，一定要检查断路器机构各个部位紧固螺丝是否有松动现象；

（2）对正常运行的断路器要加强巡视，提前发现设备隐患并及时处理；

（3）提高断路器设备工艺质量，防止由于设备质量问题造成断路器事故。

4. 案例总结

对于运行中的断路器应安排进行带电专项特巡检查工作，主要检查分合闸铁心上的防松螺母有无松动现象，检查分闸顶杆与分闸掣子间隙有无增大现象，检查合闸闸顶杆与合闸闸掣子间隙有无增大现象。当发现有异常时，再进行停电检查增加防松措施处理。

六、110k 断路器因弹簧缺陷导致无法合闸

1. 案例描述

××年××月××日，110 kV 变电站运维人员进行 110 kV Ⅰ、Ⅱ段母线并列运行倒闸操作，在对 101 断路器进行合闸操作时，发现操作指令下达后，101 断路器并未动作，断路器未实现合闸。

2. 分析处理

（1）现场故障检查

检修人员在现场检查发现，开关储能弹簧不到位，合闸掣子不到位，开关机构箱两侧及合闸掣子，如图 11‑122 至 11‑124 所示。

图 11‑122　机构箱侧面　　　　　图 11‑123　合闸掣子

图 11‑124 机构箱侧面二

（2）故障原因分析

从图 11‑125 中可以看出，断路器机构弹簧垫片变形，此外断路器机构随着使用的年限增长还有天气寒冷影响，合闸扇形板与合闸半轴间润滑脂硬化，导致机构运转卡涩，弹簧老化发生储能不到位，最终导致开关无法操作，机构箱侧面如图 11‑126。

图 11‑125 机构弹簧垫片

（3）故障处理措施

对断路器机构进行更换，试验合格后投入运行。

3. 预防措施

（1）查找该厂商同批次、相近时间段的设备，结合预试、大修等作业进行改造；

（2）新建变电站投运验收时，加强对断路器机械特性试验，确保投运断路器质量；

（3）强化设备检修管理，加强断路器机构定期排查、维护，避免机构卡涩导致设

图 11 - 126　机构侧面三

备故障。

4. 案例总结

部分老旧断路器机构性能差、可靠性低，部件一旦出现问题，极易造成一次设备无法正常运转，影响电网运行，需列大修、技改计划处理。

第七节　传动系统故障及缺陷

一、35 kV 断路器因半轴缺陷导致无法合闸

1. 案例描述

××年××月××日，变电站线路恢复送电，对 327 断路器进行合闸操作时，在转动过程中出现卡滞，无法与扇形板扣接，造成合闸后无法保持，出现合闸不成功的情况。

2. 分析处理

（1）现场故障检查

检修人员检查发现 327 断路器合闸保持半轴转动存在明显卡滞，两侧润滑用黄油已凝固结晶，如图 11 - 127 至图 11 - 129 所示。

图 11 - 127　合闸保持半轴转动卡滞

图 11-128　半轴右外侧润滑情况　　　　　　图 11-129　半轴左外侧润滑情况

（2）故障原因分析

通过现场检查情况可以判断，受温度及使用时间过长的影响，半轴润滑用黄油失效，其结晶阻碍了半轴的正常转动。断路器跳闸操作后，327 断路器合闸保持半轴由于润滑不良，在转动过程中出现卡滞，合闸操作时无法与扇形板扣接，造成合闸无法保持，从而出现无法合闸现象。

（3）故障处理措施

用去油剂、毛刷等对半轴转动部位黄油进行清除，清除干净后加机油及二硫化钼，转动半轴使机油和二硫化钼与轴承充分接触。储能后手动对断路器进行分合，确认可正常动作。

3. 预防措施

（1）冬季检修工作中，对采用黄油润滑脂的断路器操动机构，加强对其加热器的排查；

（2）加强操动机构维护，结合检修计划对失效的黄油润滑脂进行清除更换。

4. 案例总结

冬季由于气温过低，黄油凝固结晶，很容易造成断路器半轴转动卡滞。而且黄油使用时间长而失效，失去润滑性能。在对断路器进行检修试验时，要检查断路器机构内转动部位的润滑情况，避免因为机构润滑不良造成开断操作失灵。

二、35 kV 断路器因轴销缺陷导致控制回路断线

1. 案例描述

××年××月××日，220 kV 变电站发现 35 kV 371 断路器控制回路断线缺陷。检修人员现场检查发现 371 断路器无法分闸，手车开关无法拉至检修位置，因此申请母线停电处理缺陷。停电后，检查发现断路器操作机构输出轴轴销脱落造成机构卡死，

致使断路器无法进行分合闸操作，经检修人员处理后恢复。

2. 分析处理

（1）现场故障检查

打开 371 断路器操作机构后输出轴轴销状态如下图所示，轴销脱落至安装孔内，机构卡死。操作机构输出轴轴销正确位置如下图所示。检修人员将缺陷消除后的机构状态如图 11-130 至 11-133 所示。

图 11-130　开口销断裂位置

图 11-131　销子插入挡板圆孔

图 11-132　销子的正确位置

图 11-133　操作机构恢复

（2）故障原因分析

检修人员检查发现：1）由于 371 断路器为电容器开关，投切频繁，导致操作机构疲劳；2）轴销与轴销孔距加工尺寸过大，在频繁操作过程中造成输出轴轴销脱落，致使轴销卡滞在轴销装配口，导致开关机构卡死，不能进行分闸；3）由于分闸线圈长时间带电导致烧毁。

（3）故障处理措施

检修人员将卡在安装孔处的轴销重新进行装配，并更换新的分闸线圈，对开关进行操作，开关动作正常。

3. 预防措施

（1）排查同类型号的断路器输出轴轴销，对于投切频繁的断路器更换符合要求的轴销；

（2）对断路器的机构进行检测，必要时对断路器进行返厂大修。

4. 案例总结

（1）电容器组断路器操作频繁的情况下，断路器机构内元件抗疲劳性能不足，容易造成断路器无法操作。

（2）轴销与轴销孔距加工尺寸过大，在频繁操作过程中造成输出轴轴销脱落，致使轴销卡滞在轴销装配口，导致断路器机构卡死，不能进行分闸。

三、500 kV 断路器因拐臂和连杆磨损缺陷导致跳闸

1. 案例描述

××年××月××日，500 kV 变电站检修预试结束，运行人员手合 5042 断路器后，5042 断路器三相跳闸，同时 5041、5043 断路器 C 相单相跳闸。对 5042 断路器 C 相解体发现一侧静触头动侧屏蔽罩对断路器罐体放电。

2. 分析处理

（1）现场故障检查

检修人员通过现场检查，5042 断路器 C 相的 SF_6 气体有异味。

打开 5042 断路器 C 相本体的两侧端盖发现，一侧静触头动侧屏蔽罩及附近筒壁上有明显放电烧蚀痕迹，如图 11‑134 至 11‑136。

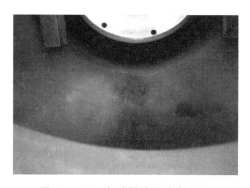
图 11‑134 断路器筒壁放电烧蚀

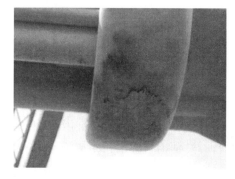
图 11‑135 断路器灭弧室屏蔽罩放电烧蚀

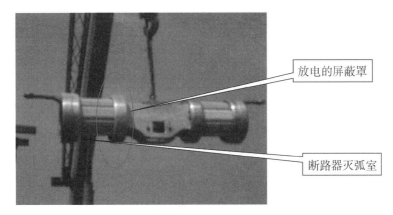

图 11 - 136　断路器灭弧室及放电的屏蔽罩

更换故障断路器灭弧室时发现断路器传动拐臂及与其相连的铝连板均有磕碰磨损现象，如图 11 - 137 至 11 - 138 所示。

图 11 - 137　磨损的传动拐臂

图 11 - 138　磨损的铝连板

（2）故障原因分析

对发生碰撞的传动拐臂及传动框架进行了检测，检测结果为传动拐臂有一个斜面角度超差，造成产品在分合运动中拐臂和连板棱角有摩擦碰撞现象。

通过试验报告对比、故障录波图分析、现场故障点查找、灭弧室解体检查等情况的综合分析，5042 断路器 C 相内部放电的主要原因为传动拐臂与铝连杆在开关分合闸过程中发生磕碰摩擦，摩擦产生了铝、铁等金属微粒；这些金属微粒被断路器合闸时产生的气流吹动，漂至静触头动端屏蔽罩附近，导致局部电场改变，发生屏蔽罩对断路器罐体放电故障。

（3）故障处理措施

更换故障断路器灭弧室，经高压试验合格后投入运行。

3. 预防措施

（1）传动拐臂一斜角面超差造成部件磨损，容易产生金属微粒。应提升断路器零部件加工工艺，避免类似情况发生。

（2）将静主触头及其屏蔽设计成整体形式，以避免将主触头分为四瓣发生应力释放而产生变形。静弧触头座和静主触头座之间通过止口定位，再通过螺栓连接。

（3）可通过增大罐体直径来提高断路器灭弧室对地的绝缘裕度。

（4）在开关灭弧室罐体底部、靠近静侧屏蔽罩的下方设计了粒子捕捉装置。当金属微粒在电场的作用下跳跃运动到此处时，由于粒子捕捉装置的电场屏蔽作用，使金属粒子因失去电场的作用静止在捕捉装置中，从而避免放电故障。

4. 案例总结

灭弧室是断路器的核心部件，断路器的灭弧室与罐体间绝缘裕度不应偏小，如果绝缘裕度偏小，当有金属微粒等异物存在时易发生放电故障。

四、110 kV 断路器因保持挚子胀销断裂缺陷导致无法合闸

1. 案例描述

××年××月××日，110 kV 变电站进行全站检修预试工作结束后，对 1161 断路器进行遥控合闸操作，断路器合闸不成功。

2. 分析处理

（1）现场故障检查

检修人员到达现场发现，1161 断路器处于分位，显示已储能，断路器机构箱处有烧焦味。检修人员对断路器机构箱进行外观检查，发现 1161 断路器保持挚子胀销断裂导致机构不能正常合闸。在机构箱内部检查发现断裂的胀销如下图 11 - 139 至 11 - 141 所示。

图 11 - 139　机构箱内部情况

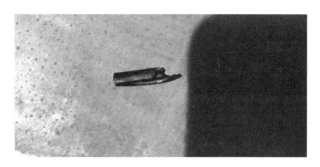

图 11-140 断裂的胀销

图 11-141 保持挚子

（2）故障原因分析

缺陷发生后，检修人员通过现场信息及现场排查分析如下：

1）保持挚子装配过紧，导致合闸保持挚子卡涩。断路器分合闸时不能灵活转动，储能弹簧凸轮将胀销打断。

2）机构组装工艺不合格，对断裂部分检查发现该胀销呈椭圆状（正常圆形）。机构组装时，厂家工作人员暴力操作导致胀销受损。

3）该机构长时间不动作，储能弹簧胀销单侧受力出现损伤，经现场多次传动开关后导致胀销断裂。

（3）故障处理措施

根据初步分析和判断，对 1161 断路器机构箱保持挚子及合闸线圈进行更换。然后对 1161 断路器进行分合闸动作电压试验，试验结果合格。

3. 预防措施

（1）对开关机构利用停电机会进行检查，防止因装配问题造成设备部件损坏，影响送电；

（2）加强设备监造管理，严格设备出厂试验见证流程；

（3）加强设备验收管理，对重点设备要求现场安装后进行重点项目的试验（断路器要求进行机械特性试验）。

4. 案例总结

断路器的机构是断路器操作的重要部件，无论是安装调试还是日常检修维护，都要加强对机构内部的细致检查，发现问题要及时处理。对有质量问题的断路器要对该批次所有设备进行检查，杜绝类似事故发生。

五、500 kV 断路器因合闸掣子间隙不当缺陷导致跳闸

1. 案例描述

××年××月××日，500 kV 变电站依照命令，进行送电工作。0 时 4 分在送电合 5043 断路器时，B 相合闸未成功，A、C 相合闸成功，非全相继电器动作，5043 断路器三相跳闸。

2. 分析处理

（1）现场故障检查

经现场检查，发现 5043 断路器 B 相机构箱内合闸线圈烧毁，合闸辅助掣子为非正常位置，机械闭锁已形成，二次回路无异常。

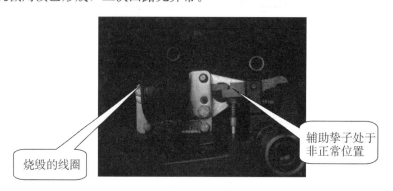

图 11-142　烧毁的合闸线圈

图 11-143　完好的合闸线圈

图 11-144　正常的机械闭锁位置

5043 断路器 B 相机构在送电前已形成机械闭锁，致使合闸不成功，辅助开关转换接点未转换，合闸线圈长时间通流烧毁，如图 11 - 142 至 11 - 144 所示。

（2）故障原因分析

形成机械闭锁的原因为合闸挚子间隙调节不当（小于要求值），啮合面变短，挚子抗冲击性变差。当断路器合闸操作时（上次送电时），合闸拐臂旋转 360 度，撞击合闸挚子使挚子脱扣，由于没有合闸挚子的保持，合闸拐臂继续向前转动，因闭锁凸轮与合闸拐臂装配在同一根主轴上，闭锁凸轮同样向前转动，最终被闭锁杆限位卡死，形成机械闭锁，如图 11 - 145 至 11 - 147 所示。

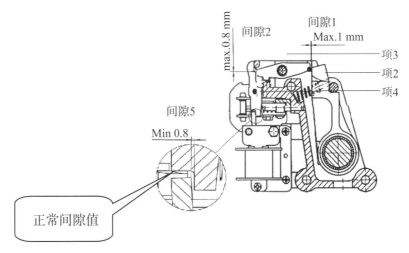

图 11 - 145　合闸挚子间隙要求值

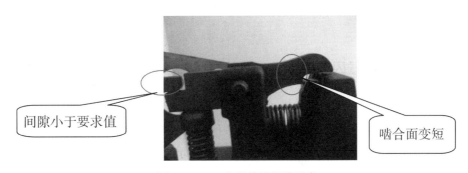

图 11 - 146　合闸挚子间隙异常

机械闭锁杆被闭锁凸轮卡死

图 11-147　机械闭锁位置异常

（3）故障处理措施

更换 5043 断路器 B 相合闸挚子，整组断路器特性试验合格且保护传动正常后投运。

3. 预防措施

（1）加强对类似设备的闭锁凸轮与闭锁杆的间隙进行排查，发现异常及时上报；

（2）利用停电机会检查断路器合闸挚子的间隙并进行低电压测试，测量断路器的机械特性（时间、速度、缓冲），检查断路器闭锁杆的动作状况。

4. 案例总结

断路器设备的验收、投运、日常维护工作，一定要严格按照各项技术标准进行。各项数据要符合相应标准，防止断路器因机构机械故障造成断路器无法操作。

第八节　装配及安装工艺不良问题

一、10 kV 断路器因储能弹簧与前挡板装配不合适缺陷导致开关卡滞

1. 案例描述

××年××月××日，110 kV 变电站进行全站设备停电操作，0410 手车开关摇到一半位置时出现卡滞留，检查发现是 0410 手车开关的前挡板脱落，阻挡了手车开关的行进路线。

2. 分析处理

（1）现场故障检查

现场将 0410 前柜门打开，拿出脱落的前挡板，将 0410 手车开关拉至试验位置。检查发现，0410 手车开关前挡板里侧有约长 5 cm、宽 0.5 cm、深度约 0.5 mm 的划

痕。右侧储能弹簧下部有明显的摩擦痕迹，造成弹簧油漆脱落，如图 11－148、11－149 所示。

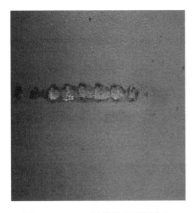 

图 11－148　开关前挡板划痕　　　　图 11－149　开关储能弹簧

（2）故障原因分析

现场分析是断路器在分合闸过程中，由于弹簧与前挡板的安装位置不合适，每一次分合操作，均使储能弹簧与前挡板发生摩擦，造成弹簧油漆脱落，前挡板受伤破损，长时间受振动作用，使螺丝松动而脱落（前挡板应为 6 个螺丝固定，有 4 个螺丝脱落）。

（3）故障处理措施

经过全面的检查发现：1 号电容器 0410、2 号电容器 0411 断路器受监控 VQC 控制，分合频繁（约 2500 次左右），储能弹簧和前挡板受损严重。各出线开关分合次数较少（约 500 次左右），受损较轻。

3. 预防措施

（1）同型号的断路器储能弹簧与前挡板的安装位置进行全面排查、整改；

（2）要求断路器厂家对该类问题给出具体的改进措施，并对在运设备提出整改方案；

（3）日常工作中，要加强设备机械动作情况进行检查，发现类似故障要及时处理。

4. 案例总结

变电站内使用的 10 kV 真空手车断路器是现阶段的常用设备，由于装配工艺参差不齐、断路器频繁操作等情况，容易发生断路器机械故障，在设备制造阶段要加强设备进场监造要求，保证设备质量。

二、500 kV 断路器因罐体内杂质导致断路器跳闸

1. 案例描述

××年××月××日，变电站检修工作完毕，按照调度指令，对 5063 断路器送

电。线路保护及 500 kV 2 号母线母差保护动作，500 kV 2 号母线 5013、5023、5033、5043、5063 断路器跳闸，故障相为 5063 断路器 B 相，故障电流 24 kA。

2. 分析处理

（1）现场故障检查

故障发生后，对 5063 断路器进行了 SF_6 气体组分含量测试，从 SF_6 气体组分含量测试结果分析，可判断断路器 B 相内部发生放电故障。当日下午对 5063 断路器 B 相进行开罐检查，发现断路器大盖侧（线路侧）静触头屏蔽罩底部对罐体放电，如图 11 - 150 所示。

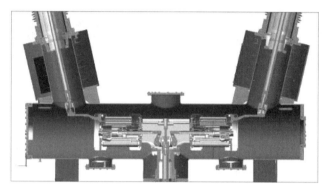

图 11 - 150　断路器故障部位

对 5063 断路器 B 相（故障相）和 C 相（非故障相）进行了灭弧室解体检查，对 A 相（非故障相）罐体清理干净后进行 200 次操作并开罐检查，后对 A 相灭弧室整体清理后又进行了 200 次分合操作并开罐检查，对三相断路器灭弧室安装尺寸进行了测量。

1）B 相（故障相）解体检查情况

罐体内底部无明显异物。仅在断路器母线侧有几颗体积较大金属颗粒，判断为静触头屏蔽罩烧融后留下的铝质金属颗粒，如图 11 - 151 所示。

灭弧室内多个螺丝孔内存在铝屑。

触头对中良好，动静触头无明显磨损现象，导电杆对接部位、灭弧室运动部位等无磕碰现象，绝缘拉杆良好。

图 11 - 151　B 相解体检查

2）C 相解体检查情况

罐体内底部无明显异物。静触头通孔（用于固定断口电容）内存在细长金属丝（约 5 mm）。触头对中良好，动静触头无明显磨损现象，导电杆对接部位、灭弧室运动部位等无磕碰现象，绝缘拉杆良好，如图 11 - 152。

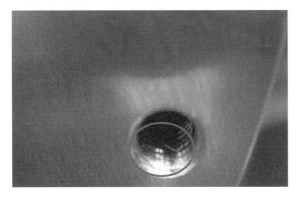

图 11 - 152　C 相解体检查

3）A 相第一次分合 200 次后解体检查情况

母线侧灭弧室断口下方罐体底部发现金属颗粒，同时存在不明絮状异物。两侧屏蔽罩内均发现异物，成分包括金属颗粒及絮状物体，如图 11 - 153。

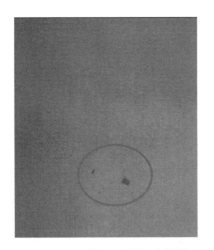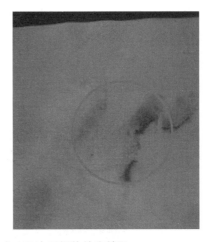

图 11 - 153　A 相第一次分合 200 次后解体检查情况

4）A 相第二次分合 200 次后解体检查情况

母线侧灭弧室断口下方罐体底部发现金属颗粒及异物，数量较上次少，颗粒大小较上次小。两侧屏蔽罩内均发现异物，成分包括金属颗粒及絮状物体，数量较上次少，颗粒大小较上次小，如图 11 - 154。

图 11‑154 A相第二次分合 200 次后解体检查情况

（2）故障原因分析

结合解体及试验情况分析认为：造成 5063 断路器 B 相内部放电故障的根本原因是厂内灭弧室装配人员缺乏工作经验，灭弧室装配控制把关不严，未进行分合闸后清理检查，某些不易清理部位（如：螺纹孔、丝扣上）存在金属颗粒（丝），在断路器多次动作振动后掉落至罐体内部静触头屏蔽罩处（电场场强较集中区域），引起该处电场畸变，加之断路器设计绝缘裕度较小，最终导致内部放电。这些金属物何时会掉落至罐体底部则有很大的随机性。

（3）故障处理措施

通过厂内解体分析情况，对断路器进行整体更换，以彻底消除安全运行的隐患。

3. 预防措施

加强断路器停电检修后的试验检查，因治理后的断路器罐体内部仍有存在金属颗粒的可能，建议利用断路器停电检修机会进行交流耐压或雷电冲击试验，能够有效发现罐体内存在而还未引发放电的金属颗粒。

加强断路器带电检测。每次断路器送电处于热备用状态时，进行超声波局部放电及特高频局部放电检测，发现异常情况及时转冷备用。

4. 案例总结

此次事故暴露出设备工艺把控不严，厂内灭弧室装配人员缺乏工作经验，灭弧室装配控制把关不严，未进行分合闸后清理检查。要强化进厂监造，并且要加强全网断路器的带电检测工作，增加有效的检测手段，防止类似事故发生。

三、110 kV 断路器因线圈工艺不良导致断路器拒分

1. 案例描述

××年××月××日，220 kV 变电站发生接地故障，故障电流 10.87 kA，171 断路器拒分，故障后 850 ms 过流保护跳开母联 101 断路器，1055 ms 过流保护跳开 111

断路器，1108 ms1 号主变差动保护动作，跳开三侧断路器，1266 ms1 号主变重瓦斯保护动作出口。现场工作及相关情况：故障时现场无检修工作，无操作，1 号主变正常运行，无缺陷，171 断路器无异常信号。

2. 分析处理

（1）现场故障检查

故障后，现场检查断路器在合闸位置，测量发现 171 断路器分闸线圈已烧断。

1）断路器控制回路检查

171 断路器发生拒动故障后，对分闸控制回路进行逐点测量试验，分闸线圈阻值趋于无穷大，判定分闸线圈已烧断，分闸控制回路状态良好，控制回路电压正常（222 V）；机构机械部位及传动部位外观检查未见异常。

2）断路器传动检查

该型断路器机构内安装有两个分闸线圈，其中一个接入跳闸回路，另一个备用线圈未接线。现场检查时将备用分闸线圈接入跳闸回路对 171 断路器分别进行远方和就地操作传动，断路器均正常动作，将备用线圈移至原烧断线圈安装位置传动，断路器也能正常动作。现场进行低电压动作特性和开关机械特性试验，试验数据均在规程规定范围内。因此，初步判断 171 断路器机构机械传动部分正常。

3）线圈解体检查情况

现场分闸线圈拆解发现，线圈缠绕工艺粗糙，线圈中间部位缠绕存在明显错层及相互交叉现象，绝缘烧蚀严重，缠绕相对整齐的两端部位未见烧蚀；同时，发现线圈支架内壁及铁心顶杆制造工艺较为粗糙，铁心顶杆复位弹簧缺乏有效固定措施，如图 11-155 至 11-160。

图 11-155　解体前分闸线圈外观良好

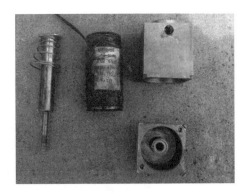

图 11-156　拆开后发现线圈烧毁

图 11 - 157 中部烧毁严重

图 11 - 158 线圈中间部位及底部

图 11 - 159 内壁粗糙不平

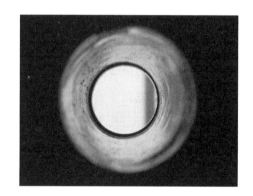

图 11 - 160 备用线圈内壁

  去除烧毁线圈外部绝缘护层，发现线圈收尾线已烧断，将线圈漆包线逐步拆开，发现线圈缠绕明显杂乱，根本无法区分分层的迹象，拆解至 100 圈左右时候发现线圈缠绕错综复杂，因相互交叉已无法拉扯漆包线，造成漆包线拉断无法继续正常拆解，如图 11 - 161 至 11 - 165 所示。

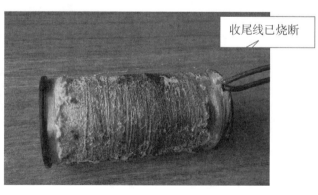

收尾线已烧断

图 11 - 161 收尾线已烧断

图 11‑162　拆开 50 圈左右

图 11‑163　拆开 100 圈左右

对备用线圈进行解体，发现备用线圈缠绕工艺明显好于所烧毁的线圈，但缠绕过程中也存在轻微错位情况。

图 11‑164　备用线圈与烧毁线圈拆解对比

图 11‑165　备用线圈漆包线存在轻微错位

（2）故障原因分析

现场使用备用线圈多次传动 171 断路器均能正确动作，说明原分闸线圈烧断是导致该断路器拒动的直接原因。解体检查烧毁的分闸线圈，发现漆包线缠绕杂乱无章，线圈缠绕存在明显错层及相互交错现象，明显属于缠绕不正常线圈，同时中间部位绝缘层烧蚀较为严重，而缠绕相对整齐的两端未见烧蚀。线圈出力情况理论计算说明，当发生局部短路使有效匝数减少可造成因出力不足拒分以及线圈烧毁。同时，线圈支架内壁及铁心顶杆表面粗糙度较大，铁心顶杆复位弹簧缺少定位措施，这些均易造成铁心顶杆在动作过程中产生较大阻力，说明线圈制造工艺较差。

综合检查及计算分析情况，初步认为本次缺陷原因为：线圈制造工艺控制不良，手工控制缠绕过程，线圈缠绕过程中出现错层及杂乱情况，相邻匝间或层间电压偏高，多次施加脉冲电压后绝缘逐步老化击穿形成匝间短路，线圈匝数减少导致线圈磁通减小，最终导致铁心输出力减小顶不开分闸挈子，线圈长时间通电烧毁，这是造成线圈烧毁、开关拒动的主要原因；线圈支架内壁及铁心顶杆表面粗糙度较大、铁心顶杆复位弹簧缺少定位措施使铁心顶杆在动作过程中产生较大阻力，是造成线圈烧毁、开关拒动的次要原因。

（3）故障处理措施

对烧损的线圈进行更换，并对同厂家、同型号的断路器线圈进行更换，保证设备可靠运行。

3. 预防措施

（1）对所有采用此类分合闸线圈的断路器，更换性能可靠的分合闸线圈。

（2）积极开展开关设备操动机构带电检测技术研究，推进分合闸线圈电流波形检测和分析技术在中高压开关设备中的应用，提高设备的运行可靠性。

4. 案例总结

此次事故暴露出某些断路器厂家对断路器核心部件工艺控制不严，使断路器分、合闸线圈核心部件在线圈绕制等方面工艺控制较差，造成断路器在接到分闸指令后未能分闸成功。要加强断路器部件施工工艺管控，尤其针对断路器的核心部件。防止设备带缺陷运行。

对于断路器线圈制造工艺及质量问题，应找到有效的检测及监测手段，确保设备安全可靠运行。

四、220 kV 断路器因行程及间隙调整不当导致断路器拒分

1. 案例描述

××年××月××日，220 kV 变电站 2933 断路器发生 C 相永久性接地故障，保护跳开站内 2942、2943、2932、2933 断路器，重合于故障，2933 断路器 A、B 相跳开，C 相未跳开，2933 断路器失灵保护动作，跳开 220 kV 2 号母线 2913、2923、212 断路器，切除故障。现场发现 2933 断路器 A、B 相在分位，C 相在合位，C 相两个分闸线圈烧毁，串联在分闸回路中的两个分压电阻 R 烧毁。

2. 分析处理

（1）现场故障检查

现场检查 2933 断路器 A、B 相指示在分位，C 相指示在合位，机构箱内有糊味，进一步检查发现 2933 断路器 C 相机构 1 分闸线圈烧糊，2 分闸线圈外部包裹的绝缘层烧熔。测量 1 分闸线圈直阻值 3Ω，2 分闸线圈直阻 8Ω，判断两个分闸线圈已烧毁。1、2 分闸回路串联电阻阻值趋于无穷大，两个分闸回路电阻烧毁，如图 11-166、11-167。

1）分闸电磁铁行程、间隙测量情况

分闸电磁铁的铁装配及调整尺寸如下图所示，分闸电磁铁行程 F 正常值为 2.8～

图 11‑166　C相分闸线圈烧毁

图 11‑167　C相分闸回路串联电阻烧毁

3.2 mm，触发器与脱扣器之间间隙 G 为 0.8～1.2 mm，则铁心分闸冲程 F‑G 为 1.6～2.4 mm，可保证断路器可靠分闸。

检查发现，2933C 相机构分闸电磁铁行程 F＝3.3 mm（正常范围为 2.8～3.2 mm）略大于正常范围上限，触发器与脱扣器之间间隙 G＝2.3 mm（正常范围为 0.8～1.2 mm），远大于正常范围上限，而铁心分闸冲程 F‑G＝1.0 mm（正常范围为 1.6～2.4 mm），低于正常范围下限，铁心顶杆冲程不足无法顶开分闸掣子使断路器不能可靠分闸。

检查 2933 断路器 A、B 相机构及 2943 断路器三相机构，分闸电磁铁行程 F 触发器与脱扣器之间间隙 G 两项数值均大于正常范围。

2）分闸电磁铁行程、间隙不合格原因

拆下机构箱，检查发现分闸线圈铁心杆紧固螺母（大螺母）记号跑位，如图 11‑168，两个行程调节螺母（小螺母）记号标记完好。检查 2933 断路器其他两相机构以及 2943 断路器机构，均存在同样的情况。

图 11‑168　2933 开关分闸线圈铁心杆紧固螺母记号移位

按照标准生产流程，产品出厂前调试合格后，应紧固锁紧螺母并做标记。产品到现场后，一般不需要调整，如需调整，调整后应重新锁紧并做标记。从检查情况看，大、小锁紧螺母上有黑色标记，说明出厂前是按照流程进行的。但是F、G两项数值均大于正常范围，无法使保证可靠分闸的冲程F-G值处于合格范围；而调节F和G值的大小螺母标记状态不一致，6台机构分闸线圈大螺母均发生整体性移位，说明铁心杆缩紧螺母（大螺母）紧固措施不可靠发生跑位，使分闸冲程F-G逐渐增大无法可靠分闸。

（2）故障原因分析

综上分析，故障的原因为：由于设备厂家工艺控制不严，产品出厂前行程及间隙调整不满足要求，造成分闸电磁铁分闸冲程不足，同时铁心杆缩紧螺母紧固措施不完善，在运行过程中跑位使分闸电磁铁分闸冲程进一步减小，导致断路器无法可靠分闸。

（3）故障处理措施

将2933断路器机构进行更换检测，以确保该断路器长期安全可靠运行。对同批次断路器铁心杆紧固螺母进行全面排查，增加防松动措施。

3. 预防措施

（1）对站内同厂家、同型号的断路器进行全面检查，发现类似问题要及时处理；

（2）对运行中的断路器安排巡检，重点检查机构内各部件是否有松动位移现象；

（3）利用停电检修机会，检查断路器机构行程及间隙调整是否合适。

4. 案例总结

此次事故暴露出设备工艺把控不严，电磁铁行程及间隙调整数值发生整体性不合格，造成断路器处于非正常状态。而且分闸电磁铁防松动措施不完善，存在运行过程中因震动移位的隐患，造成断路器拒分的隐患。工作中应加强巡视作业，及时发现问题。同时要强化入厂监造力度，督促厂家提升设备工艺质量。

五、500 kV 断路器因安装工艺不良导致断路器内部闪络放电

1. 案例描述

××年××月××日，500 kV 变电站中方侧第二大组滤波器64 母线两套母线保护差动保护动作，5644 HP12/24 交流滤波器组两套滤波器保护差动保护及过流Ⅲ段动作，5032、5033 断路器跳闸，中方侧交流滤波器组5644、5645 断路器跳闸。

2. 分析处理

（1）现场故障检查

故障发生后，立即前往现场检查保护及一次设备动作情况。经检查，一次设备外观无异常，确认保护动作与后台报警信息一致，5032、5033、5644、5645 断路器确在分位，一次设备动作行为与保护动作相符。

现场对 5644 断路器 C 相进行了开罐检查，发现：该相断路器绝缘拉杆外侧和绝缘筒内壁有明显放电痕迹，如图 11-169。

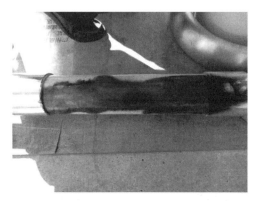

图 11-169　绝缘拉杆外侧和绝缘筒内壁有明显放电痕迹

对断路器内部绝缘拉杆进行耐压试验。电压加至 740 kV，未发生放电现象。随后，对绝缘拉杆整体部件详细检查，检查中发现，绝缘拉杆导向杆集中在一侧区域有多处因摩擦导致的明显划痕。且划痕与正下方绝缘拉杆拉弧的灼伤部位处于同一垂直线上，如图 11-170。

导向套内壁接缝处有轻微凸起，且导向套内壁约三分之一部分的内壁涂层

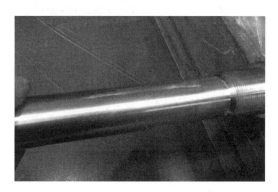

图 11-170　绝缘拉杆明显划痕

磨损严重，如图 11-171。随后要求厂家提供全新的导向槽内的导向套（也称轴套），发现新轴套内壁涂层均匀、光滑，如图 11-172。

图 11-171　内壁图层磨损

图 11-172　全新轴套内壁

（2）故障原因分析

通过对设备解体分析，认定故障原因为设备安装工艺不良，绝缘拉杆和上方导向槽未处于同心状态，同时导向套内壁接缝处有轻微凸起，由于滤波器场断路器动作次数较多，绝缘拉杆导向杆与导向套反复摩擦后，产生细小粉末脱落，当时间较长，积聚粉末过多时，产生放电现象，造成断路器故障。

（3）故障处理措施

结合变电站年度检修停电机会对站内断路器进行清罐检查，经对已经解体的断路器检查发现断路器内部绝缘拉杆动密封处均存在不同程度的黑色粉末，如图 11-173。

图 11-173　绝缘拉杆动密封处

粉末产生原因为断路器频繁操作过程中绝缘拉杆导向杆与导向套之间摩擦产生。因该黑色粉末为非金属颗粒，一般不会对设备运行造成影响，但大量堆积后若在电场作用下粘附在绝缘拉杆表面易造成沿面闪络放电风险。对动作次数较多的滤波器场断路器进行清罐检查，消除设备安全隐患，确保设备可靠运行。

3. 预防措施

（1）强化新设备验收管理，严格落实可研初设审查、厂内验收、到货验收、竣工（预）验收、启动验收，体现痕迹管理，突出关键节点专业把关，加强现场验收监督管控。

（2）加大设备巡视力度，增加超声波局部放电、SF_6 气体分解产物测试等带电检测项目频次，及时将设备巡视、在线监测、带电检测数据进行比对分析，掌握设备运行状态变化趋势，提早发现设备潜伏性缺陷并采取针对性措施。

（3）建议设备生产厂家严格控制与审核产品工艺流程，建立追溯机制，提高设备质量。

4. 案例总结

本次故障的原因主要是设备安装工艺不良，绝缘拉杆和上方导向槽未处于同心状态，造成绝缘拉杆导向杆与导向套反复摩擦后产生细小粉末脱落，导致断路器内部闪络放电。

目前断路器类设备因结构设计不合理、出厂验收及现场施工管控不严、零部件质量不过关、伴热带加热功率严重不足等原因造成故障缺陷率相对较高，给电网安全运行带来极大考验。要认真落实变电"五通"及新版十八项反措的相关要求，以强化变电站新设备投产安全质量管控为导向，以带电检测技术为抓手，以设备检修专业化与标准化管理为基础，从规划设计、设备选型、安装调试、竣工验收、生产运行等环节强化断路器类设备全过程管控，努力确保设备安全稳定运行。

第十二章　组合电器故障及缺陷

第一节　异物引发的放电故障

一、GIS气室内部异物导致放电故障

1. 案例描述

××年××月××日21时45分，某220 kV变电站245间隔合闸操作过程中，合上245-1刀闸后，220 kV母线保护Ⅰ、220 kV母线保护Ⅱ装置的1 A母线差动保护动作，跳开243断路器、母联201开关、Ⅰ母分段203断路器，220 kV 1 A母线失电。故障未损失负荷。

2. 分析处理

（1）现场故障检查

现场故障检查发现，220 kV 1 A母线及相关203-1A、21A-7、242-1、243-1、244-1、245-1、201-1、211-1气室 SF_6 气体压力正常，无异常升高或降低。

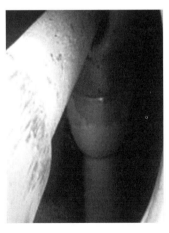

图12-1　245-1气室粉末

图12-2　静触头绝缘子上表面

变电一次设备典型故障分析与处理

随即油化专业班组对该间隔各气室做了气体成分测试分析，发现 245-1 隔离开关 C 相气室气体成分有异常，在现场拆解检查 245-1 隔离开关 C 相气室，壳体内存在大量粉尘（见图 12-1），发现 C 相隔离开关静触头绝缘子上表面局部发黑（约 1/6 面积，接近充气口方向），有烧蚀痕迹（见图 12-2），中间触头连接绝缘子下方部分局部发黑，有烧蚀痕迹（见图 12-3），中间触头绝缘子闪络发黑区域相对应的壳体位置有电弧烧蚀痕迹（见图 12-4），静触头闪络发黑区域对应的静触头屏蔽罩位置有电弧烧蚀痕迹（见图 12-5），绝缘子对应的中间触头表面有电弧烧蚀痕迹（见图 12-6），隔离开关绝缘拉杆表面有电弧烧蚀溅射物（见图 12-7），其余未见异常。

图 12-3　中间触头绝缘子表面图

图 12-4　壳体烧蚀位置

图 12-5　壳体烧蚀位置

图 12-6　静触头屏蔽罩

图 12 - 7 中间触头

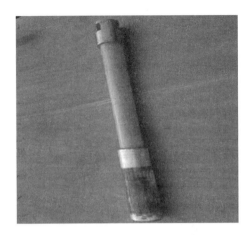
图 12 - 8 隔离开关绝缘拉杆

（2）故障原因分析

通过现场检查分析，可以判定 245-1 隔离开关 C 相气室为故障气室，当 245-1 隔离开关合闸后 245-1 隔离开关 C 相的绝缘造破坏，造成单相对地放电，220 kV 1 A 母线差动动作，切除故障。

对 245-1 隔离开关气室可能导致放电的元件进行分析如下：

1）绝缘拉杆外观检查与耐压试验

从外观检查发现绝缘拉杆中间绝缘部分，没有发现明显的贯穿性放电痕迹。并且缺陷发生时绝缘拉杆为插入位置，观察绝缘拉杆导电侧，也并未发现大电流烧蚀痕迹。故从外观初步断定，故障点不在绝缘拉杆处。（见图 12 - 9、图 12 - 10）。对绝缘拉杆置入试验工装，进行耐压、局部放电试验。结果表明，工频耐压 460 kV 保压 5 min 无异常，175 kV（1.2 倍额定相电压）下局部放电值 0.93pc，符合标准要求（放值≤3pc）（见图12 - 11、图 12 - 12）。

图 12 - 9 拉杆绝缘侧

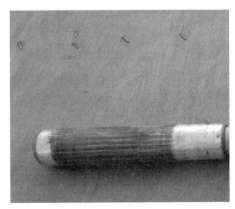
图 12 - 10 拉杆导电侧

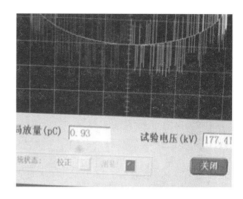

图 12-11　绝缘拉杆耐压值　　　　　　图 12-12　绝缘子局部放电测试值 0.93pC

2）对闪络绝缘子进行绝缘电阻测量和探伤试验

对 245-1 隔离开关三侧闪络的盆式绝缘子进行电阻测量，测量值均大于 1000 MΩ（见图 12-13、12-14）。用无毛纸蘸取酒精将绝缘子表面擦洗干净，对该闪络的绝缘子进行 X 射线探伤（见图 12-15、12-16）。试验结论：内部无可视缺陷，合格。

图 12-13　绝缘电阻测量　　　　　　图 12-14　绝缘电阻大于 1000 兆欧

图 12-15　绝缘子表面清理后　　　　　图 12-16　X 射线照片

3）导体、筒壁放电分析

对 245-1 隔离开关 C 相气室解体检查发现：开关侧导体下端放电明显，将其放回原来位置，其对应筒壁同样具有明显放电痕迹，放电通道满足故障现象。可以确定此部位为放电故障部位。（见图 12‑17、图 12‑18）

 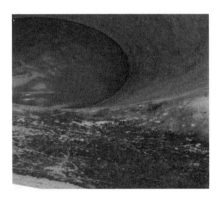

图 12‑17　导体放电处　　　　　　　　图 12‑18　筒壁放电处

基于以上分析，可以确定原因如下：该放电由筒内异物导致。气室内部异物存在于某个零件上，厂内组装、试验均未发现，由于 245-1 隔离开关气室在厂内组装，故现场验收不能开盖检查，基建验收、试验也未发现。在本次现场送电操作中，异物受到气流或震动的影响，从附着物上掉落，在掉落过程中，电场畸变，当畸变达到一定程度时，发生绝缘击穿，最终导致一次接地，在电弧的作用下，绝缘子表面被烧黑，外壳及一次导体被烧熔。

（3）故障处理措施

基于此原因，现场对 245-1 隔离开关 C 相气室进行了更换，对 245-1 隔离开关三侧盆式绝缘子进行整体更换。对 245-1 隔离开关 A、B 相气室进行了拆检。在现场检修过程中，发现 203 间隔与 1A 母线连接三通处绝缘子下表面有轻微闪络痕迹，用无毛纸擦拭后，绝缘子无异常。由于母线筒清理不彻底，可能留有灰尘或纸屑等微小异物，在耐压过程中出现轻微放电留下痕迹，并未对绝缘子造成损伤，为了保证运行安全，已经在现场维修中，将此绝缘件更换。

3. 预防措施

（1）为保证设备的安全运行，对厂家 GIS 产品耐压过程中进行使用特高频法进行局部放电测试。

（2）要求厂家强化质量控制，内部零部件全部经过超声波清洗，保证无可脱落物。装配完成后严格按照国家电网公司要求，对断路器、隔离开关、接地开关，首先进行 200 次操作试验，操作完成后彻底清理壳体内部，保证设备内部清洁无杂物。

（3）排查 GIS 设备隐患，建立跟踪档案。对缺陷率较高的各厂家 GIS 产品按缺陷发生原因进行跟踪，对同厂产品缩短局部放电测量周期，并加强带电检测跟踪。

（4）修订驻厂验收细则。补充组装环节验收，按照标准的工艺规范厂家组装现场。收集 GIS 设备不同厂家质量缺陷，纳入到验收细则中，对每个厂发生过的缺陷加强验收，避免隐患产品进行投运。

4. 案例总结

（1）设备厂家在厂内组装微尘控制工艺不良，GIS 气室内零部件处理不完全，清洁度不够。没有使用先进手段对组装工艺进行检测，异物附着在零件上没有及时发现。

（2）由于验收安排以及人员、检测设备水平的影响，验收环节存在不足。一方面是专业驻厂验收专注于 GIS 现场组装完成后的外观、反措等方面的验收；另一方面现场基建验收，对气室内各元件不能直观看到，只能通过耐压试验、电阻测试来简单验证是否合格，部分微尘、异物难以发现。

第二节　盆式绝缘子故障

一、密封胶圈老化导致盆式绝缘子对接面漏气

1. 案例描述

某 220 kV 变电站 110 kV 组合电器。自投运至今，该设备 11 个隔离开关气室中的 4 个气室发生过漏气缺陷：

××年 2 月 4 日，163-5 隔离开关气室报警，2 月 5 日进行了补气。2 月 6 日、7 日、8 日、9 日、10 日 163-5 隔离开关气室报警当天进行了补气。补气间隔从一天一次到后来的半天一次，趋势逐渐恶化。2 月 13 日对 163-5KD 及 163-5XD 本体进行了更换。

2. 分析处理

（1）现场故障检查

检查漏气部位发现，组合电器漏气集中在设备上端平装的接地隔离开关处，如图 12-19 所示。解体后发现，163 间隔拆下接地隔离开关后的出线侧筒表面胶圈外侧存在很多灰迹，如图 12-20 所示；172 间隔拆下的接地隔离开关与绝缘盆子的接触面也可以发现其胶圈外侧氧化比较严重，如图 12-21 所示。

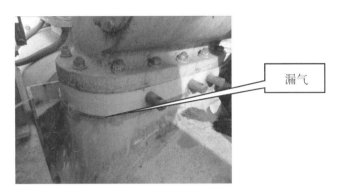

图 12 - 19　组合电器漏气位置

图 12 - 20　163 间隔出线侧筒表面胶圈

图 12 - 21　172 间隔盆子安装处胶垫

（2）故障原因分析

从 163 间隔拆下接地隔离开关后的出线侧筒上方观察，其表面胶圈外侧存在很多灰迹。铝面与绝缘盆子面相对接，两者的膨胀系数不同，运行后热涨冷缩，导致其接触面松动，空气或潮气进入接触面，造成胶圈及铝面的腐蚀、老化，当达到一定程度后导致气室漏气。

172 间隔盆子安装处胶垫位置有一些细小的横纹，刚安装时密封良好，运行时间较长后有部分水分及空气进入接面，腐蚀胶圈后，因细纹导致设备漏气。

安装不良或安装工艺不良，绝缘盆子在紧固螺栓部位有裂纹。绝缘板裂纹的原因分析为材质或其浇注不良，以及安装人员紧固螺丝的方法不对（应逐渐均匀对角紧固），且未按照要求打力矩，经过长时间运行后，热胀冷缩的原因导致其裂纹加重，造成开裂。

（3）故障处理措施

对漏气的隔离开关气室进行处理，对同种结构设备进行更换。

3. 预防措施

加强设备巡视管理，巡视时记录同结构气室的具体压力和环境温度。在降雪等低温天气时增加巡视次数。当压力下降较快或发报警信号时，及时进行检漏和补气。对存在此种结构的间隔为 113、173、172、1 号 BPT、171、112、2 号 PT、111、164、1 号 APT、163，共计 11 个隔离开关气室进行绝缘子更换。

4. 案例总结

投运至今，该站同结构 11 个隔离开关气室中的 4 个气室发生过 12 起漏气缺陷，其中 2 起有绝缘子裂纹，6 起为更换后的产品重复发生漏气。说明该结构的组合电器刀闸气室存在漏气的家族性隐患。

厂家已对 ZFXX-126 型组合电器的此结构接地刀闸进行改造，改造为新型结构的接地刀闸。

第三节 内部绝缘老化放电故障

一、绝缘老化导致 GIS 设备 PT 气室放电故障

1. 案例描述

××年××月××日 12 时 32 分 58 秒，某 220 kV 变电站 3 号主变 WBH-801 主变保护装置差速断和差动保护出口跳闸，但未影响负荷。经查，3 号主变 220 kV 侧 C 相电压互感器（GIS）内部放电，A、B 相互感器及主变未见异常。

2. 分析处理

（1）现场故障检查

现场检查发现，3 号主变跳闸，检查主变外观无异常，瓦斯继电器内无气体，未发信号，220 kV GIS、110 kV GIS 外观无异常、主变 10 kV 侧引线桥、避雷器、开关柜内设备外观无异常，无放电痕迹。213 电压互感器、避雷器、213-4 隔离开关、主变进线套管间隔气室及 3 号主变压器的现场布置如图 12-22 所示。

213 间隔微水及分解物检测结果如表 12-1 所示，测试过程中 220 kV 主进 213 电压互感器气室内（三相通过管路连通）气体有明显刺激气味。220 kV 主进 213 电压互感器气室 H_2S 及微水含量严重超标，避雷器气室、213-4 隔离开关气室、进线套管气室数据无异常。

图 12 - 22　220 kVGIS 间隔图

表 12 - 1　微水及分解物检测结果

间隔气室名称	SO₂（μL/L） （不大于 1 μL/L）	H₂S（μL/L） （不大于 1 μL/L）	微水（μL/L） （不大于 500 μL/L）
213PT 气室（三相连通）	0	176	2290
213BL 气室（三相连通）	0	0	110
213-4 隔离开关气室（三相连通）	0	0	102
213 进线套管气室（三相连通）	0	0	98

交接试验微水测试结果如表 12 - 2 所示（分解物检测为诊断项目，交接及正常情况下不检测），上述试验数据表明，213 电压互感器内部发生放电。

表 12 - 2　交接试验微水测试结果

间隔气室名称	2010 月 15 日交接 （新设备不大于 250 ppm）	2011 月 3 日验收抽检
213PT 气室	78 ppm	92 ppm
213BL 气室	83 ppm	88 ppm
213-4 隔离开关气室	60 ppm	81 ppm
213 进线套管气室	81 ppm	

绝缘盆拆解后未发现放电痕迹，因产品为倒置结构，绝缘盆子上的黑色附着物为上方放电产生的分解物掉落所致，如图 12 - 23 所示。

观测均压罩表面，与屏蔽管及一次引线连接附近有两个烧穿的熔洞。此位置与屏蔽管烧蚀位置相对应，如图 12 - 24 所示。均压罩的中侧部位烧蚀程度严重，如图 12 -

25 所示。

图 12 - 23 绝缘子表面

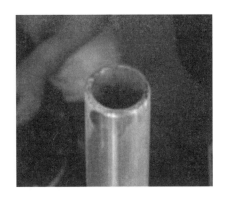

图 12 - 24 均压罩烧蚀与屏蔽管烧蚀位置相对应

图 12 - 25 均压罩中侧位置烧蚀

侧、底屏蔽板对应于均压罩位置有放电烧蚀痕迹，侧、底屏蔽板连接的接地线烧断，如图 12 - 26 所示。

将一次绕组对应位置画线标识，以便查验，并从器身上拆下。可以明显看出，一

图 12‑26　侧、底屏蔽板烧蚀位置与均压罩对应

次绕组下部烧蚀严重（即一次引线部位），如图 12‑27 所示。

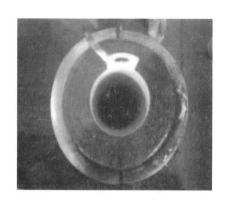

图 12‑27　一次绕组与均压罩对应均在中间偏侧位置烧蚀

（2）故障原因分析

绝缘盆表面无放电痕迹，拆解中未发现紧固件松动迹象，故排除异物及松动造成的击穿。结合产品解体过程及放电痕迹分析，可以明确放电的通道为：高压引线屏蔽管—线圈屏蔽罩—侧屏蔽板（屏蔽板接地线烧断）—筒体。结合线圈绕制、焊接工艺分析，如果导线焊接处工艺控制不好，露出铜线头或尖端，会出现划破邻近漆包铜线绝缘或扎破菱格薄膜的现象。

厂家对一次绕组层间绝缘劣化进行了故障模拟和计算分析。结果显示如果一次绕组焊接不当，露出铜线头，划破邻近漆包铜线，匝间绝缘劣化，将引起匝间轻微放电并产生热量。随着热量缓慢增加，临近导线和薄膜温度升高，铜线漆膜融化（130 ℃），多匝间绝缘劣化。缺陷继续发展，层间薄膜熔化（256 ℃），层间绝缘劣化，绝缘强度迅速下降，导致绝缘击穿，产品出现故障。经模拟计算，匝间短路引起层间绝缘劣化大约需要 0.35～351 天。

综上分析，断定故障 PT 产生击穿的原因为一次绕组焊接不当，露出铜线头，划破邻近漆包铜线，导致匝间绝缘不良，电压作用下引起匝间轻微放电并产生热量。随着热量缓慢增加，临近导线和薄膜温度升高，引起多匝间绝缘劣化、层间绝缘劣化。绝缘劣化程度积累加剧，产生出金属微粒，形成从高压引线屏蔽管—线圈屏蔽罩—侧屏蔽板（屏蔽板接地线烧断）—筒体之间的放电通道。

（3）故障处理措施

故障发生后，立即启动应急抢修预案。

10月7日晚，备品送至现场，8日上午对 C 相互感器进行整体更换。

8日下午，C 相新互感器回装后抽真空、充气静置，期间同时对 A、B 两相进行了抽真空处理。

9日下午，对三相互感器检漏未见异常，微水、分解物检测正常（数据如表 12-3 所示）：

表 12-3　更换 C 相后三相气体分解物及微水含量

间隔气室名称	SO_2（μL/L） （不大于 1 μL/L）	H_2S（μL/L） （不大于 1 μL/L）	微水（μL/L） （不大于 500 μL/L）
213PT 气室（三相连通）	0	0.4	140

对三相互感器进行试验，通过室外套管处加压至最高运行相电压（145 kV），同时用超声局部放电仪检测三相均无局部放电。9日晚该互感器恢复运行。

3. 预防措施

（1）对在运的同制造厂生产 JDQXH-220 型电压互感器进行专项排查，开展内部局部放电、SF_6 体分解产物等项目跟踪检测，周期为一周，一个月后视检测结果延长周期，以便及时发现线圈局部放电、气室气体分解产物超标隐患。

（2）对线圈绕制责任人绕制的 7 只互感器开展重点监控，对加装在线监测装置的设备，定期开展数据趋势分析，及时发现故障苗头。

（3）加强设备运行巡视工作，组织检修、试验、运维部门开展专项巡视，重点检查气体压力降低、渗漏、异响等缺陷。

4. 案例总结

（1）生产厂商在线圈绕制过程中的焊接工艺控制环节存在漏洞，把关不严，导致线圈在运行中产生放电。

（2）GIS 设备带电检测经验不足，检测仪器灵敏度、有效性有待进一步提升。

第四节　操动机构故障

一、操动机构调整不到位导致断路器合后即分故障

1. 案例描述

××年××月××日 19 时，某 110 kV 变电站送电过程中，在进行分段 102 断路器第一次充主变的操作时，断路器出现合后即分的现象，汇控柜就地保护智能单元发事故总信号，主控室主变保护装置无任何保护出口信号，调取保护后台电流采样，无故障电流。经研究后，继续进行操作，在进行最后一次充主变时，开关再次出现合后即分现象。

分段 102 间隔故障组合电器型号为 ZFXX-126。

2. 分析处理

（1）故障检查情况

××年××月××日，对 102 断路器操动机构进行检查试验。检查机构未发现有螺栓松动变位现象。将 102 机构与 1 台新断路器本体进行连接，然后进行 20 次合分试验，出现 6 次合后即分现象。按照机构厂家所提供的数据要求对机构内各部位尺寸进行检查测量时，发现分闸铁芯与分闸掣子已顶死没有间隙，如图 12-28，按照机构厂家要求，此间隙为 1±0.2 mm。将分闸铁芯与分闸掣子调整至 1 mm 后，如图 12-29 再次进行 20 次合分试验，未出现合后即分现象。

图 12-28　分闸铁芯与分闸掣子已顶死

图 12-29　分闸铁芯与分闸掣子有间隙

（2）故障原因分析

通过分析可确认，开关出现合后即分的原因为：在合闸状态下，分闸铁心顶杆与

分闸掣子之间的间隙不满厂家所提供的数据要求，在合闸状态下铁心顶杆完全顶住分闸掣子，造成分闸掣子在机构合闸过程中不能完全复位，合闸保持扣入量减小，在开关合闸时，机构震动最终造成开关合闸不成功，表现的现象即合后即分。

经过多次反复调整分闸铁芯顶杆，发现如果铁芯顶杆顶的过多则每次合闸均不成功，如刚刚顶住每次合闸均会成功，只有在中间位置才会出现合闸有时成功，有时不成功现象。

（3）故障处理措施

对机构进行更换，经试验合格后投入运行。

3. 预防措施

（1）由于烧损更换线圈的事件涉及 165、166、102 三台断路器，目前 102 断路器已更换新机构，按照基建部门的送电要求，送电前对 165、166、102 三台断路器的尺寸全部进行复测。

（2）在以后的新投设备中将技术资料准备齐全。排查其他 GIS 厂家，对提供技术资料不全的进行统计。

（3）按照厂家机构说明书的要求，尽快修订班组的质量控制卡，在以后的基建安装及停电检修中按照厂家要求对机构进行维护检查。

4. 案例总结

（1）由于 GIS 厂家所使用机构为外购部件，GIS 厂家现场技术人员对机构的调整要求及注意事项不熟悉，造成施工现场一旦出现机构内部缺陷，技术人员无法正确处理。本次 102 出现合后即分的直接原因是：线圈烧损后，现场技术人员没有掌握正确的更换线圈方法及流程，造成铁心顶杆与分闸掣子之间的间隙发生变动，由于 1 mm 左右的间隙尺寸要求为开关在合闸状态时所测的尺寸，而现场更换线圈需机构在分闸未储能的状态下进行，在分闸未储能状态下此间隙的尺寸在 9 mm 左右，一旦发生变化不经过测量无法发觉；间接原因是更换线圈后对关键尺寸没有进行测量。

（2）验收班组对交接的技术资料缺少机构相应内容没有提出，对机构安装调试及维护的注意事项不清楚，同时对烧损线圈的情况不掌握，对关键环节没有重点检查。断路器合后即分现象并不是每一台断路器每一次都出现，验收人员仅对部分断路器的特性试验按照要求进行抽测，导致缺陷在验收中没有及时发现。

二、拐臂盒铸造缺陷导致漏气

1. 案例描述

××月××日，某 220 kV 变电站 3 号主变 213 开关连续发 SF_6 气压低告警、闭锁信号，间隔时间 10 min。

2. 分析处理

(1) 现场故障检查

现场检查发现 213 断路器 A 相 SF_6 气体压力持续快速下降, 检漏发现为 A 相机构与拐臂盒密封部位漏气, 如图 12-30 和图 12-31 所示。检修人员会同断路器厂家对213 断路器机构进行解体, 解体过程中发现拐臂盒内部出现一道裂纹, 如图 12-32 和图 12-33 所示。

图 12-30 213 断路器 A 相机构漏气部位

图 12-31 213 断路器 A 相机构漏气部位

观察拐臂盒, 材料为铝合金铸造成形, 结构为腔式, 见图 12-34, 经了解该部件采用低压铸造, 法兰向下, 中心浇注, 不设冒口, 气体通过型模接缝排出。如果芯模处理不当, 含水、有机物较多时, 内壁会出现气孔, 由于气体会上升, 顶部内表面气孔缺陷会较多。

图 12-32 拐臂盒内部裂纹

图 12-33 拐臂盒底部裂纹

根据裂纹的形态观察可以发现裂纹宏观扩展为直线, 但细部为曲折向前, 见图12-35、图 12-36, 裂纹的端部可以观察到裂纹扩展时形成的表面变形痕迹, 见图 12-37。

由裂纹的形态可以推测铸造组织内部可能存在铸造缺陷。对裂纹的裂开宽度测量最宽处达到 0.5 mm，裂纹张开位移较大，说明结构存在较大的内部应力。

图 12-34　拐臂盒

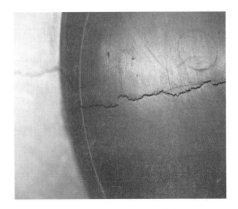

图 12-35　拐臂盒裂纹

（2）故障原因分析

213 断路器 A 相机构拐臂盒元件存在质量缺陷，运行过程中突然开裂，造成 SF_6 气体大量泄漏。通过宏观分析和向厂家了解工艺情况，开裂位置为铸造过程中的顶部。当芯模处理不当时，内表面会出现气孔特别是顶部内表面位置会存在较多的铸造缺陷。当裂纹宽度达到 0.5 mm 时，顶部位置会存在铸造应力。从电镜分析证实宏观推测的结论，观察到了大量的铸造疏松、孔洞等缺陷，特别是在裂纹的源区最多。在铸造过程中，由于成分或工艺的原因在顶部位置形成了大量的铸造缺陷，该位置也是铸造应力相对较大的区域。在铸造应力作用下铸造缺陷发生开裂，在运行过程中由于操作应力和内应力共同作用下疲劳扩展。

图 12-36　拐臂盒裂纹

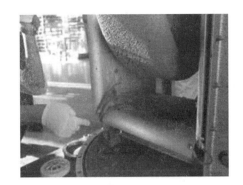

图 12-37　拐臂盒裂纹

对裂纹进行取样电镜检测。用线切割的方法将裂纹取出，取样位置见图 12-38，用机械的方法将裂纹打开，见图 12-39。图 12-39 中的铁锈色为线切割形成，不是断口缺陷，下部较干净的断面是经过丙酮超声波清洗过。从断开的纹理可以看出，裂纹源于内表面中心孔的边缘。

将打开的断面放到扫描电镜中观察，可以发现断面上存在密布的缩孔、疏松等铸造缺陷，在裂纹源区的内表面上最多，见图12-40、图12-41、图12-42。图12-38显示靠近表面存在的孔洞，图12-39可以看到洞内存在大量成簇的类似葡萄串的圆球状物质，这是生长中的铝合金晶粒，属于铸造疏松。图12-40可以看到洞与洞几乎相通的。该铸铁内部存在严重的铸造疏松和孔洞，减弱了金属间的联系，易在收缩应力的作用下发生开裂。从裂纹源区还可以观察到表面存在疲劳痕迹，见图12-43，裂纹开裂后在运行机构动作带来的反复应力作用下，裂纹会发生扩展。

图 12-38　裂纹取样位置

图 12-39　裂纹断面

图 12-40　断面放大图

图 12-41　断面放大图

图 12-42 断面放大图

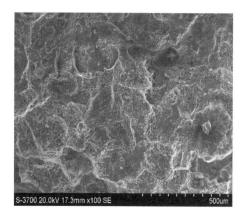

图 12-43 断面放大图

213 断路器 GIS 拐臂盒开裂是由于铸造过程中形成的疏松、孔洞等缺陷在铸造应力的作用下发生开裂，裂纹在运行过程中发生扩展，最后导致裂纹贯穿整个壁厚，原始缺陷和铸造应力是导致拐臂盒开裂的主要原因。

（3）故障处理措施

更换故障的 213 断路器机构拐臂盒，经试验合格后投入运行。

3. 预防措施

（1）对同厂同批次的该型号组合电器进行排查，是否存在漏气缺陷；同时积极准备拐臂盒等备件，配合停电机会更换故障的开关机构拐臂盒，并对其进行质量抽检。

（2）加强物资质量管控，通过监造公司开展设备监造时，对拐臂盒等元器件的生产标准、工艺流程进行重点检查。

（3）加强同类铸造件的抽检，加强对新购件质量检查。检查项目主要包括材料是否符合图纸的要求，重点检查壳体铸造孔洞、裂纹等缺陷。

（4）设备验收时，重点检查组合电器拐臂盒的质量检测报告。

（5）加强运行巡视工作，发现压力异常降低及时处理。

4. 案例总结

设备厂家对组合电器拐臂盒的生产标准和铸造工艺不达标，厂家未按照国家铸造铝合金标准生产相应的元件。厂家对组合电器元器件质量把控不严，未对拐臂盒元件开展有效的质量检测。

三、操动机构部件损坏导致合闸失败

1. 案例描述

××年××月××日，某 110 kV 变电站进行全站检修预试工作结束后，17 点 05

分对 1161 开关进行遥控合闸操作，开关因故障未能合闸成功。

2. 分析处理

（1）现场故障检查

现场检查 1161 断路器处于分位，显示已储能，开关机构箱处有烧焦味。检修人员对开关机构箱进行外观检查，发现 1161 断路器保持掣子胀销断裂导致机构不能正常合闸。机构箱内部检查情况和断裂的胀销如图 12 - 44 和图 12 - 45 所示，保持掣子如图 12 - 46 所示。

图 12 - 44　机构箱内部情况

图 12 - 45　断裂的胀销

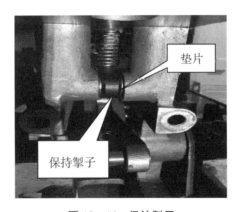

图 12 - 46　保持掣子

（2）故障原因分析

缺陷发生后，检修人员通过现场信息及现场排查初步分析如下：

1）更换保持掣子过程中发现保持掣子装配过紧，导致合闸保持掣子卡涩。断路器分合闸时不能灵活转动，储能弹簧凸轮将胀销打断。

2）机构组装工艺不合格，对断裂部分检查发现该胀销呈椭圆状（正常圆形），初步分析为机构组装时，厂家工作人员暴力操作导致胀销受损。

3）该机构长时间不动作，储能弹簧胀销单侧受力出现损伤，经现场多次传动断路器后导致胀销断裂。

（3）故障处理措施

根据初步分析和判断，检修人员配合厂家技术人员现场对 1161 断路器机构箱保持掣子及合闸线圈进行更换。保护人员对 1161 断路器进行分合闸动作电压进行测试，测试结果合格。

3. 预防措施

（1）对该制造厂生产的断路器机构利用停电机会进行检查，防止因装配问题造成设备部件损坏，影响送电；

（2）加强设备监造管理，严格设备出厂试验见证流程；

（3）加强设备验收管理，对重点设备要求现场安装后进行重点项目的试验（断路器要求进行机械特性试验）。

4. 案例总结

根据新版十八项反措要求，对于 3 年未动作的断路器应进行分合闸操作，避免因长期不动作造成机构部件损坏故障。

第五节　传动系统故障

一、传动系统调整不到位导致断路器合闸虚接故障

1. 案例描述

××年××月××日，运行人员发现 220 kV××线 C 相电流异常，巡检及检测判断××站内组合电器相关间隔存在断点或虚接，停电检查发现 234-5 隔离开关 C 相动静触头调整不到位，合闸状态下触头处于刚刚接触的边缘。

2. 分析处理

（1）现场故障检查

234 间隔解体前分别进行了主回路电阻测试、绝缘电阻测试及组分测试。具体如下。为保持 234 单元设备在初始运行状态，停电倒闸操作过程中没有改变 234 间隔断路器及隔离开关的分合闸位置，回路电阻测试 234-1KD 至 234-5KD 之间 C 相不通，测试结果见下表。同时使用 2500V 兆欧表测试 234-5 隔离开关 C 相断口绝缘同样不通。分、合闸操作后进行回路电阻测试及绝缘电阻测试，3 次试验均表明 234-5 隔离开关 C 相回路不通，如表 12 - 4 所示。

表 12-4　234 间隔回路电阻测试结果 (μΩ)

天气：晴	温度：-8 ℃	相对湿度：33%	
	A	B	C
22-7MD 至 234-1KD	250.7	250.7	303
234-1KD 至 234-5XD	408.6	333.8	不通（>1 Ω）
234-1KD 至 234-5KD	348.9	208	359.1
234-5KD 至 234-5XD	409.1	210.1	不通（>1 Ω）
234-5KD 至 22-7MD	491.3	356.2	528
234-5XD 至 22-7MD	518.2	475.2	不通（>1 Ω）
测试装备型号：AST150A 回路电阻测试仪			

停电后再次对 234 间隔进行气体成分测试，发现 234-5 隔离开关气室内部 SO_2 含量为 1.51 μL/L，超出《输变电设备状态检修试验规程》规定中 $SO_2 \leqslant 1$ μL/L（注意值）的标准。由于之前气体组分检查未见特征气体，分析认为特征气体为停电过程中断口悬浮放电产生，与停电过程中运维人员发现 GIS 设备内部疑似放电声音相吻合。

234-5 隔离开关传动部位整体情况如图 12-47 所示。厂家技术人员表示该型隔离开关可通过检查定位孔位置标记确定是否合闸到位，定位孔位置如图 12-48 所示。

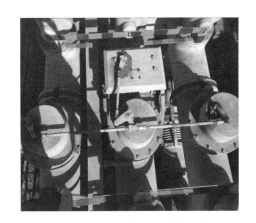

图 12-47　隔离开关传动连杆

图 12-48　定位孔位置

经厂家技术人员确定定位孔标记位置后，检查发现合闸状态下隔离开关三相均有不同程度定位标记调整不到位的情况，其中 A、B、C 三相相差分别为 7 mm、3.5 mm、5 mm，如图 12-49、图 12-50、图 12-51 所示。

打开 234-5 隔离开关 C 相底部手孔，内窥检查发现合闸状态下动静触头处于刚刚接触边缘，分闸状态下检查静触头有烧蚀痕迹，壳体内部未见金属碎屑以及烧蚀物等杂质，如图 12 - 52 和图 12 - 53 所示。

图 12 - 49　A 相定位标记（合闸）

图 12 - 50　B 相定位标记（合闸）

图 12 - 51　C 相定位标记（合闸）

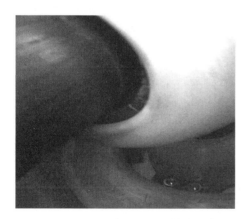

图 12 - 52　234-5 隔离开关 C 相触头（合闸）

图 12 - 53　234-5 隔离开关静触头（分闸）

　　将 234-5 隔离开关 C 相解体，发现动静触头均有烧蚀痕迹，静触头均压罩内部有金属烧蚀残留物，如图 12 - 54 至图 12 - 56 所示。

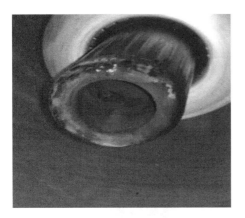

图 12‒54　C 相动触头

图 12‒55　C 相静触头

图 12‒56　C 相静触头均压罩内部残留物

对于新制造的组合电器，隔离开关厂内组装到位后确定定位孔位置，对于该型号隔离开关，现场安装调试过程中以定位孔位置作为隔离开关调整的唯一依据。隔离开关外部运动通过拐臂转动带动内部齿轮转动，实现隔离开关动触头的分合闸动作；动触头直线运动与传动拐臂转动的角度线性对应，整个触头行程是 153 mm，对应拐臂转动角度 60°，平均拐臂转动 1°对应行程动作为 153/60＝2.5 mm。对应定位孔，拐臂每转动 1°，对应定位孔偏移 1.13 mm。

隔离开关内部剖视图如图 12‒57 所示。厂内组装阶段根据动触头的分闸位置（低于中间触头屏蔽罩 8 mm）确定外拐臂的分闸定位点；再根据动触头的行程（153 mm）确定外拐臂的合闸位置确定合闸定位点，动触头插入静触头屏蔽罩 35 mm。合闸到位时，动触头超过有效接触点 17 mm。由于动触头端部存在 8 mm 的引导锥面，实际有效接触距离为 9 mm。

A 相拐臂欠位距离实际为 7 mm，经计算内部动触头欠位距离为 15.2 mm，欠位距

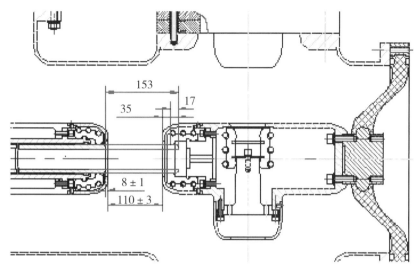

图 12-57 隔离开关内部剖视图

离大于有效接触距离（9 mm）且小于动静触头弧面引导距离（17 mm），A 相隔离开关动、静触头之间出现虚接。

B 相拐臂欠位距离实际为 3.5 mm，欠位距离小于有效接触距离（9 mm），判断 B 相隔离开关动、静触头之间已在有效接触范围内。

C 相拐臂欠位距离实际为 5 mm，经计算内部动触头欠位距离为 11 mm，欠位距离大于有效接触距离（9 mm）且小于动静触头弧面引导距离（17 mm），A 相隔离开关动、静触头之间出现虚接。

（2）故障原因分析

造成隔离开关定位孔偏移的原因有以下几个方面：

1）设备运输过程中相间距发生变化（发货时在间隔两边用钢丝绳将间隔固定在车辆上，从而使间隔相间距加大），刀闸传动拉杆受力造成分合闸位置偏离，设备现场安装完成后，因服务人员疏忽未进行重新调整，导致设备运行时 234-5 隔离开关合闸定位点超出允许值范围。

2）现场拆下 234-5 隔离开关的传动部分时，发现传动拉杆与拐臂锈蚀，拉杆与拐臂相连的轴销无铜套，机构传动卡涩，造成刀闸传动拉杆行程改变，刀闸动触头行程日渐减小。2011 年以后产品，厂家将 GIS 隔离开关传动轴销全部改为铜套结构，有效减少的锈蚀卡涩情况的发生。

综上，设备运输过程中，相间距改变导致传动拉杆受力，定位点超出误差范围，而设备安装时，服务人员未按现场设备安装工艺控制文件进行刀闸分合闸定位点复核调整，导致设备送电时隔离开关运行在合闸欠位的状态；同时，随着现场隔离开关机构传动部件生锈，机构传动卡滞，进一步加剧了隔离开关合闸不到位，最终造成因 234-5 隔离开关 A、C 相合闸不到位，动、静触头烧蚀的现象。

（3）故障处理措施

更换故障的 234-5 隔离开关，经试验合格后投入运行。

3. 预防措施

（1）开展定位孔排查。对于该制造厂生产的同型号组合电器，检修人员与厂家技术人员共同排查隔离开关合闸（或分闸）状态下三相拐臂定位孔情况，对怀疑有问题的进行精确红外测温、局部放电以及气体组分测试分析，进行综合性诊断。同时对定位点偏移较大（超过 3.5 mm）的停电进行调整。

（2）进行传动部位治理。对该设备厂家生产的户外组合电器的分相操作隔离开关，结合停电进行传动部位进行整改，将主拉杆、相间连杆以及拐臂更换为采取渗锡工艺处理的产品，将传动轴销更换为采用内铜套结构产品，并对传动部分加装防护罩。

4. 案例总结

（1）设备厂家对 GIS 设备运输及现场安装工艺控制不严，造成运输过程中隔离开关定位孔偏移，同时现场安装时未进行检查调整，造成隔离开关运行过程中合闸（或分闸）不到位。

（2）设备材料及制造工艺有待改进。该厂早期 GIS 设备未充分考虑设备锈蚀对分合闸的影响，造成运行过程中存在较为严重的锈蚀情况，从而影响设备正常运行。

（3）GIS 隔离开关无法直观观察合闸同期、合闸是否到位等情况，设备出厂以及现场安装均容易造成同期不合格以及分合闸不到位的隐患。同时，运行过程中缺乏有效检测及监测手段。

（4）对于 GIS 设备合闸及分闸到位状态的确定，不同的设备厂家有不同的设计方式，应将其纳入设备验收及检修试验过程检查的要点。

第六节　装配及安装工艺不良

一、安装现场清尘不彻底导致 GIS 内部放电故障

1. 案例描述

××年××月××日，某 220 kV 变电站投运。21 时 03 分 202 断路器、220 kV ♯3 母线带电运行，21 时 08 分 202 断路器跳闸，故障录波显示 A 相接地，短路电流 20.55 kA，故障持续时间 50.1 ms。经检查，确认故障为 220 kV 的 ♯3 母线间隔 23-7 隔离开关气室放电。

23 开关该组合电器出厂日期为××年××月，投运日期为××年××月。

2. 分析处理

（1）现场故障检查

故障发生后，立即进行了外观检查，未见异常。检修人员对组合电器各气室进行 SF_6 气体成分测量，其他气室 SF_6 气体成分均为 0，水分测试为 110 PPm，23-7 气室中 H_2S 和 HF 含量为 0，SO_2 含量为 74.1 PPm，CO 含量为 48.7 PPm，水分含量为 3008 $\mu L/L$。初步判断 23-7 气室为故障气室。

对故障气室进行解体检查，发现 23-7 隔离开关 A 相气室内有大量故障后的分解物，如图 12-58 和图 12-59 所示。

图 12-58　23-7 刀闸 A 相仓下部　　　　　图 12-59　23-7 刀闸 A 相仓上部

（2）故障原因分析

1）现场安装质量不良是造成本次事故的主要原因。经现场检查和对故障部位分析认为，该次故障的原因可能为：避雷器和电压互感器安装时，23-7 气室内盆式绝缘子表面洁净程度不足，存在金属颗粒、灰尘等杂质。设备带电运行后，金属颗粒、灰尘在电场作用下重新排序，形成带电小桥，5 min 后导致放电。在安装中生产厂家负责 GIS 气室清洁及封盖前的检查确认，此次故障属现场安装质量问题。

2）与避雷器相连的导体和盆式绝缘子未进行耐压试验是本次故障的主要原因。现场实际耐压方案：拉开 23-7，在 223-5 出线侧打压，进行回路耐压试验，23-7 母线侧断口承受 460 kV 耐压值；拆除 23-7 与 LA 连接导体，在 ♯3PT 二次侧施加三倍频感应电压，23-7 的 PT 侧断口承受 460 kV 耐压值；恢复 23-7 与 LA 的连接导体，抽真空充气后进行送电操作。对避雷器和相连导体、盆式绝缘子未进行耐压试验。

根据《国家电网公司输变电设备状态检修试验规程》（Q/GDW1168-2013）第 5.8.2.2 条：对核心部件或主体进行解体性检修之后，或检验主回路绝缘时，进行本项试验。试验电压为出厂试验值的 80%，时间为 60 s。有条件时，可同时测量局部放电量。试验时，电磁式电压互感器和金属氧化物避雷器应与主回路断开，耐压结束后，恢复连接，并应进行电压为 Um、时间为 5 min 的试验。

根据厂家对现场安装的指导文件要求：金属氧化物避雷器在恢复连接后，应进行电压为 Um、时间为 10 min 的试验。

3）现场安装环境差是引起本次故障的一个诱因。GIS 解体安装对安装环境的防尘、防潮要求较高，安装现场的环境条件应满足制造厂安装技术规范要求，不满足安装环境条件要求时不得安装。实际安装过程中 GIS 室东大门敞开，室内未采取防尘、防潮措施。

（3）故障处理措施

检修人员会同厂家人员进行了 220 kV GIS 解体检查，确定了故障点在 23-7 气室内。

在 6 月份绝缘盆子到货后对故障盆子进行了更换，对其他部分进行检查，并进行了试验。

3. 预防措施

（1）加强组合电器设备试验管理。交接试验应遵守《电气装置安装工程电气设备交接试验标准》（GB 50150－2016）、《气体绝缘金属封闭开关设备现场耐压及绝缘试验导则》（DL/T 555－2004）。生产厂家有特殊要求时，应遵守执行；生产厂家无特殊要求时，避雷器恢复连接后并应进行电压为 Um、时间为 5 min 的试验。交流耐压值应为出厂值的 100%，执行《关于加强气体绝缘金属封闭开关设备全过程管理重点措施》（国家电网生〔2011〕1223 号），并应在交流耐压试验的同时进行局部放电检测。

（2）加强施工中安装环境的管理。加强对 GIS 解体安装环境的防尘、防潮措施落实，解体前检查安装现场的环境条件是否满足制造厂安装技术规范要求，不满足安装环境条件要求时不得安装。GIS 户内安装时应在室内装修完毕后进行。户外安装时应设置专用的防尘、防潮安装棚。

（3）完善现场耐压措施。与生产厂家协商，由生产厂家提供一个与避雷器气室外形尺寸相一致的空壳体，在耐压前将空壳体替换避雷器气室，并进行抽真空充气后进行相关耐压试验，试验完后更换为运行的避雷器气室。

（4）加强对未进行耐压部分的检查管理。在安装过程中，由于环境条件限制，部分气室或绝缘件无法通过耐压试验进行验证时，应逐个进行解体检查，检查内部有无异物，检查导体或壳体表面有无尖角毛刺，检查内部洁净情况，由生产厂家确认后再进行封盖。

4. 案例总结

目前，GIS 的交接验收试验需进行主回路交流耐压试验和"老炼"处理，但试验不能带避雷器进行，故障部位盆式绝缘子由于和避雷器直接连接，无法通过交流耐压试验检验其表面的金属微粒和粉尘杂质。

二、现场装配不合格导致 GIS 设备异响

1. 案例描述

某 220 kV 变电站备用 111 间隔内♯1 母线、♯2 母线气室有"嗡嗡"异响。检修人员对 111-1 隔离开关及母线气室、111-2 隔离开关及母线气室、及其相邻的母线波纹管备用气室进行解体检查，发现刀闸传动机构绝缘连杆和母线动静触头之间存在晃动现象，并予以处理消除。

2. 分析处理

（1）现场故障检查

解体检查内壁表面清洁、光滑，未发现异物、凸起或毛刺等。母线导体完好，无碰伤、毛刺等，也无放电痕迹，如图 12-60 和图 12-61 所示，基本可以排除由于异物或尖端放电引起异响。

图 12-60　内壁检查情况　　　　　图 12-61　母线导体检查情况

对绝缘盆子静触头屏蔽罩、静触头固定螺栓、母线连接排螺栓等气室内的所有螺栓进行了检查，未发现松动现象，但在静触头的固定螺栓中由于安装原因，螺栓长度选择不当，存在弹簧垫未压紧现象，如图 12-62 所示。由于该螺栓处于导线凹槽处，内六角扳手无法使用，故安装时更换为普通螺栓，但更换后的螺栓比原螺栓长度稍长，如图 12-63 所示。分析后发现，虽然弹簧垫没有压平，但已经压上，不存在晃动和松动现象，故可排除此处螺栓松动造成出现异响的可能。

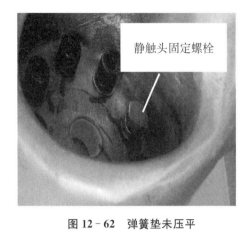
静触头固定螺栓

图 12‑62　弹簧垫未压平

图 12‑63　螺丝对比图

在检查 111-1 隔离开关时，发现 111-1 隔离开关的 B、C 相之间的传动绝缘拉杆（绝缘拉杆 3）底部有晃动现象。用手抓住连杆 3 顺着插入槽方向来回晃动可以听到"磕、碰"的声音，如图 12‑64 所示。

图 12‑64　传动绝缘拉杆 3

（2）故障原因分析

分析结果为厂家运输和安装时，111-1 隔离开关均是在合闸位置，验收送电前，厂家将其手动摇至分闸位。在分闸后，厂家可能没有将其摇到底，而恰巧在这个位置上，出现最下方传动拉杆插接位置绝缘拉杆正好在不受力状态，从而出现晃动现象。在母线送电的情况下，传动绝缘拉杆与母线达到了相同的共振频率，而发生振动，引起异响。

（3）故障处理措施

将绝缘拉杆结构进行紧固，经试验合格后投入运行。

3. 预防措施

对同类的产品现场组装，封口前应详细检查内部固定螺栓紧固情况及相关运动部位的配合情况，防止由于松动造成的异常状况的出现。

4. 案例总结

GIS设备现场安装工作极为重要，安装的洁净度、尺寸调整等都会影响设备投运后的运行质量，应加强设备现场安装全过程技术监督，提升设备投运前验收质量，避免故障隐患。连接部位设计不合理，安装不精细。

三、安装工艺不良导致隔离开关合闸不到位

1. 案例描述

根据运维人员某变电站234间隔C相无电流，进行超声局部放电及气体成分测试均无异常，对234间隔停电排查，停电后测量电阻，经234间隔线路侧234-5KD至234-5XD接地柄进行回路电阻测试，测试结果如下：A相409.1 $\mu\Omega$，B相210.1 $\mu\Omega$，C相回路不通。

2. 分析处理

（1）现场故障检查

现场设备外观检查时，234-5隔离开关机构传动部件锈蚀，同时A、B、C相现场测量定位点，拐臂欠位距离分别为7 mm/3.5 mm/5 mm，如图12-65所示。

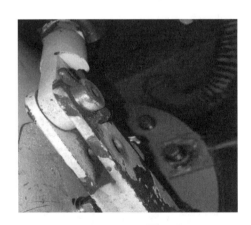

图12-65　234-5刀闸传动接头及拐臂锈蚀

现场设备拆解后，发现234-5隔离开关A、C相的动、静触头有烧蚀情况，B相无异常，如图12-66、图12-67、图12-68所示。

如图12-69所示，234间隔线路侧采用GL线型隔离/接地开关结构，隔离开关与接地开关共用一个外壳，组成隔离—接地组合开关。

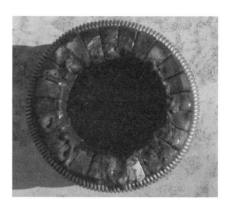

图 12 – 66 拆解后 A 相动触头导体、静触头

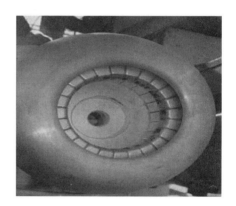

图 12 – 67 拆解后 B 相动触头导体、静触头

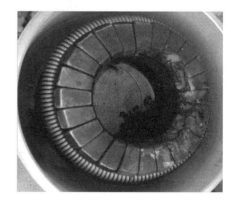

图 12 – 68 拆解后 C 相动触头导体、静触头

如图 12‑70 所示，装在壳体中的隔离开关动触头经过绝缘杆与传动装配连接；外部操动机构通过传动系统输入能量，带动三相隔离开关实现分合操作。

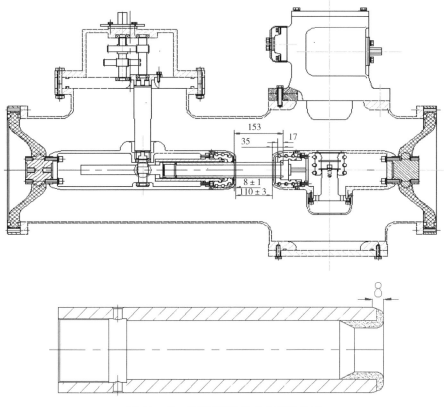

图 12‑69 隔离/接地开关内部结构图

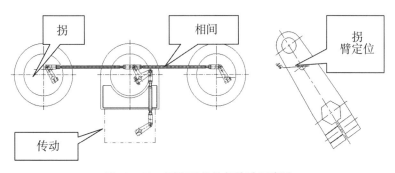

图 12‑70 隔离开关外部传动示意图

（2）故障原因分析

1）A 相拐臂欠位距离实际为 7 mm，对应的拐臂欠位角度为 7/1.13＝6.1°，内部动触头欠位距离为 2.5×6.1＝15.2 mm，大于有效接触距离 9 mm，可以判断 A 相隔离开关动、静触头之间出现虚接，在通流状态下，温升会呈增大趋势，热量不断积聚，导致导体熔融，熔融物将动触头导体及静触头粘连，这造成 A 相动触头虽有虚接，但仍然有电流。

2）B 相拐臂欠位距离实际为 3.5 mm，对应的拐臂欠位角度为 3.5/1.13＝3.1°，内部动触头欠位距离为 2.5×3.1＝7.8 mm，小于有效接触距离 9 mm，可以判断 B 相隔离开关动、静触头之间已在有效接触范围内，这也与 B 相拆开时，内部结构无异常相符。

3）C 相拐臂欠位距离实际为 5 mm，对应拐臂欠位角度为 4.4°，内部动触头欠位距离为 2.5×4.4＝11 mm，已大于有效接触距离 9 mm，可以判断 C 相隔离开关动、静触头之间出现压接不实，随着温度不断升高，动触头导体与静触头之间烧蚀断开，从而导致 C 相出现无电流情况。

（3）故障处理措施

更换有故障的触头，经试验合格后投入运行。

3. 预防措施

（1）设备现场安装完成后，按照工艺文件，需要电动操作重新校核分合闸定位点，防止设备运输过程中相间距发生变化（发货时在间隔两边相拉钢丝绳将间隔固定在车辆上，从而使间隔相间距加大），隔离开关传动拉杆受力，造成分合闸定位点偏离厂内调整的位置。

（2）在设备巡检过程中，多注意观察传动系统中相关部件的位置情况，及时发现传动拉杆与拐臂锈蚀，拉杆与拐臂相连的轴销无铜套，机构传动卡滞等情况。

4. 案例总结

设备运输过程中，相间距改变导致传动拉杆受力，定位点超出误差范围，而设备安装时，服务人员未按现场设备安装工艺控制文件进行隔离开关分合闸定位点复核（如果超出误差范围，可以通过调整传动拉杆，将定位点调整到误差范围内），导致设备送电时隔离开关运行在合闸欠位的状态；再者，随着现场隔离开关机构传动部件生锈，机构传动卡滞，进一步加剧了隔离开关合闸不到位，最终造成故障的发生。

第十三章　隔离开关故障及缺陷

第一节　过热烧毁故障

一、合闸不到位导致过热烧毁

1. 案例描述

××年××月××日，某 220 kV 变电站运维人员在巡视过程中发现该 110 kV 母联 101-2 隔离开关 B 相动静触头处很大的嗞滋放电声并伴随有着火熔焊现象，B 相触头过热烧毁。

2. 分析处理

（1）现场故障检查

检修人员到现场检查故障后，发现 B 相动触头处发热熔焊，有灼伤痕迹。隔离开关 B 相拐臂未过死点（上下导电臂未垂直），合闸不到位，故障现场如图 13 - 1 所示。

图 13 - 1　故障现场图

（2）故障原因分析

图 13 - 2　B 相隔离开关现场图

造成 101-2 隔离开关烧损原因为隔离开关 B 相拐臂未过死点（上下导电臂未垂直），动静触头间夹紧力不足，致使动静触头虚接，运行后造成发热熔焊，如图 13 - 2 所示。

（3）故障处理措施

设备停电后，对动触头进行更换。对静触头进行检查时发现静触头烧损不太严重，对接触面位置进行调换。对隔离开关进行接触电阻测试和相应的调试，合格后投入运行。

3. 预防措施

（1）检修人员在对隔离开关检修后，必须对三相四连杆拐臂进行过死点检查，进行接触电阻测量时，接触电阻阻值必须满足设备厂家回路电阻要求；

（2）运维人员应定期利用红外等设备对隔离开关进行测温，及早发现隔离开关的发热位置，防止出现烧毁故障。

4. 案例总结

传动部件卡涩、四连杆拐臂未过死点将造成合闸合不到位或合到位后夹紧力严重不足会导致设备运行后动静触头接触面烧损，严重时将会引起熔焊等情况发生。因此对于此类缺陷，以后在检修过程中需要重点对各传动连杆轴销及拐臂进行充分清洗润滑，保证各轴销及拐臂部分动作灵活。检修后必须采用大电流回路电阻仪进行回路电阻测试，额定电流在 1250 A、2000 A 电阻值应有区别，采用红外成像技术对运行中设备进行测温测试，对温度异常设备及时停电进行处理。

二、隔离开关本体框量大导致过热烧毁

1. 案例描述

××年××月××日，某 110 kV 变电站 1 号主变差动保护动作，跳开三侧开关，1 号主变失电，中、低压侧自投成功，未损失负荷。

2. 分析处理

（1）现场故障检查

通过对故障后的 311-4 隔离开关检查，手动至合闸位置，操作轴在合闸位置闭锁后，有较大框量。现场检查 311-4 隔离开关 A 相熔断，触指和防雨罩已全部烧熔，触指支架已烧熔，触头和触头导电臂已全部烧熔至固定夹板，触指导电臂及其固定夹板过热变色，母线侧合成绝缘子支瓶最上方三个裙严重烧坏，下部裙有块状烧蚀，隔离开关底座和地面有冷却后的铜质及铝质熔渣，故障现场如图 13-3 所示。

图 13-3　故障现场图

（2）故障原因分析

A 相隔离开关本体远离操作机构，检修质量不良，隔离开关本体框量大，不能保持动触头的固定性是引起本次故障的主要原因。隔离开关框量大，在运行中，容易发生合位不正的现象。合闸位置不正时，容易发生触头一侧压力较大，接触电阻较小，另一侧压力较小，接触电阻较大的情况。隔离开关触头接触电阻较大时，长时间运行因过热导致烧毁。

（3）故障处理措施

对 311-4 隔离开关 A、B、C 三相的导电臂及触指触头进行更换，对 A 相靠近母线侧隔离开关支柱复合绝缘子进行更换，对 A 相伞齿轮进行机械调整。进行接触电阻测试和相关调试，合格后投入运行。

3. 预防措施

（1）严格按照检修工艺要求对设备进行检修。在 GW4、GW5 型隔离开关检修后，增加触头位置固定性检查，即在合闸位置和分闸位置手动检查本体有无框量。在大风天气后，要及时对设备进行巡视检查，检查设备有无异常。

（2）严格按照规定对站内设备进行红外测温，缩短测温周期，增加测温次数，发现异常及时处理。

4. 案例总结

隔离开关本体框量大可能导致触头接触电阻增大，长时间运行会导致触头损坏。按照 DL/T486《高压交流隔离开关和接地开关》第 5.104.1 条：触头位置的固定性，隔离开关和接地开关及其操动机构应设计成，在重力、风力、振动、合理的撞击下或其操动机构的联杆受到意外的碰撞的情况时，均不会脱离开其分闸或合闸位置。为了安全隔离开关和接地开关应能在机械上暂时锁定在分闸或合闸位置上（例如维修时）。

三、异物搭接导致隔离开关短路过热烧毁

1. 案例描述

××年××月××日，某 220 kV 变电站 110 kV♯2 母线差动保护动作，跳开 110 kV♯2 母线。110 kV♯2 母线所带负荷全部自投至其他线路供电，未影响负荷。

2. 分析处理

（1）现场故障检查

现场检查发现 112-2 隔离开关上部母线及 112-2A 相隔离开关口有明显放电痕迹，受短路影响 112-2A 相隔离开关触指烧蚀严重，具体情况如图 13-4 所示。

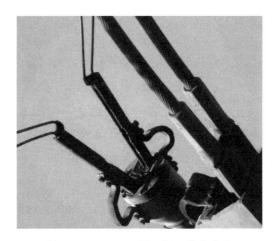

图 13-4　112-2A 相刀闸口放电痕迹

（2）故障原因分析

故障发生时该变电站区域为大风天气，阵风达 10 级。由于是当年第一次大风天气，周边长期积累的塑料布、包装材料等废弃物被大风刮起。异物被大风刮至 112-2 隔离开关上母线间隔，导致 AB 相短路，受短路弧光影响 112-2A 相隔离开关触指烧蚀严重。

（3）故障处理措施

故障发生后，考虑 112-2A 相隔离开关触指烧蚀情况，经研究决定调整运行方式，将原来 110 kV♯2 母线的负荷全部倒入♯1 母线运行，随后立即对 112-2A 相隔离开关进行消缺工作。112-2A 相隔离开关经过检修和调试合格后，检查 110 kV♯2 母线无异常，恢复110 kV♯2 母线运行。

3. 预防措施

（1）定期检查和清理变电站周围的漂浮物，防止被大风刮到变电站运行设备上造成故障；

（2）加强护电宣传，最大限度减少变电站周围环境中漂浮物的产生。

4. 案例总结

变电站周围存在塑料、金属丝等重量较轻的漂浮物，遇到大风天气时，漂浮物可能被吹进变电站的设备附近，由于安全距离不够，变电站设备会对漂浮物进行放电，甚至引起设备短路故障。注重电力场所周围环境的治理，垃圾回收站、临时垃圾点应该远离电力设备。应该加大大风等恶劣天气时对电力设备的巡视，保障恶劣天气下电力设备的正常运行。

第二节　合闸不到位故障

一、动触头操作轴锈蚀导致合闸不到位

1. 案例描述

××年××月××日，某 110 kV 变电站运维人员在送电过程中发现 110 kV××线路隔离开关三相合闸合不到位现象，相关班组得到通知后立即组织检修人员到现场进行缺陷处理。

2. 分析处理

（1）现场故障检查

检修人员对隔离开关进行了检查，发现机构小拉杆、小拉杆轴销、机构相操作支瓶拐臂轴销、动触头操作箱外露导电杆操作轴夹紧件及操作轴锈蚀严重，造成动触头导电杆操作轴转动阻力过大，如图 13-5 所示。打开动触头操作箱，发现传动机构中转臂弹性装置杆压缩量 2.5 mm，而安装要求 4～6 mm，如图 13-6 所示。

 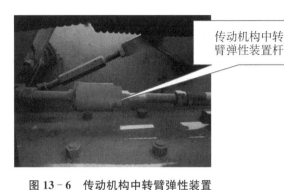

图 13-5 操作轴锈蚀图   图 13-6 传动机构中转臂弹性装置

（2）故障原因分析

1）环境因素

此产品为户外型，应能够耐受风吹、日晒、雨淋等环境因素而不发生锈蚀，而此隔离开关投运时间仅 6 年即锈蚀严重，远未达到产品质量要求。

2）运行因素

产品在运行过程中，长期停留在分闸位置不操作，各部件之间因积尘、锈蚀等原因使操作阻力变大。

3）人为因素

在基建安装过程中，调试中转臂弹性装置杆压缩量未达到 4～6 mm 要求，而在长时间运行之后，设备操作阻力增大，隔离开关合闸不到位。

（3）故障处理措施

1）将中转臂弹性装置的拉杆进行放长，使弹性装置杆压缩量达到 5.5 mm；

2）对各转动部位加二硫化钼润滑，减小摩擦阻力；

3）对各传动部件进行除锈、刷漆，做好防腐工作。

3. 预防措施

（1）该型隔离开关防腐性能不足，金属部件锈蚀严重，对使用年限较长的本型号隔离开关进行防腐处理或更换；

（2）在检修试验时，检查同型号的隔离开关是否存在中转臂弹性装置杆压缩量未达到要求的现象。

4. 案例总结

由于操作轴锈蚀导致操作阻力变大，另外，隔离开关在运行过程中，长期停留在分闸位置不操作，各部件之间会存在大量积尘，导致隔离开关合闸不到位。户外型隔离开关应能够耐受风吹、日晒、雨淋等环境因素影响，运维人员应定期对户外型隔离开关进行操作，检修人员在检修时应对隔离开关转动部件进行清洗，防止转动部件卡涩。

二、机构箱电机烧损导致合闸不到位

1. 案例描述

××年××月××日，某 110 kV 变电站 194-2 隔离开关，在停电检修过程中发现拒合缺陷。当时的运行方式为 3、4 号主变及 110 kV ♯3、♯4 母线并列运行，1、2 号主变及 110 kV ♯1、♯2 母线转检修，194-2 隔离开关在 110 kV ♯2 母线转检修状态。当日高压试验班进行测量 194 开关机械特性工作，需将 194-2 隔离开关置于合闸位置，在进行 194-2 隔离开关就地电动合闸时发现隔离开关机构箱发出异响随后有烟雾冒出，开盖检查发现隔离开关电机烧损。

2. 分析处理

（1）现场故障检查

现场对 194-2 隔离开关机构箱进行检查，隔离开关电动限位开关正确动作；通过手动方式进行分、合闸操作，机构分、合闸正常未见卡涩现象发生。

（2）故障原因分析

通过验证隔离开关电动限位开关正确动作，排除了因电气回路未切断而引起的电机长时间运行导致的过热烧损。将隔离开关机构与隔离开关本体连接拉杆拆除，通过手动方式进行分、合闸操作，机构分、合闸正常未见卡涩现象发生，排除了由于机械部分卡涩引起的电机过载发热；最后确定为隔离开关电机自身缺陷导致的 194-2 隔离开关拒动，如图 13-7 所示。

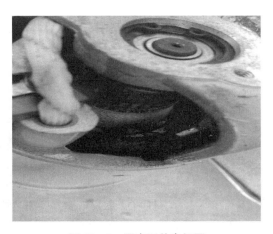

图 13-7 隔离开关电机图

（3）故障处理措施

在确定 194-2 隔离开关不卡涩后，随即将隔离开关电机进行整体更换处理，并在处理完毕后对机构进行多次手动分合闸操作及远方电动操作，操作正常。

3. 预防措施

（1）该隔离开关操动机构电机功率较小，易发生过热烧毁，对同类设备进行排查，结合大修技改项目将电机进行更换；

（2）加强专业巡视，提高巡视质量，一旦发现异常及时停电处理。

4. 案例总结

由于隔离开关机构箱电机本身存在缺陷导致隔离开关合闸不到位。产品存在一定的设计不足之处，对电机出力未结合机构本身需求进行统筹考虑，从而造成了由于隔离开关电机过载运行烧损导致的隔离开关拒合缺陷。从厂家了解目前产品均已使用功率为 280 W 的交直流两用电机，早期的 240 W 电机已淘汰。变电站运维和检修人员应该多关注隔离开关新型产品的机构箱配置情况，多与厂家沟通，更新隔离开关产品的配置，消除隐患。

三、触指夹紧力不够导致合闸不到位

1. 案例描述

××年××月××日，某 220 kV 变电站在 236-2 隔离开关检修工作结束，运维人员在进行 220 kV ♯1、♯2 母线恢复正常运行方式倒闸操作时，合上 236-2 隔离开关，拉开 236-1 隔离开关时发生了 236-2B 相隔离开关向母线放电现象。运维人员迅速将 236-1 隔离开关合上，拉开 236 线-2 相隔离开关，放电消失，未造成母差保护动作。

2. 分析处理

（1）现场故障检查

现场检查发现，220 kV ♯2 母 B 相导线有烧伤痕迹，如图 13-8 所示。

图 13-8　导线烧伤

对变电站所有同型号的 GW22-252 型剪刀式隔离开关进行轮换停电检查，发现该站剪刀式隔离开关存在触指夹紧力不足的情况，隔离开关三相动触头导电杆均合闸不到位，如图 13-9 所示。

图 13-9　导电杆合不到位

拆下损坏的隔离开关导电杆及其转动座、可调接头、导向滚轮，对比后发现，几套隔离开关转动座、可调接头、导向滚轮锈蚀，如图 13-10 所示。

图 13-10　隔离开关锈蚀部位

（2）故障原因分析

1）GW22-252 型隔离开关是 220 kV 的户外式隔离开关。这种类型隔离开关的主要运动过程包括两部分，下导电杆（以及相应附件）完成折叠运动，上导电杆完成夹紧运动。正常情况下，当将隔离开关合闸到位后，上下导电杆应垂直，动静触头触指应夹紧。由于长期的风吹日晒，动触头座锈蚀造成动静触头触指无法夹紧。

2）现场操作人员检查不认真，没有及时发现隔离开关未合到位。

（3）故障处理措施

检修人员打磨动触头座，添加润滑油。拆除三相动触头导电杆，发现三相轴套均有不同程度的锈蚀，检修人员立即打磨三相轴套及销轴，添加润滑油，并调整导电杆长度、角度。调试和试验合格后投入运行。

3．预防措施

（1）加大对运维人员的培训力度，规范操作行为，增强责任意识；

（2）对该类型的隔离开关定期维护保养，加强对设备的巡视检查，以便及时发现设备隐患。

4．案例总结

该故障的主要原因在于平时的检修维护和巡视检查工作不认真不到位，未及时发现隔离开关触指夹紧力不足的情况。变电站的户外隔离开关设备应该定期进行巡视，工作中应认真逐相进行检查，使用红外测温等装置对隔离开关进行检查，对查找出的发热位置及时处理。

第三节　操动机构故障及缺陷

一、机构箱内部件卡涩导致拒动

1．案例描述

××年××月××日，某 220 kV 变电站开展处理 211-1 隔离开关缺陷及 1 号主变中压侧 C 相套管渗油的工作。开工前运维人员进行隔离开关操作过程中发生 211-1 隔离开关机构箱内滑块与丝杠卡死。

2．分析处理

（1）现场故障检查

现场检查发现 211-1 隔离开关机构滑块与丝杠卡死，如图 13 - 11 所示。

图 13 - 11　隔离开关机构滑块与丝杠卡死

（2）故障原因分析

在倒闸过程中由于是电动操作，操作人员未能第一时间发现机构卡涩，发现时滑块与丝杠已经卡死不能操作。由于隔离开关连杆锈蚀导致操作过程中摩擦力增大，加上隔离开关运行年限较长，当承受较大拉力的时候，螺纹发生形变，与丝杠螺纹卡死导致隔离开关机构不能操作。

（3）故障处理措施

对隔离开关机构箱的连杆润滑处理，检查机构箱各部件的功能情况，更换受损的部件，经调试和试验合格后投入运行。

3. 预防措施

（1）利用 PMS 台账对站内型号相同、投运时间和出厂时间相近的隔离开关展开排查，对于不可靠的设备部件及时进行更换；

（2）运维人员巡视时应注意观察机构箱内各部件的锈蚀情况，及时通知检修人员对锈蚀严重的机构箱进行消缺。

4. 案例总结

隔离开关机构箱操作连杆锈蚀导致隔离开关滑块与丝杠卡死，机构箱不能操作。站内一些老旧隔离开关机构箱长时间不动作，机构箱部件存在卡涩、锈蚀情况，影响电网运行。检修预试时应同时关注隔离开关机构箱内部件的锈蚀、变形情况，对锈蚀严重的部件进行更换，对转动部分进行润滑处理。

二、机构主连板断裂导致故障

1. 案例描述

××年××月××日，某 220 kV 变电站为有人值班站，某日开展处理 211-1 隔离开关缺陷及 1 号主变中压侧 C 相套管渗油的工作。开工前运维人员进行隔离开关操作过程中发生 221-1、223-1 隔离开关机构主连板断裂故障。

2. 分析处理

（1）现场故障检查

现场检查发现，221-1、223-1 隔离开关机构主连板确已断裂，隔离开关机构无法操作，如图 13-12 所示。

图 13-12 隔离开关机构主连板

图 13-13 主连扳气孔

（2）故障原因分析

从图 13－13 中可以看出，主连板内部有气孔。隔离开关机构主连板随着使用年限增长，存在机构自然老化、应力强度逐步降低现象。此次事件很大程度上就是由于隔离开关主连板为铸铁材质，内有气孔，随着连板逐渐老化，难以承受隔离开关操作过程中传动应力而发生断裂。

（3）故障处理措施

检修人员更换断裂的 221-1、223-1 隔离开关机构主连板，对隔离开关机构进行清扫、检查，并对隔离开关的传动部件进行润滑处理，配合运维人员完成隔离开关操作。

3. 预防措施

（1）严格按照隔离开关的相关规程进行验收，使用专门的金属成分分析仪器对隔离开关材质进行分析，保证隔离开关的材质合格；

（2）采用新型探伤设备或技术对隔离开关主连板进行测试，发现有缺陷的设备立即进行处理。

4. 案例总结

隔离开关机构主连杆断裂，机构不能操作。隔离开关通过机构主连杆带动隔离开关本体完成分合闸操作，主连杆故障会导致隔离开关无法分合闸。隔离开关完成分合闸需要各个金属部件间的协同配合，若金属的应力不够，在分合闸时可能变形，甚至断裂，因此，保证合格的产品接入电网才能保证电网的稳定运行。另外，研发新型探伤设备有助于运维人员及时发现隔离开关在运行过程中的一些隐蔽缺陷。

第四节　传动系统故障及缺陷

一、水平连杆折断导致拒分

1. 案例描述

××年××月××日，某 220kV 变电站 293-1 隔离开关在操作过程中发生拒分故障，组织检修人员到现场处理，在进行拉开 293-5 隔离开关操作时，293-5 隔离开关又发生拒分缺陷。

2. 分析处理

（1）现场故障检查

检修人员现场检查发现，293-1、293-5 隔离开关在进行电动分闸操作后，立拉杆上方主拐臂连接的水平连杆弯曲折断，隔离开关水平连杆固定连接轴销脱焊，隔离开关水平连杆与旋转瓷瓶底部连接拐臂变形，如图 13－14 至图 13－17 所示。

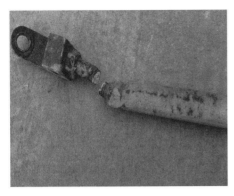

图 13‑14　293-1 隔离开关水平连杆折断

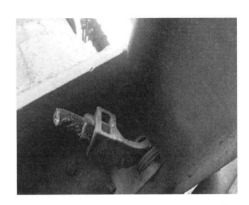

图 13‑15　293-1 隔离开关连接拐臂变形

图 13‑16　293-5 隔离开关水平连杆弯折

图 13‑17　293-5 隔离开关固定连接轴销脱焊

（2）故障原因分析

产品质量问题是造成本次故障的主要原因。293-1、293-5 隔离开关于 2000 年生产，据了解该生产厂家从 2003 年才开始进行隔离开关完善化改造，2003 年及以前生产的隔离开关均为非完善化产品，在运行中缺陷频发。2013 年该批隔离开关多次发生过温、热操作中掉触指现象。2014 年 3 月该批次隔离开关进行导电部分大修。

（3）故障处理措施

更换隔离开关水平连杆和轴销，经调试和试验合格后投入运行。

3. 预防措施

组织对非完善化隔离开关进行排查，加大非完善化隔离开关改造力度，对运行时间超 15 年的进行整体更换，对运行时间较短的进行局部改造。

4. 案例总结

非完善化隔离开关随着运行时间的变长，隔离开关的部件会出现变形或者断裂的情况。另外，隔离开关水平拉杆安装角度应调整得当，水平拉杆在合闸操作和分闸操作时均不受到力的作用，避免小拐臂与水平拉杆间的初分角度小，使得分闸时水平拉杆受较大压力,在机械强度不足时造成变形折断。一些运行环境差的变电站,站内设备运行时间长,金属部件腐蚀比较严重,应加强设备巡视,做好设备防腐。

二、接线座转动轴挡圈断裂导致故障

1. 案例描述

××年××月××日,某 220 kV 变电站 101-1 隔离开关进行大修工作,在进入该现场开工前发现相邻间隔 142-5 隔离开关 A 相动触头侧接线座被拔出近 2/3。随即对该设备进行了停电申请并对缺陷进行了紧急处理。

2. 分析处理

(1) 现场故障检查

检修人员到现场检查发现,142-5 A 相隔离开关动触头接线座被拔出近 2/3,如图 13-18 所示。

图 13 - 18 动触头接线座

对该设备进行了停电处理,对 142-5 隔离开关接线座拆解检查发现,其转动轴金属挡圈(此挡圈为铁圈)严重锈蚀并断裂,转动轴有放电痕迹,如图 13 - 19 所示。

图 13 - 19 转动轴挡圈

（2）故障原因分析

隔离开关长时间工作，转动轴挡圈锈蚀并断裂，导致动触头接线座被拔出，转动轴对挡圈放电。

（3）故障处理措施

将对该组隔离开关其他相接线座进行了拆解检查，其他挡圈未发现锈蚀损坏现象，涂抹二硫化钼以防止挡圈锈蚀。对 A 相动触头接线座进行更换，经调试和试验合格后投入运行。

3. 预防措施

（1）对该型隔离开关定期检修，检修过程中注意检查挡圈有无松动现象，清理后及时涂抹二硫化钼，防止锈蚀；

（2）在隔离开关停电检修时，将此类隔离开关铁挡圈全部更换为不锈钢挡圈。

4. 案例总结

隔离开关的转动轴挡圈锈蚀，隔离开关引线长度不够，大风天气下会产生较大向上的拉力，导致动触头接线座被拔出。隔离开关长时间户外运行，接线座金属挡圈为了防止锈蚀，应该使用不锈钢挡圈。变电站中的金属设备都应该有防锈措施，涂抹二硫化钼或者在金属表面进行镀锌处理等。

三、35 kV 隔离开关传动系统因立拉杆与主拐臂脱离导致故障

1. 案例描述

××年××月××日，某 110 kV 变电站发出控制回路断线信号，运维人员到现场巡视发现 31-7 隔离开关机构立拉杆上端与主拐臂轴脱开。进行 35 kV ♯1 母线停电操作时，发现 322-5 隔离开关机构立拉杆上端与主拐臂轴脱开，311-1 隔离开关操作费力，无法操作到位。

2. 分析处理

（1）现场故障检查

现场检查发现，31-7 隔离开关机构立拉杆上端与主拐臂轴脱开（如图 13 - 20 所示），轴销螺栓被切断。进行 35 kV ♯1 母线停电操作时，发现 322-5 隔离开关机构立拉杆上端与主拐臂轴脱开。

（2）故障原因分析

该站 35 kV 隔离开关设备操作较少，且缺乏维护，设备传动机构和操动机构锈蚀严重，润滑条件劣化严重，最终造成操作费力、操作不到位乃至不能操作的后果。强行进行机构操作使立拉杆上端与主拐臂轴销螺栓脱开，轴销螺栓被切断。

（3）故障处理措施

更换隔离开关立拉杆与主拐臂轴连接螺栓，对连接螺栓进行润滑处理，经调试和试验合格后投入运行。

图 13‑20　立拉杆上端与主拐臂轴脱开

3. 预防措施

对隔离开关锈蚀及润滑情况加强巡视检查，并定期对隔离开关进行维护。

4. 案例总结

隔离开关长时间不操作，传动机构和操作机构锈蚀严重，强行进行机构操作导致轴销螺栓断裂。对于操作次数较少的隔离开关，应加强巡视检查，并定期对设备进行维护。运维人员在对隔离开关机构操作时，如遇到操作吃力的情况，应该停止操作，认真检查机构是否存在卡涩和锈蚀的情况，避免造成部件损坏的情况。

第十四章 开关柜故障及缺陷

第一节 手车触头过热

一、10 kV 开关柜手车触头因触指变形而烧损

1. 案例描述

××年××月××日，在进行某 110 kV 变电站 0 号站变 518 开关拒年检预试、消缺工作中，停电后抽出手车开关，发现开关 B 相上触指缺少四只，触头弹簧接头部分烧损脱落在开关柜内，相间绝缘隔板与开关柜内上部绝缘隔板烧焦，一次接线端子有明显放电并烧熔痕迹。

2. 分析处理

（1）现场故障检查

现场检查发现，0 号站用变 518 开关 B 相上部绝缘隔板和静触头盒有放电痕迹，触指头部弹簧散开并有烧熔的痕迹，如图 14－1 和图 14－2 所示。

图 14－1 开关柜上部静触头盒

图 14－2 开关柜手车触指

（2）故障原因分析

运维人员将手车开关由运行位置拉出至检修位置,当触指离开触头盒前,由于触指变形,触指向前运动使开关柜内 B 相上部触头盒黑色固定座脱落,造成开关柜 B 相触头及手车触指对开关柜 B 相触头盒下侧放电,烧熔被拉伸的触指弹簧。触指弹簧被烧熔后弹出,造成图 14-3 中标示位置及开关柜绝缘挡板烧黑,一次接线端子处被烧熔(图 14-4)。

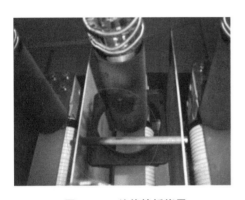 

图 14-3 绝缘挡板烧黑   图 14-4 一次接线端子处

(3)故障处理措施

将被烧过的绝缘隔板用砂纸进行打磨,然后刷上 RTV 防污闪涂料,使其有足够的绝缘强度。更换损坏的 B 相触指,经试验合格后投入运行。

3. 预防措施

(1)采用状态监测技术,对开关柜内手车开关触头、触指情况进行监测,发现缺陷,及时进行处理;

(2)运维人员应该对变电站内同型号、同厂家的开关柜进行排查,重点检查手车开关触指、触指弹簧的运行情况。

4. 案例总结

手车开关触指座长时间运行可能发生变形,强行推入手车开关触头,开关柜触头盒脱落,导致触头、触指放电。对于手车开关,触指和触头之间存在压力,在手车开关拉出或推入的时候,需要感觉用力是否有大的变化。当触头和触指之间存在错位时,强行拉出或推入会引起触头或触指损坏,甚至引起放电。研究开关柜新型状态监测技术,能够及时发现开关柜内部的缺陷情况,便于及时处理。

二、10 kV 开关柜手车开关因镀银层脱落而烧损

1. 案例描述

××年××月××日,检修人员在检修某 110 kV 变电站 35 kV 设备时,运维人员

反映某 10 kV 线路 0925 开关柜柜体比其他的开关柜柜体热。检修人员与运维人员共同检查开关柜情况，当时开关额定电流 1600 A，实际运行电流 820 A，加热器开关未投。

2. 分析处理

（1）现场故障检查

现场检查发现，开关柜出线侧母线为铝排接线，触头镀银层部分脱落，触头插入深度合格。手车开关与出线连接的触指严重烧损、手车开关导电臂绝缘护管严重烧损变形，如图 14-5 所示。

图 14-5　手车开关整体外观、触指

（2）故障原因分析

静触头与触指间烧损由于开关柜出线侧母线为铝排接线，触头的镀银层磨损脱落，导致铜铝直接接触发生化学反应，接触电阻增大而发热，最终导致触头触指烧毁。

（3）故障处理措施

更换手车开关的梅花触头、触头臂、绝缘护管和静触头。由高压试验人员测量接触电阻和手车开关耐压合格，将设备投入运行。

3. 预防措施

（1）对采用上铜排、下铝排接线的开关柜进行改造，全部更换为铜排接线；

（2）对大负荷开关柜加装无线测温装置，实时监测设备接头部位发热情况，发现异常及时处置。

4. 案例总结

由于触头镀银层脱落，铜触头与开关柜出线侧铝排发生反应使触头接触电阻增大，发热烧毁。手车开关的触头和触指在正常工作情况下，需要承受很大的工作电流，对于大负荷情况下，可能会达到上千安，因此触头和触指之间的接触电阻必须合格。检修人员在检修试验的过程中或运维人员在操作过程中，需要注意观察触头上的镀银层是否完整。使用新型检测设备，对开关柜进行无线测温，有助于发现开关柜内部的发热情况，及时避免开关柜的过热故障。

三、10 kV 开关柜手车开关触头因装配不足而烧损

1. 案例描述

××年××月××日，某110 kV 变电站10 kV ♯1 母线报接地信号，现场对10 kV 所有断路器进行拉路，521、522、523 电容器组断路器的 B 相下触头烧蚀损坏，三相上触头无异常。521、522、523 开关的型号均为 VS1-12，额定电压为 12 kV。出厂日期为 2010 年 12 月，投运日期为 2011 年 01 月。

2. 分析处理

（1）现场故障检查

1）521 开关 B 相下触头严重烧坏，C 相下触头有明显的过热痕迹，开关柜内 B 相下触头盒烧蚀严重，如图 14-6 所示。

图 14-6 521 断路器烧损情况

图 14-7 522 断路器烧损情况

2）522 开关 B 相下触头严重烧坏，A 相下触头有明显的过热痕迹，开关柜内 B 相下触头盒烧蚀严重，如图 14-7 所示。

3）523 断路器 B 相下触头也有明显过热痕迹，如图 14-8 所示。521、522、523 开关柜 B 相下触头盒均存在明显烧伤现象，如图 14-9 所示。

图 14-8 523 断路器烧损情况

图 14-9 523 开关柜内过热情况

4）现场检查发现，521、522、523 开关柜中绝缘套的螺扣螺纹较浅，静触头与铝排接触不够紧密。现场使用印泥痕迹的方法对 523 断路器进行动触头插入深度的测量，测量 523 断路器三相下动触头的插入深度分别为 20 mm、17 mm、19 mm，满足动触头插入深度 15～25 mm 的要求。

（2）故障原因分析

虽然螺丝紧固够紧，但由于绝缘套螺扣螺纹浅，造成静触头与铝排紧固接触不严密。接触不严造成接触电阻大，通过较大电流时容易过热。过热后生成氧化层，氧化层又造成接触电阻增大，形成恶性循环，长此以往由于过热烧坏动、静触头。

（3）故障处理措施

523 断路器（电容器断路器）触头烧损严重，尤其 B 相烧损严重，更换 523 整组断路器；更换其余受损开关的静触头，打磨处理导电接触面，涂抹导电脂；紧固 CT 连接引线螺丝，测量回路电阻合格。对所有受损的开关柜进行调试和试验，合格后投入运行。

3. 预防措施

（1）将静触头的检查明确为重点检查内容，排查同型号、同批次的开关柜是否存在螺纹较浅的情况，发现缺陷后立即处理；

（2）加强开关柜导电回路的回路电阻测量，防止由于松动、虚接导致导电部分过热缺陷的发生。

4. 案例总结

开关柜触头紧固不紧密导致接触电阻变大，进而烧毁手车触头。新投运设备验收时严格执行设备验收细则，对静触头等隐蔽部位的紧固情况进行逐一检查，防止出现接触不良的情况。缩短大负荷开关柜的巡视周期，分析、总结巡视过程中开关柜温度的变化情况，及早发现开关柜内部的发热缺陷。

四、10 kV 开关柜手车开关触头因镀银层厚度不足而烧损

1. 案例描述

××年××月××日，某 110 kV 变电站 10 kV 侧 511B 开关柜内三相短路，♯1 主变差动保护动作、三侧断路器跳闸，501、502 备自投动作，全站负荷无损失。♯1 主变试验结果正常，♯1 主变恢复运行。

511B 开关柜的型号均为 KYN23‑12，额定电压为 12 kV。出厂日期为 2005 年 3 月，投运日期为 2006 年 5 月。

2. 分析处理

（1）现场故障检查

现场检查发现，10 kV ♯1A 母线室无异常，10 kV ♯1B 母线室有轻微烟尘并伴有

烧焦气味。采取安全措施后进一步检查发现，511B 开关柜内手车 A、C 相下触头、B
相上触头有严重烧蚀放电现象，511B 断路器下触头散热片和铜质软连接上有明显电弧
灼烧点，511B-1 隔离开关手车 6 个触头中 A、B 相上下触头和 C 相上触头等 5 个触头
表面发黑。检查情况如图 14-10 至图 14-14 所示。现场使用镀银层测厚仪发现 511B
手车开光触头镀银层厚度不足，其他部件部位无异常。

图 14-10 511B 手车开关烧蚀情况

图 14-11 B 相上触头烧蚀情况

图 14-12 511B 开关柜触头盒

图 14-13 散热片烧蚀情况

图 14-14 铜质软连接电弧灼烧点

（2）故障原因分析

511B 开关柜内手车触头镀银层厚度不足，在流过较大电流时触头接触部位易产生过热。触头弹性压片在长时间过热后压力下降，进一步增大触头接触电阻，从而形成接触电阻增大和温度升高的恶性循环，最终使触头局部烧熔，形成金属蒸气使柜内绝缘降低、相间短路。

（3）故障处理措施

更换开关柜烧损的零部件，并对开关柜进行调试和试验，合格后投入运行。

3. 预防措施

（1）对在运的同型号、同批次开关柜停电检查手车触头镀银层情况，对存在问题开关柜的手车触头改造；

（2）对新投运设备，投运前加强镀银层检查。对在运设备安装测温设备，对触头温度进行实时检测。

4. 案例总结

开关柜手车开关触头镀银层厚度不够，会导致触头、触指之间的接触电阻大于规定值，长时间运行导致触头烧毁。开关柜导电部位镀银，是为了尽可能减小回路的电阻以降低发热。因此，手车触头镀银层厚度是防止开关柜内部过热的重要因素之一。对于开关柜而言，组织研究开关柜内节点过热的带电检测和在线监测技术，加大成熟有效技术的推广力度，有助于解决柜内节点测温困难的问题。

第二节　部件绝缘击穿故障及缺陷

一、35 kV 开关柜手车开关触头因绝缘距离不够而击穿

1. 案例描述

××年××月××日，某变电站 35 kV Ⅱ母线发生 B、C 相间短路，18 ms 后发展为三相短路，母差保护动作跳闸。跳开 35 kV Ⅱ 段母线 316、390 开关。故障持续 88 ms，故障电流 11559.6 A。

316、390 开关型号均为 ZN85，额定电压为 40.5 kV，出厂日期为 2007 年 1 月，投运日期为 2007 年 8 月。

2. 分析处理

（1）现场故障检查

现场检查发现，390 间隔开关柜柜顶压力释放片掉落地上。拉开 390 间隔手车，C 相触头盒开裂，B、C 相间有严重放电痕迹。390 开关柜 C 相触头盒开裂，C 相手车触

头熏黑，如图 14－15 和图 14－16 所示。390 间隔母线接头螺栓电弧烧黑，316 开关柜 B 相触头盒有较大击穿孔，如图 14－17 和图 14－18 所示。

图 14－15　390 开关柜 C 相触头盒开裂

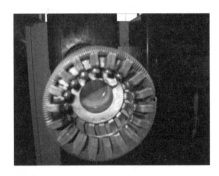

图 14－16　390 开关柜 C 相手车触头熏黑

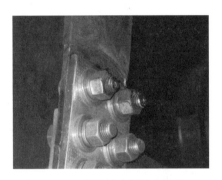

图 14－17　母线接头螺栓电弧烧黑

图 14－18　316 开关柜 B 相触头盒有较大击穿孔

1）绝缘电阻

母线绝缘电阻：A 相 50 MΩ、B 相 500 MΩ、C 相 500 MΩ。分段检查，A 相 32-7 柜与 390 开关柜之间穿柜管绝缘电阻 50 MΩ。

2）交流耐压

A 相母线耐压 65 kV 放电；B 相母线耐压 30 kV 有放电声，48 kV 放电声加大，检查 316 柜 B 相触头盒有放电；C 相母线耐压通过，但 316 触头盒有轻微放电。

3）局部放电试验结果如表 14－1 所示。

表 14－1　局部放电试验结果

序号	现场实际编号	测量值（pC）
1	390A 南侧穿柜管	1800
2	390A 北侧穿柜管	5600
3	390B 触头盒	2600
4	316C 触头盒	2000

按照标准，触头盒局部放电量不大于 20 pC。由此可见，该产品普遍存在局部放电较大问题。

4）发现有问题的元件

390 间隔上触头盒 A、B、C 三相，下触头盒 B 相，316 间隔上触头盒 B、C 两相，下触头盒 BC 两相。390 间隔 A 相穿柜套管 2 个。

（2）故障原因分析：

390 间隔因绝缘距离不够而致触头盒发生绝缘击穿，是本次事故的直接原因。390 间隔相间短路后产生烟雾，是造成三相短路的主要原因。

（3）故障处理措施

对损坏的触头盒和穿柜套管进行整体更换，经试验合格后方可投入运行。

3. 预防措施

对开关柜内绝缘件提出以下措施：

（1）对变电站的开关柜加强局部放电检测工作，提前发现绝缘件存在的问题；

（2）对变电站内同型号、同批次的开关柜进行排查，若发现开关柜存在绝缘距离不够的情况，立即进行整改。

4. 案例总结

开关柜因手车开关触头绝缘距离不够导致击穿。对新投设备从设计可研时进行把关，不能降低绝缘距离的要求，在生产验收时严格把握相间及对地绝缘距离≥300 mm 的反措要求。另外，应该加强投运前开关柜的局部放电检查工作，提前开关柜绝缘件的损失情况。

二、35 kV 开关柜因电压互感器故障而发生绝缘击穿

1. 案例描述

××年××月××日，某 110 kV 变电站 313、302 开关跳闸，导致 35 kV 3 号母线停电。33-7 电压互感器开关柜的型号为 KYN61 - 40.5，额定电压为 40.5 kV，出厂日期为 2010 年 10 月，投运日期为 2011 年 1 月。

33-7 隔离开关手车开关柜的型号为 KYN61 - 40.5/RD，额定电压为 40.5 kV，出厂日期为 2010 年 10 月，投运日期为 2011 年 1 月。

2. 分析处理

（1）现场故障检查

现场检查发现，35 kV 33-7 电压互感器外观有熏黑现象，将 33-7 隔离开关手车拉出后，发现电压互感器三相保险管均炸裂，保险管内石英砂等散落在隔离开关手车下

图 14-19　33-7 手车电压互感器

图 14-20　33-7 手车上的避雷器

触臂绝缘杆上及母线触头盒内，如图 14-19 所示。开关柜活门烧变形，母线隔室内有熏黑痕迹。33-7 避雷器、电压互感器出现不同程度损坏，33-7 开关柜的隔离开关手车母线侧动、静触头烧毁，如图 14-20 至图 14-22 所示。

图 14-21　33-7 手车母线侧动触头

图 14-22　33-7 开关柜母线侧静触头

（2）故障原因分析

故障发生时，先是 A 相接地，然后三相短路，分析原因在于 A 相电压互感器绝缘损坏，导致母线单相接地。由于 B 相和 C 相的电压升高，导致绝缘击穿。三相保险管炸裂，爆裂的保险管内部的石英砂落在绝缘壁上、触头绝缘盒上，导致母线电压沿着绝缘臂、触头绝缘盒沿面放电造成短路、爆炸。

（3）故障处理措施

更换故障的开关柜，检查相邻开关柜的设备有无破损、松动等情况，经试验和调试合格后投运。

3. 预防措施

在开关柜运行过程中，定期开展暂态地电压及超声波局部放电检测，及时发现局部放电缺陷，做到早发现早处理。

4. 案例总结

开关柜内部分绝缘件发生放电，导致单相母线接地，最终导致开关柜绝缘击穿，放电损坏。应加强运行中、投运前开关柜绝缘件的局部放电检测工作，及早发现绝缘件的缺陷。（采用超声波检测、暂态地电压局部放电检测等新技术对开关柜内部放电进行检查，及早发现发生局部放电位置。）

三、35 kV 开关柜穿柜套管因触头罩有尖端而发生绝缘击穿

1. 案例描述

××年××月××日，某 110 kV 变电站 35 kV 分路 361 间隔母线仓靠近 35 kV 1 号电压互感器侧穿柜套管故障。1 号主变中压侧后备保护动作，2069 ms 保护出口跳开 311 开关切除故障。

361 开关柜的型号为 KYN61 - 40.5，额定电压为 40.5 kV，出厂日期为 2011 年 10 月，投运日期为 2012 年 1 月。

361 开关的型号为 ZN95A - 40.5，额定电压为 40.5 kV，出厂日期为 2011 年 03 月，投运日期为 2012 年 1 月。

2. 分析处理

（1）现场故障检查

运维人员现场检查发现 361 开关柜母线仓的上方盖板有熏黑痕迹，如图 14 - 23 所示。检修作业人员到现场后发现，311 开关在分位，打开 361 开关柜母线仓上方泄压通道盖板发现内部烧损严重，故障点在 A 相母线支瓶与下方的 C 相母线穿柜套管间，如图 14 - 24 所示。故障电流产生的电动力及电弧将母线仓盖板冲击变形，并将相邻的 35 kV 1 号电压互感器母线仓的铁板击穿了 5 cm ＊ 2 cm 的孔洞，如图 14 - 25 所示。

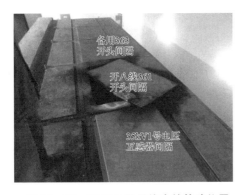

图 14 - 23　35 kV1 号母线仓的故障位置

图 14 - 24　35 kV1 号母线的故障点

检查 361 间隔相邻的 35 kV 1 号电压互感器及备用 363 间隔母线仓设备，发现连接处的穿柜套管有熏黑痕迹外，母线仓的其他设备外观无异常如图 14 - 26、图 14 - 27 所示。检查 361 开关柜的手车开关、电流互感器、保护装置及二次线外观均无异常。此外，静触头触头罩的外边缘没有进行倒角处理，存在毛刺尖端和棱角，绝缘隔板也非反措及验收相关要求中的一次浇注成型的绝缘件。

图 14 - 25 361 开关柜母线仓

图 14 - 26 361 相邻 1 号电压互感器间隔

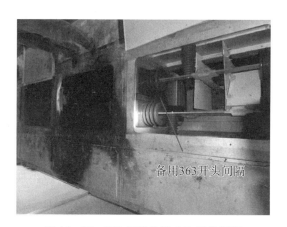

图 14 - 27 361 相邻备用 363 开关间隔

调取保护报告显示：361 间隔母线仓靠近 35 kV1 号电压互感器侧穿柜套管 AC 两相短路故障后发展成为 A、B、C 三相故障，1 号主变保护中压侧后备触发保护动作，导致 2069 ms 保护出口跳开 311 开关切除故障。

（2）故障原因分析

缺陷的处理过程发现穿柜套管沿穿柜孔洞呈圆形均匀放电，静触头触头罩的外边缘和绝缘隔板对母线放电。35 kV 母线仓设备在运行电压长期承受尖端放电，穿柜套管等绝缘件的绝缘强度会逐步下降，最终导致套管绝缘击穿。

（3）故障处理措施

更换穿柜套管绝缘件，经调试和试验合格后投入运行。

3. 预防措施

（1）排查同型号同厂家的开关柜，加强对开关柜的带电检测力度，必要时进行停电试验检查，发现异常及时处理。此外，建议运维人员加大设备的巡视力度；

（2）为避免 35 kV 1 号母线再次故障，计划申报大修技改项目更换 35 kV 开关柜内的穿柜套管等绝缘件。

4. 案例总结

开关柜穿柜套管尖端放电引起套管绝缘击穿。开关柜的穿柜套管连接相邻间隔的开关柜，若出现故障，可能会破坏多个开关柜中的设备。对新投运的开关柜，严把验收关，按照反措要求对绝缘件进行局部放电试验，杜绝不合格的绝缘件入网。采取新型检测手段，对运行中的开关柜进行局部放电测试，及早发现缺陷点。

四、35 kV 开关柜绝缘隔板因老化而发生绝缘击穿

1. 案例描述

××年××月××日，某 110 kV 变电站 35 kV 分段 345 过流Ⅰ段、Ⅱ段、Ⅲ段动作，345 保护为充电保护，其正常运行时跳闸压板不投，2 号主变中后备复压方向过流Ⅰ段动作（主变为差动、高后备、中低后备分体保护）（A 相，105 ms，C 相，334 ms，B 相，378 ms），跳开 345 开关，故障隔离。

345 开关柜的型号为 GBC - 35，额定电压为 35 kV，出厂日期为 1987 年 4 月，投运日期为 1988 年 7 月。

2. 分析处理

（1）现场故障检查

现场检查发现，311 断路器在检修位置，311 开关柜的 A 相静触头对柜体左侧有明显放电痕迹（见图 14 - 28），311 开关柜 C 相静触头对柜体右侧有明显放电痕迹（见图 14 -29），C 相母线支持绝缘子表面放电痕迹（见图 14 - 30），C 相母线左侧柜体有明显放电痕迹（见图 14 - 31）。开关柜内绝缘隔板放电严重（见图 14 - 32），开关柜柜体外侧有明显放电击穿痕迹（见图 14 - 33）。

（2）故障原因分析

311 开关柜 1987 年 4 月生产的型号为 GBC - 35 型开关柜，开关柜柜内绝缘隔板已经运行 28 年，绝缘强度下降，由于近期小雨空气湿度较大，造成绝缘隔板绝缘性能下降，A、C 两相触头通过绝缘隔板形成通路，A 相对柜内左侧放电，C 相对柜内右侧放电。

由于绝缘隔板比金属电阻大得多，因此在短路初期 A 相与 C 相之间仍然有一定的

图 14 - 28　A 相触头

图 14 - 29　C 相触头

图 14 - 30　C 相母线支柱绝缘子

图 14 - 31　C 相母线

图 14 - 32　绝缘隔板放电

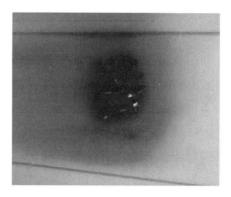

图 14 - 33　开关柜柜体外侧

电压，随后 A、C 相之间高阻短路形成的电弧迅速造成了三相直接短路，故障点也从经过绝缘隔板和柜体短路转变成三相静触头触头直接短路，在短路的电弧灼烧下，静触头附近的绝缘隔板碳化燃烧，形成了烧焦的痕迹。同时弧光及大量分解物向上方运动，母线的绝缘子在熏烤下空气绝缘被击穿，母线直接对柜体放电形成了新的三相接地短路点。放电后柜体外侧有烧焦痕迹，形成放电通路的绝缘隔板，同时放电后绝缘隔板以及柜内形成粉尘、颗粒沿柜内上升，造成母线对柜体绝缘距离不够，从而放电。

（3）故障处理措施

更换 311 开关柜，经试验和调试合格后投入运行。

3. 预防措施

（1）利用停电机会，对变电站 GBC 开关柜内的绝缘隔板涂 RTV；

（2）将 GBC 开关柜绝缘试验的周期改为 3 年。

4. 案例总结

开关柜运行年限较长，因绝缘隔板老化导致绝缘击穿放电。开关柜运行时间过长，柜内的绝缘隔板会有不同程度的老化，若空气湿度大可能造成绝缘击穿。要考虑对年限较长的开关柜隔板进行试验检查，防止绝缘隔板受潮后绝缘性能下降。制定安排大修技改项目，对运行年限较长的开关柜进行改造或者喷涂绝缘涂料，防止受隔放电。

第三节　部件损坏故障及缺陷

一、10 kV 开关柜因机构脱扣连杆变形而导致放电

1. 案例描述

××年××月××日，某 110 kV 变电站 10 kV 089 线路故障，089 断路器拒动越级造成主进 013 开关跳闸，10 kV 3 号母线停运故障。监控中心进行 10 kV 3 号母线所属线路停电遥控操作时，083 断路器亦出现拒动故障。

089 断路器的型号为 ZN65A－12，额定电压为 12 kV，出厂时间为 2009 年 2 月，投运时间为 2009 年 8 月。

2. 分析处理

（1）现场故障检查

检查过程中发现 089、083 断路器分闸线圈烧毁，机构机械部位的分闸脱扣装置中的联板轻微变形，如图 14－34 和图 14－35 所示。由于脱扣装置中的联板变形，在断路器接到分闸命令后，脱扣机构不能在分闸电磁铁的驱动下解除合闸保持机构的约束（机构下挚子一直保持支撑，关节轴承不能运动），致使分闸线圈长时间带电，最终导致分闸线圈烧毁。

（2）故障原因分析

根据故障现场情况分析认为：一是断路器机构脱扣联板轻微变形，与转动连板之

图 14-34 断路器分闸线圈　　　　　　　图 14-35 断路器机构

间的间隙增大，导致机械部分卡涩，当转换开关接到分闸命令时，分闸线圈长时间带电，最终导致分闸线圈烧毁；二是分闸线圈外壳固定螺丝松动，分闸铁芯滑动时有偏差，造成铁芯卡涩，容易导致分闸线圈烧坏。

（3）故障处理措施

检修人员现场对 089、083 脱扣装置中变形的联板进行矫正修复，更换分闸线圈。进行手动分合闸试验，未发现问题；进行电动分合闸操作，开关动作正常。

3. 预防措施

（1）在对设备的日常巡视和检修试验时，把分合闸线圈固定螺丝、连板作为真空断路器的主要检查项目，发现问题及时处理；

（2）对变电站中同型号、同批次的设备进行轮停，逐台检查，发现问题及时处理，同时对不合格部件进行更换。

4. 案例总结

由于脱扣装置联板变形，分闸线圈长时间带电，导致分闸线圈烧毁，无法完成分闸。断路器接到分闸命令后，脱扣机构应在分闸电磁铁的驱动下解除合闸保持机构的约束，完成分闸。开关柜验收前应对断路器机构的机械部位材质进行分析，防止运行过程中出现变形、断裂等情况。采用新型状态监测技术，出现缺陷时，及时对开关柜内部分合闸线圈位置、机构脱扣连板的连接情况进行预警。

二、10 kV 开关柜因机构卡涩而导致放电

1. 案例描述

××年××月××日，某变电站 0816 断路器保护装置过流 1 段动作，0816 断路器

跳闸，开关重合闸动作，重合于永久故障。0816 开关机构卡涩导致分闸失败，分闸线圈烧坏，越级跳开 2 号主变 012 断路器，10 kV 2 号母线失电（10 kV 1、2 号母线分列运行），故障切除。

0816 开关柜的型号为 XGN2 - 12，0816 开关的型号为 ZN65A - 12，额定电压为12 kV，出厂日期为 2005 年 5 月，投运日期为 2005 年 8 月。

2. 分析处理

（1）现场故障检查

对 0816 开关进行检查，发现储能电机减速器内部的润滑脂为常规润滑脂。0816 开关分闸线圈烧毁，开关处于合闸状态，弹簧处于未储能状态，储能电机空转，不能正常储能，如图 14 - 36 所示。

图 14 - 36　0816 开关分闸线圈烧损

（2）故障原因分析

储能电机减速器内的润滑脂为常规润滑脂，在低温情况下黏稠度上升，影响减速器凸轮正常回位，导致开关分合闸不到位，影响开关分闸，最终导致开关分闸线圈烧毁。另外，开关长期运行，零部件磨损老化，弹簧性能下降，降低了机构动作时的动能。

（3）故障处理措施

更换完分闸线圈后，检查开关机构，发现电机减速器凸轮没有回正位置，在拐臂外侧。通过撬动开关机构连杆，使凸轮自己归位后，机构可以正常储能及分合闸动作。

3. 预防措施

（1）针对该批次开关柜开展专项检查，对同型号、同批次设备进行排查，重点检查开关内部机构有无卡涩、动作电压和机械特性是否合格。

（2）对于不合格的开关进行机构大修，更换储能电机减速器及合闸弹簧。

4. 案例总结

开关柜的储能电机减速器内的润滑脂为常规润滑脂，在低温情况下黏稠度上升，影响减速器凸轮正常回位，导致了开关分闸线圈烧毁。对于运行中的开关设备，采用新型手段检测其动作特性变化，及时掌握设备运行状态。开关柜设备的机械部位应使用符合规定的润滑脂或防锈漆，防止机构发生卡涩或锈蚀。

第四节　凝露类故障及缺陷

一、35 kV 开关柜凝露导致放电击穿

1. 案例描述

××年××月××日，某 220 kV 变电站 35 kV Ⅱ段母线母差保护动作，312 开关跳闸。368 开关柜的型号为 KYN61 - 40.5，额定电压为 40.5 kV，出厂日期为 2007 年 7 月，投运日期为 2007 年 8 月。

2. 分析处理

（1）现场故障检查

现场检查发现，♯1 站变 368 开关柜母线舱 B 相和Ⅱ、Ⅲ段母线间联络母线舱内 A 相有对地放电痕迹，母线绝缘护套表面及绝缘隔板上有明显的放电灼烧痕迹，如图14 - 37 至图 14 - 39 所示。

图 14 - 37　368 开关柜母线舱

图 14 - 38　Ⅱ、Ⅲ段母线间联络母线舱

图 14‑39　母线对隔板放电情况

（2）故障原因分析

经分析故障原因是：由于厂家设计相间绝缘隔板不是整张，且未贯穿到底部，使柜内存在较多的棱角及尖对尖情况，局部电场集中（如图 14‑40 所示），并且绝缘隔板没有憎水性，受潮后使水分子在其表面附着，水分子在电场作用下沿隔板表面排列，形成导电通道，受潮后带电设备对相间隔板放电（如图 14‑41 所示），并通过隔板对地闪络，闪络放电产生带电粒子通过穿柜套管进入 Ⅱ、Ⅲ 母线间联络母线舱，造成 A 相通过绝缘隔板对地闪络，此时 A、B 相间短路，最终引发三相短路。

图 14‑40　设备布置

图 14‑41　相间隔板

（3）故障处理措施

更换受损的穿柜套管、母线热缩套管和相间绝缘隔板，并对 Ⅱ 母线所有开关柜内的绝缘隔板表面喷涂 RTV 涂料，Ⅲ 母线开关柜内绝缘隔板喷除 RTV 工作。开关柜调试和试验合格后投入运行。

3. 预防措施

（1）对变电站开关柜绝缘隔板进行排查，检查开关柜相间绝缘隔板的布置有无异常。

（2）按照《十八项反措》中不允许加装绝缘隔板的要求，安排大修技改计划，对不符合条件的开关柜进行更换。

4. 案例总结

开关柜中绝缘隔板没有憎水性，而其中的湿度较大，导致水分子在其表面附着，形成导电通道，带电设备对相间隔板放电。开关柜所处的配电室中应该有除湿装置，并且开关柜的内部应该有加热器进行除湿。在开关柜进行验收、日常巡视和检修试验时要严格按照规定进行操作，杜绝麻痹大意。《十八项反措》中要求，开关柜中不允许加装绝缘隔板。

二、35 kV 开关柜凝露导致放电击穿

1. 案例描述

××年××月××日，某 220 kV 变电站 2 号主变差动保护 PST1200 Ⅰ、Ⅱ 动作，2 号主变三侧断路器跳闸。110 备自投动作成功，101 断路器合闸。35 kV 2 号母线 BP-2B 母差保护动作，35 kV ♯2 母线出线断路器跳闸，35 kV ♯2 母线失电。2 号主变差动保护动作，三侧开关跳闸。

554 开关柜的型号为 KYN61-40.5，额定电压为 40.5 kV，出厂日期为 2007 年 8 月，投运日期为 2007 年 11 月。

2. 分析处理

（1）现场故障检查

35 kV 主进穿墙套管无异常，套管周围封堵完整。35 kV 配电室内配置两台除湿机（见图 14-42），在 2012 年依据《变电站配电室除湿问题研讨会会议纪要》要求配置。现场检查其运行正常。室内温度计显示室温 30 ℃，空气湿度 70%。

柜内相间绝缘隔板表面有凝露，穿柜套管、绝缘护套表面也有凝露产生（见图14-43）。312CT A、C 相铜排对相间绝缘隔板有放电痕迹，B 相绝缘护套表面颜色深，表面有电弧烧燎痕迹。（见图 14-44 和图 14-45），312 手车开关拉出后检查发现开关绝缘表面潮湿，下梅花出头有绿锈（见图 14-46）。

现场测量发现，312 开关柜内铜排相间空气绝缘净距（铜排接头处）为 210 mm；相间绝缘隔板安装位置不在两相正中间（BC 相间绝缘隔板靠近 C 相、AB 相间绝缘隔板靠近 A 相），最小空气绝缘净距为 50 mm。

（2）故障原因分析

图 14-42　配电室内除湿机

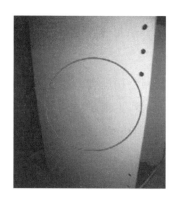

图 14-43　绝缘隔板凝露情况

图 14-44　A、C 相铜排有放电痕迹

图 14-45　B 相绝缘护套表面颜色深

图 14-46　下触头生锈，绝缘表面凝露

1) 开关柜相间、带电体与绝缘隔板的空气绝缘净距过小；

2) 开关柜绝缘隔板、绝缘套管上产生凝露，导致铜排对绝缘隔板放电，最终引发相间短路故障。

（3）故障处理措施

检修人员将 312 开关柜内绝缘隔板全部进行更换,并喷涂 RTV 涂料;同时在配电室内加装了 4 台大功率空调除湿,装设后,湿度降为 40%。

3. 预防措施

(1) 结合国网公司反措排查工作,对在运的 10 kV 及以上开关柜内加装绝缘隔板的情况进行排查,将不满足要求的绝缘隔板建立档案,制定相应整改方案;对于柜内空气绝缘净距不足的开关柜,待本次反措排查结束后,按照国网公司的整改要求采取相应措施。

(2) 开展运行环境隐患排查治理。一是完善配电室除湿措施,对于周边环境潮湿或除湿机除湿效果不佳的,采取增加除湿机或更换为空调的措施;二是加强运行巡视中温湿度记录和分析,完善《巡视作业指导卡》,增加配电室、保护室、电池室等设备室内空气湿度数值记录项,巡视中准确记录,充分掌握设备运行环境参数,便于及时发现隐患,制定措施。

4. 案例总结

开关柜相间、带电体与绝缘隔板的绝缘距离不足,同时绝缘隔板上产生凝露,导致开关柜放电击穿。根据《十八项反措》的要求,开关柜相间、带电体与绝缘隔板的空气绝缘净距应该不小于 300 mm。开关柜验收时应该按照《十八项反措》中的要求,开关柜中不能加装绝缘隔板。配电室内除湿措施应落实完善,深入核算除湿机的除湿效果,对于周边环境潮湿或除湿机除湿效果不佳的,及时进行整改。

三、35 kV 开关柜因电缆室进水而凝露导致放电击穿

1. 案例描述

××年××月××日,某 110 kV 变电站 2 号主变 312 发生 B、C 相相间故障,发展为三相短路。2 号主变中压侧后备保护Ⅰ、Ⅱ段 1、2 时限动作,跳开 312 三相开关,切除故障点,故障时母联 301 分裂运行。

354 开关柜的型号为 KYNS - 40.5,354 开关的型号为 VSV - 40.5P,额定电压为 40.5 kV,出厂日期为 2013 年 9 月,投运日期为 2013 年 11 月。

2. 分析处理

(1) 现场故障检查

现场检查 354 开关柜内 A 相上动静触头放电烧损,动触头上存在铜绿,对动触头臂绝缘护套进行烘干时发现绝缘件有水分析出,柜内母线室绝缘件有不同程度的放电损坏,A、C 相母排支持瓷瓶螺栓放电烧损,且电缆室内底部有水点,检查当时配电室的湿度为 60%。配电室内除湿机没有正常工作,开关柜内加热器测量无电源。检查同时发现断路器机构内部金属部件都存在不同程度锈蚀、导致机构动作卡涩,不能可靠

分合闸。

354 开关柜手车 C 相上动触头和动触臂放电烧损、柜内触头盒放电，连接铜排热缩盒烧毁，柜内绝缘件烧毁，动触头受潮铜绿腐蚀，如图 14-47 至图 14-49 所示。

图 14-47 开关柜手车 C 相

图 14-48 静触头盒内放电情况

图 14-49 动触头受潮腐蚀

进一步检查发现凝露、锈蚀严重的均为出线开关柜，主进 312 开关柜、312-2 开关柜、母联 301 柜、PT 及避雷器柜内均没有发现凝露现象，整体情况良好。经对 357 开关柜的出线电缆检查发现电缆均为直埋，且在电缆进配电室处进水严重，柜内电缆封堵均为金属封板，没有采取密封措施，如图 14-50 和图 14-51 所示。

（2）故障原因分析

分析故障发生的原因为水分沿电缆进入开关柜下部缆沟，由于电缆沟封堵不严，水蒸气在柜内上升至母线室和开关室，导致柜内绝缘件和导体表面发生凝露，柜内绝缘件长时间受潮，绝缘程度降低，发生绝缘件沿面放电，长时间沿面放电导致绝缘件击穿、接地，进而导致 B、C 相相间短路。

（3）故障处理措施

图 14-50　电缆底部进水痕迹　　　　　图 14-51　电缆穿墙处未封堵

将电缆沟进行封堵，配电室内增加除湿机设备。将开关柜的动静触头进行处理，经试验合格后投入运行。

3. 预防措施

（1）组织开展开关柜封堵情况专项排查，检查电缆进墙处以及进开关柜处封堵情况，并列入计划逐站采用砂浆封堵处理，进行室外电缆管封堵、防水，地面垫高，修斜坡、排水沟；

（2）将配电室湿度纳入巡视要求，重点检查配电室除湿装置运行情况以及柜内加热器、趋潮器投入情况。

4. 案例总结

开关柜内绝缘件长时间受潮，绝缘程度降低，绝缘件沿面放电，长时间沿面放电导致绝缘件发生击穿。开关柜的配电室内除湿措施应完善落实，深入核算除湿机的除湿效果。变电站中设备的机构箱、汇控柜、端子箱及检修电源箱等设备加热器的功能正常运行，能够改善设备的受潮情况。对变电站周围的情况应认真检查、分析，及时发现威胁变电站设备的隐患。

第五节　设计不合理缺陷

一、10 kV 开关柜因二次布线不合理导致放电

1. 案例描述

××年××月××日，某变电站 10 kV ♯2 母线差动保护动作，♯2 主变差动保护动作，跳开 ♯2 主变三侧开关，未损失负荷。

513 开关柜的型号为 KYN28A，额定电压为 12 kV，出厂日期为 2012 年 8 月，投

运日期为 2013 年 5 月。

2. 分析处理

（1）现场故障检查

现场检查测量情况及 513 开关柜检查情况如图 14-52 所示，柜门关闭后距离 C 相导体距离过近，C 相母线距温湿度传感器及金属铠装护套的距离不满足空气绝缘净距离大于 125 mm 的要求。

图 14-52　513 开关柜检查情况

（2）故障原因分析

分析故障原因为电磁锁、照明灯二次线布线不合理，导致柜门关闭后距离 C 相导体距离过近，不满足空气绝缘净距离大于 125 mm 的要求。热缩套在长时间运行后，防护性能下降，C 相母线对二次引线金属铠装护套放电、接地，单相接地后另两相电压升高至线电压。由于 B 相母线连接处与照明灯具电源线距离也不满足 125 mm 要求，B 相母线连接处螺栓对照明灯具电源线及观察窗玻璃的支架螺丝放电，在放电的瞬间将观察窗玻璃屏蔽网的接地线烧断，烧断的接地线搭接到 A 相母排上，击穿绝缘护套后发展为三相接地短路。

（3）故障处理措施

1）全面清理、清扫柜内电弧生成物，母线加装热缩扣盒，见图 14-53；

2）将母联、受总间隔温湿度传感器移到柜内下部距离足够的位置，并将电磁锁的二次线下移后可靠固定，见图 14-54；

3）将母联及受总间隔照明灯具拆除，只保留灯具座（灯具座为塑料材质），再次测量距离约为 125 mm，符合要求。

3. 预防措施

（1）安排检修人员对在运的该公司同型号所有的开关柜进行排查，发现问题立即

图 14 - 53　母线加装热缩扣盒情况

二次线重新布线

图 14 - 54　后柜门整改情况

整改；

（3）加强变电五项通用制度的学习，在设备验收时严格执行验收通用制度，杜绝类似隐患设备投入运行。

4. 案例总结

开关柜温湿度传感器、照明灯布置不合理，距离母线导体过近；开关柜电磁锁、照明灯二次线布线不合理，柜门关闭后金属铠装护套距离导体过近，母线对护套放电。开关柜内二次线布线不合理，不满足《十八项反措》中空气绝缘静距离 125 mm 的要求。应该完善设备招投标、入厂监造技术标准，杜绝存在隐患的开关柜入网运行。

二、10 kV 开关柜因触头单螺栓压接导致放电

1. 案例描述

××年××月××日 19 时 31 分 28 秒，某变电站 512A-2 隔离开关柜内发生 B 相接地故障，40 ms 后发展为三相短路故障，此时隔离开关柜内发生爆炸造成 512A 开关柜内钢板变形导致 A 相对地放电，93 ms 后 2 号主变差动保护动作跳开 132、512A、512B 开关后故障切除。19 时 47 分 17 秒，512A-2 隔离开关柜内再次发生三相短路爆炸，512A-2 隔离开关柜烧毁，同时 501-2 隔离开关柜内触头部位也发生过热烧毁，1 号主变低后备保护、高后备保护动作出口，跳开 501 开关。

512A-2、501-2 开关柜的型号为 KYN28A - 12，额定电压为 12 kV，出厂日期为 2006 年 4 月，投运日期为 2008 年 9 月。

2. 分析处理

（1）现场故障检查

现场对开关柜进行检查，开关柜的 B 相动触头烧熔，三相静触头均有不同程度的损坏，如图 14 - 55 所示，512A 开关柜与 512A-2 隔离开关柜间铁板变形，且有放电痕

迹，如图 14－56 所示。501-2 隔离开关柜 B 相静触头中有遗留的触指及弹簧，其他静触头较完整，触头盒烧损，如图 14－57 所示。

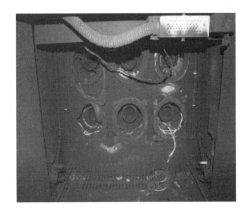

图 14－55　512A 开关柜内动静触头烧毁情况

图 14－56　512A 开关柜与 512A-2 隔离开关柜间铁板变形，且有放电痕迹

图 14－57　501-2 隔离开关柜 B 相静触头情况

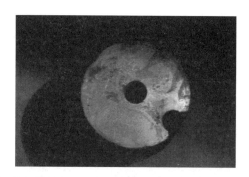

图 14‑58　512A-2 隔离开关柜静触头中间部位

（2）故障原因分析

触头接触部位发热是导致本次故障的直接原因。而造成触头接触部位发热的原因为：

1）静触头单螺栓压接造成的接触不良

静触头与铜排为单螺栓连接，易发生接触不良缺陷，导致静触头发热。加之本站设备长期运行在 2500 A 电流以上，造成发热恶性循环（设备发热会使接触面产生缝隙，造成接触电阻增大，进而使发热情况进一步恶化，如此循环，直至造成事故），静触头中间部位如图 14‑58 所示。

2）触指弹簧压力不足，导致触头发热

开关柜长期运行在 2500 A 电流以上，正常运行时柜体温度超过 60 ℃，而触头部位包裹在触头盒内，温度更高。触头长期在较高温度下，造成弹簧拉力下降，导致触指与触头的接触压力下降，进一步使接触电阻增大。当接触电阻增大到一定程度，尤其是触指两端接触电阻差异较大时，一部分电流流过弹簧，导致弹簧烧断，触指压力消失，在负荷电流下烧熔触指，触指片和弹簧如图 14‑59 和图 14‑60 所示。

图 14‑59　触指片脱落　　　　　　图 14‑60　烧断的弹簧

（3）故障处理措施

1）将 512A、512B 开关柜内下侧静触头盒拆下，安装至 501-2 开关柜内，同时将 512B-2 隔离开关手车用作 501-2 隔离开关手车；

2）将 512A-2 开关柜与 10 kV 2A 号母线的连接引线拆除，隔离 512A-2 开关柜；

3）使用吸尘器、毛坯布清理现场，为绝缘电阻试验及交流耐压试验做准备；

4）绝缘电阻试验全部合格后，分别做 2 号主变低压侧软连接至 512A 开关柜上口，2 号主变低压侧软连接至 512B 开关柜上口，10 kV2A 号母线，501 开关柜下侧静触头至 501-2 开关柜下侧静触头的交流耐压试验，试验通过。

3. 预防措施

（1）结合每年例行试验机会，测试触指压力，检查触头和触头片的弹簧性能是否良好、光滑，必要时予以更换；

（2）针对重负荷变电站的开关柜，运维人员应通过现场、遥视、查看负荷曲线等多种手段加强巡视、重点关注，提前发现不良工况并及时解决，避免造成更大的事故损失。

4. 案例总结

开关柜静触头单螺栓压接造成接触不良，触头接触电阻变大，最终造成触头发热烧毁。设备验收时，应该严格按照《十八项反措》和相关试验标准进行验收，必要时进行设备监造。采用新型测温装置，及早发现触头发热的情况。对运行工况较差的开关柜，为及时发现设备缺陷，应缩短例行试验周期。

三、10 kV 开关柜因连接板材料不合理导致放电

1. 案例描述

××年××月××日，某 110 kV 变电站 3 号主变 513-3 隔离开关柜着火发生短路故障，3 号主变低后备保护动作，跳开 3 号主变的 513 开关。

513-3 开关柜的型号为 KYN28A－12（Z），额定电压为 12 kV，出厂日期为 2013 年 1 月，投运日期为 2014 年 6 月。

2. 分析处理

（1）现场检查情况

现场检查发现，513-3 隔离开关柜本体完全烧损，但触臂及捆绑式触头完好，动静触头接触部分的表面，发现有较为均匀的纵向的划痕，如图 14－61 所示。此痕迹应当是触头过热后，将动静触头分离时产生的痕迹，说明捆绑式触头的接触压力非常大。

（2）故障原因分析

动触头与接触面压接螺栓为 4 条，不存在单螺栓压接引起发热的可能；静触头与铜排压接螺栓为 1 条，如图 14－62 和图 14－63 所示，虽然压接紧密，但长时间大负荷

运行可能会造成发热，怀疑此处发热为导致故障的次要原因。

从三相触头外观来看，较为一致的是动触头与导电管的连接板烧损严重，如图14-64所示，A相烧掉一半，B相几乎全部烧毁，连接板材质为铜合金，导电管材质也是铜合金。因此，怀疑连接板因发热烧断为导致故障的主要原因。

图 14-61　静触头表面纵向的划痕

图 14-62　动触头内连接方式

图 14-63　静触头内连接方式

图 14-64　连接板及导电管烧损情况

综上所述，初步判定造成本次故障的原因为在开关柜生产时，隐蔽在套管内的导电材料没有使用红铜，而是使用了成本较低但比较脆的铜合金。铜合金掺杂了铅、锡、锰、镍、铁、硅等其他成分，所以硬度降低，且导电性和导热性不如红铜，长期大负荷造成铜合金发热，造成连接板和导电管损坏，从而导致触头座绝缘件老化烧损；触头座烧损后，静触头失去固定作用，受触头座固定的 2＊125＊10 铜排的重力影响，使得静触头发生偏移倾斜，使得动静触头接触不良发热，造成 513-3 手车隔离开关套管侧引线绝缘护套着火，由于 513-3 手车隔离开关套管与 3♯ 主变保护 CT 同仓且未隔离，从而引起 CT 二次线着火。烟火造成相间绝缘降低击穿，引起相间短路从而造成主变低后备保护跳闸。

（3）故障处理措施

更换开关柜，对隐藏在套管内的导电材料进行检查和试验，符合要求后投入运行。

3. 预防措施

（1）例行检修时，在母线停电的情况下，加强断路器动静触头检查，检查触指弹簧的工作状况，是否出现疲劳，及时消除缺陷；

（2）加大推广无线测温、带电检测手段，预防开关柜类设备监控缺失，消除设备监控保护的"死角""盲区"。

4. 案例总结

开关柜动触头与导电管的连接板材料使用不合理，长时间大负荷运行，造成触头座烧损。动触头套管应使用红铜，增加导电性和导热性。在以后的工作中，要加强设备验收质量，确保设备"零缺陷"，严格安装验收标准开展验收工作。对存在不满足有关技术要求和反措要求的开关柜，立即进行排查，申报大修项目，设备更换前加强巡视及红外测温等工作。

第六节 进水故障

一、35 kV 开关柜因屋顶漏雨而进水导致放电短路

1. 案例描述

××年××月××日，某 110 kV 变电站 2 号主变保护中压侧负荷电压过流 1 时限保护动作，312 开关跳闸，35 kV Ⅱ段母线失压，所带 35 kV 负荷被甩。故障后检查为配电室屋顶漏雨，开关柜内进水短路，造成跳闸。

3023 开关柜的型号为 KYN61-40.5，额定电压为 40.5 kV，出厂日期为 2011 年 12 月，投运日期为 2012 年 12 月。

2. 分析处理

(1) 现场故障检查

检修人员到达现场，发现 3023 开关柜发生严重的内部短路放电，柜顶泄压通道已打开，故障电弧喷溅至配电室屋顶（图 14 - 65），柜内存在明显的短路电流放电痕迹，穿柜套管、电流互感器、母牌及柜内绝缘件均有不同程度电弧烧伤损坏（图 14 - 66、图 14 - 67、图 14 - 68），断路器手车被熏黑。

图 14 - 65　故障电弧造成屋顶烧黑

图 14 - 66　穿柜套管

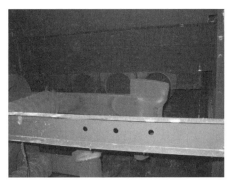

图 14 - 67　母排及支持绝缘子

图 14 - 68　电流互感器

(2) 故障原因分析

1) 由于 35 kV Ⅲ段开关柜为后期安装，形式为手车式开关柜，原Ⅰ、Ⅱ段为普通开关柜，造成Ⅲ段柜体与Ⅱ段柜体存在落差，加上Ⅱ、Ⅲ段之间有一面过渡柜，过渡柜高度介于Ⅱ、Ⅲ段之间，顶部情况比较复杂，防护措施比较难完善。柜上虽然用塑料布遮盖，但施工方没有严格按照施工方案要求完成做好，使雨水从Ⅱ段顶部到过渡柜汇集到 3023 开关处，此处存在塑料布接缝，从接缝处进水，造成跳闸。

2) 该站正在进行屋顶防雨大修，目前屋顶的底灰层已处理完毕，防水层需等底灰层干透方可进行防水层的处理工作。按照原计划应于 7 月 17 日开工进行顶部烫油防水处理。施工方 16 日已将材料、工具运至站内，但该项工作尚未进行。当晚附近突降暴雨，底灰层吸水性迅速饱和，多余的雨水沿楼板缝隙流至柜体遮盖的塑料布上。但由于单块塑料布面积有限，柜体塑料布存在搭接情况，搭接位置正处于Ⅱ、Ⅲ段存在落差的柜体之间，造成楼板渗漏的雨水从缝隙处流入柜体，造成跳闸。

3）虽然此项工作在开工前将措施一次性做好，值班员检查过程中存在疏忽，没有细致的登顶检查每一处搭接部位是否存在漏水可能性，只是看到全部覆盖开关柜就认为措施已经做好。没有仔细的考虑新旧柜体存在高度差造成塑料布覆盖困难，也很难做到完全覆盖。

4）暴雨天气也是此次事故的原因之一。此前，曾经下过两场雨，因雨水量较小，雨后按照迎风度夏要求，均进行了检查，经检查未见漏水情况。此次暴雨突下，底灰层的吸水性迅速饱和，多余的雨水不能吸取，沿着楼板渗漏进室内，落在塑料布上，沿塑料布搭接的缝隙流入柜体，造成此次事故。

（3）故障处理措施

清理表面附着物后未见烧伤痕迹（图14－69），对放电设备进行检查处理，设备潮湿情况进行擦拭、干燥，耐压试验无问题，符合绝缘强度，恢复2号主变和Ⅱ段母线的供电。

图 14－69　清扫完毕后的断路器手车

3. 预防措施

（1）立即开展对其他变电站配电室房屋、门窗、百叶窗等位置漏雨情况的隐患排查，对有漏雨隐患的变电站立即上报并采取加盖塑料布的临时防范措施。

（2）加强开关柜检修维护。结合设备停电，重点检查开关柜内绝缘件是否存在放电痕迹，重点检查触头是否有过热放电痕迹并在接头部位粘贴测温蜡片，必须对柜内进行整体清扫，防止夏季受潮后绝缘强度降低造成沿面放电，对于潮湿严重的柜内绝缘件应用吹风机吹干。

4. 案例总结

配电室屋顶漏雨，雨水进入开关柜中造成设备放电短路。认真吸取此次事故的教训，要求施工人员严格按照施工方案的要求将措施落实到位。运维人员应做详细检查，按照最恶劣的情况检查安措是否合适，并进行事故预想与处理准备。验收中对施工人员所做措施只进行了外观检查，没有进行逐一细致的检查，也未对新旧柜体存在高度差造成塑料布覆盖困难这一问题进行细致的考虑。

二、10 kV 开关柜进水导致设备放电

1. 案例描述

××年××月××日，因当地出现强降雨，某 220 kV 变电站位于地下的 10 kV 配电室进水引发开关柜低位布置的连接排发生短路，导致 2 号主变、1 号主变的差动保护分别动作跳闸（保护显示为区内三相短路接地故障）。变电站的 110 kV、10 kV 母线失电，所带 3 座 110 kV 站失电（损失负荷约 67 MW，其他 110 kV 变电站自投成功）。

2. 分析处理

（1）现场故障检查

现场检查发现，位于地下的 10 kV 配电室地面大量积水，该配电楼东南角位置 10 kV 电缆沟内积水严重，该电缆沟进入地下配电室电缆井的 40 度斜坡过水痕迹明显，设备故障情况见图 14-70 至图 14-73。

图 14-70　512 开关柜

图 14-71　512 电流互感器柜

图 14-72　512 开关柜

图 14-73　512 电流互感器柜

（2）故障原因分析

由于变电站排水设计存在先天不足，投运以来一直未得到有效整改，强降雨情况下无法外排，10 kV 电缆沟积水严重。电缆沟中的积水通过防火墙的缝隙沿 40 度斜坡沟道流入 10 kV 配电室，10 kV 配电室防汛设施无法应对雨水大量涌入，积水超过 10 kV 主进开关柜和 CT 柜之间低位布置的连接排后发生短路故障。

（3）故障处理措施

对 10 kV 电缆沟、配电室等部位抽水、10 kV 开关柜擦拭和烘干，更换 1 号和 2 号主变 512 间隔损坏设备（绝缘支瓶、CT、柜门），恢复主变低压侧的连接，变电站恢复正常运行方式。

3. 预防措施

（1）加强电缆沟道关键部位防水封堵，电缆沟道进站及进配电室两个关键部位采用防水材料进行封堵，其他可能的进水点进行加强加固，同时在中间适当位置增加隔断封堵；

（2）更换地下配电室的排水泵，增大流量，同时做好应急机动防汛物资的配备工作，确保能够及时排出积水。

4. 案例总结

由于变电站排水能力不足，下大雨时变电站配电室中进水，导致开关柜发生短路故障。对于变电站设计来说，应充分考虑当地降雨情况，选择合适的排水方式。变电站的配电室避免采用地下或半地下布置的形式，若受条件限制应该采取防汛加强措施。另外，在暴雨、台风等恶劣天气时，运维人员应该提前制定应急预案，做好防汛措施，严防变电站积水发生故障。

第七节　辅助开关切换不到位故障

一、10 kV 开关柜因合闸掣子装配脱离导致辅助开关切换不到位

1. 案例描述

××年××月××日，某 220 kV 变电站报缺陷，6 号电容器 541 断路器合闸操作时，开关未合闸，保护装置发控制回路断线信号，到现场检查断路器在分闸位，机构已储能，合闸线圈有烧过的痕迹。

541 开关柜的型号为 ZN65A-12，额定电压为 12 kV，出厂日期为 2004 年 5 月，投运日期为 2005 年 5 月。

2. 分析处理

(1) 现场检查情况

检查合闸线圈有烧过的痕迹，但测量线圈电阻为 245 Ω，并未断线。进一步检查发现合闸掣子与合闸滚针轴承顶死（图 14-74 红圈），合闸掣子装配固定处（图 14-74 黄圈）向外脱出，对合闸掣子进行拆除后发现图 14-75 中圆圈部分未铆死。

(2) 故障原因分析

由于图 14-74 中黄圈位置未铆死，电容器开关在频繁操作时，产生震动使合闸掣子装配慢慢脱出，最终导致合闸掣子与滚针轴承顶死，使 220 V 的电压所产生的冲击力无法破坏死点使开关合闸，辅助开关无法切换，线圈长时间带电被烧损，导致合闸失败。

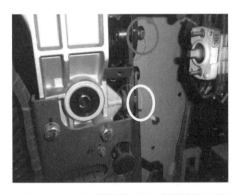 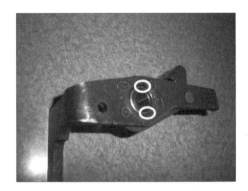

图 14-74 合闸掣子与合闸滚针轴承位置   图 14-75 合闸掣子

(3) 故障处理措施

首先对合闸线圈进行更换，控制回路断线现象消除，对合闸掣子装配拆除后重新进行铆死并装回，进行了低电压试验，合闸电压 120 V，分闸电压：100 V，试验数据合格，再次进行检查，故障消除。

3. 预防措施

（1）在今后的新设备验收中，将合闸掣子装配作为验收的重点项目；

（2）对已投运的设备在年检过程中开始工作前先不释放机构能量，拆开设备面板对合闸掣子与滚针轴承位置是否对应作为检查重点项目。

4. 案例总结

开关柜合闸掣子装配脱离，断路器动作产生的震动使合闸掣子与滚针轴顶死，造成合闸线圈烧毁。合闸掣子与滚针轴承应相互配合，由 220 V 电压产生冲击力完成开关合闸。断路器在合闸时会带动辅助开关切换，使分闸回路接通。在今后的检修试验时应该多关注断路器机构的位置，对机构的螺栓位置进行标记，及时发现机构的错位情况。

二、10 kV 开关柜因辅助开关转换角度过大导致切换不到位

1. 案例描述

××年××月××日，某 10 kV 变电站 551 开关合闸操作后发控制回路断线信号。

551 开关柜的型号为 ZN65A—12，额定电压为 12 kV，出厂日期为 2006 年 11 月，投运日期为 2006 年 12 月。

2. 分析处理

（1）现场检查情况

通过现场勘察，发现辅助开关转换角度过大，使得其驱动连杆将辅助开关与分闸脱扣器顶死在死点位置（图 14-76），致使分闸脱扣器不能正常脱扣释放，因此造成开关拒分，由于主轴旋转角度变大，辅助开关驱动连杆行程变化，致使辅助开关切换角度过大，造成辅助开关接点处于半分半合状态，分闸回路无法导通，导致发控制回路断线信号。

图 14-76 辅助开关驱动拉杆及固定支架明显变形图

（2）故障原因分析

1）辅助开关驱动连杆及辅助开关固定支架材质过软，在分合闸操作时，由于合闸能量过大，将辅助开关驱动连杆顶弯形变，产生临时死点。

2）ZN65A 型断路器合闸操作同时兼顾给分闸弹簧进行储能，分闸弹簧具有合闸缓冲的作用。551 断路器动作频繁，进而加大分闸弹簧疲劳程度，致使分闸弹簧储能行程增大，辅助开关转换角度增大，辅助接点切换异位，处在半分半合状态，随之发控制回路断线信号。

3）由于 551 断路器为电容器组断路器，投切动作过于频繁，每次投切容性电流时，都将导致动静触头磨损一次，分析认为动静触头磨损程度有可能超出规定的 3 mm 正常范围值，磨损值过大，致使真空灭弧室开距变大，超行程减小，造成断路器主轴旋转角度过大，致使辅助开关切换不可靠。

（3）故障处理情况

首先将辅助开关拆下调整好对应位置，然后将变形的固定支架及驱动拉杆矫正，经反复进行合跳操作后，确定该缺陷消除。图 14 - 77 为缺陷消除后合闸位置机构状态，图 14 - 78 为缺陷消除后分闸位置机构状态。

图 14 - 77　缺陷消除后合闸位置机构图　　　　图 14 - 78　缺陷消除后分闸位置机构图

3. 预防措施

（1）应组织更换同型号断路器的辅助开关固定支架及驱动拉杆；

（2）加强同型号开关在新投运或检修试验时，应加强开距、超程及触头磨损度的测量辅助开关切换角度及工作状态的检查。

4. 案例总结

开关柜中的辅助开关转换角度过大，导致辅助开关接点异位，切换不到位。断路器动作频繁造成开关机构内部辅助开关、机械部件产生变形、位移现象，严重影响开关使用寿命。因此，在网控电容器断路器投切时，可采取轮换投切电容器组断路器。

三、10 kV 开关柜因合闸缓冲间隙较大导致辅助开关切换不到位

1. 案例描述

××年××月××日，某 10 kV 变电站 543 开关合闸操作后发控制回路断线信号。

543 开关柜的型号为 ZN65A - 12，额定电压为 12 kV，出厂日期为 2006 年 10 月，投运日期为 2007 年 9 月。

2. 分析处理

（1）现场故障检查

通过现场检查情况，发现合闸缓冲间隙变大，辅助接点位置与实际位置不对应，如图 14 - 79 所示。

（2）故障原因分析

图 14-79　故障现场图

判定开关合闸缓冲间隙较大为此次缺陷的主要原因。由于合闸缓冲间隙较大，导致合闸过程机构主轴转动角度变大，相应辅助开关拐臂转动角度变大，致使辅助接点位置与实际位置不对应（在分合闸位中间），分闸回路不通。辅助开关连杆与辅助开关拐臂角度几乎为 0，当机构主轴合闸落到底再次回弹时，由于辅助开关连杆与辅助开关拐臂没有角度，使辅助开关连杆与辅助开关固定铁板造成变形，辅助接点未接通，发控制回路断线信号。

（3）故障处理措施

首先对机构内分、合闸回路进行直阻测量，分、合闸回路电阻均为无穷大，转动辅助开关角度使分、合闸回路导通。对辅助开关连杆与辅助开关固定铁板变形部位进行修复，手动对机构进行合闸，发现辅助开关接点位置仍然不对，将合闸缓冲间隙由 6 mm 调整至 3 mm，再次调整辅助开关对应位置后，对机构进行多次分、合闸操作辅助开关切换正常，如图 14-80 所示。进行开关低电压试验数值合格，消缺完毕。

图 14-80　辅助开关正常位置图

3. 预防措施

（1）同型号开关在新投运或检修试验时，加强对合闸缓冲间隙的检查；

（2）近期安排同型号电容器回路开关的检修试验，对有缺陷的开关进行处理。

4. 案例总结

开关机构的合闸缓冲间隙较大时，会使得合闸过程机构主轴转动角度变大，相应辅助开关拐臂转动角度变大，辅助接点切换位置不到位，分闸回路不通。运维人员在巡视时应该多关注开关机构中各器件的位置是否有偏移，有问题时及时进行处理。采用新型状态监测手段，对辅助开关状态进行实时监测，及早发现并处理辅助开关切换不到位的故障。

第八节　过电压放电故障

一、10 kV 开关柜因操作过电压导致设备放电

1. 案例描述

××年××月××日，某变电站 10 kV 1 号电容器 510 断路器电容器侧发生 A、B 两相短路，50 ms 后转换成三相故障，电容器保护动作，跳开 510 断路器，但是 510-1 隔离开关处仍三相短路，随后主变低压侧后备保护动作，跳开 501 断路器及 511 断路器，切除故障。

510 开关柜的型号为 XGN2 - 12（Z），额定电压为 12 kV，出厂日期为 2004 年 6 月，投运日期为 2004 年 10 月。

2. 分析处理

（1）现场故障检查

现场检查发现 510-5 隔离开关断路器侧导电部分严重烧蚀放电痕迹，未发现其他异物，及异常现象，如图 14 - 81 所示。2013 年 4 月 24 日下午网控 VQC 自动将 510 开关投上，约 1 min 后 1 号电容器 510 断路器电容器侧发生 A、B 两相短路，50 ms 后转为三相故障，电容器保护动作，跳开 510 断路器，但是随后主变低压侧后备保护动作，跳开 501 断路器及 511 断路器，切除故障。

（2）故障原因分析

网控 VQC 自动将 510 断路器投上，引起操作过电压造成 510-5 隔离开关 A、B 两相短路，50 ms 后转换成三相短路，电容器保护动作，跳开 510 断路器，由于放电浓烟致使 510-1 隔离开关相间绝缘水平降低，造成 510-1 隔离开关相间击穿，随后主变低压侧后备保护动作，跳开 501 断路器及 511 断路器，将故障隔离。

图 14‑81　开关侧导电部分

（3）故障处理措施

现场对 510 开关柜内 510-1 隔离开关绝缘子进行擦拭、清理后，对 10 kV 1 号母线进行耐压试验，试验合格，母线恢复运行。对 510、510-5 开关柜使用备件进行更换处理。

3. 预防措施

网控 VQC 自动将断路器投入时，采取消除操作过电压的措施。

4. 案例总结

网控 VQC 将 510 断路器投上时，引起的操作过电压超过了开关柜中绝缘部件能承受的水平，导致故障的发生。考虑在电容器开关附近加装消除操作过电压的设备，同时考虑轮换投切电容器开关。

二、35 kV 开关柜因断路器重燃引起过电压导致设备放电

1. 案例描述

××年××月××日，某 220 kV 变电站 35 kV Ⅱ母线发生三相短路，短路电流持续时间约 2.4 s，2♯主变重瓦斯动作切除变压器三侧开关，2♯主变 110 kV 侧压力释放器喷油，110 kV 和 35 kV 侧绕组变形。故障时，110 kV 母联开关在合位，110 kV 母线未失压。故障后，3918、3912 开关倒出供电，损失负荷约 3000 kW。

3910、3918 开关柜的型号为 KYN‑35（Z），额定电压为 35 kV，出厂日期为 2000 年 7 月，投运日期为 2005 年 6 月。

2. 分析处理

（1）现场故障检查

VQC 动作切除♯3 电容器组时，由于 3910 开关存在质量问题，发生重燃，产生重燃过电压；又因室内湿度较大，开关绝缘隔板、绝缘支柱受潮绝缘降低，造成 3910 开关 B、C 相间放电，进而发展到三相短路。

现场检查发现 3918、3910 开关柜熏黑，断路器烧损严重，散热器有烧熔点，隔板上有大片污痕，柜内二次线熔化；3918 开关柜上方母线端部烧熔成圆角，母线支持瓷瓶被熏黑，3910 开关柜至 3918 开关间 5 面开关柜上方的敞开式母线有多处放电点，真空灭弧室有明显电弧烧灼痕迹，如图 14-82 至图 14-87 所示。

图 14-82 断路器烧损

图 13-83 断路器散热器尖角部位烧损

图 14-84 开关柜母线端部烧损

图 14-85 开关柜母线放电点

图 14-86 开关柜二次接线端子烧熔

图 14-87 真空灭弧室的电弧烧灼痕迹

（2）故障原因分析

由于安装后搁置时间过长（4～5 年），断路器绝缘件存在受潮现象，相间绝缘降低。当 3910 断路器重燃产生过电压时，B、C 两相断路器散热片尖角绝缘击穿发生相间短路，电弧燃烧产生的金属蒸汽引发三相短路故障烧毁 3910 断路器。电弧沿 35 kV

母线向负荷侧运动，造成大部分母线和间隔均有放电痕迹，电弧到母线端头烧毁3918断路器，直至主变跳闸。

（3）故障处理措施

为确保变电站供电可靠性，调其他变电站待出厂的2#变压器替换2#主变，9月21日完成投运。该主变与原2#主变的分接头设计上略有差别，部分分头不能并列运行，运行方式受限，因此只作为临时使用。

3. 预防措施

（1）编制停电计划，对在运该公司生产的开关柜及开关进行全面试验检查。发现绝缘性能、机械特性、真空度等不符合相关规程要求的，要及时处理。

（2）已安装设备，搁置超过半年的，在投入运行时应重新履行新设备验收程序，按交接试验项目重新进行试验。经试验检查合格后方可投入运行。

4. 案例总结

本次故障暴露出以下问题：

开关柜安装后闲置时间太长，开关绝缘件受潮，断路器重燃引起过电压，导致开关柜放电。对新、扩、改建以及大修、技改项目要合理安排设备采购计划。对暂不投运的设备应视具体情况暂缓订货或暂缓安装，以防设备未曾投运即技术落后或未曾投运即性能下降给电网安全运行带来不利影响。对长期搁置设备，在投运前应按照交接试验项目要求重新试验。

三、10 kV 开关柜因操作过电压导致设备放电

1. 案例描述

××年××月××日，某变电站 10 kV 936 线路发生瞬时性相间短路故障，936 开关过流 I 段保护动作，跳开 936 断路器，后重合成功。936 故障切除后暂态过电压急剧升高造成母线侧隔离开关 937-1 隔离开关瓷瓶炸裂，使#1 变低后备保护动作，跳开#1 主变 10 kV 主进 511 断路器。

937-1 隔离开关的型号为 GN30 - 12，额定电压为 12 kV，出厂日期为 2004 年 5 月，投运日期为 2007 年 11 月。

2. 分析处理

（1）现场故障检查

一次设备现场检查：作业人员到达变电站，开展故障巡视查找，发现 937 开关柜后柜门有放电痕迹，打开后柜门后发现 937-1 隔离开关瓷瓶炸裂，如图 14 - 88 所示。

（2）故障原因分析

937 线母线侧隔离开关 937-1 隔离开关瓷瓶炸裂分析：因 936 线路短，故障位置距

图 14 – 88　937-1 隔离开关

离变电站近，所带感性负载较大，在 936 断路器切除线路故障的过程中产生操作过电压；同时 937 母线隔离开关年久失修，绝缘强度不足，936 故障切除后暂态过电压急剧升高造成 937 母线侧隔离开关 937-1 隔离开关瓷瓶炸裂，使♯1 变低后备保护动作，跳开♯1 主变 10 kV 主进 511 断路器。

（3）故障处理措施

更换 937-1 隔离开关，对 937 开关柜进行清理，试验合格后投入运行。

3. 预防措施

适当缩短管辖设备的检修试验周期，对于 35 kV 及重要的 10 kV 设备检修试验周期应按基准周期（3 年）执行，其他设备按照 Q/GDW1168 – 2013《输变电设备状态检修试验规程》执行。

4. 案例总结

断路器在切除线路故障时产生操作过电压，导致开关柜放电，瓷瓶炸裂。应采取相关手段对母线侧隔离开关进行日常监测，提前发现隔离开关绝缘强度降低的缺陷。严格按照《输变电设备状态检修试验规程》要求，对开关柜进行检修试验，检修试验过程中应细致。

第九节　空气绝缘距离不足故障及缺陷

一、35 kV 开关柜空气绝缘距离不足导致设备放电

1. 案例描述

××年××月××日，某 220 kV 变电站 35 kVⅢ段母线母差保护动作，313、375、

376、377 断路器跳闸。

302-3 开关柜的型号为 KYN61-40.5，额定电压为 40.5 kV，出厂日期为 2007 年 8 月，投运日期为 2007 年 9 月。

2. 分析处理

（1）现场故障检查

检修人员到现场检查发现，测量母线隔板与 CT 隔板间距离约有 12 cm 空隙（如图 14-89），未全封闭相间空气间隔。

图 14-89　故障现场情况图

（2）故障原因分析

1）由于柜体尺寸较小，相间距离不满足技术规范要求值，采取母线热缩和加隔板的措施，但厂家设计隔板未全封闭和贯穿到底部，造成相间留有空气间隙和较多的棱角，当内部产生电晕放电时，引发相间短路故障。

2）柜内 CT 外绝缘为直角型，尖端电场集中，母线间隔板未贯通到底部，且距 B 相 CT 上边缘约 2 cm，形成两个尖端，CT 上边缘对隔板下边角形成电晕放电，使相间绝缘强度降低，造成两相短路故障，由于三相间空气间隙未全封闭，最终造成三相短路故障。

（3）故障处理措施

1）尽快修复 302-3 隔离开关柜内受损热缩套，更换 302CT。

2）事故发生后，16 日和 18 日，2 次对♯3 主变油样进行色谱分析，与历史数据比较，未见异常，试验数据如表 14-2 所示。

表 14-2　色谱分析试验数据

时间	H_2	CO	CO_2	CH_4	C_2H_4	C_2H_6	C_2H_2	总烃
2008、4、16	25.5	51.76	313.63	1.17	0.21	0.27	0	1.65
2008、7、7	31.01	52.22	790.23	1.7	0.48	0.29	0	2.47

时间	H_2	CO	CO_2	CH_4	C_2H_4	C_2H_6	C_2H_2	总烃
2008、7、16	39	116.82	638.56	1.89	0.33	0.4	0	2.62
2008、7、18	34.03	97.12	491.31	1.78	0.44	0.64	0	2.86

3. 预防措施

（1）对该厂同型号、同批次产品进行排查，发现缺陷立即进行整改；

（2）运维人员加强日常巡视，严格按照《十八项反措》中要求对开关柜进行检查。

4 案例总结

由于 35 kV 开关柜的相间距较小，302-3 开关柜的相间隔板未全封闭，两相之间放电导致故障发生。根据《十八项反措》中的要求，开关柜中不允许加装绝缘隔板。对于已安装绝缘隔板的开关柜，应对绝缘隔板喷涂防污闪涂料，并制定大修、技改计划，对开关柜进行改造。

二、35 kV 开关柜因空气绝缘距离不足导致设备放电

1. 案例描述

××年××月××日，某变电站 372 线路发生 B 相永久性单相接地故障，0 时 31 分 52 秒，电容器 370 开关手车上静触头的 A 相与柜体发生永久性单相接地，故障发展为异地 A、B 两相永久性相间短路接地，35 kV 母线保护 I 动作跳闸，跳开 35 kVI 段母线 371、360、372、315、311、373、370 断路器。

370 开关柜的型号为 KYN61-40.5，额定电压为 40.5 kV，出厂日期为 2007 年 6 月，投运日期为 2007 年 8 月。

2. 分析处理

（1）现场故障检查

现场检查发现，370 开关触头盒内有放电点，如图 14-90 和图 14-91 所示。拆除

图 14-90 370 开关静触头筒放电点

图 14-91 370 开关 A 相触头盒内放电点

370 开关母线下引线，再次对母线进行绝缘试验，发现母线 A、C 相还是有绝缘降低的现象。通过对母线进行分段绝缘试验，最终查找出 301-1 隔离开关静触头筒绝缘降低。又对 301-1 隔离开关母线下引线进行拆除后，进行绝缘试验，一切恢复正常。

（2）故障原因分析

1）线路侧存在接地是本次事故的诱因

372 出线 B 相发生单相接地时，引发 A、C 两相电压升高为线电压，这是本次事故的诱因。

2）370 手车开关触头盒对柜体放电是引发本次事故的最直接原因

经过检查、试验，370 开关 A 相触头盒有明显的放电点，这是本次事故的直接原因。35 kV 系统是不接地系统，按照国家标准可在单相接地状态下运行两个小时，实际情况是仅在 4 s 后就发生放电，因此 370 手车开关 A 相质量不良是本次事故的直接原因。

（3）故障处理措施

经现场试验，查找 370 开关 A、B 相母线侧静触头筒；301-1 隔离开关 A、C 相静触头筒绝缘降低。为避免对电网供电方式的影响，采取尽快恢复母线方法，拆除 370 开关母线侧引线、301-1 隔离开关母线侧引线，将 35 kV 1♯母线从 373 与 370 开关柜间断开。更换静触头筒备件，试验合格后投入运行。

3. 预防措施

（1）对同类型的触头盒进行整体更换；

（2）应加强对开关柜绝缘件投运前进行局部放电检测工作，及早发现绝缘件存在的问题。

4. 案例总结

370 开关柜中绝缘部件存在问题，导致带电部件发生放电。验收人员在验收时未认真检查绝缘部件的试验报告或试验人员未认真对绝缘部件进行试验，在今后的检修试验时，应该认真对开关柜进行试验。对于使用年限较长的开关柜，试验周期应缩短。

第十节　进异物（小动物）导致的故障及缺陷

一、10 kV 开关柜进老鼠导致设备放电

1. 案例描述

××年××月××日，某 110 kV 变电站♯3 主变 513 断路器跳闸，造成 10 kV 线路全部停电。

513-3 开关柜的型号为 KYN28N－12，额定电压为 12 kV，出厂日期为 2014 年 7 月，投运日期为 2015 年 1 月。

2. 分析处理

（1）现场故障检查

变电站 3 号主低后备保护动作，513 断路器跳闸。检修试验班到现场进行调查。现场察看 513-3 开关柜烧毁，柜内存在放电痕迹，开关柜内部烧损情况如图 13－92 所示。检查中发现 513-3 开关柜内有一老鼠，柜间存在孔洞，如图 13－93 和图 13－94 所示。

图 14－92　开关柜内部烧损情况

（2）故障原因分析

判断故障原因为老鼠从电缆层顺着柜内接地排孔洞跑进开关柜内，引起相间短路，造成保护动作，开关跳闸。

图 14－93　柜内异物

图 14－94　柜间孔洞

（3）故障处理措施

根据设备损坏情况，对 513-3 开关柜进行整体更换。

3. 预防措施

对全站 10 kV 开关柜进行检查，对所有开关柜孔洞进行检查封堵，确保不发生因小动物引起电气设备故障，影响设备正常运行。

4. 案例总结

因小动物进入开关柜，误碰带电设备，导致相间短路。开关柜应封堵良好，防止小动物进入开关柜中。配电室的门都加装防鼠隔板，防止老鼠、蛇等动物进入配电室中，做好第一道屏障。

二、10 kV 开关柜进蜘蛛导致设备放电

1. 案例描述

某 110 kV 变电站 2 号主变跳闸。现场 2 号主变保护显示，2 号主变差动保护启动；2 号主变高后备过流Ⅰ段 1.3s 跳 900 开关、同时闭锁 900 备自投；2 号主变低后备保护动作 1.6s 跳 10 kV Ⅱ母进线 992 开关；2 号主变高后备过流Ⅱ段 1.8s 跳 902 开关。录波故障电流显示断路电流二次最高值 50.21 A。

2. 分析处理

（1）现场故障检查

事故现场对 2 号主变本体两侧套管连接引线、低压侧母线桥、110 kV 侧 102 开关、902 开关柜、992 开关柜以及其他相邻间隔电气设备进行了外观检查，发现 992 开关柜内多处严重烧蚀。开关下部三相隔离出头均有明显烧蚀现象，动触头的弹簧部分已烧断，固定静触头盒的面板和开关柜的侧板已明显变形。打开后柜门，发现 A、B、C 相触头盒外罩表面熏黑。在 C 相侧板和在前后柜隔离板 A、B 相之间各有一个烧穿点，如图 14-95 所示。

（2）故障原因分析

判断故障原因为开关柜内电流互感器附近有少许蜘蛛丝，如图 14-96 所示。说明该站运行、维护环境下，开关柜内已存在异物（小动物）侵入的情况，降低绝缘引发故障。

（3）故障处理措施

根据设备损坏情况，对开关柜进行整体更换。

3. 预防措施

（1）加强开关柜的巡视维护。因此在运行巡视时，应注意开关柜的门和面板是否锁紧；注意开关柜内的前上柜、前下柜、后柜的柜内脏污情况以及是否存在异物。

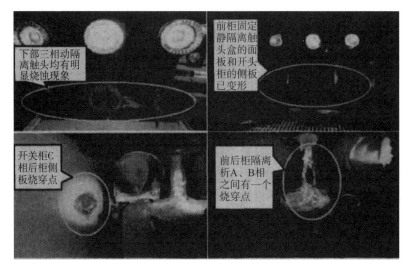

图 14 - 95　开关柜内部烧损情况

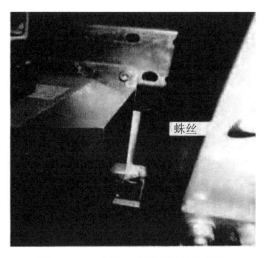

图 14 - 96　电流互感器附近的蜘蛛丝

（2）应对开关柜一、二次电缆进线处及其他多余孔洞的封堵情况进行检查，确保封堵完整有效。

4. 案例总结

10 kV 交流金属封闭铠装移开式高压开关设备由于体积小、"五防"功能完善、操作简单等优点给我们的运行和检修带来了极大的便利和安全保障。虽然开关柜设备的防异物（小动物）工作已强调多次，但是在实际的运行当中，仍存在一些不稳定因素，只有重视这些问题，思考、分析并从中找出相应的改进措施，才能更好的保障电网的安全生产。

第十五章 电流互感器故障及缺陷

第一节 主绝缘故障及缺陷

一、110 kV 电流互感器因外绝缘老化导致沿面闪络

1. 案例描述

××年××月××日，某 110 kV 线路发生单相接地故障，线路重合闸失败。故障测距显示故障点距离变电站 0 km。110 kV 固体绝缘电流互感器 A 相绝缘子表面有黑色放电痕迹。事故发生时天气为雾天。

2. 分析处理

线路转检修后将电流互感器拆解下来，绝缘子表面图片如图 15-1 所示：

图 15-1 电流互感器拆解后图片

从图 15-1 中可以看出，电流互感器绝缘子上部的涂层发生了脱落，导致绝缘性能下降，在绝缘子表面上分布有黑色痕迹。

对电流互感器进行绝缘电阻和介损电容量测试，其一次绝缘电阻结果为 2000 $M\Omega$，

QGDW1168《输变电设备状态检修试验规程》允许值 3000 MΩ，介损测量结果为 0.02，QGDW1168《输变电设备状态检修试验规程》允许值为 0.008。

综上分析，电流互感器发生沿面闪络的根本原因为外绝缘发生了老化，导致表面涂层脱落，在表面潮湿或有杂质时，表面电场发生畸变。

3. 预防措施

为了防止室外高压设备一次绝缘发生沿面闪络，应做好以下几方面工作：

（1）加强一次设备巡视，尤其是湿度较大的天气，检查绝缘材料外观，评估绝缘材料状态；

（2）定期进行绝缘试验，如测量电流互感器的绝缘电阻及介损电容量，保证设备绝缘良好，避免发生因绝缘材料老化而导致的沿面闪络现象；

（3）对于瓷绝缘子建议喷涂 PTV 涂料，提高设备绝缘水平。

4. 案例总结

固体绝缘电流互感器因绝缘子材料老化引起沿面闪络，严重时导致系统发生单相接地故障，表明绝缘材料老化是电力系统安全运行的重大隐患。

对于瓷绝缘子建议喷涂 PTV 防污闪涂料，提高设备绝缘水平，同时在湿度较大的天气加强电流互感器的巡视，做好绝缘材料的状态评估，依据规程要求定期进行绝缘试验，及时更换不合格的电流互感器是避免此类事故的主要措施。

二、330 kV 倒置式电流互感器因受潮、局部过热导致喷油事故

1. 案例描述

××年××月××日，某 330 kV 变电站运维人员在进行一次设备巡视时，发现某间隔 C 相电流互感器（设备型号 AGU-363，××年投运）绝缘瓷套、底座及钢架表面有油迹，下方地面有大量油迹；膨胀器歪斜，膨胀器护罩顶开，护罩紧固螺栓仅剩 1 个（共 4 个）；A、B 相电流互感器外观无异常。

2. 分析处理

（1）试验数据分析

对某间隔电流互感器进行绝缘电阻、介质损耗、末屏介质损耗、末屏绝缘电阻、伏安特性等试验未发现异常。油色谱检测数据如表 15-1 所示，C 相电流互感器油色谱数据分析 C_2H_2、H_2、总烃超过规程要求的注意值，A、B 相油色谱数据正常。

表 15-1　C 相电流互感器油色谱数据 μL/L

组分	H_2	CO	CO_2	CH_4	C_2H_4	C_2H_6	C_2H_2	总烃
含量	23924.30	22.65	0	916.07	0.90	274.93	1.09	1192.99

根据 DL/T 722-2014 判断分析方法：三比值法编码 110（见表 15-2），判断 C 相电流互感器电弧放电兼过热缺陷；从特征气体组分判断电弧放电会产生大量的 H_2、C_2H_2、C_2H_4，而该设备内 CH_4、C_2H_6 气体成分大，仅仅含有少量 C_2H_2、C_2H_4，符合过热缺陷（油浸式设备低温过热缺陷烃类气体组分 CH_4、C_2H_6 含量较多，C_2H_4 较 C_2H_6 少甚至没有），排除电弧放电引起故障的主因。

表 15-2　C 相电流互感器三比值法编码

项目	C_2H_2/C_2H_4	CH_4/H_2	C_2H_4/C_2H_6
计算值	1.211	0.038	0.003
编码	1	1	0

由表 15-3 所示的数据可知 C 相电流互感器绝缘油良好；微水含量偏大，但并未超出标准要求，从绝缘油常规试验数据来说无法判断绝缘油绝缘下降。

表 15-3　C 相电流互感器绝缘油常规试验数据

油击穿电压/ kV	介质损耗因数/%	含水量/（mg/L）
60.20	0.28	11.00

开展测试电流互感器电容量与介质损耗因数，试验数据见表 15-4。C 相电流互感器与其他两相电流互感器比较主绝缘电容量减小，介质损耗因数增大，末屏端子电容量减小，介质损耗因数增大。绝缘受潮引起介质电导和介质极化进而引起介质损耗增大；结合绝缘油常规试验中微水含量较大，可判断 C 相电流互感器绝缘受潮。

表 15-4　电流互感器电容量与介质损耗因数试验

测试部位	相序	试验电压/ kV	电容量/pF	介质损耗因数/%
主绝缘	A 相	10	661.0	0.21
	B 相	10	659.9	0.22
	C 相	10	551.7	0.34
末屏端子	A 相	3	1 873.0	0.13
	B 相	3	2 039.0	0.10
	C 相	3	1 308.0	4.02

油色谱数据反映 C 相电流互感器内部故障，为内部局部过热引起油劣化，绝缘性能下降进而形成低能量放电。油中氢气含量最大，分析认为局部过热情况下绝缘油中

水或者其他绝缘材料在镍、铁、不锈钢等材料的催化作用下发生脱氢反应致使氢气以及烃类气体大量产生，大量气体产生无法排放引起电流互感器内部压力瞬间增大，导致膨胀器损坏、破裂，进而导致喷油，待解体分析后进一步确认原因。

（2）解体检查查找故障原因

图 15-2 至图 15-5 拆除 C 相电流互感器外部密封件、外绝缘过程发现：1）膨胀器外罩鼓起破裂，膨胀器外罩处密封垫良好，但密封面螺丝孔存在大量黑色油泥。2）主绝缘纸松散、翘起、褶皱、刮痕严重，经分析认为主绝缘绕制工艺不良，安装工艺把控不严致使绝缘整体质量受到影响。3）储油柜密封垫一侧螺栓处有 6 处不同程度挤压损伤痕迹，1 处损伤痕迹延伸至密封垫凸起位置，而且在密封垫凸起部位发现大量黑色油泥；安装过程密封垫未完全嵌入安装工艺不良致使密封不严所致。4）拆除主绝缘过程中未发现异常放电点，未发现其他问题。

图 15-2　主绝缘绝缘纸翘起和松散　　图 15-3　瓷套内主绝缘波纹纸有 3 处翘起

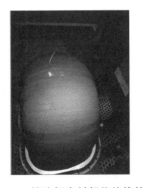 

图 15-4　储油柜密封部位绝缘垫　　图 15-5　一处螺丝孔处密封垫挤压痕迹与油泥

解体排除了内部异常放电引起的油色谱气体组分突变。C 相电流互感器解体发现密封垫存在压伤痕迹且密封处存在大量油泥，安装工艺不良引起密封不严进而引起互感器运行过程中潮气进入。绝缘纸存在松散、翘起、褶皱、刮痕等问题，该部位极易聚集气泡或引起内部局部电场变化。

（3）原因分析

油色谱数据反映 C 相电流互感器内部故障，初步判断内部受潮引起局部过热，同时过热情况下脱氢反应致使氢气以及烃类气体大量产生，过量气体引起膨胀器异常反应所致。解体发现储油柜密封垫密封不严一侧螺栓处有 6 处不同程度挤压损伤痕迹，1 处损伤痕迹延伸至密封垫凸起位置，引起互感器吸潮。C 相电流互感器在绝缘油损失较多，10 kV 电压下测量主绝缘电容量相对其他两相下降较大，但介质损耗因数值反而增大，疑似绝缘油喷出缺油、波纹纸松散、翘起以及含水量偏大所致。

金属膨胀器中含有镍、铁、不锈钢等材料，油中的环氧烷烃在镍和电场的作用下，温度较高时发生了脱氢反应，该反应是可逆的，与温度及油中的氢气含量有关，这是氢气含量超标的主要原因；互感器介质损耗因数偏大，是由于互感器内部受潮所致，油中含水量偏大引起绝缘材料介损增大，同时油中水在高温、电场、特殊材料催化作用发生电解产生氢气。解体检查发现因 C 相电流互感器生产工艺不良，主绝缘中存在大量褶皱和气隙，密封不严引起内部绝缘受潮，在互感器内部局部过热或局部场强不均匀情况下，绝缘油在金属膨胀器内镍、铁、不锈钢等材料的催化作用下发生脱氢反应致使氢气以及烃类气体大量产生，最终致使金属膨胀器破裂喷油。

3. 预防措施

（1）加强巡视，定期开展红外成像、油中溶解气体分析、相对介损电容量带电测试等检测；

（2）对电流互感器油位变化与温度关系进行分析；

（3）可采用少油油浸式设备压力监测技术关注压力变化，发现异常及时诊断分析故障原因，制定合理的运维决策。

4. 案例总结

电流互感器内部受潮绝缘下降，内部局部过热，绝缘油极易发生分解反应；局部过热情况下绝缘油中水或者其他绝缘材料在镍、铁、不锈钢等材料的催化作用下发生脱氢反应致使氢气以及烃类气体大量产生，少油设备无法排除气体，冲破金属膨胀器进行压力释放，金属膨胀器发生冲顶喷油故障。造成此类故障的原因：一是主绝缘制造工艺不良，绝缘包裹过程包扎不均匀，极易引起局部电场不均匀、局部发热；二是安装工艺不良引起密封不严所致，极易引起绝缘内部受潮。

三、220 kV 电流互感器因线路雷击致使炸裂起火

1. 案例描述

××年××月××日，某 220 kV 线路 91 号塔 C 相遭受雷击，线路两侧变电站内

断路器 C 相断开，212 ms，由于第一次雷电的回击，雷电侵入波在等待重合一侧的 C 相断路器断口形成全反射，幅值翻倍，超过断路器、电流互感器的额定雷电冲击耐受电压，造成未重合一侧 C 相电流互感器炸裂起火，两侧保护三跳出口同时闭锁重合闸。220 kV 环网运行，未损失负荷。

2. 分析处理

（1）故障前情况

天气情况：当时 220 kV 某站及 220 kV 某线所在地区为雷雨天气，闪电频繁。

故障时两站设备处于正常运行状态，现场无检修工作，无操作，电流互感器油位正常，无缺陷，断路器 SF$_6$ 气体压力正常，断路器正常运行。

（2）故障前设备运行维护情况

故障电流互感器自××年投运后运行正常，未发生过任何缺陷。最近一次停电例行试验时间为××年，主要进行了主绝缘、末屏及二次绕组绝缘电阻，主绝缘介损及电容量测试，未见异常。依据《电力设备带电检测技术规范》，对该互感器进行带电检测，历次检测内容及结果为：××年，带电取油样进行油色谱分析，未发现异常；××年和××年开展了相对介损和电容量测试，未发现异常；××年开展了红外精确测温，未发现异常。

（3）现场检查情况

现场检查发现故障电流互感器两侧断路器在分位，其他间隔处于正常运行状态。C 相电流互感器爆炸，电流互感器膨胀器及头部部分瓷绝缘已经崩散到四周，绝缘油喷溅到周围地面上，整体电流互感器只保留 2/3 瓷套，电流互感器及喷溅的绝缘油起火，紧急采取安全措施后对起火部位进行灭火。

灭火完毕，检查发现炸裂的瓷套散布四周，以互感器东部较多，最远崩至 50 m 处，如图 15 - 6；靠近故障电流互感器的××刀闸，C 相底座槽钢上有放电点，如图 15 - 7 相邻间隔其他设备外观检查未见异常。其他间隔设备外观检查未见异常。

图 15 - 6　电流互感器故障现场

图 15 - 7 ××刀闸 C 相底座槽钢上放电点

（4）电流互感器解体情况

××日，在公司对 C 相电流互感器进行解体检查，为检查电流互感器是否存在内部击穿情况，解体前进行一次绕组对二次及地、二次绕组对地、末屏对地绝缘电阻试验，未发现内部击穿。因互感器损坏，介损、交流耐压、局部放电等诊断性试验无法进行。

检查发现，互感器外绝缘及套管内壁未见明显的爬电和闪络通道，一次连接线也未见明显放电痕迹，电流互感器一次导体上部所覆盖的绝缘层已经全部烧毁，电容屏蔽已散落，下部和二次绕组部分未见放电和烧蚀痕迹，解体后仍未发现放电点和放电痕迹。随即对一次导体进行了解剖，在剥离附着的纸绝缘灰烬后，未发现一次导体上有明显的烧蚀和放电痕迹，见图 15 - 8 至图 15 - 12。推断设备应是绝缘屏间发生放电并烧蚀后，相关绝缘纸、绝缘屏已经损坏脱离。

图 15 - 8　电流互感器外绝缘未见闪络通道　图 15 - 9　一次连接线未见明显放电痕迹

图 15‑10 电流互感器一次上部烧蚀严重

图 15‑11 一次绕组中下部及二次绕组未见放电及烧蚀痕迹

图 15‑12 一次导体未见明显烧蚀及放电痕迹

（5）电流互感器故障原因分析

故障电流互感器为油浸电流互感器，其一次为电容性结构，主屏 10 层，每层主屏间有 4 层端屏，在雷电冲击电压超过其额定雷电冲击耐受电压时，在某一层或几层薄弱环节就会在强大的电场能量下发生击穿放电，绝缘油在电弧作用下产生大量气体，互感器内压力骤增，导致瓷套上部爆炸起火，如图 15-13，对附近××刀闸底座放电，形成单相接地故障。220 kV I 母线经过击穿的 C 相断路器向互感器处提供故障电流，由于放电路径为空气通道，且路径较长，极易破坏，在雨水的冷却作用下，故障电流在过零点时熄灭。

图 15-13　互感器爆炸瞬间照片

3. 预防措施

（1）根据《国家电网公司十八项电网重大反事故措施（修订版）》（14.2.2），变电站已发生过雷电波侵入造成设备损坏的变电站应加装避雷器，该站计划安排明年技改计划进行加装；

（2）建议新建敞开式变电站 220 kV 进出线间隔预留避雷器安装位置；

（3）将雷电定位系统尽快联网，提高定位率和准确性。

4. 案例总结

雷电冲击电压超过其额定雷电冲击耐受电压，在某一层或几层薄弱环节就会在强大的电场能量下发生击穿放电，绝缘油在电弧作用下产生大量气体，互感器内压力骤增，导致瓷套上部爆炸起火。

变电站已发生过雷电波侵入造成设备损坏的变电站应加装避雷器，该站计划安排明年技改计划进行加装；新建敞开式变电站 220 kV 进出线间隔预留避雷器安装位置。采取雷电定位系统，提高定位率和准确性。

四、500 kV 电流互感器因制造工艺不佳引起末屏接地

1. 案例描述

××年××月××日，某 500 kV 变电站 1 号主变间隔停电检修，在对电流互感器做末屏绝缘电阻试验时，发现某电流互感器 B 相末屏对地绝缘程度不够，使用兆欧表加压至 2000 V 时无法加压，测得 500 V 电压下绝缘电阻为 2000 MΩ，此时互感器二次绕组尾端未解开，为接地状态。

2. 分析处理

而后现场使用高压介损仪亦无法测量末屏介质损耗因数。该设备自××年投运以来，运行良好未进行过例行试验，查阅交接试验报告高压试验及化学试验均未发现问题。

表 15－5　电流互感器绝缘电阻复测试验结果

试验项目	二次绕组状态	测量结果
2500 V 绝缘电阻	开路	2000 MΩ
2500 V 绝缘电阻	短路接地	无法测量

第二日，对其取油样进行绝缘油色谱分析，氢气和总烃含量合格，未发现乙炔。试验人员对其进行复测，复测结果如表 15－5 所示。根据试验数据分析，故障点可能存在于末屏与二次绕组之间，具体原因需返厂解体后才能确定。

对该电流互感器进行了初步检查发现外观正常，为了彻底查清互感器损坏原因，在该电流互感器开始解体分析前进行高压试验及油理化试验，具体试验结果见表 15－6。

表 15－6　电流互感器解体前试验结果

序号	设备试验项目	试验结果
1	主绝缘工频耐压试验	合格
2	局部放电试验	合格
3	电容量及介损试验	合格
4	绝缘油理化试验	合格
5	末屏对地及二次绝缘电阻	不合格
6	末屏对地绝缘电阻	合格

试验后对该电流互感器进行放油，进一步解体分析。拆开互感器二次接线盒及底座连接处，发现故障设备内部无异常，如图 15－14 所示。随后拆下接线板，检查接线

板外观正常，进行 5 kV 耐压试验，试验结果未见异常，排除了二次接线板内部故障的可能性。但随后在对二次绕组与末屏之间的绝缘做进一步分析时，发现 9S 计量绕组和罩壳及铝管之间绝缘有问题，绝缘电阻很低，而其他八个绕组绝缘电阻无异常。

　　继续对其进行解体，一次绕组端子连接可靠牢固，绝缘无异常，末屏与地可靠连接，与末屏相连部位未发现放电或发热痕迹，其他屏及端屏均无异常。拆开二次绕组屏蔽罩，1S～8S 绕组导线绝缘良好，屏蔽罩内部未发现放电引起的发黑点，拆开导线绝缘后发现异常，9S 绕组与外部保护木环接触处有明显的损伤，如图 15-15 所示。

　　根据电气试验及解体结果分析，此设备制作过程中二次绕组外部保护木环边沿未倒角，装配时由于铁心较重，引起该处引线磕碰屏蔽壳上，导致二次绕组损伤，使其与屏蔽壳之间绝缘受到损坏。

　　但该损伤在设备进行出厂试验及验收试验时，还未达到注意值以下，而运行时随着温度的变化等因素，造成内部有轻微移位导致该绕组绝缘薄弱点绝缘水平进一步降低。

　　电流互感器在运行过程中，由于电动力的影响，加剧了二次绕组的位移和磨损，最终造成绝缘损坏，并与屏蔽壳接触，从而导致末屏对地及二次绕组的绝缘电阻无法加压。

图 15-14　互感器底座无异常

图 15-15　二次绕组绝缘损坏

3. 预防措施

（1）加强日常巡视、记录运行电压；

（2）按规程要求进行试验项目；

（3）对于电流互感器开展相对介损、电容量、精确红外检测、高频局部放电检测等带电检测，并依据检测结果对设备状态进行动态评估，及时采取应对措施。

4. 案例总结

该电容式电流互感器的故障原因是在制作安装过程中，由于二次绕组外部保护木环边沿未倒角，造成互感器运行过程中二次绕组引线绝缘损坏的故障。这一起故障的及时发现，避免了进一步发展为设备事故。

电流互感器一旦出现故障将对继电保护、自动控制、电流指示等造成影响。除保证要加强日常巡视外，还要按期完成符合规程要求的例行试验项目，并注意开展对设备的精确红外检测，这都有助于及时发现故障，以便及时采取应对措施。

五、35 kV 油浸式电流互感器因密封不严导致受潮

1. 案例描述

××年××月××日，变电站 3516CT 例行试验时（型号为 LABN－35，出厂日期：××年××月，额定电流比：400/5，动稳定电流：40－80（kA），热稳定电流：16－32（kA），编号：04L237，），进行介损及电容量测试时，发现 A 相介损严重通标 tgδ：28.27％，一次对二次及地绝缘电阻为 115（MΩ）。该 CT 是××日交接电气试验、油样化验合格，××日投运。

2. 分析处理

（1）数据分析

该 CT 自投运以来历次试验数据见表 15－7 所示。

表 15－7　电气试验历次数据

序号	日期	绝缘电阻 (MΩ)	电容量 (pF)	介损 (tgδ)	温度 (℃)	备注
1	××	100000	73.02	0.269	13	交接
2	××	100000	259.5	0.254	25	例行（带丙刀闸及开关）
3	××	115	295.64	28.27	23	例行（两侧引线拆除）
4	××	120000	73.11	0.264	22	检修后试验

同时进行油样取样分析，在进行 CT 下部油样时，从取样阀中放出的是水，见图 15－16、图 15－17。

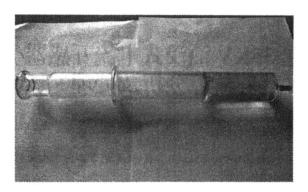

图 15-16　电流互感器内部放出含有杂质的水

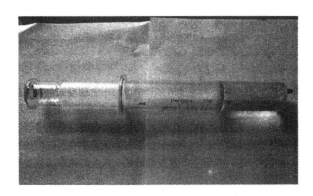

图 15-17　电流互感器内部放出油水混合气体

油击穿电压，介质损耗因数（tgδ 90 ℃），油色谱分析见表 15-8：

表 15-8　绝缘油历次试验数据

序号	日期	击穿电压（kV）	介质损耗因数（90 ℃ tgδ）	色谱分析								备注
				氢气	甲烷	乙烷	乙烯	乙炔	总烃	一氧化碳	二氧化碳	
1	××	60	0.52%	2.3	1.26	0.1	1.28	0	3.68	3.0	282.53	交接
2	××	58	0.71%	35.32	2.6	0.62	3.12	0	25.2	100.26	867.52	例行
3	××	1.5	58.26%	1526.05	36.23	25.68	16.23	0	78.11	134.56	1230.29	例行
4	××	60	0.61%	2.6	1.37	0.14	1.08	0	2.59	5.6	264.25	检修后试验

为全面准确分析判断该 CT 的技术状态，确定具体故障部位，决定对该 CT 进行状态诊断。

通过表 15-8 可以看出，CT 一次对二次及地绝缘电阻较××年例行试验时大幅度下降，表明绕组受潮；电容量明显增大，超过初值差 304%（电容量初值差不超过±5%，警示值），介质损耗较大，超过《输变电设备状态检修试验规程》限定的电流互感器类设备介质损耗因数 0.5% 的标准 56 倍，表明绝缘油及绕组整体受潮。

通过表 15-8 可以看出，CT 绝缘油各项试验结果较××年例行试验时大幅度变化，击穿电压明显降低，油质介质损耗因数（90 ℃）超标严重，油中溶解气体含量超过注意值 15 倍，同时氢气又是设备受潮的特征气体，综合判断电流互感器内部由于进水，导致绝缘受潮。

该 CT 绝缘电阻、介质损耗、击穿电压、油介质损耗、油中溶解气体 5 项重要状态量严重超过标准限值，为进一步查找故障根源，彻底消除，防止电流互感器损坏事故发生，决定对该 CT 进行 A 类解体大修。

（2）解体检查

××日，对该 CT 进行解体检查，打开上端顶部螺丝时发现，6 个螺丝中 3 个螺丝很轻松的可以用手拧开，发现盖板与油箱之间的隔膜移位，隔膜内有残留的水迹，将水迹清理干净，发现隔膜有 2 处破损痕迹，因此形成了密封失效，见图 15-18、图15-19。从 CT 底部放出大约 7 kg 水（该 CT 的油箱容量为 25 L）。在 CT 油箱底部有大量水珠，CT 线圈上水珠清晰可见。对线圈进行绝缘电阻测试，一次对二次及地2（MΩ），二次对一次及地 1（MΩ），一次、二次之间 15（MΩ）。

故障原因为油箱顶部盖板螺丝部分松动，隔膜破损及移位进水受潮，导致该 CT 主绝缘及绝缘油绝缘降低。在每年的雨季，雨水及潮气通过破损的隔膜进入油箱，使油箱内部的绝缘油受潮劣化，导致绕组绝缘整体受潮，绝缘电阻值降低，介质损耗增大。

隔膜进水痕迹

图 15-18　隔膜内残留水迹

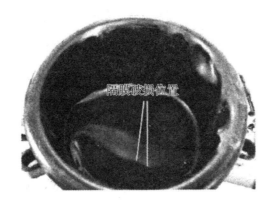

图 15-19 隔膜破损位置

（3）原因分析

电流互感器介损增大或突变的原因：

1）互感器受潮，箱内进入水分和潮气；

2）互感器绝缘老化和劣化。

互感器密封不良、进水受潮这类事故的比例比较大，以往检查中发现互感器油中有水，端盖内壁积有水锈，绝缘纸明显受潮等。漏水进潮的部位主要在顶部螺孔和隔膜老化开裂的地方。有的电流互感器没有胶囊和呼吸器，为全密封型，但有的不能保证全密封性，进水后就积存在头部，水积多了就流进去。

由于该 CT 整体受潮，且绝缘油已完全劣化，绝缘性能明显下降，因此，需要对 CT 干燥处理后才能投运。检修策略是采用烘箱对 CT 整体进行干燥处理，并更换合格的绝缘油。为了避免绝缘油再次受潮，将隔膜更换，对隔膜下部内壁处生锈痕迹清除。

（4）烘干准备及注意事项

1）烘干设备

a. 测定加热烘干方案、安全措施，并检查烘箱及准备干燥过程记录（每 2 h 测量一次绕组绝缘电阻及温度）。

b. 线圈采取必要的保温措施。

2）注意事项

a. 认真检查烘箱的温控装置是否工作正常。

b. 烘干时严格执行烘干方案，需要把握好温度控制指标，否则温度过低导致干燥时间过长，温度过高会导致绝缘老化而损坏。

c. 测量过程中，防止人员烫伤。

××日，首先对 CT 进行 12 h 的 40 ℃～50 ℃烘干，接着进行 72 h 的 80 ℃～100 ℃烘干，随后进行 36 h 烘箱中自然冷却。干燥过程见表 15-9。

序号	日期	时间	绝缘电阻（MΩ）	温度（℃）	备注
1	××	10:25	3	28（环境）	开始干燥
2	××	12:25	7	39.5	干燥 2 h
3	××	14:25	8	42.5	干燥 4 h
4	××	16:25	12	45.5	干燥 6 h
5	××	18:25	15	41.5	干燥 8 h
6	××	20:25	22	46.5	干燥 10 h
7	××	22:25	68	46.5	干燥 12 h
8	××	00:25	38	80	干燥 2 h
9	××	04:25	37	89	干燥 6 h
10	××	08:25	42	94	干燥 10 h
11	××	06:25	45	97.3	干燥 20 h
12	××	08:25	42	96.5	干燥 33 h
13	××	18:25	41	96.2	干燥 43 h
14	××	08:25	40	94.8	干燥 58 h
15	××	18:25	39	94.2	干燥 68 h
16	××	22:25	36	88	干燥 72 h
17	××	10:25	54000	26（环境）	冷却 36 h

经过五天烘干、冷却，CT 线圈的绝缘已恢复至《输变电设备状态检修试验规程》电流互感器绝缘电阻规定数值，绝缘恢复正常。注油，静止了 12 h 后进行了全面电气性能试验，得到了合格的试验结果，证明该 CT 进水受潮的故障已处理完毕。

3. 预防措施

（1）油浸式电流互感器应进行加装金属膨胀器或呼吸器改造，确保设备全密封。

（2）油浸式电流互感器绝缘电阻下降，介损增大，不一定就是互感器进水受潮，可能是互感器绝缘老化和劣化，应结合其他试验项目综合分析。

（3）油浸式电流互感器在安装时，应采取措施提高安装质量，改善密封性能，并定期开展油中溶解气体分析，防止由于密封不良导致电流互感器进水受潮故障的发生。发现异常应缩短试验周期，并增加红外测温、相对介损、电容量等带电检测。

4. 案例总结

电流互感器电气试验、油样化验结果不合格的根本原因是互感器的箱内进入水分和潮气，导致绝缘老化和劣化。预防措施是提高安装质量，改善密封性能，定期开展油中溶解气体分析，选用加装金属膨胀器的电流互感器。

六、220 kV 电流互感器因装配工艺质量不良致使绝缘油劣化

1. 案例描述

××年××月××日，分别在 3 台设备的绝缘油样品中检测出特征故障气体乙炔（C_2H_2），其中 2 台电流互感器油中乙炔含量严重超标，分别为 13.2 $\mu L/L$ 和 2.8 $\mu L/L$（220 kV 电压等级及以上电流互感器油中乙炔含量注意值为 1.0 $\mu L/L$）；另一台乙炔含量为 0.3 $\mu L/L$，虽未超过标准注意值，但发现有恶化趋势。

2. 分析处理

为进一步加强试验数据的准确性，另取故障油样送省级技术监督部门进行复测。复测试验结果与原检测结果基本一致，油中乙炔含量分别为 14.5 $\mu L/L$ 和 3.5 $\mu L/L$，经三比值法分析判断设备内部存在低能量火花放电故障。怀疑为电流互感器内部存在由不同电位间引起的油中火花放电或有悬浮电位间的火花放电。

3 台设备均为同一厂家生产，且在同一时间投运和发现问题，故引起高度关注。联系厂家后，将 3 台问题设备返厂，以查明故障原因。

按照绝缘油中乙炔检测含量的大小分别将 3 台故障设备称为设备 A、设备 B 和设备 C。

设备主要铭牌参数如下：型号 LB9－220W；绝缘水平 460/1050 kV。

为了进一步判断设备故障状况，在未解体前对故障设备进行了电容量、介质损耗因数（简称介损）、工频耐压和局部放电等常规和诊断性试验，并取油样对设备耐压前后的油中气相色谱进行了分析。工频耐压试验前后分别测量试品的电容量和介损值。测量结果如表 15－10 所示。

表 15－10 电气试验结果

设备	耐压前（10 kV）		耐压后（U_N）		局部放电量/pC
	介损/%	电容量/pF	介损/%	电容量/pF	
A	0.277	934	0.327	935	8
B	0.268	949	0.317	949	7
C	0.253	953	0.308	954	5

在试品高压端子与末屏之间施加工频电压 368 kV，历时 1 min，试验通过。

试品在工频耐压后，给试品施加工频电压 368 kV，持续 1 min 后电压降至 175 kV 测量，测量试品局部放电量。测量结果如表 15－10 所示。

耐压试验前后绝缘油气相色谱分析试验数据如表 15－11 所示。

表 15－11　绝缘油气相色谱分析试验数据

设备	状态	检测气体组分（μL/L）							
		H_2	CH_4	C_2H_4	C_2H_6	C_2H_2	CO	CO_2	总烃
A	修理（前）	65	6.8	8.6	0.8	20.14	24	149	36.34
	耐压后	50	6.4	8.7	0.9	20.62	20	137	36.62
B	修理（前）	43	3.7	2.3	0.7	4.98	39	159	11.68
	耐压后	59	3.7	1.9	0.6	3.89	50	212	10.09
C	修理（前）	62	2.0	0.4	0.5	0.40	38	155	3.30
	耐压后	94	2.0	0.4	0.4	0.30	52	265	3.10

3 台设备在试验电压为 10 kV 时，主绝缘介损（tanδ）值均小于 0.7%。在试验电压由 10 kV 上升到 U_N 时，3 台设备的 tanδ 值增量分别为 0.050%、0.049% 和 0.055%，满足标准中介质损耗因数增量应不大于±0.3% 的要求，且也满足在 U_N 电压下，3 台设备的介质损耗因数均不超过 0.8% 的要求。由此可判断，设备不存在内部绝缘材料老化或受潮情况。

设备在出厂值（460 kV）80% 电压下（368 kV）通过工频 1 min 耐压试验未击穿，表明设备主绝缘完好。

耐压试验前后 3 台设备电容量变化分别为 0.11%、0 和 0.10%，表明设备主电容屏完好，未击穿。

在局部放电试验中，厂家采用交接试验标准，在 1.2 U_m/3 kV 下对其进行测量，3 台设备的局部放电量分别为 8 pC、7 pC 和 5 pC，均小于规程规定的 20 pC 的允许视在放电量水平，表明设备内部不存在重大的气隙或气泡放电。

对设备在耐压和局部放电试验前后进行绝缘油气相色谱分析，乙炔气体未有明显增长，油中其他故障特征气体含量稳定。

根据对以上试验数据的分析可知：除了绝缘油中气相色谱试验数据对设备故障有明显反应外，常规和诊断性电气试验数据根本无法对设备故障进行辨别，甚至无法反映此类设备故障。

在制造厂，对 3 台故障设备完成解体前电气试验后，为探明故障原因对其进行了返厂解体。

设备 A 是 3 台故障电流互感器中乙炔检测含量值最大的。现场对设备进行了放油、拆卸瓷套、油箱和吊芯处理。

通过对拆卸下来的二次端子盘进行检查未发现端子过热或其他异常现象；也未发

现零屏、地屏接头以及各紧固件螺栓的松动；测量一次绕组对地绝缘亦良好。

随后吊出一次绕组本体。在拆下设备 A 一次绕组上两侧的二次线圈时，发现靠近一次绕组 U 形底部的最外层包扎带两侧均被蹭开，露出内层绝缘纸，且部分绝缘纸破损断裂。在被蹭开的一次绕组一侧，U 形底部的右侧，发现内层绝缘纸破损严重，露出最外层地屏铜带，且铜带上有明显的黑色烧蚀痕迹。

为了准确了解地屏铜带的烧蚀程度，划开了设备 A 烧蚀地屏处的内层绝缘。最外层地屏铜带烧蚀严重，已变黑且有部分铜丝断裂形成孔洞，而且与之对应的内层绝缘纸上也有明显的黑色炭黑附着，但绝缘纸上无明显放电穿击痕迹。继续划开绝缘层至最外层主电容屏，主电容屏和外层绝缘均完好，无异常。

随后对设备 B 进行解体。同样，对拆卸下来的二次端子盘、零屏和地屏接头以及各紧固件螺栓等进行检查未发现异常；测量一次绕组对地绝缘亦良好。随后吊芯。在尚未拆下设备 B 一次绕组两侧的二次线圈时，就已发现与设备 A 同样的问题，即在接近一次绕组 U 形底部的最外层包扎带两侧被蹭开，露出内层绝缘纸且部分绝缘纸破损断裂。

同样，在被蹭开的一次绕组一侧，U 形底部的右侧，发现内层绝缘纸破损严重，露出地屏铜带且铜带上有明显的黑色烧蚀痕迹，但烧蚀程度明显没有设备 A 严重。划开设备 B 被烧蚀地屏部位，发现与地屏最靠近的绝缘纸上也有明显的炭黑。设备 B 的解剖情况与设备 A 基本相同。

最后对 3 台故障电流互感器中乙炔检测含量最小的设备 C 进行解体。解体情况与前 2 台基本一样，都是在一次绕组的 U 形底部发现因地屏蹭伤而导致的地屏铜带烧蚀，但与前 2 台相比，此台设备的烧蚀程度更轻微。

通过对 3 台故障电流互感器解体前的常规电气试验数据分析和对故障设备一次绕组的解剖情况看，可知造成 3 台电流互感器设备绝缘油中产生故障特征气体乙炔和绝缘纸上有明显炭黑的主要原因是：设备一次绕组 U 形靠底部侧面圆弧处与器身托架尺寸配合过于紧密，而使得在装配过程中造成器身一次绕组最外层地屏铜带蹭伤。蹭伤导致部分地屏铜带中的铜丝断裂而产生毛刺尖端，由于尖端曲率较大，导致附近电场畸变。虽蹭伤部位为地电位但却处于高电场，因此在设备正常运行时在某些断裂铜丝的尖端产生火花放电。火花放电导致断裂铜丝尖端附近的绝缘油裂解，分解产生大量乙炔气体溶解于绝缘油中并生成炭黑附着在最靠近地屏的绝缘纸表面。

由于 3 台设备地屏蹭伤以及火花放电的程度不同而导致 3 台设备绝缘油中乙炔含量不同。

3. 预防措施

（1）生产厂家优化设计方案，严格制造工艺的控制和中间环节的检查，规范装配工艺，加强设备制造的全过程质量管控。以确保工艺缺陷在出厂前能及时发现并控制，以降低设备故障率。

（2）设备运行和维护单位应加强对新投运设备的运行巡检和例行试验，建议新投运设备在投运半年或一年内进行一次绝缘油中气相色谱分析，以了解掌握设备运行状况，防止事故发生。

（3）加装相对介损电容量等在线监测装置，重视数据的积累分析。

4. 案例总结

互感器故障大部分由局部放电引发，究其原因主要是：因设备内部缺陷或故障引起的局部放电；因绝缘材料选择、绝缘处理工艺（包括绝缘干燥、真空注油等）而导致的局部放电；还有因生产以及装配质量控制差异而造成的互感器内部先天缺陷而引发的局部电场分布不均。

此次互感器故障属于典型的由设备装配工艺质量控制不良引发，因此，针对此次仅由绝缘油气相色谱分析发现的这类电流互感器故障，对设备制造工艺和出厂检测提出以下建议，以提高设备质量，避免设备隐患：建议生产厂家优化设计方案，严格制造工艺的控制和中间环节的检查，规范装配工艺，加强设备制造的全过程质量管控。以确保工艺缺陷在出厂前能及时发现并控制，以降低设备故障率。

七、220 kV 电流互感器因等电位线断裂引起上法兰局部放电缺陷

1. 案例描述

××年××月××日，220 kV 变电站××线 CTC 相瓷套上法兰部产生放电现象。故障前，全站设备正常方式运行。

2. 分析处理

故障发生后，××公司人员立即赶赴现场，进行检查消缺。发现某 CTC 相等电位小辫断裂。见图 15-20 至图 15-22。

C相
等电位小辫

图 15-20　故障相等电位小辫

正常相
等电位小辫

图 15‑21　正常相等电位小辫

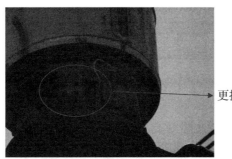

更换后等电

图 15‑22　更换后的等电位小辫

（1）等电位小辫由裸铜丝组成，长期运行后老化锈蚀断裂。

（2）等电位小辫断裂后 CT 上法兰变为独立悬浮导体，在运行过程中，空间电磁场的作用下，悬浮导体与 C 相存在电位差，电位差达到一定程度，击穿空气，产生放电。最后发展为连续性小火花放电。

3. 预防措施

（1）结合年检对采用并联方式的电流互感器的等电位小辫锈蚀情况进行检查，对采用多股软铜线的等电位小辫要更换为 $4mm^2$ 以上的独股铜芯线。基建或大修技改新投设备存在等电位小辫的，对不符合要求的等电位小辫进行检查更换。

（2）对电流互感器进行改串并联连接方式时，要注意 CT 是否安装等电位小辫子，如有检查电位线的连接情况。

（3）加强运行设备的巡视及红外测温、紫外线成像等带电检测。对于同批次、型号、厂家的设备结合停电检修将等电位线更换。

4. 案例总结

本缺陷是由于电流互感器等电位小辫子运行时间长断裂，导致膨胀器与 CT 一次引线没有连接存在悬浮电位导致局部放电。电流互感器一般采用一次串联方式的由于需借助膨胀器进行连接不存在等电位小辫的问题，而一次采用并联的接线方式时，膨胀器与CT一次引线没有连接将存在悬浮电位的问题，因此当CT由串联改为并联时，在改变比时同时要注意安装等电位小辫。此项工作对于老旧CT的改变比工作要引起高度重视。

八、220 kV 倒置式电流互感器因均压材料质量不良引起局部放电缺陷

1. 案例描述

××年××月××日，巡视发现某220 kV变电站220 kV母联电流互感器B相油位异常升高，立即安排红外检测，并要求制造商协助采油样化验分析。该互感器为××公司产倒置式电流互感器，型号：AGU‐252。

2. 分析处理

（1）电气试验

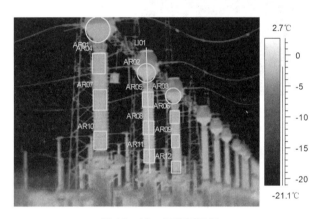

图 15‐23 红外测温图

××日，公司电气试验人员进行设备红外检测，如图15‐23所示。环境温度−10 ℃，风速8～10 m/s。

红外测温图分析，B相互感器绕组部位比其他相温度高0.5K，折算后为0.7K，互感器瓷套上部B相比其他相温度高0.3K，折算后为0.42K。分析，检测时环境温度较低，特别是风速较大，这一温差不是互感器间的实际温差，应在无风的环境条件下复测。即使在强风天气下检测的温差值尚达不到严重缺陷判据，但与红外检测的初值已出现较大温升，怀疑互感器内部存在缺陷。

当日晚23点，设备制造商工程技术人员赶赴变电站采取的油样。油色谱检测数据见下表15‐12所示。

表 15 - 12 互感器油色谱检测数据

油质气相色谱试验报告		
取样日期：××时	试验日期：××	单位：μL/L
H_2	13737.67	
CH_4	1171.3	
C_2H_4	0.59	
C_2H_6	196.51	
C_2H_2	0.58	
$C_1 + C_2$	1368.98	
CO	107.99	
CO_2	293.76	
三比值结论	编码：局部放电故障	
结论	氢气产气量超出 150 μL/L；总烃产气量超出 100 μL/L；互感器内大范围局部放电。	

综合红外测温及油色谱试验结果，初步判断电流互感器内部存在大范围局部放电，将设备停电更换处理。为了查找故障原因，进行电流互感器进行解体检查。

（2）解体检查

××日，公司专业人、厂家技术人员在公司基地对电流互感器进行解体检查，发现互感器金属膨胀器因压力过大变形，油位指示在极限位置。互感器绕组最外层电容屏电容纸内可见在大量气体存在。如图 15 - 24 所示。互感器屏蔽层铜金属纺织带放电发黑变色。自屏蔽层向内，4～5 层电容屏间电容纸上附着大量腊质物质。如图 15 - 25 所示。

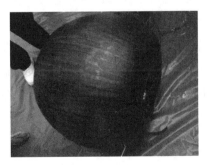

图 15 - 24 电容屏纸内大量气体

图 15‑25 电容纸上附着大量什么腊

（3）原因分析

电流互感器绕组放电部位是从均压带向内外两侧发展，放电原因为均压措施没有达到设计要求。低阻均压材料制造商在 220 kV 电流互感器制造中使用中已发生多起局部放电故障，比较有经验的制造商禁止在倒置式电流互感器制造中使用。因此，屏蔽层使用的半导体均压材料为低阻材料是导致局部放电的主要原因。

3. 预防措施

（1）加强巡视，并记录充油设备油位；加强红外测温等带电检测。

（2）对于同批次、同材料、同工艺的电流互感器列入计划进行更换，更换前加强巡视及红外测温等带电检测。

（3）倒置式电流互感器，制造商给出的技术条件要求安装后及运行中不能采油样化验，这给监测倒置式电流互感器运行技术状态带来了困难。互感器内部发生大范围局部放电后，会造成互感器内部压力异常升高，运行巡视人员应注意互感器油位的变化。

4. 案例总结

本电流互感器绕组放电部位是从均压带向内外两侧发展，放电原因为均压措施没有达到设计要求。低阻均压材料制造商在 220 kV 电流互感器制造中使用中已发生多起局部放电故障，比较有经验的制造商禁止在倒置式电流互感器制造中使用。

电容屏层间油中发生局部放电产气后，屏间由于电容纸及油密封，所形成的压力不易释放。油中熔解烃类、烷类气体的能力按理论和实验证实是随着温度下降而增强的，但这一理论和实验居于油温度较高的状态所做的实验和结论，在零度以下的低温状态，油熔解烃类、烷类气体的能力需要我们进行必要的实验。

第二节　其他故障及缺陷

一、110 kV 电流互感器因安装工艺不佳密封垫破损导致放油阀漏油

1. 案例描述

××年××月××日，运行人员通知，某 220 kV 变电站 111CT A 相漏油，漏油点位于放油阀，检修人员到现场后对放油阀进行紧固封堵，设备停电后，检修班组对××220 kV 变电站 111CT 漏油缺陷进行了处理，更换了放油阀密封垫，并对 CT 及地面上油渍进行处理。

2. 分析处理

设备信息：缺陷 CT××年投运，运行时间超 20 年，设备型号：LCWB6 - 110GYW，缺陷前设备一直运行良好。

（1）设备检查

××日，运行人员按照调度指令将设备停电，工作负责人办理开工手续后对设备进行检查，发现 111CTA 相底座周围有一摊油迹，观察 CT 油面，发现油位已经处于最低限上方。现场并未发现直接漏油点。

首先观察 CT 顶盖处，并未发现油渍，接下来观察瓷套，也未发现油渍，法兰处也未发现油渍，最后观察 CT 放油阀，发现放油阀处有一些油渍，初步确定是放油阀漏油，然后支好梯子，上去打开放油阀观察，确定是放油阀漏油。

（2）现场分析处理

确认漏点后，开始分析是何原因导致漏油，在厂家的协助下，检修人员发现放油阀的橡胶垫破损严重，无法将放油阀出口密封，因此，检修人员更换了橡胶密封垫，将放油阀盖上紧，并对 CT 及地面上的油渍进行处理。处理后经过观察 1 h，111A 相 CT 不再漏油。

（3）原因分析

经过与厂家的讨论，怀疑密封垫的破损是由于密封垫放入时位置偏斜，放油阀盖在拧入的过程中将密封垫撕烂，导致密封不严，从而漏油。设备运行年限过长超过 20 年，密封垫老化损坏，导致密封不严，从而漏油。

3. 预防措施

（1）安装过程中要对各个部分认真检查，做到没有遗漏，尤其对一些细节方面，一定要把控好。

（2）带电采油样时正确松紧放油阀，避免损坏胶垫。

（3）必要时安装专用带电采油样阀门。

4. 案例总结

本 CT 漏油缺陷原因是密封垫破损导致密封不严，从而漏油，密封垫破损原因可能是设备安装时密封垫未按工艺要求安装，在运行过程中或带电采油样时正确松紧放油阀，避免损坏胶垫，及时更换老旧设备可有效避免渗漏油事故。

二、110 kV 电流互感器因密封胶垫老化导致渗油缺陷

1. 案例描述

××年××月××日，变电站运行人员报××线 143C 相 CT 渗油缺陷，油迹已达油箱部位，且 CT 外绝缘瓷套上挂有油滴，瓷套上防污涂料被污染。

2. 分析处理

（1）现场检查

设备基本情况：设备型式：LB7 - 110W，出厂日期：××年，已安全运行 13 年。

第二日，设备停电后现场检查，发现 143C 相 CT 出线一次接线端子处有明显的渗油现象；现场人员在没有登上 CT 前发现出线一次端子及其连板一侧包括外瓷套有明显的油迹，且面积较大，人员登上 CT 后对油迹进行清理，观察近 1 h，确定渗油部位为出线侧一次接线端子处，见图 15 - 26。在确定具体部位后对 CT 放油，拆开金属膨胀器对 CT 内部一次出线侧端子的大铜螺母进行紧固（此处有一橡皮垫 3 mm 与瓷套连接，起密封作用），紧固后人员对一次接线端子及连板用干净的布擦拭干净后观察 40 min，未发现油迹渗出。清理此套上油迹并补涂长效涂料。

渗油部位为一次端

渗油部位为一次

图 15 - 26　设备渗油处

（2）原因分析

由于此设备运行时间较长，端子处内部密封胶垫有一定的老化，略微失去弹性；刀闸间引线略微有些紧，可能是天气变冷后收缩，拉拽作用下致使端子受力，使得端

子内部起密封作用的压垫大铜螺母松动，导致密封失效引起渗油。

3. 预防措施

（1）对于外部天气变化较大时，加强巡视。

（2）对于有微渗现象及时与运行人员联系沟通，加强巡视，一旦发现有扩大迹象及时联系进行停电处理。

4. 案例总结

设备运行时间较长，端子处内部密封胶垫老化，加上天气变冷后收缩，使得端子内部起密封作用的压垫大铜螺母松动，导致密封失效引起渗油。

对于外部天气变化较大时，加强巡视；对于有微渗现象及时与运行人员联系沟通，一旦发现有扩大迹象及时联系进行停电处理。

第十六章 电磁式电压互感器故障及缺陷

第一节 主绝缘故障及缺陷

一、220 kV 电磁式电压互感器因进水受潮导致瓷套炸裂

1. 案例描述

××年××月××日，××公司 220 kV 变电站 220 kV 母线 W 相 JDCF‐220W1型电磁式电压互感器正常运行中故障，220 kV 母线停电。故障时站内无操作，系统无异常。该组互感器于××年出厂，已运行 12 年。

2. 分析处理

220 kV 变电站 220 kV 母线电磁式电压互感器自投运后，按状态检修试验规程规定进行定期高电压、油化学试验检测，高压试验数据合格，油色谱分析各相油中氢气、总烃含量比较稳定，W 相略高（见表 16‐1）不能认定互感器存在异常。

表 16‐1　220 kV 北母线电压互感器油色谱数据

相别	试验日期	CH_4	C_2H_4	C_2H_6	CH_2	H_2	CO	CO_2	C_1+C_2
U	××	27.90	0.52	10.13	0	112.74	51.20	398.54	38.55
	××	33.23	0.81	9.35	0	140.10	47.38	367.25	43.39
	××	34.16	0.97	10.90	0	142.48	58.01	392.25	46.03
	××	33.15	0.96	10.20	0	140.32	57.66	384.21	34.11
V	××	11.51	0.45	8.82	0	117.26	46.56	448.24	20.78
	××	13.01	0.46	9.78	0	149.02	39.27	268.56	23.25
	××	14.41	0.55	10.19	0	151.35	52.19	413.78	25.15
	××	13.96	0.53	9.91	0	148.6	53.21	411.55	24.40

相别	试验日期	CH₄	C₂H₄	C₂H₆	CH₂	H₂	CO	CO₂	C₁+C₂
W	××	34.65	0.55	11.02	0	154.97	49.62	413.4	46.22
	××	38.41	0.56	11.88	0	192.49	53.62	424.67	50.85
	××	39.20	0.54	10.48	0	196.69	51.95	386.93	50.22
	××	37.36	0.71	10.85	0	153.26	56.53	398.95	50.30

本组电压互感器自投运以来，油中氢气含量三相比较稳定，相间比数值基本平衡，偶有达到注意值的情况，以 W 相为最高，曾达到 $196.69\mu L$。油中总烃值均低于注意值，气体组分以 CH_4、C_2H_6 主要成分，没有 C_2H_2，互感器内部无放电现象。对于这样的电压互感器油气体组分，油化学检测分析设备内部不存在异常。

（1）红外检测

自事故前一年××日至电压互感器发生事故前，该组电压互感器共进行了 4 次红外精确检测，现场目视认定电压互感器温场分布正常，没有再使用软件进行细化分析。

1）事故后红外热像图分析

事故后对历次红外检测热像图使用软件计算机分析。直观检查，分析人员不能识别或认定互感器各相的本体温度存在可注意的差异（见图 16-1）。

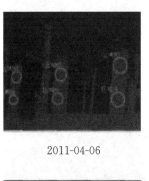
2011-04-06

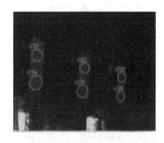
2011-08-03

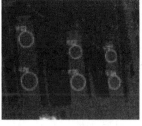
2011-12-13

2012-03-10

图 16-1　红外热像原图

本红外热像仪距离、热像图各点温度一致偏差较大，而且无规律，红外检测人员对本架热像仪拍摄的热像阁温差较 h 分析结论把握性不大。

2）红外热像图细化分析

a. ××日热像图 16‐2（a）展示出，电压互感器上部最大相间温差 0.4 K，下部最大温差 1.5 K，以 W 相互感器本体温度最高，但 W 相电压互感器距离镜头最近，考虑距离热像仪距离温度一致性偏差，实际温差要小于这一数值。

b. ××日拍摄的热像图 16‐2（b）展示出，相间同位置最大温差上部 0.1 K，V 相温度最高，下部同位置温差 0.2 K，W 相温度最高。拍摄时间是一天中日光辐射最强的时间段，日光辐射造成的电压互感器温升掩盖了本身内部缺陷发热温升的不一致性。

c. ××日热像图 16‐2（c）展示出，电压互感器上部最大温差 2.0 K，下部最大温差 2.2 K，以 W 相互感器本体温度最高。W 相电压互感器最热点为上、下级绕组对应的瓷套位置，串级式绕组的最热点为绕有二次绕组的第四级部位，考虑距离热像仪距离温度一致性偏差，实际温差要大于这一数值。

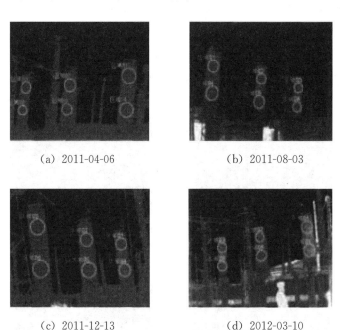

(a) 2011-04-06   (b) 2011-08-03

(c) 2011-12-13   (d) 2012-03-10

图 16‐2　红外热像分析图

d. ××日热像图 16‐2（d）展示出，电压互感器上部最大温差 2.1 K，下部最大温差 2.5 K，以 W 相互感器本体温度最高，考虑距离热像仪距离温度一致性偏差，实际温差要小于这一数值。

e. 标准规定，电磁式电压互感器的温差达到 2K‐3K 应判定该设备存在严重缺陷，最近两次红外检测分析发现 W 相电压互感器存在异常，应判定 W 相互感器存在严重缺陷。

（2）解体检查及试验

该台电压互感器瓷套爆裂破碎，防爆玻璃完整；火灾导致绝缘支架烧毁断裂，电压互感器绕组线框烧损，以上级绕组线框烧损最为严重；一次绕组未见异常，引线、绕组绝缘完好，未见放电绝缘击穿情况；平衡绕组、连接绕组连接无异常；其一侧上级铁心对下级铁心有放电过程；电压互感器各卷二次线圈上部向一侧严重倾斜、移位，靠线框的二次绕组导线由平绕状态被挤压竖起（见图 16-3）；a2n2 卷第 3 匝、第 18 匝绕组熔断。

图 16-3 电压互感器二次绕组变形

本组电压互感器非故障相返厂高压试验，各项参数合格，解体检验未见异常。

电压互感器进水受潮，致使绝缘支架、绕组受潮绝缘劣化，导致电压互感器下级统组下部绝缘击穿是本次互感器故障的直接原因。该电压互感器一次绕组故障过程无故无放电现象，二次 a2n2 绕组短路，短路电流电动力导致二次绕组变形、移位。二次绕组短路导致下级铁心磁量减小，上、下级铁心间点位由 $U_m/2$ 上升接近 U_m，上、下铁心间放电。电压互感器防爆装置没有动作导致本次故障表象扩大。

3. 预防措施

（1）对于运行时间较长的电磁式电压互感器应使用多种检测手段进行检测，需加强 D 类检修。

（2）红外精确检测应避开日光辐射干扰，安排在日落 2h 后或无日光辐射的环境下进行；红外精确监测所获取的热像图应使用分析软件进行计算机细化分析；红外精确测温应选取性能良好的仪器。

（3）根据现场电力设备红外精确检测数据分析，设备本体温度与介质损耗因数增大绝缘老化因素存在直接关系，标准宜将电压互感器红外精确检测判定设备内部存在严重缺陷的界定值缩小到 1.0K。

（4）互感器等某些设备内部绝缘老化、受潮故障的油色谱气体组分变化欠灵敏，红外检测技术可能会在设备内部绝缘老化，受潮故障方面可能会有所作为。

4. 案例总结

充油设备油色谱检测是早期发现设备内部缺陷的有效方法，但对于某些缺陷也会有欠灵敏的方面。应用红外检测等带电检测技术，对设备在线检测实现互补，并不断累积经验，掌握的设备缺陷形成和发展规律，防止设备事故的发生。

二、35 kV 电压互感器因绝缘老化导致铁心过热

1. 案例描述

××年××月××日，500 kV 变电站融冰兼 SVC 装置的♯5 换流变 20.5 kV 侧电压互感器发生故障，BC 相间 PT 严重烧毁，融冰系统保护动作，跳开♯5 换流变两侧开关。故障发生时，该融冰兼 SVC 装置的♯5、♯6 换流变处于空载运行状态（换流变高压侧带电，35 kV 侧母线空载，20.5 kV 侧断电）。

2. 分析处理

（1）现场检查

据查，××日该融冰兼 SVC 装置进行了空载加压试验、零功率升流试验等常规定检试验，设备运行正常。定检试验结束后，♯5、♯6 换流变空载运行。故障 PT 已运行 3 年，容量为 10 VA。

故障发生后，对该融冰兼 SVC 装置进行检查。现场除♯5 换流变 20.5 kV 侧 BC 相间 PT 烧毁外，其他设备无异常。烧毁 PT 一侧铁心外绝缘炸裂脱离本体，该侧铁心、一次线圈外露，并且该侧铁心有明显发热烧黑痕迹。对♯5 换流变 20.5 kV 侧避雷器及 PT 的 A、B 相进行试验，试验数据合格；对♯5 换流变本体及附件，220 kV 侧断路器、避雷器、CVT，35 kV 侧断路器、避雷器、母线 PT 及融冰装置保护、控制系统等进行检查，未见异常。

两套主保护动作，♯5 换流变瓦斯集气盒无气体，重瓦斯继电器及回路无异常。故障 PT 处于两套主保护的保护范围内，两套主保护正确动作；故障点位于♯5 换流变本体外，瓦斯保护不动作是正确的。

分析现场故障录波图发现，该 PT 发生了接地故障，故障前♯5、♯6 换流变 20.5 kV 侧存在较大谐波电压，系统无过电压。

故障发生时天气良好，无过电压。由于故障 PT 外绝缘良好，无沿面放电现象，因此故障不由外绝缘闪络引起。初步判断 PT 故障过程为环氧树脂绝缘层绝缘水平降低，形成对地击穿，导致了接地故障，换流变本体流过了较大短路电流。

（2）原因分析

该 PT 一次采用直径为 0.29 mm 的漆包线，铁心尺寸为 230 mm×96/376 mm×242 mm×89 mm 厚，铁心截面为 56.17 cm²，电流密度为 1.558 A/mm²。经计算，铁心磁通密度为 7950Gs，满足国家标准要求。但是，该 PT 设计时未考虑融冰兼 SVC 装置谐波含量较高的特殊性，铁心仅按照 PT 在工频基波下长时间运行标准设计，在谐波含量较高的位置，PT 铁心极易饱和，损耗增大，长期运行时持续过热，导致环氧树脂材料老化，最终 PT 绝缘击穿，发生接地短路故障。

剖开 PT 浇筑体，绝缘层已发黄，部分甚至发黑。绝缘层发黄发黑由内部长期过热导致，验证了分析的正确性。

原有 PT 的铁心磁通密度设计裕度较小，运行状态下铁心极易饱和，铁心损耗增大，出现内部过热，加速绝缘老化。原有 PT 设计容量偏小，较小的电压谐波含量也可能引起铁心饱和。

PT 一、二次绕组均为角形接线，长期流过的 3 次谐波环流产生的热量加速了线圈匝间绝缘老化。

上述原因叠加导致 PT 内部过热，PT 绝缘快速老化，并发生热击穿障。

其他原因：1）浇注体内气泡被高压击穿；2）层间绝缘纸质量不佳；3）一次线圈接头或屏蔽层与线圈焊接不良，存在尖角或毛刺，造成层间绝缘纸压破，出现短路；4）线圈漆包线质量较差，存在涂漆不均；5）接头太多或破损等缺陷；6）长期过热导致缺陷绝缘老化击穿，造成部分线圈短路，短路发热增加引起邻近线圈和层间绝缘损坏，恶性循环，最终出现 PT 故障。

3. 预防措施

（1）对 PT 加强运行监管。融冰状态下对 PT 进行红外成像监测，融冰结束后及时对 PT 进行停电检查。

（2）按照现场谐波大小对 PT 的绕组和内绝缘进行重新核算，提高产品的使用裕度。目前已通过增加 PT 铁心截面、线圈匝数和容量使其设计磁通密度降为 6400 Gs，从而减少了铁心饱和引起的发热。

（3）对更换后的 PT 进行抗饱和试验。鉴于 PT 运行工况的特殊性，建议每 3 年进行 1 次局部放电测试。

4. 案例总结

针对某变电站融冰兼 SVC 装置用电磁式电压互感器故障，通过现场检查、分析，查找出该电磁式电压互感器故障的直接原因是 PT 铁心饱和，损耗增大，长期运行时持续过热，导致环氧树脂材料老化，最终 PT 绝缘击穿，发生接地短路故障，根本原因是 PT 一、二次绕组均为角形接线，长期流过的 3 次谐波环流产生的热量加速了线圈匝间绝缘老化。解决方案是对 PT 加强运行监管,按照现场谐波大小对 PT 的绕组和内绝缘进行重新核算,提高产品的使用裕度,对更换后的 PT 进行抗饱和试验,对更换后的 PT 进行局部放电测试。

第十七章　电容式电压互感器故障及缺陷

第一节　主绝缘故障及缺陷

一、110 kV 电压互感器因绝缘不良导致二次断线

1. 案例描述

××年××月××日，某 330 kV 变电站后台监控打出 133BW 线线路 TV 断线告警信号。现场检查确认 133BW Ⅱ 线 PSL630 保护装置 TV 断线、运行异常告警灯亮，告警信息显示 TV 断线，液晶面板显示 Ua 一次值 0.698 kV、Ub 一次值 206.43 kV、Uc 一次值 205.86 kV、告警无法复归。133BW Ⅱ 线 PRS‐753‐D 保护装置运行异常告警灯亮、信息显示 TV 断线、告警无法复归。现场检查端子箱内空气开关及各端子均显示 A 相无电压。

2. 分析处理

（1）外观检查情况

经检查 TV 瓷套完好无破损，底部油箱密封良好，无渗漏油痕迹，二次接线盒标识清晰，接线柱无渗漏发热现象。

（2）现场试验情况

按照解体检查方案，本次检查拟对电容式电压互感器进行电容量及介损测试、电压互感器电磁单元变比测试、电压互感器二次线圈直流电阻测试。

试验过程中上节、中节电容单元实测电容量与初值对比满足《输变电设备状态检修试验规程》±2%的规定，下节电容单元 $C_{总}$、C_2 电容值在试验位置可测得，C_1 电容值未测得，测试出的数据与初值及本年度 4 月例行试验时的测试数据比对无明显变化。

在进行电容量及介损测试过程中，电压互感器在运行和试验位置均可测得 C_2 电容值及介损，且二者数值基本一致。可判定：下部瓷套中压引下线在进入电磁单元前就存在接地情况，使得电压互感器电磁单元短接，电压互感器二次侧无电压输出。电压

互感器内部接线图如图 17 - 1 所示。

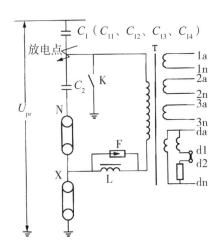

图 17 - 1　电压互感器内部接线示意图

电压互感器二次侧无电压输出，变比无法进行测试与电容量测试分析结果一致。

（3）解体检查情况

电压互感器下部电容单元与电磁单元检查情况。

打开电压互感器电容单元与电磁单元结合面法兰，断开电容单元与电磁单元连接线，分别检查电磁单元与电容单元，检查结果：电磁单元油质透明清亮无杂质；绝缘隔板无烧损放电痕迹和发黑现象；中间变压器绕组无变形、无位移，围屏坚固，垫块排列整齐，油道畅通；铁心表面清洁、无发热痕迹；阻尼装置检查完好；油箱底部发现部分黑色碳化物质。

甩开电容单元对电磁单元进行变比测试，电压互感器二次侧电三输出正确，变比正确。判定电压互感器电磁单元完好。

下部电容单元检查情况。

电容单元油质透明清亮无杂质，膨胀器完好无破损，各层铝箔及绝缘薄外观完好，电容分压器高压接线完好，中压套管底部有明显放电痕迹，末屏接地管表面有碳化物质附着，如图 17 - 2、图 17 - 3 所示。

中压套管及来屏套管解体检查情况。

将电容单元内中压套管，末屏套管拆除进行进一步检查（见图 17 - 4、图 17 - 5）中压套管为环氧树脂材料制造，浇筑件表面有不平整现象末屏套管为材料制造，表面光滑无放电痕迹，附着的黑色的物质怀疑是中压套管放电后产生的碳化物质附着所对中压套管击穿部位与外壳进行绝缘测试，测试结果绝缘为零，对屏套管与外壳进行绝徐测试，测试结果绝缘良好。

（4）原因分析

解体检查结束后，由检修公司组织相关解体检查人员开展原因分析，结合现场试验和解体检查确认，BWⅡ线线路 TV 断线原因为：TV 中压套管击穿后与外壳接地，造成电磁单元短接，TV 二次侧无电压输出。

图 17－2　中压套管放电痕迹　　　图 17－3　末屏套管表面附着黑色物质

图 17－4　中压套管击穿部位　　　图 17－5　末屏套管

中压套管放电可能原因为：中压套管在浇筑过程中工艺不良，内部可能存在气泡等，造成此部位绝缘不良，长期运行过程中产生局部放电，最终导致中压套管击穿后与外壳接地。

3. 预防措施

（1）对在运的互感器进行排查，安排对 330 kV BW Ⅱ线 B、C 相带电取样测试，对在运同型号设备开展一次精确红外测温，如测试发现异常，及时安排停电进行试验检查。

（2）对其余同型号产品，加强红外测温及二次电压监测，并结合停电进行取样测试及试验检测。

4. 案例总结

电压互感器二次断线原因为：TV 中压套管击穿后与外壳接地，造成电磁单元短接，TV 二次侧无电压输出。中压套管放电可能原因为：中压套管在浇筑过程中工艺不良，内部可能存在气泡，造成此部位绝缘不良，长期运行过程中产生局部放电，最终导致中压套管击穿后与外壳接地。

二、500 kV 电压互感器末屏未接地引起放电导致渗漏油

1. 案例描述

××年××月××日，值班人员在进行日常设备巡视时，发现 500 kV 母线电容式电压互感器端子盖有油漏出，附近地面铺满漏出的油，同时发现 CVT 油位记已经看不见了。值班人员当即向调度报告并将设备退出运行，对 500 kV 母线 A 相电容式电压互感器进行停电检查。

2. 分析处理

检修人员打开二次端子盖发现，CVT 电容末端未接地。如图 17 - 6 所示。

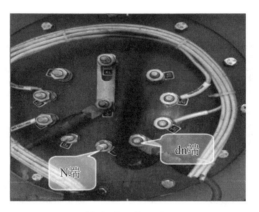

图 17 - 6 故障时二次接线端子实物图

初步分析，电容末端 N 未进行接地，运行中对 dn 端进行长期放电，导致二次复合绝缘材料板破裂，中间变压器中油漏出。

发生故障的电容式电压互感器型号为 TYD 4 500/$\sqrt{3}$ - 0.005 H，其电气原理图如图 17 - 7 所示。

电容式电压互感器主要由电容分压器、中压变压器、补偿电抗器、阻尼器等部分组成，后三部分总称为电磁单元。

电容分压器由瓷套和装在其中的若干串联电容器组成，瓷套内充满保持 0.1 MPa 正压的绝缘油，并用钢制波纹管平衡不同环境以保持油压，电容分压可用作耦合电容器连接载波装置。中压变压器由装在密封油箱内的变压器，补偿电抗器和阻尼装置组成，油箱顶部的空间充氮。

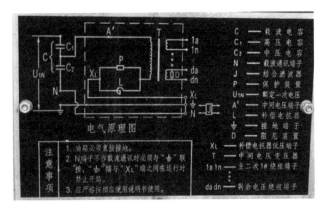

图 17‑7　CVT 电气原理图

因此，电容中的油是密封好的，与中间变压器之间是分开的，油位记显示为中间变压器的油，漏出的也是中间变压器的油。

试验人员对主绝缘及二次端子绝缘进行了检查，尤其是发生放电漏油的 N 端和 dn端之间，试验数据如表 17‑1（试验电压 1000 V）。

表 17‑1　绝缘电阻测试

	N 端对 dn 及地	N 端对 1a1n 及地	N 端对 2a2n 及地	N 端对 3a3n 及地	一次主绝缘
绝缘值（MΩ）	0	>5000	>5000	>5000	>100000

一次主绝缘良好，及电容极间绝缘良好。从二次端子绝缘试验可以发现，N 端与dn 端之间已经没有绝缘，及两个端子通过放电路线发现连通。

通过对设备进行的电容量及介质损耗角正切值进行测试，并与以往试验数据进行对比，如图 17‑8 所示。

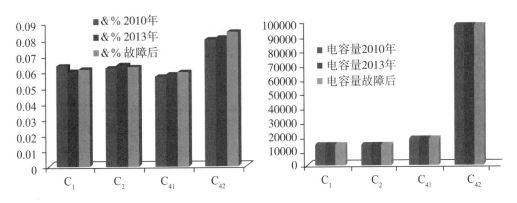

图 17‑8　电容量与 δ% 值对比图

通过对比可以发现，故障前后电容量及介质损耗角正切值都没有明显变化，都在执行状态检修试验规程的要求范围内，而且电容极间绝缘良好，可初步判断，电容器内部不存在放电损坏。

试验人员对 CVT 进行变比测试，发现变比误差都在 2% 范围内，符合规程要求，同时极性检查也是正常的，说明中间变压器二次之间没有发生断线或损坏。

由于 CVT 端子排外部有放电痕迹，为检查内部是否存在放电，试验人员对中间变压器取油进行试验，试验结果如表 17-2 所示。

表 17-2　油化试验数据

气体组分	甲烷	乙烷	乙烯	乙炔	总烃	氢气	一氧化碳	二氧化碳	水份（mg/L）
含量（μL/L）	1.68	2.07	2.83	0	6.58	1.12	3.84	618.22	10.1

油化试验结果显示，油中不存在乙炔，其他气体组分也都在标准范围内，所以可以判断，中间变压器内部不存在放电现象。与前面高压试验结果相吻合，及电容量和介质损耗值合格，变比和极性合格。

通过高压电气试验结果及油化试验结果分析，可以判断该电容式电压互感器故障放电点在二次端子排外部，即电容末端 N 与剩余绕组的 dn 端之间，而电容及中间变压器内部均没有发生放 CVT 原理图，如图 17-9 所示。

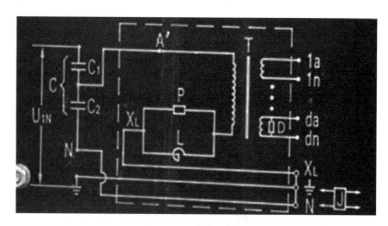

图 17-9　电气原理图

根据厂家要求，在 N 端不做载波通讯时必须接地，否则会在 N 端产生高压。现分析当 N 端不接地的所产生的悬浮电压。此时在 N 端与地之间相当于串入一个电容，如图 17-10 所示。

其中 C 为 C_1、C_2、C_{41} 串联，根据铭牌计算可得

$$C = 14500 // 14670 // 19370 = 5297.8 \text{PF}. \tag{17-1}$$

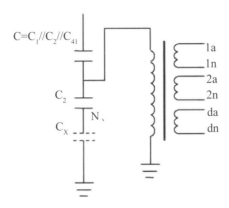

$C = C_1 // C_2 // C_{41}$

C_2

N、

C_X

1a
1n
2a
2n
da
dn

图 17 - 10　末端不接地时等效原理图

$$C_2 = 98980PF。 \tag{17-2}$$

而 C_X 为 N 端未接地时的等效电容，根据电容计算公式 $\varepsilon S/4\pi kd$，由于 N 端对地的距离较大（约 1 cm）而面积 S 很小（小于 0.5 cm²），因此等效串入的 C_X 值很小，可计算出 C_X 小于 1000PF。$C_X \ll C \ll C_2$。

在运行状态下，电容式电压互感器顶端对地的电压值约为 288.675 kV，由于串联回路中，电压分布与电容值成反比，因此运行电压主要分布在 C_X 上，即电容末端 N 对地的悬浮电位 U。

可估算出 U＞200 kV，当如此高的电压施加到 N 端上时，易对周围端子发生放电。由于接线板为 2 cm 左右厚的复合绝缘材料，介质相对均匀，绝缘主要靠接线板表面的空气。当如此高的电压施加在 N 端时，极易对最近的端子 dn 端放电，而且如此高的电压会使绝缘板表面发生电击穿（厂家出厂报告：在电容低压端对地之间施加工频10 kV 电压，1 min 通过）。电击穿发生的时间特别短，通常不到 1 s，而且可以从现场的端子上可以看到明显的放电路线，如图 17 - 11 所示。

放电路线

图 17 - 11　端子上的放电路线

因此，可以判断，在此案例中，当末端未接地投入运行的瞬间，N端产生高压，使N端子对距其最近的dn端子发生放电，并在两者之间迅速形成导电通道，使两者之间的绝缘完全遭到破坏（因此后来做绝缘试验时两者之间绝缘为0），由于在复合绝缘板表面长期放电，并有电流通过，使得绝缘板发热，并最终导致绝缘板烧坏破裂，使绝缘板后面的中间变压器油漏出来，试验人员通过拆解绝缘二次板后，发现在图17-12放电路线后面有绝缘板的破裂痕迹。

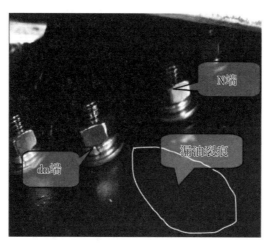

图 17-12　拆解接线板后在内部发行的漏油裂痕

从内部接线板可以看到，在内部由于有绝缘油浸泡，在N端与dn端之间的绝缘水平很高，比外部靠空气绝缘的表面强度大很多，因此放电最先发生在绝缘板外部，而内部没有发生放电。

由于值班人员在发现漏油后，及时将设备退出运行，使放电漏油对设备的损坏限制在二次端子板破裂上，并没有对中间变压器和分压电容造成损坏，而且在内部还没有发生放电现象。

3. 预防措施

（1）加强施工安装、试验、检修等工作人员的技术和工作管理水平。因为安装、试验、检修工作人员都会对CVT二次接线板进行拆解，因此这些工作人员必须要加强业务技术水平和工作责任感，防止在工作中出现拆解后未进行恢复。

（2）加强验收工作管理，不管是在什么工作后，值班人员在进行现场验收时，一定要对工作人员触碰过的设备进行验收，检查时候恢复到工作前状态。

（3）在本案例中，在末端未接地的情况下投入运行，由于电击穿时间很快，一般在0.1s内，因此二次监视电压未发现有异常情况，导致最后设备漏油。说明在发现此类故障方面，还存在一定的盲区。

4. 案例总结

通过文章对电容式电压互感器末端放电分析，造成放电的原因主要是施工后未将末屏接地端进行恢复，导致绝缘板击穿破裂漏油。因此，为防止此类事故再次发生，应加强施工安装、试验、检修等工作人员的技术水平和工作管理，加强验收工作管理。

三、220 kV 电压互感器因密封不良受潮导致内部放电

1. 案例描述

××年××月××日，变电站 220 kV 主变压器 220 k 母差保护发 TV 断线告警信号。现场检查发现 220 kV 正母线电压互感器 A 相本体间歇有轻微异响，B、C 相电压互感器声音正常。

2. 分析处理

试验发现母线电压互感器 A、B 相介损超标，二次绝缘电阻不合格，A、B 相内部存在绝缘缺陷。

（1）现场试验情况

现场检查发现 220 kV 正母线电压互感器 A 相电磁单元有"咕噜咕噜"的声响，对电磁单元开展红外测温发现，A 相温度偏高，A、B、C 三相温度分别为 27.6 ℃、13.6 ℃、11.8 ℃。三相电压互感器一次电压分别为 A 相 131.16 kV、B 相 132.33 kV、C 相 133.23 kV 二次电压持续多次电压突变，最低 42.4 V，最高 84.15 V（正常为 57.7 V 左右）电气试验发现农主变压器 220 kV 正母线电压互感器 A 相介损超标，二次绝缘电阻不合格；220 kV 正母线电压互感器 B 相电容量介损超标，二次绝缘电阻不合格。测试数据见表 17-3。

表 17-3 测试数据

相别	A 相			B 相			C 相		
电容单元	C11	C12	C2	C11	C12	C2	C11	C12	C2
tanδ（%）	1.37	2.62	4.73	0.63	61.72	—	0.08	0.12	0.03
本次电容量（pF）	20430	28750	67180	20390	49890	605800	20140	28600	68460
出厂电容量（pF）	20000	28420	67500	20000	28420	67500	20000	28420	67500
电磁单元	1a1n	2a2n	dadn	1a1n	2a2n	dadn	1a1n	2a2n	dadn
绝缘电阻（MΩ）	4.2	4.2	4.2	2.9	2.9	2.9	1000	1000	1000

开展油化试验发现 220 kV 正母线电压互感器 A 相乙炔 812.1 L/L，总烃 3090.1 μL/L，微水超标为 68.9 mg/L；220 kV 正母电压互感器 B 相乙炔 856 μL/L，总烃 2478 μL/L。

（2）解体检查情况

打开电磁单元密封盖板，发现主变压器 3 台电压互感器均存在严重锈蚀，密封槽外沿大片区域呈现疏松分层等严重锈蚀现象。其中 A 相和 B 相密封槽锈蚀已蔓延至密封槽内部，造成密封失效，电磁单元内部表面存在水珠痕迹和放电后的炭黑颗粒；C 相锈蚀同样严重，但锈蚀尚未蔓延至密封槽内部，密封尚未失效，如图 17‑13 所示。

选取内部放电较为严重的 A 相电压互感器对电磁单元绕组进行拆解，发现一次绕组在靠近箱底附近存在密集的放电痕迹，如图 17‑14 示。进一步拆解一次绕组，发现该密集放电痕迹为一次绕组最外层静电屏与箱底之间通过水珠放电所致，之间的绝缘纸板存在多个击穿点，如图 17‑14 所示。

a)   b)   c)

图 17‑13　三台电压互感器电磁单元及密封面锈蚀情况

a）绕组放电痕迹　　　　　　　　　　b）一次绕组静电屏

图 17‑14　绕组放电痕迹和一次绕组静电屏

解体检查分析，电压互感器 A、B 相电磁单元密封槽处锈蚀严重并蔓延至密封槽内部造成密封失效，运行中电磁单元内部进水引起绝缘性能下降，引发内部放电。由于水珠引发放电后会移动，因此通过拆解 A 相绕组发现存在密集的放电点。

解体情况表明，经过近 15 年的户外运行，××公司生产的 220 kV 电压互感器电磁单元密封沿存在不同程度的锈蚀，锈蚀程度与运行环境、箱体材质和防锈防腐措施相关。经了解早期电磁单元密封槽基本无防锈防腐处理，容易在密封槽外沿产生锈蚀；随着运行年限的增加，锈蚀逐步扩展，一旦蔓延至密封槽内沿，密封即会失效，水分不断进入电磁单元，降低绝缘性能，最终引发内部放电。如下图 17－15 所示。

a）静电屏放电痕迹　　　　　b）绝缘纸板的放电痕迹

图 17－15　静电屏和绝缘纸板的放电痕迹

3. 预防措施

（1）加强巡视、二次电压进行监测，巡视注意监测设备内部是否存在异常响声；

（2）对同类型设备加装带电检测装置，开展相对介损、电容量带电检测工作；

（3）开展同期同型号产品状态评估，对于锈蚀严重的逐步更换电磁单元，对于锈蚀程度轻的可采取外部增强密封的措施。

4. 案例总结

电压互感器因密封不严，导致水分或潮气浸入设备内部，使设备内部绝缘老化，在绝缘薄弱环节部位发生局部放电，甚至导致放电故障。本事故主要是电磁单元密封槽处锈蚀严重并蔓延至密封槽内部造成密封失效，运行中电磁单元内部进水引起绝缘性能下降，引发内部放电。

四、35 kV 电压互感器因高压熔断器熔断导致铁磁谐振

1. 案例描述

××年××月××日，天气状况：雷雨。某 35 kV 变电站监控机通信中断，35 kV 母线电压 A、C 相为 0，B 相为 21.87 kV。6 点 20 分，值班人员赶赴现场检查设备发现：35 kV 线路 CVT 发出断线信号，测量该 CVT 二次电压 a、c 相对地电压均为 0，b 相为 62.2 V。

2. 分析处理

(1) 现场检查情况

××日，天气状况：雷雨。××变电站通讯再次中断，现场检查 35 kV PT 三相一次电压为 0，测量该 CVT 二次电压 a、b、c 三相对地电压均为 0。线路停电更换该 CVT 三相高压熔断器熔丝后系统恢复正常运行。35 kV 线路避雷器 A、B 相有动作记录。

××日，该熔断器同样在雷雨天气条件下再次熔断，根据 CVT 厂家意见，将该熔断器撤除，CVT 直接与系统硬连接。

该变电站于××年投入运行，为无人值班变电站。35 kV ××线一回架空进线，长度不足 20 km。1.5 km 进线段加氧化锌避雷器作为变电站入侵波防雷保护方式。

CVT 高压熔断器熔断必然缘于 CVT 一次侧发生了足够长时间的过电流或养出现了较强的瞬间冲击电流。从以上连续几次故障情况可以看出，CVT 高压熔断器频繁熔断故障在特定条件下发生的原因，雷雨天气是导致该次故障发生的外因。从故障现象分析，线路上有雷电波侵入，避雷器动作，其 134 kV 残压加到 CVT 上，产生较大的冲击电流，但只有 μs 级的时间，不足以使熔丝熔断；而 35 kV 一回架空线路长度不足 20 km，线路对地电容很小，由系统相对地电容在单相接地故障过程中的充放电引起熔断器熔断也不大可能发生。

CVT 含有电容元件及多个非线性电感元件，如补偿电抗器和中压互感器，当线路发生单相接地故障时，非故障相对地电压上升为线电压，在系统过渡过程中，CVT 中压互感器非线性元件产生磁饱和，激磁电感 L_0 下降，激发持续的分次谐波铁磁谐振，使得在补偿电抗及中压互感器上产生过电压，由此导致一次侧熔断器熔断，严重时将使补偿电抗器和中压互感器绕组击穿损坏。因此该案例中因 CVT 自身的铁磁谐振产生过电流导致高压熔断器熔断的可能性最大。下面予以详细分析。

(2) 原因分析

为了弄清楚 CVT 在单相接地故障发生时，系统过渡过程中是否可能激发铁磁谐振，对该 CVT 中压互感器进行伏安特性试验。中压互感器主要参数见表 17 - 4。

表 17 - 4　中压互感主要参数

型号	编号	额定频率/Hz	空载电流/mA	空载损耗/W	额定电压			
					一次绕阻 A' XT	二次绕阻 1a1n	二次绕阻 2a2n	二次绕阻 dadn
DZ-10	07-2821	50	≤350	≤20	10000	$100/\sqrt{3}$	$100/\sqrt{3}$	100/3

试验中将一次绕组低压端接地，高压端 A′悬空：在二次绕组 1aln 施加工频电压。用电压表和电流表分别测量二次绕组 1aln 两端的电压和流入该绕组的电流。试验电压从 0.1 倍额定电压（5.77 V）开始，每次递增 5.77 V，直到 1.9 倍额定电压（109.7）为止。试验数据见表 17-5。伏安特性曲线见图 17-16。

表 17-5　伏安特性试验数据

电压/V	电流/mA	电压/V	电流/mA
5.8	22.5	63.5	187.0
11.5	38.0	69.3	200.0
17.3	55.5	75.1	215.0
23.1	74.0	80.8	255.0
28.9	93.5	86.6	346.0
34.6	112.0	92.4	501.0
40.4	129.0	98.1	732.0
46.2	146.0	103.9	1040.0
52.0	162.0	109.7	1420.0
57.7	176.0		

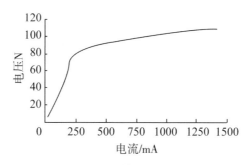

图 17-16　伏安特性曲线

由图 17-16 可知，伏安特性曲线拐点出现在 80 V 左右，当系统发生单相接地。非故障相上升至线电压，此时 A′点电压为：

$$U_{A'} = U_A / (1 + C_2/C_1) = 35000/(1 + 0.04085/0.03965) \approx 17239 \text{ V。} \qquad (17-3)$$

则，二次绕组 1aln 两端的电压为：

$$100/\sqrt{3}/10000 \times U_{A'} = 100/\sqrt{3}/10000 \times 17239 \approx 100 \text{ V。} \qquad (17-4)$$

从伏安特性曲线可以看出，此时 CVT 中压互感器铁心将严重饱和，励磁电抗将显著下降，CVT 等效电路图就不能忽略励磁支路，此时的等值电路对应为图 17-17。图

17-17 中忽略了电感元件的有效电阻，因其值很小，与铁磁谐振的产生无关；增加了中压互感器的励磁分支，Xm 为励磁电抗。

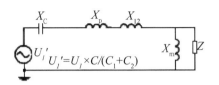

图 17-17　电容式电压互感器谐振等值电路

　　正常运行时，由于（$Xp+X_{12}$）与 Xc 很接近，此时 CVT 中压互感器的铁心也处于线性工作区，励磁阻抗很大，负荷阻抗也很大，故回路中电流很小。但当系统发生单相接地故障时，系统中产生震荡过电压。使进入 CVT 的一次电压突然升高。这种过电压使中压互感器的铁心迅速饱和，激磁电感显著下降，有可能出现（$Xp+X_{12}+Xm$）接近 Xc 的情况，此时负载阻抗远大于 Xm，所以不起作用。于是等值容抗丘和电抗（$Xp+X_{12}+Xm$）满足了串联谐振条件。在 CVT 内部产生铁磁谐振的频带较宽，可能是高频谐振，也可能是分频谐振。在谐振状态下，回路中电流和在电容、中压互感器上的电压都将异常增大。为进一步说明熔断器产生过电流，将与分压电容 C_2 并联的部分等效成一电感 L'。电阻通常很小可以忽略。电路见图 17-18。

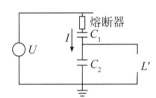

图 17-18　中回路等值电抗为

$$X=\left(-1/\omega C_1+\omega L'/1-\omega^2 L'C_2\right)\text{j}。 \qquad (17-5)$$

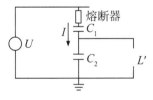

图 17-18　断器产生过流电路

　　正常运行状态下励磁电抗和负载都很大。即 $X_{L'}$ 很大，回路总电抗近似为（$X_{C1}+X_{C2}$），当中压互感器铁心饱和时，励磁电抗 Xm 显著下降，相应的等值电感 L' 也要减小，当 $L'=1/\left[\omega^2\left(C_1+C_2\right)\right]$ 时将产生谐振，有可能出现某一分次谐波的振荡，常见的是 1/3 次谐波振荡,此时电抗为零,回路电流最大。由于电网不断供给能量,回路中若没有适当阻尼,将会产生持续的分次谐波铁磁谐振,其过电压幅值可达额定电压的 2~3 倍。L' 离该值越近。等效阻抗越小,流过熔断器的电流 I 值越大,当熔断器电流长时间高于其额定电流时,熔断器就会熔断。

因此,在 CVT 产品设计制造时应改善 CVT 中压互感器的励磁特性,尽可能降低中压互感器铁心的磁通密度,提高中压互感器的磁饱和点,选择伏安特性优越的中压互感器。为避免设备事故发生,仍需采取消除谐振的措施。从等值电路图 17-17 来看,最容易实现的方法是在 CVT 中压互感器的二次侧剩余绕组并联低值阻尼电阻。由于阻尼电阻与励磁电抗并联,且相对于励磁电抗很小,并联网路中阻尼电阻起主要作用,从而改变了电路结构。破坏了谐振条件。能有效阻尼、抑制或消除铁磁谐振的发生。且中压互感器伏安特性曲线拐点应高于 CVT 二次侧阻尼器伏安特性曲线的拐点,避免在过电压下,中压互感器先于阻尼器饱和形成谐振条件,失去了阻尼器的阻尼作用。

对于 35 kV 电容式电压互感器,由于电容分压器的高压电容 C 很小,相应的容抗很大,从而限制了短路电流的增加,避免了 35 kV 输电系统发生相对地短路事故。因此在 35 kVCVT 现行的电气设计安装中有逐步取消在一次侧串接高压熔断器的趋势。然而,为了避免由于 CVT 自身激发铁磁谐振而导致设备损坏事故的发生,从保护 CVT 设备本身的角度出发,仍应在一次侧加装高压熔断器。

3. 预防措施

(1) 在 CVT 中压互感器二次剩余绕组并联阻尼器是抑制铁磁谐振的有效措施。在产品设计制造时,应着力改善 CVT 中压互感器的空载励磁特性,选择伏安特性优越的中压互感器。

(2) 为了避免由于 CVT 铁磁谐振而导致设备损坏事故的发生,从保护 CVT 设备本身的角度出发,应当在一次侧加装高压熔断器。

4. 案例总结

由于 CVT 中压瓦感器在系统过渡过程中铁心深度饱和,励磁电感显著下降并激发铁磁谐振产生过电流导致高压熔断器熔断。

在 CVT 中压互感器二次剩余绕组并联阻尼器是抑制铁磁谐振的有效措施。在产品设计制造时,应着力改善 CVT 中压互感器的空载励磁特性。从保护 CVT 设备本身的角度出发,应当在一次侧加装高压熔断器。

五、110 kV 电压互感器因油中水分含量超标导致绝缘油劣化

1. 案例描述

××年××月××日,某 110 kV 变电站 110 kV Ⅲ段母线 B 相 CVT 为××公司×

××年生产，其型号为 WVB110-20H，于××年投入运行。运行 7 年后运行人员在巡视过程中发现该 110 kV Ⅲ段母线 CVT B 相二次电压降低为 0；A、C 相二次电压正常。

2. 分析处理

（1）试验情况

××日，电气试验人员对该变电站 110 kV Ⅲ段母线 CVT 进行绝缘油试验，油质试验结果如表 17-6 所示，当次油色谱试验结果与上一次历史记录对比如表 17-7 所示。

表 17-6　110 kV Ⅲ段母线 CVT 三相油质试验数据

相别	外状	气味	机械杂质 （目测）	游离碳 （目测）	击穿电压 （KV）	tgδ（90 ℃） （%）
A	透明	无味	无	无	50	1.0
B	浑浊	碳烧焦味	少许	较多	32	1.74
C	透明	无味	无	无	53	1.1

依据《输变电设备状态检修规程》标准，110 kV 及以下电容式电压互感器，外观应透明，击穿电压应>35 kV，介质损耗 tgδ≤4% 可判断，该 A、C 相 CVT 试验合格，B 相 CVT 试验不合格。

表 17-7　110 kV Ⅲ段母线 CVT 三相油色谱及微水试验数据（单位 μL/L）

气体含量	时间：××			时间：××		
	A 相	B 相	C 相	A 相	B 相	C 相
H_2	27	26	21	30	7.5×10^3	25
CO	1.5×10^2	1.7×10^2	1.4×10^2	1.9×10^2	2.0×10^4	1.6×10^2
CO_2	3.6×10^2	3.8×10^2	4.2×10^2	4.0×10^2	3.2×10^5	4.7×10^2
CH_4	1.9	2.1	2.3	2.5	4.3×10^3	2.7
C_2H_4	1.2	1.2	1.3	1.3	1.4×10^4	1.5
C_2H_6	1.3	1.3	1.5	1.6	1.2×10^4	1.9
C_2H_2	0.0	0.0	0.0	0.0	4.2×10^3	0.0
总烃	4.4	4.6	5.1	5.4	3.4×10^4	6.0
水份	11	9	13	10	44	11

由表 17-7，依照国家电网公司《输变电设备状态检修规程》标准，110 kV 及以下电容式电压互感器，CH_4≤300 μL/L；C_2H_4≤300 μL/L；H_2≤150 μL/L；C_2H_2≤5 μL/L，水分≤35 μL/L，该组 CVT 2012 年试验合格，××年试验的 A、C 相油中各

组分的浓度在标准要求的范围内,而 B 相的试验数据超过标准要求,对 B 相色谱试验结果使用特征气体法和三比值法分析如下:

1)特征气体法

从本次油样的试验结果可知,油中气体各组分的浓度均较高,严重超过《输变电设备状态检修规程》规定的数值;其乙炔占总烃的比例为 12.4%,氢气占氢烃总量的 18.1%,因此使用特征气体判断故障类型的方法可初步判断该 CVT 内部存在过热和电弧放电。

2)三比值法

根据三比值法定义及编码规则,混合油样所脱气体三比值法计算结果如表 17-8 所示。

表 17-8　三比值法及编码结果

特征气体比	C_2H_2/C_2H_4	CH_4/H_2	C_2H_4/C_2H_6
比值结果	0.3	0.57	1.17
比值编码	1	0	1

由表 17-8 可知,三比值法比值编码为 101,根据三比值故障类型编码方法可判断,CVT 内部可能存在电弧放电兼过热。

由特征气体法和三比值法得出的结论一致,即 CVT 内部可能存在过热兼电弧放电,这种故障引起的原因可能是:绕组匝间短路,绕组对地短路放电,引线对外壳箱壳放电等。另由表 17-8 可知,该 CVT 油中水分超过标准,CVT 内部存在受潮现象。

试验人员于××日安排停电进行检查试验,试验项目为绝缘电阻、介质损耗和电容量测量。该电容式电压互感器的结构原理及电气连接如图 17-19、图 17-20 所示。

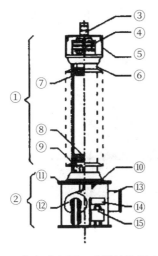

图 17-19　电容式电压互感器结构原理

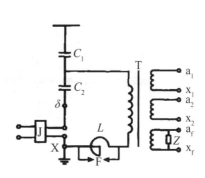

图 17-20　电容式电压互感器电气连接原理图

图 17-19 中，①电容分压器；　②电磁单元；　③一次接线端；　④外置式金属膨胀器；　⑤铝合金罩子；　⑥电容分压器套管；　⑦高压电容；　⑧中压电容；⑨中压端子；　⑩低压端子；　⑪电磁单元箱体；　⑫中间变压器；　⑬二次端子箱；⑭阻尼器；　⑮补偿电抗器。

对该 CVT 进行绝缘电阻测试，试验结果如表 17-9。

表 17-9　110 kV Ⅲ段母线 CVT B 相绝缘电阻试验结果

接线方式	δ/X	δ/X. E	X/δ	X/δ. E	a1x1/E	a2x2/E	afxf/E	C_1
绝缘电阻	0	0	0	0	0.3	0.1	0	10000

通过高压试验项目分析可知：

a. δ/X（X 不接地）、δ/X. E 的绝缘电阻数值为 0 可判断 C_2 击穿或者 δ 端引线在油箱内部接地；

b. X/δ（δ 不接地）、X/δ. E 的绝缘电阻数值为 0 可判断 C_2 击穿或者中间变一次绕组存在接地点；

c. 由 a1x1/E、a2x2/E、afxf/E 的绝缘电阻数值可判断，二次侧绕组绝缘被严重破坏；

d. 由 C_1 绝缘电阻值可判断该 CVT 分压器的电容 C_1 性能完好。

使用 AI-6000E 型高压全自动介损测试仪对该 CVT 进行介质损耗及电容量项目测试时，不能进行该项目的测试，说明设备内部可能存在故障。

（2）解体检查及原因分析

现场解体检查发现注油口及密封圈存在明显的黑色油渍，电磁单元油箱内部元件表面被油泥覆盖，如图 17-21、图 17-22 所示。用布擦去油泥，金属元件未发现明显的锈蚀现象。

图 17-21　110 kV Ⅲ段母线 CVT B 相上部注油密封口情况

图 17-22　110 kV Ⅲ段母线 CVTB 相油箱内附于设备上的油泥

解体后，对电容器进行介质损耗及电容量测试结如表 17-10 所示.

表 17-10　110 kV Ⅲ段母线 CVT 介质损耗及电容量试验数据

相别	介质损耗 tgδ（%）		电容量 Cx（pF）			
	C1	C2	C1	C2	$C_总$	$C_{总额定}$
B	0.042	0.038	28790	68723	20290	20169.1

该 CVT 分压器的电容 C_1、C_2 完好，故本次故障应该是由于中间变压器存在接地所致，且 δ 端引线在油箱内部也存在接地。

对中间变压器解体发现其绕组绝缘层间有明显放电的痕迹，其部分绝缘纸已被碳化，如图 17-23、图 17-24 所示。

图 17-23　110 kV Ⅲ段母线 CVTB 相中间变压器绕组放电情况

从油色谱、微水、现场高压试验数据以及现场解体情况综合分析，可判断出因过热和放电现象，导致中间变压器击穿接地. 经查阅历史记录，××日该 CVT 进行停电

图 17‑24　110 kVⅢ段母线 CVTB 相中间变压器绕组绝缘纸碳化情况

检修试验，××公司试验人员打开注油口取油。本次故障可能是因为上次检修时恢复取油口紧固不良，导致电磁单元进水受潮，油水长期混合形成油泥，绝缘性能下降，最终导致中间变一次绕组绝缘击穿而接地。

综合高压试验项目和油化试验项目的结果分析可初步判断，本次故障可能是由于油箱内部受潮，导致箱内设备的绝缘性能下降，中间变在运行中长期发热，使绝缘加速老化，最终导致电容绝缘或者中间变一次绕组绝缘被破坏，击穿放电，造成 CVT 损坏。

3. 预防措施

（1）对于新投运设备，在投运前应在设备注油口涂抹硅酮胶进行密封，防止空气中的水分进入注油口。运行中的设备则结合停电对注油口进行检查，并密封处理。

（2）设备检修取油后，应检查取油口的密封情况，预防因取油口密封不良而导致设备故障；检修人员在工作过程中应严格按照取油标准规范操作，避免因操作不到位导致设备存在潜在故障。

（3）开展红外测温、油色谱试验等试验，及时对设备状态进行评估，必要时缩短带电检测时间。

4. 案例总结

由于电容式电压互感器本身的结构特点，现行产品电磁单元变压器的一次联结点在瓷套内部，不可拆卸，绝缘油色谱试验可以在不停电的情况下判断电容式电压互感器故障的类型。本次故障可能是因为上次检修时恢复取油口紧固不良，导致电磁单元进水受潮，油水长期混合形成油泥，绝缘性能下降，最终导致中间变一次绕组绝缘击穿而接地。

六、110 kV 电压互感器因安装接触不良导致局部放电

1. 案例描述

××年××月××日，××公司地调监测显示 220 kV 变电站××线路 CVT 保护装置发角差异常信号并不断告警与复归，运维人员在现场听到互感器电磁单元发出异常响声，约 30 min 后异常响声消失。

2. 分析处理

试验人员对该 CVT 进行精确红外测温，未发现明显的异常发热现象。为查明原因，对互感器进行了停电诊断试验。

设备停电后对其开展绝缘电阻、电容量和介质损耗因数、变比、油色谱和微量水分五项诊断性试验，试验时环境温度为 29 ℃，相对湿度为 65%。

通过绝缘电阻测试，发现分压电容和二次绕组的绝缘电阻有非常明显的下降，具体数据详见表 17-11，表中 C_1 为电压互感器上节电容、C_2 为下节电容、N 为 C_2 的尾端、X_L 为电磁单元尾端。

表 17-11　绝缘电阻测试值（MΩ）

试验部位	试验值	初值	试验部位	试验值	初值
C_1	5900	25000	X_L-地	40	10000
C_2	130	18200	1a1n	30	1800
N-地	130	10000	dadn	35	2000

从表可知，C_1 绝缘电阻值明显降低。有两种可能原因，一是电容元件存在部分击穿；二是电容单元内部有受潮现象，需解体检查判断。

C_2 与其尾端 N 的绝缘电阻均为 130 MΩ，此时测得的 C_2 绝缘电阻值 R 应是 C_2 极间绝缘 R_2 与尾端 N-地的绝缘 R_N 并联值（如图 17-25），由两者之中的较小值取决定作用，因此可判断 R 值严重降低主要是由于 R_N 降低导致的，结合到电磁单元尾端、二次接线端子等绝缘严重降低，判断其原因为二次接线板受潮。

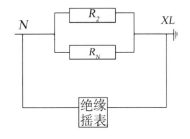

图 17-25　测量 C2 绝缘电阻接线示意图

对 CVT 的 C_1 和 C_2 采用自激法进行介损及电容量测试，具体数据详见表 17-12。

表 17-12 电容量及介质损耗因数测试数据

试验部位	介质损耗因数 tgδ		电容量 Cx（pf）		
	试验值	初值	试验值	初值	初差值
C_1	0.01572	0.00185	13100	12906	1.5%
C_2	0.01570	0.00177	44130	44412	−0.63%

从表 17-12 中可以看出，C_1、C_2 的介质损耗因数已超过规程规定值（介质损耗因数≤0.0025），而对比电容量初值发现 C_1 的电容量有明显增长，初步怀疑电容单元受潮或存在元件击穿情况。

通过变比检查试验，发现该互感器变比与额定变比相比无明显差异，试验数据详见表 17-13。

表 17-13 变比测试数据

试验部位	变比试验值	变比额定值
1a1n	1093	1100
dadn	629.7	635

通过对该互感器电磁单元油中溶解气体分析，发现其总烃、氢气含量超过注意值，乙炔含量达 767.7 μL/L，说明互感器内部存在较为严重的放电和受潮情况，具体数据详见表 17-14。

表 17-14 油中溶解气体分析（μL/L）

CH_4	C_2H_4	C_2H_6	C_2H_2	H_2	CO	CO_2	总烃
587.3	3609.3	461.1	767.6	1773.1	355.8	2673.1	5425.3

用三比值法做进一步分析，五项特征气体对应的三比值编码为 102，诊断为互感器内部有工频续流的放电，线圈之间、线饼、线匝或线圈对地之间油的电弧放电。

对互感器油进行了微水试验，测试结果为 61.4 mg/L。超过规程规定。

水分≤35 mg/L（110 kV）的要求，判断 CVT 电磁单元存在受潮情况。

对 CVT 进行解体检查，在电磁单元发现二次接线板受潮、中间变压器一次引线联结处螺丝松动放电和补偿电抗器保护用避雷器倾倒共三处缺陷。电磁单元受潮情况如图 17-26 所示。

电磁单元解体后，把接线板内侧与电容单元和电磁单元联结的引线全部解开，单

图 17-26　二次接线板受潮痕迹图

独对各接线柱进行绝缘电阻测量，数据如表 17-15 所示，表明二次接线板已严重受潮。

表 17-15　二次接线板绝缘电阻（MΩ）

试验部位	试验值	初值	试验部位	试验值	初值
N-地	150	10000	XL-地	50	10000
1a1n	50	1800	dadn	40	2000

进一步解体发现，C_1 尾端与中间变压器高压侧一次引线连结处螺丝未拧紧，用手能轻松拧动螺丝，连接处引线护套管有明显的放电碳化痕迹，如图 17-27 所示。

图 17-27　电磁单元一次引线连结部位放电痕迹

结合前面的油色谱分析试验可以判断，中压引线连接不良处存在悬浮放电并伴有一定发热情况，使引线护套管碳化，并导致电磁单元油中分解出大量乙炔。

抽干电磁单元绝缘油后，发现补偿电抗器保护用避雷器底座镶嵌在底板上的绝缘件已断裂，避雷器倾倒，如图 17-28 所示。用 1000 V 档绝缘电阻表测出避雷器绝缘电阻值超 10000 MΩ，说明避雷器绝缘良好。

通过解体电磁单元，已找出绝缘电阻下降、绝缘受潮、内部放电等故障，但尚未能解释电容量明显变化的原因。继续对电容单元进行解体检查，电容单元内部电容元件未发现明显的击穿、移位、松动等异常现象，但在电容单元顶部发现注油孔有轻微渗油现象，判断渗油部位存在水分浸入电容单元内部导致电容量增大和介质损耗因数增大。

图 17–28　低压避雷器倾倒情况图

3. 预防措施

（1）在产品设计时，应尽量减少连接部位。如在 CVT 电磁单元设计时，一次引线可直接连接到中压小套管上，若连接部位不可避免，则应采取有效措施防止松动。

（2）日常工作中应加强对设备的检查和维护，对密封性能下降缺陷要及早进行处理。

4. 案例总结

该线路 CVT 出现异常声响的原因为互感器内部存在局部放电，而中压引线接触不良是产生局部放电的根本原因，且局部放电导致电磁单元油分解出大量乙炔。C2 尾端及二次端子绝缘降低的原因互感器存在受潮缺陷。电容量增大及介质损耗因素超标的主要原因为互感器密封性能下降导致内部绝缘受潮所致。在变电设备运行中，联接部位接触不良是导致设备产生局部放电甚至发热的常见原因，在产品设计时，应尽量减少联接部位，若联接部位不可避免，则应采取有效措施防止松动。密封性能降低是包括 CVT 在内的电力设备受潮的主要原因之一，日常工作中应加强对设备的检查和维护，对密封性能下降缺陷要及早进行处理。

第二节　二次故障及缺陷

一、35 kV 电容式电压互感器因阻尼器损坏导致电磁单元发热缺陷

1. 案例描述

××年××月××日，某 500 kV 变电站专业人员在对设备进行红外测温时发现×

×线 B 相电容式电压互感器（CVT）下部油箱发热，B 相油箱温度 20.8 ℃，A 相油箱 15.5 ℃，C 相为 15.2 ℃，B 相较 A、C 两相温升 5.5 ℃左右。耦合电容器温度无异常，初步认定为油箱内部电磁单元发生故障。如图 17-29 由近及远，××线 CVT A、B、C 相。

图 17-29 由近及远，××线 CVT A、B、C 相

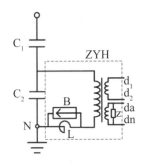

C1-主电容　　C2-分压电容　　L-补偿电抗器
B-避雷器　　Z-阻尼器　　ZYH-中级变压器
图 17-30 CVT 结构图

2. 分析处理

该 CVT 是由××公司生产的（结构图见上图 17-30），型号为 TYD35/$\sqrt{3}$-0.02FH。由电容分压器及电磁单元组成，前者由主电容 C_1、分压电容 C_2 两个电容组成，C_2 与中间变压器并联。电磁单元有中间变压器、补偿电抗器、电抗器保护间隙、阻尼器。

在设备带电情况下，对设备现场进行检查，从 CVT 油箱观测孔中对电压互感器油油位及色泽进行观测，三相油位一致且均澄清透明。图 17-31 ××线 CVT A、B、C

相油位。

图 17-31 阳广线 CVT A、B、C 相油位

××线××避雷器监测电流一致，其中 B 相雷电计数器显示为 2，A、C 相显示为 0。图 17-32 ××避雷器雷电计数器 A、B、C 相。

图 17-32　××避雷器雷电计数器 A、B、C 相

CVT 退出运行前，后台电压监测显示分别为 A：21.16 kV，B：21.54 kV，C：21.24 kV，三相基本一致，无异常。图 17-33 ××线监测电压。

项目	测撮值	单位
Ia	0.00	A
Ic	0.00	A
Uab	36.94	kV
Ubc	37.01	kV
Uca	36.80	kV
Ua	21.16	kV
Ub	21.54	kV
Uc	21.24	kV
P	0.00	MW
Q	0.00	MVar
cosφ	-0.00	

图 17-33　××线监测电压

查找运行记录后发现，这两次雷电计数器动作分别是在××日和某××日。

××日，××线××开关由于天气原因跳闸。由图 17-34 以看出，××线××日下午跳闸，第三天下午恢复送电。跳闸过程中避雷器雷电计数器没有动作。

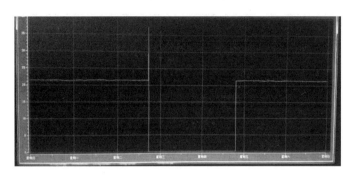

图 17-34　××线电压监测记录

由以上现场检查情况和电压监测记录、避雷器动作记录、线路跳闸记录等分析可以判断：

（1）红外图谱显示只是油箱发热，电容单元温度正常，说明电容单元无异常，油箱内部电磁单元出现故障；

（2）三相监控电压基本一致，说明变比无异常，一次绕组和二次绕组没有问题；

（3）三相的油箱内油位一致且都澄清透明，说明电容单元与油箱间没有变压器油渗漏现象且故障时间不长；

（4）避雷器的雷电计数器动作的两次发生了××年和下一年，距故障发现时间太久，都不是造成该故障的原因；

（5）××日的线路跳闸，避雷器雷电计数器没有动作，且发生时间距发现该故障的时间很近，初步判断是造成该故障的原因；

（6）导致油箱发热的原因有：一次绕组绝缘不良导致接地短路、补偿电抗器的保护间隙击穿导致并联电阻串入回路通过大电流、阻尼器中的电容电感并联回路失去谐振条件导致保护电阻通流等。前两个原因都会导致中间变压器变比的改变，而监测电压没有异常，变比没有改变，排除了前两种可能，那么造成油箱发热的只能是最后一个原因。

该电容式电压互感器的故障原因应该是出在油箱内部，电磁单元出了故障，且电磁单元故障跟××日的线路跳闸有一定的关系，应该就是该次线路跳闸使 CVT 承受了过电压导致阻尼器中的并联的电容和电感失去了谐振条件，导致保护电阻通大电流，最终造成了油箱发热。该推测还需要通过试验和解体验证。为避免缺陷进一步发展，将 CVT 退出运行并进行了更换。退出运行后，专业班组对该 CVT 进行了绝缘电阻、二次线圈直阻、耦合电容器和电容分压器介损电容量、变比进行了测量，试验结果如

表 17 - 16、表 17 - 17、表 17 - 18、表 17 - 19 所示。

表 17 - 16　绝缘电阻

绝缘电阻（ΩM）	C	N—地	X—地	二次间对地
试验值	98000	54000	48000	46000
投运前值	150000	75000	65000	60000

表 17 - 17　二次线圈直阻

线圈直阻（Ω）	1a-1n	2a-2n	da'-dn	da-dn
试验值	0.030	0.040	/	0.119
出厂值	0.031	0.041	/	0.121
偏差（%）	3.3	2.5	/	1.7

表 17 - 18　电容量、介质损耗

介损及电容量		C_1	C_2
tgδ（%）	试验值	0.063	0.063
	交接值	0.066	0.073
	出厂值	/	/
电容量（pF）	试验值	40520	40560
	交接值	40080	40190
	出厂值	/	40300
	偏差（%）	1.1	0.65

表 17 - 19　变比及极性检查

实测变比（A_N/1a-1n/2a-2n/da-dn/da-dn）		极性
A	$35/\sqrt{3}/0.1/\sqrt{3}/0.1/\sqrt{3}/0.1/3/0.1$	减
B	$35/\sqrt{3}/0.1/\sqrt{3}/0.1/\sqrt{3}/0.1/3/0.1$	减
C	$35/\sqrt{3}/0.1/\sqrt{3}/0.1/\sqrt{3}/0.1/3/0.1$	减

表 17 - 20　绝缘油色谱试验（μL/L）

H_2	CO	CO_2	CH_4	C_2H_4	C_2H_6	C_2H_2	总烃
203.31	323.09	2531.33	51.85	10.91	5.38	0	68.14

由上述试验结果和历次试验报告可以发现绝缘电阻、二次线圈直阻、电容单元介损及电容量及变比均在允许的偏差范围内，因此一次线圈、二次线圈及电容器单元均正常。由绝缘油色谱试验数据（表 17-20）可知，根据特征气体判断，H_2 超标但不严重，判断为油箱内部存在低温过热现象；根据三比值法判断，编码组合为 001，判断为低温过热，可能为绝缘导线过热。缺陷原因肯定是出在油箱内

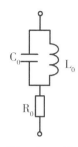

图 17-35 谐振型阻尼器电路原理图

部，并且结合以上的分析现在的发热原因只能油箱内部故障导致发热只有一种可能：阻尼器 Z 中并联的电容与电感（如图 17-35）失去了谐振条件，导致油箱发热。

为了验证阻尼器中并联电路失去了谐振条件，专业班组又对该 CVT 进行了相关试验。根据阻尼器在二次绕组中的接线图，如图 17-36，d1d2 在平时运行的过程中可靠连接。我们把 d1d2 的连接板打开，用万用表测量了 dad1 之间的电阻，阻值为接近为零，d2dn 之间的电阻为 5 Ω，即 R＝5 Ω。为了再次验证电容 C_0 与电感 L_0 的并联电路是否失去了谐振条件，我们在 dad1 两端加频率为谐振频率 50 Hz，100 V 的交流电压，且在回路中串联了一个电流表和一个 1 kΩ 的电阻，测量回路中的电流，如图 17-37。最终，电流表上显示的电流值是 0.1 A。此时可以确定，电容电感并联电路失去了谐振条件，且两者的并联电阻基本为零，这就导致了在运行过程中 dadn 两端 100 V 的电压全部加在阻值为 5 Ω 的 R_0 两端，流经电阻的电流为 20 A，发热功率为 2 kW，从而使电压互感器底部油箱的温度上升。

以上所有分析都是试验情况，具体内部故障原因及故障部位均要等到解体后验证。

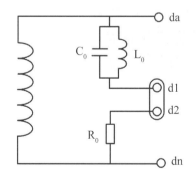

图 17-36 阻尼器在二次绕组中的接线图

图 17-37 验证接线

解体情况

为进一步查明产生的高温原因，进行了解体检查。油箱内部电磁式电压互感器一

二次绕组、补偿电抗器、补偿电抗器并联保护避雷器、阻尼器的电容器单元、电抗器单元、电阻单元外观均无异常，见图 17 - 38。

图 17 - 38 油箱内部电磁单元

通过对阻尼器的进一步检查，发现其电容单元（如图 17 - 39）电容量大幅度减小，测量值为 61 μF，铭牌值为 200 μF，已经击穿；电感单元电感值也发生了小幅的减小，测量值为 42 mH，铭牌值为 50 mH；电阻单元的电阻值为 5 Ω，没有异常。

图 17 - 39 电容单元

正常运行时，因阻尼器中的电容与电感产生并联谐振，阻尼器呈高阻状态，相当于开路，流经电阻的电流为几毫安，发热功率为 1 mW。当阻尼器中的电容击穿短路时，回路失去了谐振条件，剩余绕组 dadn 上的 100 V 电压大部分加在其电阻元件上（电阻值为 5 Ω）。根据测得的电容、电感和电阻的实际值，经过计算，回路总阻抗为 15.53 Ω，流经该电阻的电流为 6.44 A，发热功率为 207.34 W，从而使底部油箱中的油温上升。绝缘油在高温下裂解，产生的大量气体有可能引起油箱爆炸。另一方面，由于高温引起主绝缘破坏，造成内部高压绕组击穿放电，引起保护失压发生误判断，可能造成系统解列事故。

事故原因分析：

阻尼器的并联电容击穿短路，电容量发生了变化，回路失去了谐振条件。正常运行时，因阻尼器中的电容与电感产生并联谐振，阻尼器呈高阻状态，相当于开路，流经电阻的电流为几毫安，发热功率为 1 mW。当阻尼器中的电容击穿短路时，回路的电阻急剧变小，剩余绕组 dadn 上的 100 V 电压回路元件上，产生了 6.44 A 的电流，电阻的发热功率为 207.34 W，从而使底部油箱中的油温上升。

3. 预防措施

（1）事故原因主要是由于阻尼器电容被击穿，造成短路而引起的。由于绝缘性能的降低，制造工艺不过关、运输工程的颠簸及经历不良运行工况都可能致使绝缘降低。

（2）通过 CVT 设备的带电检测，特别是红外测温，可有效地发现 CVT 设备内部故障。加强 CVT 设备的带电检测，通过监控机检测 CVT 设备的电压是否正常，对监控机显示的电压有疑问时，应增加 PT 端子箱测试电压互感器的二次电压值。CVT 设备的带电检测二次电压应与相对电容量及介质损耗测试相结合。

（3）做好设备带电检测数据的积累，通过数据积累，可根据 CVT 设备一次电压变化值的大小，（或 CVT 二次电压值的变化）电压值的变化率，来研究设备是否存在内部故障。

（4）加装 CVT 在线检测装置，加强对电压互感器 N 头引下线电流的监测分析。

（5）学习 CVT 内部结构和材质构成，对其他 CVT 故障进行分析学习，提高试验数据的分析判断能力，保证对设备状态判断的准确性。

4. 案例总结

事故原因主要是由于阻尼器电容被击穿，造成短路而引起的。由于绝缘性能的降低，制造工艺不过关、运输工程的颠簸及经历不良运行工况都可能致使绝缘降低。

通过 CVT 设备的带电检测可有效地发现 CVT 设备内部故障；应加强 CVT 设备的带电检测，并将 CVT 设备的带电检测二次电压应与相对电容量及介质损耗测试相结合。做好设备带电检测数据的积累，通过数据积累，可根据 CVT 设备一次电压变化值的大小，（或 CVT 二次电压值的变化）电压值的变化率，来研究设备是否存在内部故障。加装 CVT 在线检测装置，加强对电压互感器 N 头引下线电流的监测分析。

二、220 kV 电容式电压互感器因接触不良引起局部放电导致二次电压升高缺陷

1. 案例描述

××年××月××日，某变电站运行值班人员接到一条 220 kV 线路电容式电压互

感器三相二次电压不平衡报警信号，该 220 kVI 母线 A 相电压为 138.88 kV，明显高于另外两相母线电压（B 相 132.76 kV，C 相 132.75 kV），A 相二次电压异常。在运行状态下，变电站值班人员分别直接对该母线 CVT 三相的二次电压线圈进行输出电压测量，测量发现 A 相电压由正常的 57.7 kV 升高至 66 kV，开口绕组电压达到 5 V（正常情况应小于 1 V）左右。

2. 分析处理

（1）带电检测

值班人员立刻对该线路电容式电压互感器进行远红外成像测温，发现 A 相下节套管第三个爬裙处存在过热现象，温度为 9.9 ℃，B 相、C 相 CVT 套管温度均为零下 8 ℃左右，红外成像如图 17 - 40 所示。

图 17 - 40（a）　A 相红外测温图

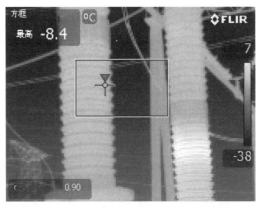

图 17 - 40（b）　B 相红外测温图

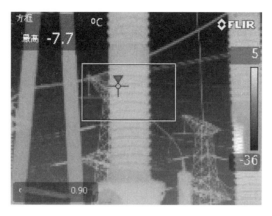

图 17 - 40（c） C 相红外测温图

图 17 - 40 三相 CVT 下节瓷套红外测温图

现场运行人员对故障 CVT 进行了外观检查：该相 CVT 上节套管盖板部分锈蚀，套管较干净，未发现闪络痕迹，一次接线连接可靠，下节套管底部有渗油痕迹，其二次回路完好，下节瓷套油位显示已降低至最低限，需进一步对 CVT 一次部分进行检查和试验。

继电保护人员对相关的二次回路进行了详细检查，测量各节点的电压值，结果发现从二次绕组到接线端处引起的电压升高并非二次回路引起，推测为下节瓷套内部故障。

故障 CVT 为××公司××年生产，型号为 TYD220/$\sqrt{3}$-0.01H，采用叠装式结构（如图 17 - 41 所示），高、中压电容分压器叠装在具有独立油室的电磁单元油箱上，其中耦合电容 C_{11} 安装在上节瓷套内，C_{12} 和分压电容 C_2 装在下节瓷套内。油箱电磁单元中变压器的一次端 A′ 在下节瓷套内，连接在 C_{12} 和 C_2 之间。3 个二次绕组的接线端子 la-ln、2a-2n、da-dn 通过接线盒引出，X 端在出线盒接地。通过红外成像图分析，初步认为是由于下节电容部分击穿，造成分压电容的电压变化，导致二次侧电压出现异常。

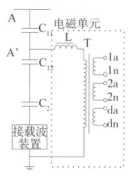

图 17 - 41 CVT 电气接线图

（2）试验计算情况

为彻底查找 CVT 二次侧电压升高的原因，在设备停电后测量其电容量和介质损耗。

打开接载波装置的金属连接片，采用自激法测量，将中压变压器的主二次绕组开路，X 端接地，通过剩余绕组 da-dn 施加电压，测量 C_{11}、C_{12} 以及 C_2 的电容量及 $\tan\delta$。测量结果如表 17-21 所示，与上次检修预试测量数据相比，C_{12} 的电容量明显增长，下节的介质损耗无法测量出数据，原因推测为内部绝缘油大量减少从而造成内部绝缘强度极低。

表 17-21　CVT 的电容值和介质损耗角正切的实测结果对比

	$\tan\delta$ C_{11}/pF	$\tan\delta$ C_{12}/pF	$\tan\delta$ C_2/pF
上次	0.137% 20580	0.142% 28972	0.142% 67680
本次	0.144% 20370	无 31930	无 67180

图 17-41 中 C_{11}、C_{12} 串联后的总电容量为：

$$C_1 = 1/\ (1/C_{11} + 1/C_{12}) = 1/\ (1/20370 + 1/31930) = 12440 \text{ pF}。\qquad (17-6)$$

又由电路基础理论得到中间电压：

$$U_{A'} = U_{1N} * C_1/\ (C_1 + C_2) = 20.74 \text{ kV}。\qquad (17-7)$$

则该 CVT 故障状态下二次绕组侧电压为：

$$U_{dadn} = (U_{A'}/U2N) * 100/ = 66.53 \text{ kV}。\qquad (17-8)$$

式中 U_{1N} 和 U_{2N} 分别为 230/ kV 和 18 kV。

图 17-42　CVT 现场解体

二次电压计算值与实际运行的 66 kV 接近，表明测量过程与结果正确。试验结果表明，下节电容分压器（C_{12}）存在严重的击穿故障。故障前由 154 个电容单元串联，击穿后仍有 n 个完好的电容单元串联，则完好元件数占总串联元件数的比例为：

$$n/154 = C_{1原}/C_{1故障}。 \tag{17-9}$$

计算得到完好电容单元数目约为 148 个，则下节瓷套中击穿的电容数量为 6 个左右。击穿数占总电容数量的 3.9%。

油化班组对下层瓷套内的绝缘油进行了油色谱分析，结果如表 17‒22 所示。油色谱分析结果表明，绝缘油内总烃含量高达 6702.89 $\mu L/L$，下节瓷套内一定发生了放电事故。

表 17‒22 故障后本体油色谱分析数据

烃类名称	$\rho/$（$\mu L/L$）
CH_4	413.11
C_2H_4	3616.39
C_2H_6	1955.07
C_2H_2	718.32
H_2	4621.63
CO	5911.89
CO_2	10711.47
总烃	6702.89

（3）解体检查情况

为防止故障进一步发展为设备事故，对故障 CVT 进行停电处理，根据试验测得的电容值，针对下节瓷套和油箱进行了解体检查，以便进一步查明故障的真正原因，如图 17‒42 所示。

对 CVT 下节瓷套进行解体，从图 17‒43 中可以看出，下节瓷套的油位已基本漏光，打开瓷套与油箱的紧固件，吊起瓷套，发现下节电容与末屏接地的端子连线已烧断，如图 17‒44 所示。在油箱内的中压变压器绕组上有两片掉落的碎瓷片，均已熏黑，经检查为下节末屏接地小瓷套的碎片，如图 17‒45 所示。对下节瓷套内的电容元件进行检查，如图 17‒46 所示，电容 C_{12} 的第 1、2、3、4、5、6 片电容单元有放电灼烧痕迹，测量其电容量均为零，将故障电容元件展开后，发现内部多层电容纸和金属箔由于没有绝缘介质而击穿，如图 17‒47 所示。

图 17‑43　CVT 下节瓷套油位

图 17‑44　下节末屏接地断线处

图 17‑45　掉落的小瓷套碎片

图 17‑46　下节电容单元放电处

图 17‑47　击穿的电容单体展开图

解体检查结果分析：1）下节瓷套内的绝缘油渗漏严重，推测原因为瓷套下部与油箱连接处由于放电造成瓷套密封损坏，造成瓷套与油箱贯通；2）下节 C_2 与接地端子的连接线烧断，形成末屏悬空现象，产生悬浮电位，这时极易对相邻导体特别是接地元件造成放电；3）下节电容 C_{12} 击穿了 6 组，与前面电容量计算的击穿数目一致，验证了下节 C_{12} 电容量试验测量值，C_1 总的电容量增大使 C_2 的端电压升高，二次电压与 C_2 的端电压成正比关系，这是二次电压升高的直接原因。

（4）故障原因分析

根据现场检查情况、试验测量以及解体剖析，对故障过程进行如下分析。

由于电压互感器末屏与接地端子连线的接线端子未采用正规线鼻子，厂家仅将接地线弯了一个圈作为线鼻子使用（如图 17－48 所示），长期运行发热造成导线内部损伤，最终烧断，末屏悬空产生悬浮电压，对邻近的小瓷套内部导电杆放电，将小瓷套拆除后，发现其已破碎，如图 17－49 所示，放电导致下节瓷套油室与底座油箱密封破损，下节油室中的绝缘油渗漏到中压变压器的油箱，造成下节瓷套绝缘油几乎漏尽，耐压强度极度降低，最终导致 6 片电容单元击穿短路，由于 C_{12} 是多个电容单元串联组成，电容单元的减少造成 C_{12} 电容量的增大，同时分压比减少，从而使二次输出电压升高。

图 17－48　不合格的线鼻子

图 17－49　放电导致小瓷瓶破损

因此，该 500 kV 变电站 220 kV Ⅰ A 母线 CVT 的 A 相二次电压偏高的根本原因是设备本体存在缺陷所致。

（5）处理措施

立即对故障 CVT 进行更换，更换后的 CVT 一、二次电压恢复正常，更换前后电压值，如表 17－23 所示。

表 17-23 CVT 更换前后一、二次电压值

一次电压/kV		二次电压/kV	
更换前	更换后	更换前	更换后
138.88	132.76	66	63

ⅠA、ⅠB、ⅡA 和ⅡB 母线共计 12 台 CVT 为同批次产品，均存在该缺陷，日后应加强对这类设备的巡视力度，当出现二次电压异常时，应重点监测数据变化情况并综合分析原因。

3. 预防措施

（1）CVT 若出现二次电压异常现象，应及时停电测量电容值，当单节电容量变化超过 1% 时，应全面试验复核避免发展为击穿爆炸事故。

（2）科学安排日常巡视工作，尤其加强对充油设备的油位和是否漏油做好记录，加强红外热成像巡视的力度，当电压互感器出现相间温差大过 1.8 K 时应重点检查，以确保巡视到位，对故障早发现、早分析、早处理，将故障尽早消除。

（3）设备验货时要严把质量关，再小的缺陷也应该消除后才可安装投运。充油设备的油位镜及查位窗应尽量增大显示面积，以方便运行人员实际运行时的读数。

4. 案例总结

厂家仅将接地线弯了一个圈作为线鼻子使用，长期运行发热造成导线内部损伤，最终烧断，末屏悬空产生悬浮电压，对邻近的小瓷套内部导电杆放电。CVT 若出现二次电压异常现象，应及时停电测量电容值，当单节电容量变化超过 1% 时，应全面试验复核避免发展为击穿爆炸事故。

科学安排日常巡视工作，尤其加强对充油设备的油位和是否漏油做好记录，加强红外热成像巡视的力度，当电压互感器出现相间温差大过 1.8 K 时应重点检查，以确保巡视到位，对故障早发现、早分析、早处理，将故障尽早消除。

设备验货时要严把质量关，再小的缺陷也应该消除后才可安装投运。充油设备的油位镜及查位窗应尽量增大显示面积，以方便运行人员实际运行时的读数。

第三节　其他故障及缺陷

一、110 kV 电压互感器因设计缺陷导致电磁单元发热

1. 案例描述

××年××月××日，某 110 kV 主变压器电站带电检测中，发现 110 V Ⅱ段母线

5×24 TVC 相在电磁单元箱壁上存在一个过热点，温度比其余部分高 2K，当即申请将该 TV 退出运行。

2. 分析处理

故障设备基本情况：故障电容式电压互感器（CVT），型号为 TY110/$\sqrt{3}$- 0.02 W3，额定电压为 110/$\sqrt{3}$ kV，××公司××年生产，次年投运。

（1）现场检查情况

检测人员在主变压器电站带电检测工作中，发现 TVC 相电磁单元箱壁温度存在异常，红外检测如图 17-50 所示

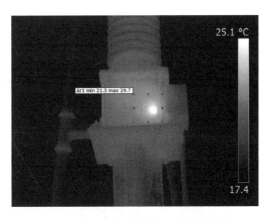

图 17-50 ××变电站 C 相红外检测

通过红外检测发现 C 相电磁单元的箱壁上存在一个过热点，温度较其余部分高 15.7 K，而对比三相电磁单元箱体可发现，C 相电磁单元温度整体比其余两相高 8.5 K。C 相电磁单元箱体外观无异常，测量、计量、保护等二次电压正常。现场检测人员初步判断该 TV 电磁单元内部元件与箱体内壁存在搭接，建议将其退出运行并进行更换。

（2）解体检查情况

××日对其进行解体检查。解体检查前进行了电容量、介损、变比、绝缘电阻、二次绕组直流电阻、绝缘油色谱及耐压等试验，各试验项目均合格。未解体前，单独对阻尼器进行了试验，在对 3a3n 绕组阻尼器施加额定电压后，电磁单元箱体二次接线盒左侧棱边靠下方约 1/4 高度处局部出现发热点，加压 3 min，温升达到 24 K，与现场运行时异常发热情况完全一致。对 dadn 绕组阻尼器施加额定电压 30 min，未见明显发热。

解体检查发现，在发热部位对应位置的油箱内侧安装有 3a3n 绕组的并联阻尼器，且该阻尼器的外罩与箱壁有明显碰触，油箱壁上接触点的油漆有明显剐蹭，黏附在阻尼器的外罩上（见图 17-51、图 17-52）。

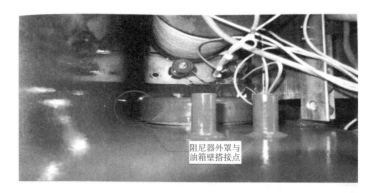

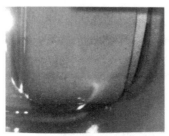
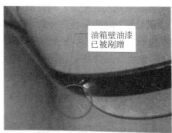

图 17-51　解体检查情况

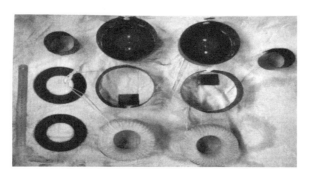

图 17-52　阻尼器速饱和电抗器解体照片

（3）原因分析

经测量，阻尼器的外罩高度为 45 mm，外罩的厚度为 2 mm，阻尼器紧固螺杆的高

变电一次设备典型故障分析与处理

度为 50 mm。按设计值，油箱壁棱边圆角弯曲半径 22 mm，阻尼器外罩与油箱内壁的距离为 3 mm 左右，当箱体圆角半径偏大（达到 30 mm）、外罩安装位置有偏差、外罩尺寸特别是高度偏大时，均可能外罩与箱壁接触（见图 17 - 53、图 17 - 54）。本台箱体圆角半径偏大是主因。

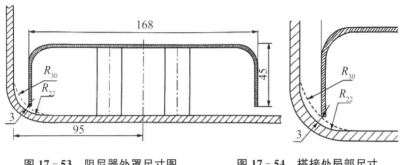

图 17 - 53　阻尼器外罩尺寸图　　　　图 17 - 54　搭接处局部尺寸

当阻尼器外罩与油箱壁搭接时，形成"尼器外罩—油箱壁—固定螺栓及支柱"闭合回路，当阻尼器（该阻尼器是一个匝数为 320 匝的线圈）上通有交流电压时，即在该闭合回路内产生一个感应电流，从而导致阻尼器外罩与油箱壁相连处有明显发热，如图 17 - 55、图 17 - 56 所示。

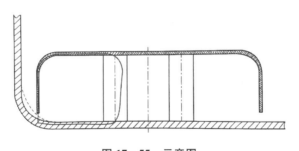

图 17 - 55　示意图

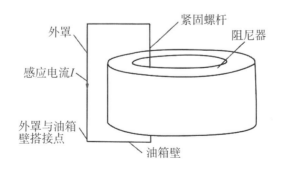

图 17 - 56　闭合回路示意图

综上所述，CVT阻尼器速饱和电抗器外罩与油箱内壁之间的间隙设计裕度不够是导致两者搭接的根本原因，油箱制造尺寸存在偏差（棱边圆角半径大于设计值）是导致两者搭接的直接原因。

3. 预防措施

（1）选用运行业绩良好、优秀厂家的产品；

（2）加强红外精确测温、相对介损、电容量等带电检测，带电检测结束及时对设备状态进行评估；

（3）对于目前在运的××公司生产的与故障TV同厂同批次、同结构设计的产品均要求厂家返厂更换，更换前加强巡视，带电检测。

4. 案例总结

CVT阻尼器速饱和电抗器外罩与油箱内壁之间的间隙设计裕度不够是导致两者搭接的根本原因，油箱制造尺寸存在偏差（棱边圆角半径大于设计值）是导致两者搭接的直接原因。

第十八章　成套电容器组装置故障及缺陷

第一节　外绝缘故障及缺陷

一、鸟害导致成套电容器组装置外绝缘故障

1. 案例描述

××年××月××日 14 时 59 分，××公司 500 kV 变电站♯2 电容器组差压保护动作跳闸。现场检查发现♯2 电容器组 B 相一只电容器一次引线与层架支持角钢间有一只鸟被电击致死，并留有放电痕迹。

××公司的成套电容器组装置型号为 TBB35－60120/334CCW，单体电容型号为 BAM12/2-334-1W。

故障前该变电站为正常运行方式，天气晴，成套电容器组装置无大修记录。

2. 分析处理

故障发生后，立即对现场进行检查，发现 35 kV♯2 电容器组 B 相一只电容器一次引线与层架支持角钢间有一只鸟被电击致死，并留有放电痕迹。推测原因是大鸟飞落造成 B 相一次引线对层架角钢放电（相当于极对壳短路），造成差压保护动作跳闸，如图 18－1 至图 18－4 所示。

图 18－1　被电击致死的大鸟

大鸟的位置（一次引线部位）

大鸟的站立位置（层架角钢）

图 18－2　故障现场照片

短路时大鸟脚部
所在位置

图18-3 层架角钢上的放电痕迹

短路时大鸟头部
所在位置

图18-4 一次引线上的放电痕迹

大鸟飞入造成电容器引线对层架支持角钢放电是故障发生的直接原因。

故障发生后,该公司检修人员立即赶到现场,清理被电死的鸟,打磨烧损的一次引线,并对电容器的电容量和放电线圈的直阻等逐台进行了测试,结果均合格,经检查确认无其他问题后,当日23时10分♯2电容器组恢复正常运行。

3. 预防措施

(1) 在运110 kV～220 kV变电站的散装电容器组单组容量一般为2000 kvar～12000 kvar(价格5万元～30万元),采用方案2所需费用为0.3万元～3万元,费用适中,但防鸟害效果好,可基本消除包括飞鸟在内的各类异物短路造成的电容器故障,故建议采用方案2进行改造。

(2) 在运500 kV变电站的散装电容器组单组容量一般为45000 kvar～60120 kvar(价格150万元～200万元),采用方案2所需费用为7.5万元～15万元,远高于方案3的费用。因此建议对超声波驱鸟器做进一步调研,经过比较后选择一种驱鸟效果较好且副作用小的超声波驱鸟器在500 kV站试用,根据试用效果确定最终方案。

(3) 对新建或改扩建110 kV～220 kV站的散装电容器组均要求采用方案2防止鸟害,对新建或改扩建500 kV站的散装电容器组根据超声波驱鸟器的试用效果确定防鸟害方案。

4. 案例总结

本次500 kV变电站♯2电容器故障。分析缺陷原因为:大鸟飞入造成电容器引线对层架支持角钢放电。

通过清理鸟尸,打磨引线等方法,完成了对故障的处理。并因地制宜,通过母线绝缘化、安装驱鸟器等措施,以避免此类事件的发生。

第二节 局部放电故障及缺陷

一、110 kV 变电站电容器单元击穿

1. 案例描述

××年××月××日，××公司 110 kV 变电站 5042 电容器组开口三角电压保护跳闸。经检查电容器组电容量没有超出国家标准要求，因此，按电容器运行规程要求进行试送，开口三角电压保护即刻跳闸。

故障电容器组为集合式，型号是 BAMH11/$\sqrt{3}$ - 7500 - 3W，额定输出（2500 + 5000）kvar，编号 2003139，××年生产，××年投运。

该电容器组第一次开口三角电压保护动作发生在××年，此时电容器组内部已有电容器元件损坏。虽然故障电容器电容量偏差没有超过有关标准要求的 0.05%，但从历次的电容量测量结果来分析，电容量已经发生了很大变化，在历次电容量试验值记录表 18 - 1 中可以发现电容量的变化情况。

表 18 - 1 电容器电容量历次试验值表

每相电容量情况 时间	A 相电容量（μF）	B 相电容量（μF）	C 相电容量（μF）	A 相误差（%）	B 相误差（%）	C 相误差（%）
××	133.2	133	133.1	0.73	058	0.66
××	133.1	133	133	0.66	0.58	0.58
××	134.2	130.8	133.4	1.49	−1.08	0.88
××	133.2	128.8	132.4	0.73	−2.59	0.13
××	134.2	129.2	132.8	1.49	−2.29	0.43
××	134	129.2	132.7	1.34	−2.29	0.36
××	134.4	129.4	133	1.64	−2.14	0.58

2. 分析处理

（1）电容器组返厂解体检查情况

解体前，对故障电容器组的型式试验报告、出厂试验报告和源材料及外购件进行了检查。

经检查，××公司提供了由国家电力电容器质量监督检验中心出具的 BAMH11/$\sqrt{3}\sqrt{3}$ - 7500 - 3W 型电容器有效的全项目型式试验报告。

根据 GB/T 11024-2001《标称电压 1 kV 以上交流电力系统用并联电容器》和 DL/T 628-1997《集合式高压并联电容器订货技术条件》关于出厂试验的规定，电容器组出厂前应做各项出厂试验。但是××公司未能提供 5042 电容器出厂时"内部放电器试验""密封性试验""内部熔丝的放电试验"和"电容器单元局部放电试验"的试验报告。

同时，××公司也未能提供外购件内熔丝的试验报告和说明书。

5042 电容器组的源材料及外购件厂家见表 18-2：

表 18-2 5042 电容器组的源材料及外购件厂家

源材料/外购件	厂家	源材料/外购件	厂家
铝箔	××公司	薄膜	××公司
绝缘介质	××公司	内熔丝	××公司
绝缘纸	××公司	套管	××公司
电容器板材	××公司	绝缘冷却油	××公司

（2）电容器组解体检查情况

为了有序对电容器单元进行相关检查和试验，为电容器组的电容单元进行了序号编码，如图 18-5 所示。

将电容器箱内♯45 变压器油放净，吊罩后进行外观检查，未发现电容器单元外壁有放电点，电容器单元有稍微鼓肚现象，如图 18-6 所示。

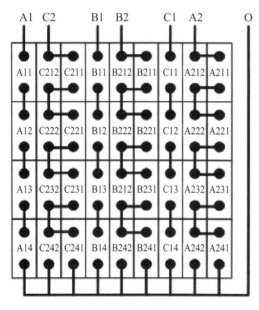

图 18-5 电容器组电容单元编号示意图

图 18-6 电容器单元稍微鼓肚

经吊罩后进行电容量测试，试验结果表明，A1-O、B1-O、C1-O、A2-O、B2-O、C2-O 六相均有数量不等的电容器元件损坏。解开套管间连接排后测试，发现有 12 个电容器单元有电容元件损坏，它们是：A12、A13、C232、C242、C221、B11、B14、B211、B221、C12、C13、A211。

（3）电容器单元解体情况

为了彻底查清电容器故障原因，对 12 个电容量变化的电容器单元进行了解体并进行了试验。这 12 个电容器单元各有不同数量的电容器元件损坏，具体情况见表 18-3。

表 18-3　电容器单元损坏元件数量情况

电容器单元编号	损坏元件数量	电容器单元编号	损坏元件数量
A11	3	B14	3
A13	3	B211	4
C222	1	B221	2
C232	1	C12	2
C221	1	C13	3
B11	1	A211	1

在这 12 个电容器单元中，B211 号电容器单元中击穿元件最多，多达 4 个，首先对该电容器单元进行了解体。经过电容量测试，发现 B211 号电容器单元的第 57、55 个电容器元件击穿，串联在第 57、55 个电容器元件上的第 57、55 个内熔丝击穿。但第 56、54 个内熔丝熔断，和其串联的第 56、54 个电容器元件未击穿。第 57、55 电容器元件的击穿点均在电容器元件大面上，见图 18-7、图 18-8。

图 18-7　第 57 电容器元件击穿点在大面上

图 18-8　第 55 电容器元件击穿点在大面上

为了彻底摸清 5042 电容器的电容器元件损坏情况，对其他 11 个电容器单元进行了解体。发现剩余的 11 个电容器单元中，有 17 个电容器元件击穿，串联其上的内熔丝熔断；有 4 个电容器元件完好而内熔丝击穿，见表 18-4。82%（14/17）的电容器元件的击穿点位于元件大面上。经检查，5042 电容器组的电容器单元使用了 3 层膜，并且内熔丝分布在单容器单元端面上，如图 18-9 和图 18-10。

表 18-4　12 个电容器单元的元件和内熔丝损坏情况

单元编号	损坏总数量	元件击穿数	内熔丝熔断数	单元编号	损坏总数量	元件击穿数	内熔丝熔断数
A11	3	2	3	B14	3	2	3
A13	3	2	3	B211	4	2	2
C222	1	1	1	B221	2	2	2
C232	1	1	1	C12	2	2	2
C221	1	1	1	C13	3	2	3
B11	1	1	1	A211	1	1	1

图 18-9　经检查为 3 层膜

图 18-10　内熔丝分布在电容器单元端面上

（4）电容器组试验情况

以上是将电容器组和电容器单元解体进行了外观检查和简单的电容量测试。为了更深一步检查电容器故障原因，对电容器单元耐压水平、薄膜、绝缘油、放电电阻进行了相关试验。

薄膜厚度和电气强度测试：薄膜厚度是保证电容器设计场强的一个重要参数，电气强度是保证电容器绝缘性能的一个重要参数，因此测量薄膜厚度是查找电容器故障原因的重要手段。

根据 GB/T 13542.3-2006《电气绝缘用薄膜第 3 部分：电容器用双轴定向聚丙烯薄膜》的规定，测量薄膜的厚度可以用千分尺法和质量密度法，也可用光学法。在精确度上，质量密度法优于光学法，光学法优于千分尺法。由于 B211 电容器单元内的薄膜浸过苄基甲苯，不可再用质量密度法。又因某公司工装设备水平较为落后，不具备光学测厚的试验条件，为此，对 B211 电容器单元内使用的薄膜采用千分尺法进行了厚度测量，测试结果见表 18-5。

表 18-5 B211 电容器单元薄膜厚度测量

名称	标准厚度					测试方法				测试工具	
聚丙烯薄膜	9					平均法				千分尺	
实测厚度（10 层）											
一	二	三	四	五	六	七	八	九	十	平均	结论
88	88	90	91	90	89	90	91	89	91	单层 8.97	不合格

薄膜表面粗糙可引起的薄膜间的空隙。空隙率是以叠层法（千分尺法）测得的厚度超过质量密度法测得的厚度的增量的百分数。本薄膜的空隙率为 9%，用千分尺法测得的厚度为 8.97 μm，折合到实际厚度为 8.23 μm。该薄膜的标称厚度为 9 μm，厚度允许偏差为 5%，因此该薄膜厚度不合格。

测试薄膜的电气强度（耐压）可采用 50 点电极法和元件法。但由于某公司工装设备水平较为落后，相关技术人员素质普遍不高，条件不具备，未进行薄膜电气强度的测试。

电容器单元耐压试验：为测试电容器单元的整体绝缘水平，对 B211 和 C11 电容器单元分别进行了极对壳耐压、极间耐压试验。其中 B211 内有元件损坏，C11 电容量没有超标。试验结果表明，B211 能承受 2.15 Un 极间和 35 kV 极对壳耐压，而电容量没有超标的 C11 不能承受 2.15 Un 极间和 35 kV 极对壳耐压。

（5）原因分析

通过 110 kV 变电站 5042 电容器组的故障情况和返厂解体检查情况综合分析，原因归纳如下：

1）薄膜厚度不够。5042 电容器所使用的薄膜为 3 层标称厚度为 9 μm 的聚丙烯薄膜，测量结果表明，薄膜厚度不够，电容器设计场强得不到保证。82% 的电容器元件击穿点分布在大面上、电容量没有超标的 C11 单元不能承受 2.15 Un 极间耐压都印证了薄膜的质量问题。

2）内熔丝结构不当。5042 电容器组的电容器单元的内熔丝在电容器单元的端面上一字排开。当内熔丝熔断时，其所释放的能量炸坏了旁边的完好元件的熔丝，即所谓"群爆"，迫使一定数量的完好元件也退出了进行，导致整台产品过早地退出运行。宜采用新型内熔丝结构，是熔体夹在 2 个元件之间，封闭了熔丝熔断所释放的能量，较好地解决了熔丝群爆现象。B211 单元第 57、55 熔丝熔断波及第 56、54 熔丝熔断，可能是由内熔丝结构不当引起。

3）单元接线方式不当。5042 电容器组电容器单元采取了 58 并 1 串的接线方式。这是元件全部并联，相较于单元先并联后串联的接线方式。这种接线的优点是：在继电保护动作之前，运行损坏的元件个数相对较多。缺点是：熔丝熔断后，放电能量过大，易引起熔丝群爆，有时还损坏对地绝缘，引起对地击穿。改为先并后串组成单元，单元再全部并联，可以降低放电能量，提高生产运行的可靠性。B211 单元第 57、55 熔丝熔断波及第 56、54 熔丝熔断，也可能是由单元接线方式不当引起。

5042 电容器故障原因是产品质量问题和电容器单元设计不当所致，××公司完全同意分析的结论。结果充分的讨论和激烈的谈判，××公司同意更换一台全新的经过出厂试验合格的电容器。

3. 预防措施

通过 110 kV 变电站 5042 电容器组的故障情况和返厂解体检查情况综合分析，5042 电容器组电容量超标是因××公司的产品质量问题和电容器单元设计不当所致。为保证集合式并联电容器设备在电网安全运行，提出以下反事故措施：

（1）统计和分析××公司××年集合式并联电容器产品在某电力系统运行情况。加强运行监视，出现异常时应立即对电容器组进行试验，检查设备绝缘状况。

（2）在招标过程中，严格对设备生产厂家进行资质审查，赴厂家进行关键生产环节监造。厂家应提供设备相应的有效型式试验报告和产品的出厂试验报告和原材料、外购件质量合格报告，不能提供相关报告的产品不予接收。

4. 案例总结

本次 110 kV 变电站电容器单元击穿故障。分析原因为：薄膜厚度不够，电容器设计场强得不到保证；内熔丝结构不当，当内熔丝熔断时，发生"群爆"，迫使一定数量的完好元件也退出了运行，导致整台产品过早地退出运行；单元接线方式不当，熔丝熔断后，放电能量过大，易引起熔丝群爆，有时还损坏对地绝缘，引起对地击穿。

通过更换合格的电容器，完成了对故障的处理。并通过加强运行设备监视，进行关键生产环节监造等措施，以杜绝此类事件的发生。

第三节　电容器爆破故障及缺陷

一、220 kV 变电站 35 kV 电容器单元爆破

1. 案例描述

××年××月××日，××公司 220 kV 变电站在两条分裂运行的 35 kV 母线上的

♯2、♯4、♯6、♯8电容器组在没有任何操作的情况下，不平衡电压保护3s内相继动作跳闸。

电容器：单台型号为 BAM12 - 334 - 1W，内部结构为 6 串 7 并，三膜（3×14 μm），设计场强 48 kV/mm，无内熔丝。每组有 24 台，容量为 8016 kvar，接线方式为 4 并 2 串，制造厂家是××公司。熔断器型号为 BRW - 12/42P，制造厂家是××公司。

电容器组一次电气接线原理图如图 18 - 11 所示。

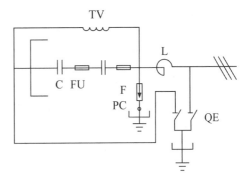

图 18 - 11　电容器组一次接线原理图

天气简况：晴

运行方式：变电站 220 kV、110 kV 和 35 kV 系统为正常运行方式：220 kV 和 110 kV 母线并列运行，35 kV 母线分裂运行。其中，变电站三条 220 kV 出线××Ⅰ、Ⅱ线和××线均正常运行，当时 35 kV 共投运♯2 电容器 352、♯4 电容器 354、♯6 电容器 362 和♯8 电容器 364 四组电容器，♯1 电容器 351、♯5 电容器 361 和♯7 电容器 363 处于热备用状态。全站无操作。

2. 分析处理

××日，对故障后现场进行了检查，结果发现：

♯2 电容器组的 C1、C4、C5、C6、C7 和 C8（C8 熔断器弹簧折断）；♯4 电容器组的 B1、B2、B3 和 B4；♯6 电容器组的 B3、B5、B6、B7 和 B8；8♯电容器组的 B7，共 16 支外熔断器的熔丝熔断。见图 18 - 12。

图 18 - 12　♯2 电容器熔丝动作情况

图 18 - 13　♯4-B4 电容器受损情况

♯4 电容器组 B4 电容器的套管（熔断器侧）从根部和中部断裂，箱体外侧肩部爆裂。见图 18 - 13、图 18 - 14 和图 18 - 15。

图 18-14　♯4-B4 电容器受损情况

图 18-15　♯4-B4 电容器受损情况

　　♯2、♯6 和♯8 电容器组的 C 相避雷器计数器动作，其中♯2 两次，♯6 和♯8 各一次。

　　现场调取了变电站 35 kV 电容器保护动作信息及故障录波波形图，如表 18-6。

表 18-6　电容器组保护动作信息

电容器回路编号	保护定值	动作信息
♯8（364）	3.5 V，0.2S	21:55，07.666　696 ms　不平衡电压出口 Ubp1＝15.5 V
♯2（352）	3.5 V，0.2S	21:55，07.709　628 ms　不平衡电压出口 Ubp1＝22.0 V
♯4（354）	3.5 V，0.2S	21:55，07.713　703 ms　不平衡电压出口 Ubp1＝66.5 V
♯6（362）	3.5 V，0.2S	21:55，10.101　204 ms　不平衡电压出口 Ubp1＝63.22 V

　　变电站 220 kV Ⅰ、Ⅱ 母线电压，××Ⅰ、Ⅱ线，××线及 220 kV ♯1 和♯2 主变 35 kV 侧电流波形，如图 18-16、图 18-17 和图 18-18 所示。

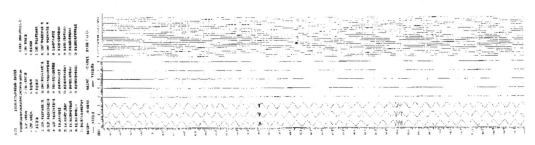

图 18-16　220 kV Ⅰ 母线电压及 ××Ⅰ 线电流波形图

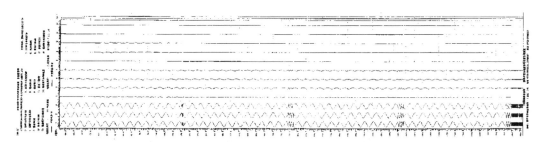

图 18-17　220 kVⅡ母线电压、××Ⅱ线及××线电流波形图

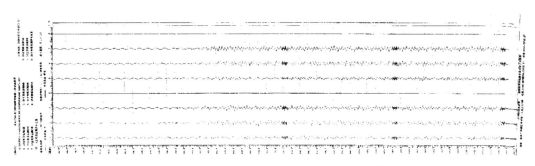

图 18-18　220 kV♯1、♯2 主变 35 kV 侧电流波形图

现场经电容量测试，共发现 6 台电容器容量超差，具体情况如表 18-7 所示：

表 18-7　电容器组信息

组号	相别	绝缘电阻（MΩ）	电容值（μF）			熔断器是否动作
			出厂	实测	偏差值%	
♯2	B6	10000	7.61	9.49	24.7	否
♯2	C7	10000	7.68	9.15	19.1	是
♯2	C8	10000	7.59	9.48	24.9	是
♯4	B1	10000	7.74	9.24	19.4	是
♯4	B4	10000	7.71	106	1274.8	是
♯8	B7	10000	7.59	9.07	19.4	是

××日，对损坏的 6 台电容器进行了返厂解体检查，并对部分电容器进行了耐压试验、薄膜抽样试验和油样试验。

试验情况：对其中 2 台电容器进行了极间和极对壳耐压试验，并抽取油样进行了耐压、介损和微水试验，结果正常。对其中 1 台电容器的薄膜进行了厚度和耐压试验，结果正常。

解体检查情况：解体后发现，6 台电容器各有 1 个电容元件击穿。从击穿点分布情况来看，有 3 个元件击穿点位于边缘铝箔折边处，其中一台（♯4 电容器组 B4）在元件击穿过程中引起外包装绝缘纸损坏，造成极对壳放电，引起箱体鼓肚、爆裂和套管炸裂。另外三个元件击穿点位于电容元件的表面上，分别为第 6 串段第 7 个元件、第 4 串段第 2 个元件、第 6 串段第 6 个元件，其中一个元件的击穿点呈面状。如图 18‑19、18‑20、18‑21 和 18‑22 所示。

图 18‑19　击穿点位于边缘铝箔折边处

图 18‑20　边缘击穿时引起外包装绝缘纸损坏

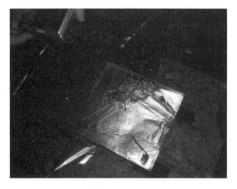

图 18‑21　击穿点位于元件表面上

图 18‑22　击穿点呈面状

（1）故障原因初步分析

从故障电容器解体情况来看，虽然对薄膜进行的抽样试验未发现明显的质量缺陷，但解体的 6 台电容器中有 3 台元件击穿点位于表面上，且均位于铝箔的皱褶处，因此怀疑部分元件的铝箔或薄膜存在一定的质量问题。特别是其中一个元件的击穿点呈面状，很可能是由于该处注油不到位，从而形成了绝缘上的薄弱点。

但♯2、♯4、♯6 和♯8 电容器组几乎同时跳闸，说明这是一个共同的外部因素造成的。

从图 18‑22 可看出，变电站♯1、♯2 主变低压侧电流波形发生了严重的畸变。进行谐波分析可发现，起初主变低压侧电流中三次谐波含量只有基波电流的 20%～30%，但 600 ms 后三次谐波电流明显增加，最大时可达到基波电流的 3 倍，此过程一直持续到 1600 ms 左右。由于本站电容器串有 12% 的电抗器，其三次谐波阻抗比负荷小得多，故三次谐波电流基本都流入了电容器组。

从波形看出，主变低压侧三次谐波电流可达到 2 A 左右，折算到一次值为 1000 A（低压侧主进 CT 变比 2500/5）。故障时每台主变低压侧带有 2 组电容器，按三次谐波电流全部流入电容器组考虑，每组电容器流过的三次谐波电流为 500 A，接近其额定电流（132 A）的 4 倍。

由于电容器中的三次谐波电流明显放大，从而引起其端电压明显升高，造成个别元件击穿。同时，因为电容器中的三次谐波电流接近其额定电流（也即基波电流）的 4 倍，大大超过了电容器外熔丝的熔断电流（1.5 倍的额定电流），故部分外熔丝发生熔断，将本台电容器切除，并引起不平衡电压保护动作跳闸，将整组电容器切除。

由此可基本确定主变低压侧三次谐波电流的放大是引起 4 组电容器几乎同时跳闸的起因。

经了解，变电站 35 kV 系统所带的主要是农业负荷，没有明显的谐波源，且故障时变电站 35 kV 系统未发生单相接地等异常情况。因此，两台分裂运行的主变低压侧同时出现很大的三次谐波电流，其原因只可能是受到上一级电网的影响。从图 18-20、图 18-21 可看出，变电站的上级站进线××Ⅰ、Ⅱ线也同时出现了很大的三次谐波电流，起初为基波电流的 20%～30%，600 ms 后三次谐波电流明显增加，最大时可达到基波电流的 130%。

（2）进一步分析

事后，对上级站××日的相关情况进行了了解。

故障前上级站的运行方式：500 kV××线和××Ⅱ线正常运行，220 kV××Ⅰ、Ⅱ线、××线和××Ⅱ线正常运行。××日晚上，正进行上级站♯3 主变的投运工作，计划首先合上 213 开关，然后合上 5012 和 5013 开关。

上级站操作情况：通过调取上级站的 SOE 报文发现，××日，上级站进行了用 213 开关向 3 号主变充电的操作。而这之后 2 s 左右，便发生了变电站电容器组跳闸的事件。

分析：上级站合上 213 开关，对♯3 主变进行空载充电时，其空载电流和激磁电流中均含有大量的三次谐波。三次谐波电流经××Ⅰ、Ⅱ线和主变传到其低压侧并得到放大，最终引起 4 组电容器故障跳闸。

（3）疑点分析

主变低压侧绕组为△型接线，三次谐波电流应该只在其内部形成环流，而无法流出，但本次故障为什么三次谐波电流不但流出，而且得到了放大。

××日，上级站♯3主变因充氮灭火装置故障而停运后，上级公司及时利用此机会组织××公司有关人员于××日赶赴××公司220 kV变电站进行上级站投主变时变电站的谐波测试。本次测试时的运行方式与××日时完全相同，虽然没有再现上次的故障情况，但测试结果同样显示：在上级站合上213开关后，电容器组回路有约30％～40％的3次谐波电流。

分析原因为：变压器空充时谐波电流的大小与运行时的系统电压有关。系统电压越高，运行点越深入饱和区，空载电流的波形畸变越大，谐波含量急剧上升。上次上级站主变空充时为××分，当时全网负荷较小，上级站220 kV母线电压较高（228 kV），而××日上级站主变空充时为××分，当时全网负荷较大，上级站220 kV母线电压较低（221 kV），这也恰好说明了××日虽然运行方式与上次时完全相同，但却未能再现上次故障情况的原因。

不过，××日在上级站合上213开关后，变电站电容器组回路的3次谐波电流也得到了明显放大，这也印证了部分谐振的存在。

（4）结论

上级站合上213开关，向♯3主变进行充电操作是造成变电站35 kV电容器组故障跳闸的起因。对主变进行空载充电时，其空载电流和激磁电流中的谐波分量相同，含有大量的三次谐波。由于变电站电容器组回路和系统发生了部分谐振，造成电容器组中三次谐波电流明显放大，最终导致部分元件击穿、外熔丝熔断和4组电容器相继跳闸的后果。

虽然对薄膜进行的抽样试验未发现明显的质量缺陷，但解体的6台电容器中有3台元件击穿点位于表面上，且均位于铝箔的皱褶处，因此确定部分元件的铝箔或薄膜存在一定的质量问题。特别是其中一个元件的击穿点呈面状，很可能是由于该处注油不到位，从而形成了绝缘上的薄弱点。

（1）故障发生后，某供电公司立即组织力量进行抢修，通过采取从做备件用的♯3电容器组上拆除单台健康电容器的方式，于××日恢复了♯2、♯4、♯6、♯8电容器组的运行。

（2）××月份完成了♯3电容器的整组更换。

3. 预防措施

（1）变电站故障录波器未对35 kV母线电压和电容器组回路电流进行录波，客观上给故障原因的分析增加了难度。建议在有条件的情况下，220 kV站的故障录波器应考虑对低压侧母线电压和电容器组回路电流也进行录波。

（2）建议变电站加装谐波在线监测装置，对本站的谐波情况进行实时监视。

4. 案例总结

本次 220 kV 变电站 35 kV 电容器单元爆破故障。分析原因为：上级变电站合上 213 开关，向♯3 主变进行充电。对主变进行空载充电时，其空载电流和激磁电流中的谐波分量相同，含有大量的三次谐波。由于变电站电容器组回路和系统发生了部分谐振，造成电容器组中三次谐波电流明显放大，最终导致部分元件击穿、外熔丝熔断和 4 组电容器相继跳闸的后果。同时，电容器部分元件的铝箔或薄膜存在一定的质量问题。

通过更换单体电容器，以及对电容器组的整体改造，完成了对故障的处理。并借助完善录波和谐波在线监测装置等措施，以避免此类事件的发生。

第四节　其他故障及缺陷

一、220 kV 变电站 541 电容器组 B6 电容器母线排烧损缺陷

1. 案例描述

××年××月××日，220 kV 变电站 10 kV♯5 号电容器组 541，在运行人员进行巡视时发现 5 号电容器组连接 B 相♯6 电容器套管的引线与上母线排压接处有严重烧痕。

220 kV 变电站 10 kV Ⅱ 段安装 4 组电容器，即♯5 电容器（541）、♯6 电容器（542）、♯7 电容器（543）、♯8 电容器（544），电容器组每相装有 6 台电容器，每组装有 18 台电容器，每台额定容量 7200 kvar。

2. 分析处理

××日，经现场外观检查，5 号电容器组连接 B 相♯6 电容器套管的引线与上母线排压接处有严重烧痕，其他未见异常。具体缺陷如图 18 - 23。

图 18 - 23　母线排烧毁痕迹

根据以上情况判断，连接 B 相♯6 电容器套管的引线与上母线排压接处烧损严重，已不能继续运行。

5 号电容器组连接 B 相♯6 电容器套管的引线与上母线排压接处在紧固螺丝时用力不当，导致松动，接触面减少，电流增大，长时间运行发生过热烧损现象。

更换 5 号电容器组中连接 B4、B5、B6 电容器的接线。因外侧母线烧损严重已不能继续使用，故在引线未烧损螺孔内侧重新测量孔距，打孔后压接新引线。

3. 预防措施

（1）缺陷消除完成后，我工作人员又将其他引线压接部分逐个检查紧固，确保设备投运后安全稳定运行；

（2）加强日常红外测温监视，提前发现问题并解决。

4. 案例总结

本次 220 kV 站 541 电容器组 B6 电容器母线排烧损缺陷。分析原因为：连接套管的引线与上母线排压接处的螺丝紧固时用力不当导致松动，接触面减少，电流增大，长时间运行发生过热烧损现象。

通过更换新引线，完成了对缺陷的处理。并通过紧固引线，加强日常红外测温监视，以避免此类事件的发生。

第十九章 高压并联电抗器故障及缺陷

第一节 本体故障及缺陷

一、电抗器夹件多点接地导致高温过热缺陷

1. 案例描述

某 500 kV 变电站××线电抗器于××日进行试运行，24 h 后停止运行，取油样进行色谱分析，未见异常。后又投入运行，运行 4 天后取样进行色谱分析，发现该电抗器 B 相油总烃、氢气超标，说明电抗器内部可能有故障存在，因此，从设备的中部、底部取样进行追踪分析，结果多种特征气体都大大超过了注意值。

2. 分析处理

从表中可以看到，总烃、氢气分别超过我国规定的 150 μL/L、150 μL/L 注意值，并且在追踪分析时，各种特征气体的含量均有上升趋势，CO、CO_2 都有所增长。总烃的绝对产气速率也大于 0.5 mL/h。所以初步断定该电抗器存在内部故障。

表 19-1　蔺河 500 kV 变电站蔺廉线电抗器色谱分析数据　单位：μL/L

试验日期	总烃 C_1+C_2	乙炔 C_2H_2	乙烷 C_2H_6	乙烯 C_2H_4	甲烷 CH_4	氢气 H_2	一氧化碳 CO	二氧化碳 CO_2	备注
××	痕	无	无	无	痕	无	6.6	144.3	新油
××	1.8	无	无	痕	1.8	9.1	34.6	248.8	××日取样
××	671.7	痕	58.4	338.1	275.2	160.5	55.7	217.9	运行 4 天，取样
××	1899.0	2.7	258.9	862.3	775.1	328.9	68.2	325.6	底部取样
××	1953.2	2.3	253.9	886.9	810.1	364.0	73.8	291.1	中部取样
××	4.8	无	0.8	1.9	2.1	0.9	1.2	116.3	吊检后分析结果

（1）故障性质的判断、分析

1）三比值法：

"变压器油中溶解气体分析和判断导则"的三比值法作为判断变压器和电抗器等充油电气设备故障性质的主要方法。其方法为：用 CH_4、C_2H_6、C_2H_4、C_2H_2、H_2 五种气体含量值，对 C_2H_2/C_2H_4、CH_4/H_2、C_2H_4/C_2H_6 的三对比值以不同的编码表示，每三对值为一个编码组合，查表即得故障类型。

根据表 19-1 中的数据进行计算编码：

$C_2H_2/C_2H_4 = 0.5/338.1 < 0.1$ 编码为 0

$CH_4/H_2 = 275.2/160.5(1—3)$ 编码为 2

$C_2H_4/C_2H_6 = 338.1/58.4 > 3$ 编码为 2

$C_2H_2/C_2H_4 = 2.7/862.3 < 0.1$ 编码为 0

$CH_4/H_2 = 775.1/328.9(1—3)$ 编码为 2

$C_2H_4/C_2H_6 = 862.3/258.9 > 3$ 编码为 2

查表可知编码组合均为"022"，由此推断该电抗器可能是高于 700 ℃ 的热故障。

2）特征气体法：

a. 如果 CH_4、C_2H_4、C_2H_6 是总烃的主要成分，其中，C_2H_4 含量一直较高，CH_4、C_2H_4 数量接近，CH_4 和 C_2H_4 两者之和一般占总烃的 80% 以上，为中等温度热故障；

b. 在 a 的前提下，H_2 超标（150 μL/L），但占氢烃总量的 27% 以下，随温度升高，H_2 的绝对含量有所增长，但其所占比例却相对下降，为高温过热故障；

c. 在 b 的前提下，早期及中期几乎没有出现 C_2H_2，即使后有少量 C_2H_2 但不会超过总烃的 6%，为严重过热故障。

表 19-1 中：

$(CH_4 + C_2H_4)/(C_1 + C_2) = 1637.4/1899.0 \approx 85.6\% > 80\%$；

$H_2/(H_2 + C_1 + C_2) = 160.5/8322 \approx 19\%$；

$H_2/(H_2 + C_1 + C_2) = 328.9/2227.9 \approx 14\%$，两次都小于 27%，第二次比第一次小；

$C_2H_2/(C_1 + C_2) = 2.7/1899.0 \approx 0.14\% < 6\%$，由此可推断为严重过热故障。

3）无编码比值法：

其原理是：油和固体绝缘材料在不同的温度、不同的放电形式下产生的气体也不同。它是先计算乙炔与乙烯的比值、乙烯与乙烷的比值、甲烷与氢气的比值，然后按表 19-2 判断故障性质。

从表 19-2 中两组数据分析：

① （底部取样试验）

表 19－2　用无编码比值法判断故障性质

故障性质	C_2H_2/C_2H_4、	C_2H_4/C_2H_6	CH_4/H_2
低温过热＜300 ℃	＜0.1	＜1	无关
中温过热 300 ℃～700 ℃	＜0.1	1＜比值＜3	无关
高温过热＞700 ℃	＜0.1	＞3	无关
高能放电	0.1＜比值＜3	无关	＜1
高能放电兼过热	0.1＜比值＜3	无关	＞1
低能放电	＞3	无关	＜1
低能放电兼过热	＞3	无关	＞1

$C_2H_2/C_2H_4＝2.7/862.3＜0.1$，查表知高温过热故障、中温过热 300 ℃～700 ℃ 或大于 700 ℃的高温过热；

$C_2H_4/C_2H6＝862.3/58.4＞3$，查表知大于 700 ℃的高温过热；

$CH_4/H_2＝775.1/328.9＞1$，查表知高能放电兼过热或低能放电兼过热。

②（中部取样试验）

$C_2H_2/C_2H_4＝2.3/886.9＜0.1$，查表知为高温过热故障、中温过热 300 ℃～700 ℃ 或大于 700 ℃的高温过热；

$C_2H_4/C_2H_6＝886.9/253.9＞3$，查表知大于 700 ℃的高温过热；

$CH_4/H_2＝810.1/364.0＞1$，查表知高能放电兼过热故障或低能放电兼过热。

综合考虑以上分析结果可判断为高于 700 ℃的高温过热兼高能放电故障。

4）根据总烃产气速率判定法：

当油中总烃含量超过正常值（150 $\mu L/L$），应考虑采用产气速率判断有无故障。绝对产气速率 γ：

$\gamma＝(C_{i2}-C_{i1})/\triangle t \times G/d$。

其中：γ——绝对产气率、mL/h；C_{i2}—第一次取样测得的气体浓度、$\mu L/L$；

C_{i1}——第二次取样测得的气体浓度、$\mu L/L$；$\triangle t$—二次取样时间间隔中的运行时间。

h；G——油重，t；d—油比重。

一般来说，对总烃产气速率＞1 mL/h 的充油设备可判断有故障。若总烃含量小于正常值，总烃产气速率小于正常值，则充油设备正常；若总烃含量大于正常值，但不超过正常值的 3 倍，总烃产气速率小于正常值，则充油设备有故障，但故障发展缓慢，可继续运行；若总烃含量大于正常值，但不超过正常值的 3 倍，而总烃的产气速率为正常值的 1~2 倍，则设备有故障，应缩短检验周期，密切监视故障发展；若总烃含量大于正常值的 3 倍，产气速率大于正常值的 3 倍，则充油设备有严重故障，故障发展迅速，应立即采取必要的措施。见表 19－3。

表 19－3 产气速率与故障性质的关系

绝对产气速率/mL/h	故障特征
≥障特	带有烧伤痕迹
>5	严重过热性故障，但未损坏绝缘
>1	过热性故障

根据表 19－3 的数据分析计算：

①$\gamma_1=$ [（671.7－1.8）/11×24] ×19.5/0.865＝57.2（从第二次取样到第三次取样之间按 11 天计算）

②$V_2=$ [（1899.0－671.7）/5×24] ×19.5/0.865＝230.56（第三次取样到第四次日取样之间按 5 天计算）

几次试验的总烃含量都远远超过正常值的 3 倍，见表 19－1。产气速率从第一次试验——第四次试验每相邻两组数据计算的产气速率均远远大于注意值（0.5 mL/h）的 3 倍。所以断定该电抗器有严重过热故障并带有烧伤痕迹，建议退出运行，进行检修。

（2）故障处理

××日该电抗器停止运行进行吊芯检查，结果发现：下铁轭与底脚支撑钢板之间的连接铜辫子几乎烧断。铁轭底脚螺栓绝缘管撞碎一只，其余三只均有不同程度的撞痕。由此可知：该电抗器 B 相过热原因是运输过程中发生铁轭底脚螺栓绝缘管撞碎，造成铁轭螺栓与下铁轭短接形成闭合磁路，形成环流，产生过热，导致油中气体含量严重超标。

鉴于上述情况，我们更换了铁轭底脚螺栓绝缘管，测试拆卸过部位的绝缘电阻，并对油进行真空过滤处理，经试验各项指标均符合标准后，于××日投入运行。4 h后，电抗器油在线监测装置数据异常，取样进行色谱分析 B 相总烃 17.2 μL/L，乙炔 3.0 μL/L，氢气 17 μL/L，于是，××日停运，后高抗 B 相厂家进入高抗内部检查，未发现异常，经上级公司决定于××日再次投入运行，结果正常。测试数据见下表 19－4。

表 19-4 滤油及投运后测试数据

试验日期	总烃 C_1+C_2	乙炔 C_2H_2	乙烷 C_2H_6	乙烯 C_2H_4	甲烷 CH_4	氢气 H_2	一氧化碳 CO	二氧化碳 CO_2	备注
××	2.8	无	无	1.3	1.5	1.5	5.4	296.4	滤油后
××	6.2	无	0.7	2.5	3.0	2.1	5.6	223.9	运行 24 h
××	7.2	无	0.6	3.6	3.0	1.6	4.6	165.2	运行 48 h
××	8.9	无	1.0	4.2	3.7	3.4	4.4	180.0	运行 4 天
××	9.6	无	1.0	4.7	3.9	3.0	10.6	105.1	冲击第三次放电，底部取样
××	21.2	无	7.4	8.9	4.9	7.1	11.8	142.3	冲击第三次放电，中部取样

3. 预防措施

严格把控生产质量和装配工艺，对生产中的重点环节邀请专业人员进行入厂监造，运输过程安装三维冲撞测试仪，记录运输过程。

4. 案例总结

采用气相色谱法分析绝缘油内气体的成分和含量，可以不停电就能及时发现设备内部是否存在潜伏性故障及故障类型。特别是对发现局部过热和局部放电比较灵敏。目前它是充油电力设备判断故障的重要方法。但该方法仍有一定的局限性，要对充油电力设备是否存在故障及其故障的严重程度做出准确判断，还应根据设备运行的历史状况、设备内部结构特点以及外部因素进行综合判断，同时还应考虑是否会有油冷却系统附属设备故障产生的故障气体进入到设备本体的油中，并同其他试验方法和历年色谱数据分析结果进行比较，才能得出正确结论。

二、电抗器漏磁严重导致本体螺栓发热

1. 案例描述

某变电站高抗于××年投运，次年对××线高抗进行色谱跟踪监测，监测结果如表 19-5：

表 19 - 5　××线并联电抗器色谱监测一览表

相别 \ 项目	甲烷 CH₄ μL/L	乙烷 C₂H₆ μL/L	乙烯 C₂H₄ μL/L	乙炔 C₂H₂ μL/L	总烃 C₁+C₂ μL/L	氢 H₂ μL/L	一氧化碳 CO μL/L	二氧化碳 CO₂ μL/L
A	15.5	2.8	3.0	无	21.3	12.7	151.7	475.9
B	258	90.4	276.4	无	624.8	51.3	241.5	601.1
C	3.6	1.2	0.5	无	5.3	18.2	169.0	450.0

从上表可看出 B 相电抗器总烃含量严重超标。(Q/QDW1168 - 2013 规定:运行的电力变压器及电抗器当总烃含量大于 150×10^{-6} 时应引起注意)。另外和 A、C 两相比较也有较大差异。

2. 分析处理

(1) 现场跟踪试验

为了弄清其总烃升高的根本原因,我公司于××日开始吊罩检查,并对变压器油进行脱气处理。在吊罩前按要求进行了电抗器的绝缘和特性试验,未发现任何异常。吊罩时某公司派专人进行检查,由于现场条件所限,未能找出原因。回罩后继续运行,并密切进行色谱监测,半年的监测数据如表 19 - 6。

表 19 - 6　B 相电抗器运行色谱监测一览表

日期 \ 试验 \ 项目	甲烷 CH₄ μL/L	乙烷 C₂H₆ μL/L	乙烯 C₂H₄ μL/L	乙炔 C₂H₂ μL/L	总烃 C₁+C₂ μL/L	氢 H₂ μL/L	一氧化碳 CO μL/L	二氧化碳 CO₂ μL/L
运行前	4.4	2.0	2.7	无	9.1	无	5.2	81.2
运行 12h	5.0	2.2	2.8	无	10.0	无	6.0	79.9
运行 39h	18.1	2.6	8.2	无	28.9	无	16.6	150.5
运行 66h	18.8	3.6	11.8	无	34.2	痕	18.9	160.6
运行 87h	19.1	3.6	12.2	无	34.9	痕	20.7	160.8
××	21.8	4.1	13.9	无	39.8	9.8	24.1	201.8
××	21.5	5.0	15.3	无	41.8	22.8	32.2	269.1
××	22.9	4.8	15.6	无	43.3	28.8	42.3	301.9
××	41.0	9.9	36.2	无	87.1	42.2	104.5	595.6
××	58.4	12.0	43.1	无	114.5	59.6	169.4	890.1
××	64.2	15.7	46.1	无	126.0	62.7	214.8	1075.7
××	72.3	20.1	48.2	无	140.6	65.5	275.3	1197.7

试验 \ 项目 \ 日期	甲烷 CH_4 μL/L	乙烷 C_2H_6 μL/L	乙烯 C_2H_4 μL/L	乙炔 C_2H_2 μL/L	总烃 C_1+C_2 μL/L	氢 H_2 μL/L	一氧化碳 CO μL/L	二氧化碳 CO_2 μL/L
××	80.6	20.3	50.4	无	151.3	66.7	352.2	1555.3
××	90.4	22.9	53.3	无	166.6	73.1	467.8	1998.8
××	94.5	23.8	53.9	无	172.2	84.3	522.6	2077.1
××	100	26.8	54.0	无	181.3	90.1	583.7	2320.4
××	101.1	27.0	54.0	无	182.1	91.0	582.9	2328.4
××	109.7	30.2	56.6	无	196.5	94.2	592.4	2396.3
××	110.1	29.9	56.8	无	196.8	94.6	592.2	2398.7
××	111.4	29.0	57.0	无	197.4	95.0	594.8	2400.1

下面对上述数据做如下分析：从上表可看出，经过半年的运行，总烃的含量超过注意值 150 PPm。乙炔没有出现，甲烷有较大幅度增长，乙烯次之，乙烷较缓慢，并且氢气、一氧化碳、二氧化碳都有不同程度的增长。通过对 98.6.10，7.13，7.21 三次的测试结果，按三比值的编码规则进行计算，所得 C_2H_2/C_2H_4，CH_4/H_2，C_2H_4/C_2H_6 比值范围编码为 0，2，1。初步判断故障性质为 300 ℃～700 ℃中等温度范围的热故障。该电抗器于××日退出运行，同时更换一台新电抗器，并在散热器底部加装风扇解决过热问题。

（2）吊罩检查

厂方于××日进行吊罩检查，吊罩检查中发现下夹件与铁心垫脚的螺栓连接处有发黑现象，发黑处铜板表面油漆脱落，附着有黑色油腻，将螺栓拧下后，发现其中一根螺纹有些烧损。除此之外，未发现其他异常，后拆掉上铁轭，拔出线圈，对铁心柱大饼以下线圈等部件进行了全面详细检查，再没有发现其他问题，因此大家一致认为，该电抗器运行中出现的油中含烃量缓慢升高的原因，就是铁心底脚螺栓的局部过热引起。

（3）原因分析

经分析，造成铁心垫脚连接螺栓过热的原因，主要是由于电抗器漏磁在此处形成的环流引起的。当这一环流通过螺栓时，会引起螺栓发热。螺栓的过热程度与螺栓的接触电阻有关，这也正是同样的产品 A、C 两相运行正常，而 B 相运行中反映出中等程度的过热现象。

3. 预防措施

为了消除铁心底脚螺栓过热这个隐患，决定将下夹件与底脚绝缘起来，并将所有底脚连接螺栓一端绝缘，各个部件的接地由单独的接地线连接，确保在漏磁区域不再出现任何闭合回路。以消除由于环流所引起的局部过热。

为保证××线并联电抗器的安全运行，于××日开始对三台电抗器进行了技术改造：在铁心下夹件与地之间加装绝缘板，并将紧固螺栓进行绝缘处理。通过使用 4 条经过特殊加工的螺栓加绝缘衬管使螺栓与下夹件绝缘起来，并分别接地，使其不能形成闭合回路，彻底消除环流。

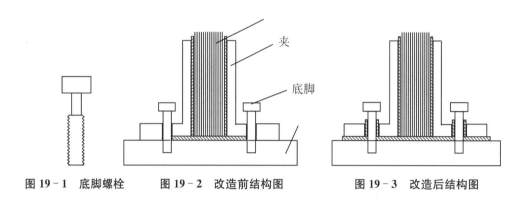

图 19-1 底脚螺栓   图 19-2 改造前结构图   图 19-3 改造后结构图

图 19-1 为改造使用的底脚螺栓，图 19-2 为改造前电抗器的结构图，图 19-3 为改造后电抗器的结构图（注：斜线部分为绝缘纸板）。

4. 案例总结

更换故障电抗器后色谱数据正常，加装风扇后降低了运行温度，改善结构消除了总烃持续升高的根源。对 500 kV 电抗器散热采取底部加风冷装置是行之有效的办法。我公司已决定将变电站及将要投运的××站高抗均采取底部加风冷装置。

第二节　冷却系统故障及缺陷

一、高抗冷却风扇电源故障

1. 案例描述

××年××月××日，某变电站上报严重缺陷：500 kV××Ⅱ线高抗投入第二组风扇时发现检修电源箱内高抗 B 相风扇 I 电源小空开上口接线有烧焦痕迹且不能合闸，××Ⅱ线高抗 B 相第二组风扇不能投入运转。

2. 分析处理

（1）故障设备简况

运行编号：变电站 5063/5062XXⅡ线高抗 B 相

高抗型号：BKD‑40000/500

高抗生产厂家：××公司

高抗出厂编号：20073S01

高抗生产日期：××

高抗投运日期：××

上次停修时间及进行工作：××检修试验。

（2）现场检查情况

××日专业班组到达现场，对设备进行检查。现场情况为 500 kV ×× Ⅱ线高抗风扇Ⅱ电源三相均在合位并且高抗风扇运转正常。风扇Ⅰ电源在分位，其中 B 相空开上口接线有烧焦痕迹，检查高抗 B 相风扇外观均无异常，且手动转动扇叶无卡涩现象。随后消缺人员将Ⅰ电源、Ⅱ电源上级总闸拉开，对Ⅰ电源空开上口接线螺丝进行检查，发现存在螺丝松动现象，判断为Ⅰ电源空开上口接线螺丝松动，使压接铜线与 B 相风扇Ⅰ电源空开上口接触电阻变大造成过热，将 B 相风扇Ⅰ电源空开上口导线绝缘外皮烧焦，空开烧坏。检修人员将损坏的空开、烧焦的接线进行更换后，缺陷消除，B 相风扇可以正常运转。

缺陷可能造成的后果：Ⅰ工作电源不能正常工作，造成风冷仅Ⅱ电源供电，风冷运行可靠性降低。若Ⅱ同时故障时将造成散热器风扇均不能正常启动，则会导致 500 kV ×× Ⅱ线高抗 B 相无法正常散热，使其温度异常上升，危及高抗正常运行。

（3）缺陷原因分析

高抗 B 相风扇Ⅰ电源空开上口接线螺丝松动，使压接铜线与 B 相风扇Ⅰ电源空开上口接触电阻变大造成过热，从而将 B 相风扇Ⅰ电源空开上口导线绝缘外皮烧焦，空开烧坏（如图 19‑4、图 19‑5 所示）。

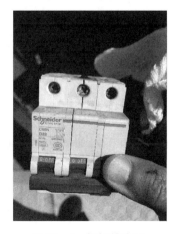

图 19‑4　损坏的空开

图 19‑5　空开损坏位置

检修人员将损坏的空开、烧焦的接线进行更换后（如图 19-6 所示），对高抗风扇进行检查，高抗风扇启动、停转均正常。试运行 30 min 设备，运行正常（如图 19-7 所示），并对检修电源箱内元件进行红外测温，温度正常，缺陷消除。

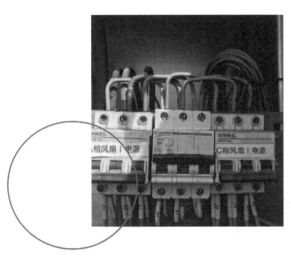

图 19-6　更换后的空气开关

图 19-7　空气开关均能正常工作

3. 预防措施

（1）主变、高抗停电检修时对风冷元件进行重点检查，对端子排、压接线进行紧固，避免运行中发生故障；

（2）目前根据公司下发的变电运维一体化作业项目，冷却系统的指示灯、空开、热耦和接触器更换属于运维人员的工作，运维人员应认真履行职责，定期对风冷箱内元件进行红外测温，发现发热及时处理；

（3）运维人员应对冷却系统的指示灯、空开、热耦和接触器更换进行培训，在该类故障发生时运维人员能熟练对相关元件进行更换，减少消缺时间，提高设备安全运行水平。

4. 案例总结

本次 500 kV 变电站××Ⅱ线高抗风扇不能运转缺陷案例，分析原因为：为Ⅰ电源空开上口接线螺丝松动，使压接铜线与 B 相风扇Ⅰ电源空开上口接触电阻变大造成过热，将 B 相风扇Ⅰ电源空开上口导线绝缘外皮烧焦，空开烧坏。为了避免事故再次发生，应对主变、高抗停电检修时对风冷元件进行重点检查，对端子排、压接线进行紧固。同时运维人员应定期对风冷箱内元件进行红外测温，发现发热及时处理。

第三节　外绝缘故障及缺陷

一、高抗高压套管密封设计缺陷导致受潮缺陷

1. 案例描述

××年××月××日，某 500 kV 变电站××5351 线第一套、第二套线路保护，××5351 线并联电抗器重瓦斯保护相继动作，××线 5041 断路器、××线/××线 5042 断路器跳闸。对侧 500 kV 变电站××5351 线路保护及开关保护动作，跳开 5032、5033 断路器。

2. 分析处理

（1）故障设备简况

高抗生产厂家：××公司

高抗型号：BKDK - 40000/525

高抗出厂日期：××年

高抗投运日期：××年

套管生产厂家：××公司

套管型号：R-C65506-FE

自上次停电例行试验以来，该高抗年度状态评价结果均正常，根据《输变电设备状态检修试验规程》（Q/GDW 1168 - 2013），评价结果为正常状态的设备，停电例行试验可在基准周期（3 年）的基础上延长 1 年，该高抗最近一次例行试验日期为××年，试验数据全部合格。

根据《国家电网公司无人值守变电站运维管理规定》[国家电网企管(2014)752 号]有关要求，运维人员分别按照 3 天一次开展例行巡视、15 天一次开展全面巡视，自最近一次停电例行试验检修以来，历次巡视均未发现高抗套管存在异常。

该站配置有智能巡检机器人，巡视周期 3 天一次，查询历次巡视记录均未发现高抗套管存在异常。

根据《国网变电设备带电检测工作指导意见》[运检一（2014)108 号] 要求，运维单位按照 1 次/季、某公司按照 1 次/年的频次对高抗类设备开展带电检测，检测项目包括红外精确测温、铁心/夹件接地电流、离线油色谱分析、高频局部放电等，近两年带电检测数据均合格。

该组高抗配置有油色谱在线监测装置，在线监测数据稳定、无异常变化，其中乙炔数据均为 0，总烃在 $0.03~\mu L/L \sim 81~\mu L/L$ 之间，总烃数据变化趋势见图 19 - 8。

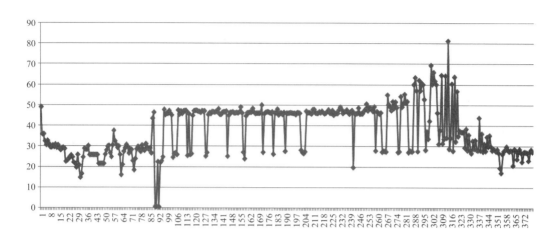

图 19‑8 变电站××5351 线高抗 B 相油色谱在线监测总烃含量趋势图

（2）现场检查情况

××5351 线故障跳闸后，公司立即组织人员到变电站开展应急处置工作，确认××5351 线高抗 B 相高压套管故障，立即向各级调度汇报现场设备状况，并根据现场一次接线及××5351 线高抗 B 相故障情况，于××时××分向网调申请将相邻的××5352 线拉停并将××5351 线转检修，组织故障处置并对相邻设备检查；经检查确认××5352 线间隔设备无异常后，于第二日向调度申请将××5352 线恢复运行，××分庄城 5352 线恢复运行。第二日××时××分，向网调汇报××5351 线间隔设备检查正常。故障高抗套管情况见图 19‑9。

图 19‑9 变电站 5351 线高抗套管故障情况

（3）缺陷原因分析

根据《500 kV 变压器高压套管头部密封专题反措会议纪要》［××便函（××）×
×号］要求，上级公司于××月组织开展 500 kV 主变压器（高抗）高压套管均压环安
装方式、密封效果隐患排查。排查结果表明该高抗高压套管均压环采用单独固定螺栓，
与套管将军帽密封螺栓不共用，套管端部密封不会因此受到破坏。均压环固定方式详
见图 19－10。

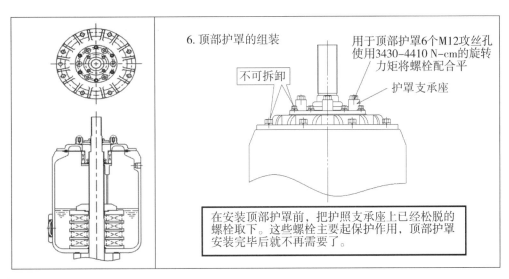

图 19－10　变电站 5351 线高抗高压套管均压环固定方式

根据现场检查情况分析，本次缺陷原因为套管顶部将军帽结构设计不合理，仅通
过内部螺纹与导杆连接，在大风作用下高压引线带动将军帽晃动造成螺纹损坏。故障
发生后，公司立即组织对 5351 线三相高抗开展油化试验，A、C 相高抗色谱数据均无
异常，B 相总烃、乙炔含量略高于××月份离线检测数据。

现场检查一次设备外观，高抗油箱、散热器、油枕等部件完整，高压套管损坏，
结合保护动作行为分析及油色谱化验数据，初步分析认为，本次故障是由××5351 线
高抗 B 相高压套管故障引起，高抗内部未发生故障。

为进一步查明套管故障原因，公司组织对 5351 线高抗 A、C 相套管进行检查并取
油样化验，油色谱、微水试验数据合格。但是在取样过程中发现套管顶部取样口处，
未设置密封垫，可能造成套管密封不良、受潮，详见图 19－11。经咨询主流套管厂家，
套管取样口处均设置有密封垫。

检查 5351 线高抗 A、C 相高压套管桩头密封良好、无变形。但是对 A、C 相套管
的检查，并不能完全排除 B 相套管桩头密封不良和变形的可能。

图 19‑11 ××5351 线高抗高压套管取样口（无密封垫）

3. 预防措施

为了避免此类情况再次发生，应对该厂家同类型设备进行排查，同时入厂监造改良设备设计。

4. 案例总结

本次 500 kV 变电站××5351 线高抗 B 相高压套管故障案例，分析故障原因为：套管顶部取样口处，未设置密封垫，可能造成套管密封不良、受潮，进水后导致绝缘不良，进而发生故障。

第四节　其他故障及缺陷

一、高抗套管设计缺陷导致本体爆燃故障

1. 案例描述

××年××月××日上午，某 500 kV 变电站××1 号线高压 B 相电抗器轻瓦斯保护动作报警，运行人员立即对××1 号线电抗器 B 相本体进行检查：高抗本体油位正常、无渗漏等异常情况，取瓦斯气体并进行燃烧试验，不可燃。取油样送沈阳分部油化班进行检测。

之后先后又有 4 次轻瓦斯报警。

××时××分，500 kV ××1 号线高压 B 相电抗器重瓦斯保护动作、第一套保护、第二套保护动作、本体压力释放阀动作，5031 开关、5032 开关跳闸，同时主控运维人员听见一声巨响，并发现现场 500 kV ××1 号线电抗器冒烟起火。故障造成该电抗器

油箱爆裂并起火。500 kV××1、2号线及500 kVⅠ、Ⅱ母线相继跳闸。500 kV××1号线带1号主变运行，220 kV系统运行未受影响，故障未造成负荷损失。

2. 分析处理

（1）故障设备简况

××1号线电抗器为某公司产品，型号为BKD－50000/500，××年出厂，××年投运，高压侧套管为××公司××年产品。该高抗15年以来运行情况良好，未发生故障。

按照规程规定500 kV电抗器每3个月开展一次油中溶解气体分析，最近一次油中溶解气体试验时间为××日乙炔含量为0，总烃为35.73 ppm，色谱数据未见异常。

上次检修预试时间为××日，所做的试验项目为绕组、铁心、夹件绝缘电阻测试，本体介损与泄漏电流测试、直流电阻测试及套管相关试验等，试验情况未见异常。

（2）现场情况检查

电抗器器身高压侧右前方开裂起火，油箱整体变形，中部向外凸出。油箱多处加强筋开裂，高压套管附近油箱上有多处破口，见图19-12。

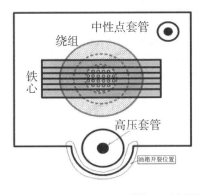
图 19 - 12 （a） 开裂位置示意图

图 19 - 12 （b） 油箱开裂情况

图 19‐12　油箱开裂情况

现场检查发现××1号线电抗器喷出的油污对邻近的××2号线A相电抗器造成污染，闪络跳闸。

××1号线电抗器喷出的油进入附近的电缆沟，但由于现场电缆沟防火封堵设施到位，着火范围仅限制在两侧防火墙之间，阻止了着火范围扩大，见图19-13。

高压端引线已经熔断，出线端成型绝缘件已经完全烧损。上绕组完全凌乱，大量的导线熔断和拉断；下绕组外层导线多处断线，但相对整体形状保持较好，见图19-14。油箱内铁轭变形严重，上铁轭已经完全散开，见图19-15。

高压侧套管的瓷套完全碎裂，上节瓷碎片基本散落在套管下方的储油池内，电容

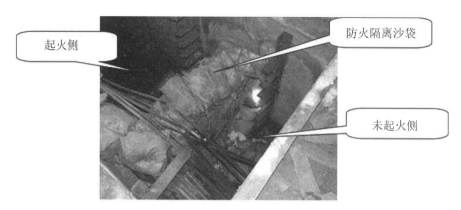

图 19-13 电缆沟内防火措施

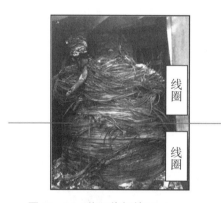

图 19-14 绕组烧损情况

图 19-15 铁心损坏情况

型芯体外层过火烧损但电容屏基本保持完好；下节瓷套已经完全炸碎，碎片落在油箱底部，电容屏严重燃烧，套管尾部金属件（黄铜）已不见，见图 19-16。

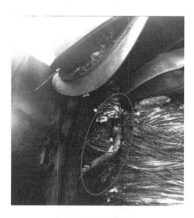

a）上节烧损情况

b）下节损坏情况

图 19-16 套管损坏情况

高压套管的均压球落在油箱底部，球体表面过火烧黑，球内发现有多块黄铜熔块和一大块铁饼（熔化形成），见图 19-17、图 19-18。

图 19-17　均压球烧损情况　　　　图 19-18　均压球内熔化形成的铁饼

图 19-19（a）　压力释放阀底座油污情况　　图 19-19（b）　压力释放阀中胶圈已经损坏

图 19-19　动作后的压力释放阀

现场拆下压力释放阀，发现压力释放阀导向盒内有油污，阀体中胶圈已损坏复归，见图 19-19。

低压侧套管根部碎裂，现场拆下尾端引线（铜管）检查，外观无放电烧伤痕迹，内部导管下坠，引线外绝缘烧损，见图 19-20。

（3）故障原因分析

××日，在××公司召开了变电站 500 kV 高抗故障分析会，多家单位专家参加会议。与会专家根据设备运行情况、故障过程介绍及工厂内解体检查等情况，分析如下：由于故障后设备着火时间较长，线圈、铁心及绝缘等已严重过火、损坏，但从故障后现场检查分析发现：高压套管尾部结构设计不合理，造成均压球脱落是本次故障的主要原因。

图 19-20　尾端引线外绝缘烧损情况

由于套管尾部金属件表面电场强度集中且电场分布复杂，通过安装均压球将尾部电场强度有效改善和降低。在设备最高运行电压下，该电抗器最大场强出现在高压套管均压球下沿处，电场强度 2.91 kV/mm。

该套管为××公司××年引进的其他公司 20 世纪 80 年代的技术，套管尾部均压球采用悬挂式结构，球内悬挂隔板仅为 1 mm 厚的钢板（见图 19-21），靠四个 M10 螺帽（螺杆上有压紧弹簧）将均压球卡住（见图 19-22）。悬挂隔板表面光滑，无限位槽或其他防松动措施（见图 19-23）。

图 19-21　原套管均压球内部结构

图 19-22　原套管尾部悬挂结构

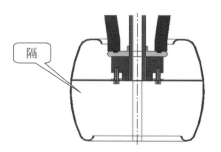

图 19-23　原均压球安装示意图

在电抗器长期震动的作用下，固定螺栓磨损、松动、弹簧疲劳，造成均压球串位、最后脱落。套管尾部垫圈和端环（黄铜）脱离均压球后高场强部位失去保护，开始沿下瓷套表面向套管法兰接地套筒爬电。脱落的均压球处于悬浮电位状态，套管尾部端环边缘的尖角导致电场畸变，电场强度激增至 9.80 kV/mm，对均压球和接地套筒产生放电。绝缘油在持续的放电作用下，分解产生大量的可燃气体导致放电区域变压器油绝缘能力急速降低，极高电场强度的端环开始对线圈上部线饼发生放电，放电能量逐渐增大，造成线圈上部的部分线饼短路，短路电动力从线圈内部向外将线圈爆开。从故障发展过程看，套管尾部端环对均压球放电并沿套管表面向法兰接地套筒爬电持续 5 h 以上，产生的可燃气体使电抗器轻瓦斯告警。持续的放电造成套管尾部的黄铜垫圈、端圈及铁质的接地套筒熔化，并落入下方均压球内（见图 19-24）。

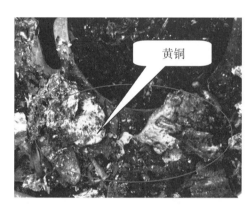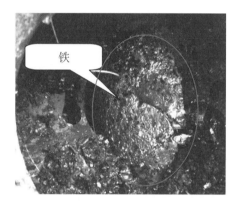

图 19-24　均压球内的熔化物质

同时线圈线饼短路后，局部形成短路匝（经计算，相邻饼短路后产生的短路电流约为 1450 kA）。在短路电动力的作用下，导线温度瞬时升高（约达到 2400 ℃），急剧发生形变烧损、崩断，释放出巨大能量和冲击波，将套管瓷套冲击损坏。由于油箱内部压力的骤然增大，压力释放阀泄压能力有限，油箱严重变形并在高压出线侧爆裂，变压器油遇空气后起火。

（4）故障处理

1）故障相电抗器损毁严重，进行了整体更换。

2）对非故障的 A 相电抗器进行吊罩检查，未发现异常情况；对 A 相套管进行解体检查，未发现异常情况。

3）对被污染的××2 号线 A 相电抗器进行了清理，对着火电缆沟进行了清理。

3. 预防措施

（1）通过设备停电，对采用××公司悬挂式结构均压球套管的高抗进行逐一排查，对存在安全隐患的套管进行更换。

（2）对职工加强专业培训，规范专业缺陷查找流程体系，提高职工对设备异常状况下危险点的辨识分析能力。

4. 案例总结

本次 500 kV 变电站××1 号线高抗故障。分析缺陷原因为：高压套管尾部结构设计不合理，造成均压球脱落，均压球脱落后，套管尾部端环边缘的尖角导致电场畸变，对均压球和接地套筒产生放电。绝缘油分解产生大量的可燃气体导致变压器油绝缘能力急速降低，端环对线圈上部线饼发生放电，放电能量逐渐增大，造成线圈上部的部分线饼短路，短路电动力从线圈内部向外将线圈爆开。通过更换故障相电抗器、清理受污染部分，完成了对故障的处理。并采用逐一排查更换、加强专业培训等预防措施，以避免此类事件的发生。

第二十章　避雷器故障及缺陷

第一节　受潮故障及缺陷

一、密封圈老化导致避雷器受潮

1. 案例描述

××年××月××日 10 时 45 分，××公司 220 kV 变电站♯2 主变差动保护动作掉闸，分段 301 断路器自投成功。现场检查为 112 A 相出口避雷器击穿放电，次日对♯2 主变进行试验未见异常，对 112 整组避雷器进行了更换。次日 18 点 42 分主变恢复运行。第四日××公司组织专家组对击穿避雷器进行解体经检查。分析认为：此避雷器为非全密封结构，长期运行后密封胶圈老化，潮气进入避雷器内部，阀筒内壁发生贯穿性沿面放电。

××公司××年生产，××年投运。

故障前避雷器正常运行，天气为阴天、有雨，避雷器无大修记录。

2. 分析处理

到达现场后发现站内设备区及巡视小路上有很大积水，检查 112A 相出口避雷器泄漏电流表已崩开，泄漏电流表的指针指示在最大值，避雷器上下法兰处有明显放点痕迹，如图 20-1 至图 20-4 所示。

第三日对♯2 主变出口避雷器 B 相进行解体检查，发现 B 相环氧树脂筒内壁有40 cm 的放电腐蚀痕迹，第四日对击穿的 A 相避雷器进行解体检查，发现避雷器阀筒内壁已因发生贯穿性击穿放电而碳化，阀片侧面已全部熏黑，阀片采用酒精擦拭后，试验无异常，避雷器上下两端的放压板已击穿。具体如图 20-5 至图 20-9 所示：

通过解体可确认，A 相避雷器环氧树脂筒（阀筒）内壁发生贯穿性击穿放电是造成本次事故的原因。

由于种种原因，避雷器在运行当中，环氧树脂筒内壁不断发生沿面放电现象，使

图 20‑1　站内积水情况

图 20‑2　击穿的避雷器

图 20‑3　泄漏电流表图

图 20‑4　避雷器下方法兰放电痕迹

图 20‑5　A相击穿碳化的隔弧筒

图 20‑6　A相熏黑的环氧树脂筒内壁

得环氧树脂筒内部电腐蚀碳化，造成绝缘性能逐渐下降，最终造成电弧沿避雷器内壁击穿放电。此避雷器为上下两端各装有压力释放装置的非全封闭型避雷器，此释放装

变电一次设备典型故障分析与处理

图 20‑7　A相熏黑的阀片及击穿的放压板　　　图 20‑8　B相未击穿的放压板

图 20‑9　B相内壁的爬电腐蚀痕迹

置由敞开式排弧口、放压板及隔弧板组成，当避雷器内部因击穿放电压力升高时，放压板迅速爆裂，释放压力，从而防止电弧的热冲击引起避雷器护套爆裂。排弧口使电弧从内部迅速转移到外部，在避雷器护套外部形成电弧短接，因此避雷器上下法兰有明显的电弧灼伤痕迹。

对112三相出口避雷器及同型号同厂家的110 kV♯1母线三相避雷器进行了更换，对拆下的避雷器进行了试验，♯2主变出口避雷器B、C相及110 kV♯1母线三项避雷器试验数据合格。♯2主变出口避雷器A相对地绝缘为0。

3. 预防措施

加强老旧避雷器治理，尤其是加强非全密封结构避雷器治理。对运行时间20年及以上全密封结构的避雷器进行更换，对运行时间达15年非全密封结构的避雷器进行更换。加强在运非全密封结构避雷器运维检修，检查排弧口有无挡板，有无排水孔或排水槽。

4. 案例总结

通过本案例我们可以得知，引发避雷器爆炸或内部闪络放电的主要原因为：受潮、参数选择不当、长期运行电压下电压力作用老化。通过核实避雷器选择技术参数，持续运行电压为 78 kV，各方面均满足要求；通过对避雷器阀片进行检查，单只避雷器采用阀片 32 个，阀片直径为 71 mm，阀片老化特性现场无法检测，阀片擦拭后试验结果正常；通过解体检查，避雷器阀筒内壁已击穿碳化，阀片没有通流痕迹，阀片两端喷铝面没有发现大电流通过后的放电斑痕，绝缘筒内外壁及阀片侧面已全部熏黑，压缩弹簧上有锈斑，明显判断为避雷器受潮。

二、密封垫工艺不良导致避雷器受潮

1. 案例描述

××年××月××日 17 时 34 分，××公司 220 kV 变电站♯3 主变差动保护动作，♯3 主变三侧断路器跳闸，自投正确动作，未损失负荷。现场检查发现，主变设备区 220 kVA 相出口避雷器底部有灼伤痕迹，避雷器上下节泄压通道处瓷套表面有灼伤痕迹。该公司随即开展 3 号主变诊断性试验，数据合格。220 kV 出口避雷器试验，B、C 相试验合格，A 相对地绝缘为零。次日 7 时 3 号主变 220 kV 出口 A 相避雷器更换完成，3 号主变送电完毕，该变电站恢复正常供电方式。

避雷器为××公司生产，型号为 Y5W2 - 220/520。

故障前全站采用全方式运行，天气良好，避雷器无大修记录。

2. 分析处理

现场检查发现，♯3 主变外观无异常。♯3 主变 220 kV 出口 B、C 两相避雷器外观无异常，A 相避雷器下节底部挡板被冲开，表面附着黑色粉末，上下节避雷器泄压通道出口处有明显的灼伤痕迹，避雷器外表面沿泄压通道开口方向各有一条熏黑痕迹。A 相避雷器泄漏电流表玻璃罩损坏，如图 20 - 10 至图 20 - 13 所示。检查发现 A 相雷电计数器动作，B、C 两相雷电计数器未动作。

图 20 - 10　A 相避雷器

图 20 - 11　避雷器泄压通道

图 20 - 12　避雷器顶部

图 20 - 13　避雷器外部痕迹

　　××日 17 时 34 分 17 秒 100 ms，♯3 主变保护 1、保护 2 差动动作跳闸，跳开♯3 主变三侧断路器。高压 A 相接地电流为 18.948 kA。

　　主变跳闸后，该公司立即组织人员对♯3 主变进行了全项目诊断试验，包括绝缘油色谱分析、直流电阻、绕组变形、绕组电容量、低电压短路阻抗等。绝缘油色谱数据无异常、直阻合格、绕组变形相关试验数据正常。对 220 kV 出口避雷器进行了绝缘电阻、直流 1 mA 电压及 0.75U1mA 下漏电流、底座绝缘电阻、放电计数器功能试验和检查，B、C 两相试验数据合格，A 相避雷器上下节绝缘电阻均为零，已击穿。

　　A 相避雷器于第二日上午在该公司进行了解体。检查发现上节避雷器上部密封垫压痕不正，内部锈蚀严重，沿内壁向下有明显的放电痕迹，上节底部密封圈内有明显的锈蚀，但氧化锌阀片均未损坏，说明上节避雷器内部受潮，潮气从上节避雷器上部绝缘垫处沿绝缘筒内壁向下侵入，造成上节避雷器内部绝缘筒绝缘下降。在系统电压作用下，上节避雷器内部闪络。然后系统电压直接作用在下节避雷器上，将下节避雷器的阀片击穿，A 相接地，差动保护动作，如图 20 - 14 至图 20 - 19 所示。

图 20 - 14　上节避雷器上部密封垫

图 20 - 15　上节避雷器上部锈蚀情况

　　跳闸后，该公司立即启动应急预案。对 3 号主变进行诊断性试验，各项试验数据

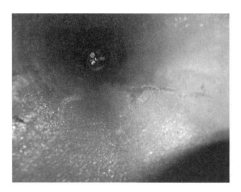

图 20-16　上节避雷器绝缘筒内部

图 20-17　上节避雷器底部锈蚀情况

图 20-18　上节避雷器绝缘筒击穿情况

图 20-19　下节避雷器击穿情况

正常。同时更换 3 号主变 220 kVA 相出口避雷器，第二日 7 时 3 号主变送电完毕，该变电站恢复正常供电方式。

3. 预防措施

针对避雷器受潮故障，应进一步加强带电检测管理工作。对 220 kV 及以上变电站开展专项带电检测和状态评价，加强带电检测计划执行情况检查考核。全面核对停电例行试验、带电检测、在线监测中的异常数据，包括试验结果接近规定值、纵比或横比明显偏差等。

4. 案例总结

厂家装配工艺不良。上节避雷器上部密封垫压痕不正，潮气从上节避雷器上部绝缘垫处沿绝缘筒内壁向下侵入，造成避雷器内部绝缘筒绝缘下降。对带电检测数据异常的分析处理不到位。面对××年以来该站避雷器测试数据均存在 A 相阻性电流数值明显偏大的问题，简单认为现场干扰导致，未查明数据异常的真正原因。对红外精确测温管理不到位。红外精确测温是发现避雷器内部缺陷的有效手段之一，应留存异常情况的红外测温图谱。

第二节　外绝缘故障及缺陷

一、外部异物导致避雷器外绝缘闪络

1. 案例描述

××年××月××日 18 时 21 分 37 秒 955 毫秒，××公司 220 kV 变电站 220 kV ♯1 主变差动保护范围内 211 桥避雷器 B 相发生接地故障，♯1 主变双套差动保护动作，A、B 保护同时发"差动速断动作""工频变化量差动""比率差动动作"，211、111、511 断路器跳闸。10 kV 备自投动作，10 kV ♯1 母线自投到♯2 母线。故障未损失负荷。

避雷器为××公司××年生产，型号为 Y10WF‑204/532

故障前全站采用全方式运行，天气阴天有暴雨，避雷器无大修记录。

2. 分析处理

♯1 主变跳闸后，变电运维人员、检修试验工区专业人员分别对主变差动范围内一次设备进行检查，当检查到 211 桥避雷器时，发现 B 相均压环外侧有放电痕迹，避雷器紧邻的南侧 211‑4 隔离开关水泥杆附近有一块塑料布，并且有烧痕，如图 20‑20 和图 20‑21 所示。随后检修人员对 1 号主变、各侧桥引线及避雷器、211 断路器、211‑3‑4 隔离开关、211CT、111 断路器、111‑3‑4 隔离开关、111CT，511‑4 隔离开关、开关柜、CT 柜、电抗器室等进行详细的专业检查，除 211 桥避雷器 B 相外，未发现新的异常。检查主变瓦斯继电器没有气体出现，启动主变在线油色谱装置数据无异常。

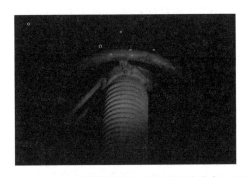 

图 20‑20　211 桥避雷器 B 相均压环放电点　　图 20‑21　211‑4 隔离开关水泥杆根部有烧痕的塑料布

根据现场检查及录波图保护动作报告，确定故障点为 211 桥避雷器 B 相对地放电。故障原因为短时大风暴雨天气刮起的潮湿塑料布刮到 B 相避雷器引起避雷器均压环对地放电。

由于主变录波图中♯1主变中低压侧无电流，结合故障点在高压桥避雷器 B 相，经分析确定主变未经受大电流冲击。主变不用再转检修进行相关试验。20 点 31 分地调赵贺雄下令：将 1 号主变 211 断路器及 1 号主变由热备用转运行，将 1 号主变 111 断路器由热备用转运行。

3. 预防措施

加强大风前后的特巡，及时清理漂浮到站内的异物；利用各种机会如市政府创建卫生城市、市容整治活动等加强变电站周边环境治理，清理周边垃圾、违建等；加强应急处置管理，提高反应速度，做好迎峰度夏抢修人员、车辆准备。

4. 案例总结

本次 220 kV 变电站♯1 主变 211 桥避雷器放电故障。分析故障原因为：短时大风暴雨天气刮起的潮湿塑料布刮到 B 相避雷器引起避雷器均压环对地放电。通过对 1 号主变和相应开关重新投入，完成了对故障的处理。并借助特巡清理异物、治理变电站周边环境、加强应急响应速度等措施，以避免此类事件的发生。

第三节　局部放电故障及缺陷

一、雷电过电压超额定导致避雷器爆炸

1. 案例描述

××年××月××日凌晨 4 时许，由于雷电进行波的影响，××公司 220k 变电站三号主变 10 kV 侧母线桥出口避雷器发生爆炸，母差保护动作，跳主变三侧断路器。据变电站值班人员称，当日凌晨，伴随着雷电，10 kV 侧母线桥出口避雷器有剧烈的强光及放电现象。

避雷器为××公司××年生产，型号为 YH5WZ‐17/45。

故障前全站采用全方式运行，天气良好，避雷器无大修记录。

2. 分析处理

经过现场查勘后，发现 10 kV 侧出口避雷器 B 相避雷器及计数器均发生爆炸，BC 相下引线均在两端烧断（如下图），母排引下线与母排连接螺丝处也有轻微烧伤痕迹，如图 20‐22 至图 20‐24 所示。

现场对 B、C 相避雷器、计数器及三相避雷器底座进行了试验。除 B 相避雷器及计数器爆炸外，A、B 相避雷器、计数器及三相底座均符合运行要求，试验数据正常。

结合缺陷现象，判断避雷器爆炸原因为雷电过电压远超过避雷器额定电压而引起爆炸，设备绝缘击穿，对地弧光放电，进而引起连接避雷器的母线桥引下线相间短路

图 20‑22　故障避雷器

图 20‑23　炸毁的避雷器引下线

图 20‑24　炸毁避雷器

放电，由于放电电流过大，造成计数器爆炸烧毁。

判断缺陷原因后，进行了以下处理：对所有烧蚀轻微部位进行打磨清理；更换三相避雷器；更换三相引下线；更换 B 相避雷器计数器；对引下线及接线端子外漏部位进行热缩处理。

3. 预防措施

雷雨季节前后加强对避雷器设备的例行检查、巡视和带电试验。

4. 案例总结

本次该公司 220 kV 变电站 10 kV 母线桥避雷器爆炸缺陷。分析缺陷原因为：雷电过电压远超过避雷器额定电压而引起爆炸，设备绝缘击穿，对地弧光放电，进而引起连接避雷器的母线桥引下线相间短路放电，由于放电电流过大，造成计数器爆炸烧毁。通过更换避雷器及其计数器与引下线、引下线及接线端子绝缘化等措施，完成了对缺陷的处理。并借助雷雨季节检修试验、加强应急响应速度等措施，以避免此类事件的发生。

第四节　其他故障及缺陷

一、避雷器压簧安装工艺不佳导致内部击穿放电

1. 案例描述

××年××月××日 19 时 30 分，专业人员在××公司 500 kV 变电站 3 号主变投运后特巡中发现 3 号主变低压侧避雷器 C 相有轻微的嗡嗡声，避雷器三相计数器泄漏电流基本相同为 0.5 mA，但避雷器 C 相计数器有轻微晃动。专业人员现场判断异响为主变低压侧避雷器 C 相内部发出，怀疑其内部存在缺陷。

避雷器为××公司××年生产，型号为 HY10WZ－51/134。

故障前全站采用全方式运行，天气晴，避雷器无大修记录。

2. 分析处理

××日 19 时 30 分，专业人员在该变电站 3 号主变投运特巡过程中，发现 C 相避雷器有轻微的嗡嗡声，检查三相计数器读数基本相同为 0.5 mA 左右，但 C 相避雷器计数器指针轻微晃动，证明避雷器泄漏电流不稳定。同时变压器专业人员对主变低压侧三相避雷器紧固件进行了外观检查，未发现松动，外观无放电痕迹。根据现场检查情况，认为异响来自 C 相避雷器内部。

故障后次月，专业人员赴避雷器厂家对此避雷器进行试验，发现所有数据均合格。由于试验结果未发现异常，现场决定对 C 相 M3210 避雷器进行解体，解体发现避雷器顶部压簧歪斜，如图 20－25 所示。解体所有氧化锌阀片（以下简称阀片）发现避雷器下部垫块与最下阀片之间有放电痕迹，如图 20－26 所示。与最下阀片与相邻的阀片上有绝缘胶，其他阀片无异常，如图 20－27 所示。

图 20－25　歪斜的避雷器压簧

图 20－26　放电的垫块与阀片

图 20‑27　存在绝缘胶的阀片

　　根据避雷器现场检查情况：1、避雷器 C 相泄漏电流不稳定；2、外部紧固件紧固良好，不存在共振或其他声响。根据以上两个现象判断异响来自避雷器内部。避雷器由外瓷套（复合外套）、氧化锌阀片、绝缘底座、放电计数器等构成。

　　结合现场情况可以看出此避雷器在生产过程中由于压簧未能压正导致其阀片间出现间隙，之后在注入绝缘胶过程中绝缘胶进入阀片之间间隙导致阀片间绝缘，在运行中由于阀片间完全不能导通，使两阀片之间出现电荷积聚，引起放电现象，产生异响和计数器摆动。

　　对于试验数据合格问题，后经再次询问厂家得知厂家在避雷器返厂后曾进行了局部放电试验，由于局部放电试验所加电压较高使垫片与阀片之间绝缘胶完全击穿，从而试验数据合格。

　　次日凌晨，该公司申请该变电站 3 号主变紧急停电，调运与故障避雷器参数相同的某变电站扩建 35 kV♯2 站用变的避雷器（尚未投运），对该站 3 号主变低压侧避雷器 A、B、C 三相进行了更换。由于新避雷器与故障的避雷器尺寸不同，更换过程中对避雷器底座及接线端子进行了改造，次日 19 时 50 分更换工作完成。次日 21 时 30 分，该变电站 3 号主变顺利投运，再次检查未发现异常。

　　3. 预防措施

　　（1）此类缺陷在超高压运行经验中首次发现，缺陷原因有待避雷器返厂后进一步分析，建议对在运的该公司的避雷器进行专项排查；

　　（2）加大对避雷器的巡视力度，积极开展避雷器带电测试，发现异常及时上报；

　　（3）近年来新设备投运较多，新设备种类繁多，需加强避雷器备件储备，防患于未然。

　　4. 案例总结

　　本次 500 kV 变电站♯3 主变低压侧 C 相避雷器异响缺陷。分析缺陷原因：避雷器在生产过程中由于压簧未能压正导致其阀片间出现间隙，之后在注入绝缘胶过程中绝缘胶进入阀片之间间隙导致阀片间绝缘，在运行中由于阀片间完全不能导通，使两阀片之间出现电荷积聚，引起放电现象，产生异响和计数器摆动。

通过改造避雷器底座及接线端子以及更换避雷器，完成了对缺陷的处理。并借助专项排查、带电测试等措施，以预防此类事件的发生。

参考文献

[1] 国家电网公司人力资源部. 国家电网公司生产技能人员职业能力培训专用教材—变压器检修 [M]. 北京：中国电力出版社，2010.

[2] 国家电网公司人力资源部. 国家电网公司生产技能人员职业能力培训专用教材—变电检修 [M]. 北京：中国电力出版社，2010.

[3] 国网河北省电力公司. 高压断路器检修 [M]. 北京：中国电力出版社，2015.

[4] 国网河北省电力公司. 高压隔离开关检修 [M]. 北京：中国电力出版社，2015.

[5] 国网河北省电力公司. 变压器检修 [M]. 北京：中国电力出版社，2015.

[6] 保定天威保变电气股份有限公司. 变压器试验技术 [M]. 北京：机械工业出版社，2000.

[7] 上海超高压输变电公司. 变电设备检修 [M]. 北京：中国电力出版社，2008.

[8] 国家电网公司. 国家电网公司高压开关设备管理规范 [M]. 北京：中国电力出版社，2006.

图书在版编目（CIP）数据

变电一次设备典型故障分析与处理 / 刘哲主编. – 长沙 ： 湖南科学技术
出版社,2022.3
ISBN 978-7-5710-0968-7

Ⅰ. ①变… Ⅱ. ①刘… Ⅲ. ①变电所－一次设备－故障诊断②变电所－
一次设备－故障修复 Ⅳ. ①TM63

中国版本图书馆 CIP 数据核字(2021)第 077258 号

变电一次设备典型故障分析与处理

主　　编：刘　哲
出 版 人：潘晓山
责任编辑：王　斌
出版发行：湖南科学技术出版社
社　　址：长沙市湘雅路 276 号
网　　址：http://www.hnstp.com
湖南科学技术出版社天猫旗舰店网址：
　　　　　http://hnkjcbs.tmall.com
邮购联系：0731-84375808
印　　刷：长沙超峰印刷有限公司
　　　　　（印装质量问题请直接与本厂联系）
厂　　址：长沙市宁乡县金洲新区泉洲北路 100 号
邮　　编：410600
版　　次：2022 年 3 月第 1 版
印　　次：2022 年 3 月第 1 次印刷
开　　本：787mm×1092mm　1/16
印　　张：34.25
字　　数：670 千字
书　　号：ISBN 978-7-5710-0968-7
定　　价：178.00 元